浙江省"十四五"普通高等教育本科规划教材

高等院校农学与生物技术专业规划教材

Crop Production

作物栽培学

（第二版）

主编◎张国平　周伟军

ZHEJIANG UNIVERSITY PRESS
浙江大学出版社
·杭州·

图书在版编目（CIP）数据

作物栽培学 / 张国平, 周伟军主编. —2 版. —杭州：
浙江大学出版社，2016.4（2024.5 重印）
ISBN 978-7-308-15619-6

Ⅰ.①作… Ⅱ.①张…②周… Ⅲ.①作物－栽培学
Ⅳ.①S3

中国版本图书馆 CIP 数据核字（2016）第 039179 号

作物栽培学（第二版）

张国平　周伟军　主编

责任编辑	阮海潮（ruanhc@zju.edu.cn）
责任校对	杨利军　秦　瑕
封面设计	续设计
出版发行	浙江大学出版社
	（杭州市天目山路 148 号　邮政编码 310007）
	（网址：http://www.zjupress.com）
排　　版	杭州青翔图文设计有限公司
印　　刷	广东虎彩云印刷有限公司绍兴分公司
开　　本	787mm×1092mm　1/16
印　　张	18.5
字　　数	474 千
版 印 次	2016 年 4 月第 2 版　2024 年 5 月第 2 次印刷
书　　号	ISBN 978-7-308-15619-6
定　　价	49.00 元

前　言

作物栽培学是农学专业的一门骨干课程,也是植物保护、资源与环境等专业学生所必修的一门专业学位课。编者从教已逾30年,并长期讲授作物栽培学这门课程,每每在课堂上面对学生讲授这门课时,总觉得力不从心。原因很多:一是内容多,课时数少。20世纪80年代初编者就学时,该课程学时数达240～280学时,横跨一个半学年,而时下各高校大多压缩至80学时以下。二是发展快,内容变动大。作物栽培学所涉及的种植制度、品种类型、耕作方式、肥水运筹、防病治虫、化学除草、机械收获等作物生产与管理体系,可谓与时俱进,变化莫测。三是前置课程多,应用性强。作物栽培学的基本前置课程应有植物生理学、土壤学、植物营养学、植物保护学(植物病理学、昆虫学)、农业生态学、农业气象学等,这些课程的掌握直接关系到对作物栽培学知识的吸收与消化。同时,作物栽培学也是一门应用性、实践性很强的学科,要求教学上特别注重理论联系实际,创造更多的机会使学生"亲临其境",加深对知识的理解与掌握。教学效果固然与很多因素有关,但在目前普遍采用多媒体教学且课时数不断减少的情形下,有一本优秀的教材至少可以为学生提供一个系统自习、全面领会并查阅相关文献的机会。鉴于此,我们启动了本教材的编写。

本教材是2001年浙江大学出版社出版的《作物栽培学》一书的修订本,基本上保留了原版本的框架与内容,主要改动或补充之处是各种作物的栽培技术,力求体现新颖,并实现了各章形式的统一,即专设一节阐述特定作物栽培科学现状与发展前景,以引导教师精选教学内容和拓展学生视野。

原版本的全体人员参与了本教材的修订工作,第一章(绪论)和第三章(小麦)由张国平负责,第二章(水稻)由程方民负责,第四章(玉米)由陈进红负责,第五章(棉花)由邬飞波负责,第六章(油菜)和第八章(甘薯)由周伟军负责,第七章(大豆)由汪自强负责,第九章(马铃薯)由黄冲平负责。编者在第一版前言述及,本教材是在浙江农业大学作物栽培学教研组于20世纪80年代编写的教学用书基础上撰写的,并参考了国内外新出版的相关教材,在此对这些教材的作者表示衷心的感谢。本教材得到浙江大学出版基金的资助,亦谨表谢意。

受编者水平所限,本教材恐难圆初衷、达到优秀之梦,且有不少谬误之处,祈盼读者指正。

张国平　周伟军

2016年元月

目　录

第一章　绪　论

作物生产是人类社会赖以生存和发展的最基本的产业，维系粮食安全，在国民经济发展中具有重要的战略地位。我国人民衣食需求的 95％和纺织工业原料的 85％左右，直接或间接来自作物生产；食品工业中的糕点、糖果和酿造业的原料，绝大多数也来自作物生产。作物生产是农业生产的第一性生产，是种植业的主要内容。作物生产的发展对于国民经济各部门的发展以及农业内部各业的调整与发展，均具有举足轻重的影响。

第一节　作物栽培学的性质、任务和学习方法

一、作物栽培学的性质和任务

作物栽培学(crop production, crop husbandry)是一门直接为农业生产服务的应用性科学。它的基本任务是围绕作物优质、高产、高效、生态、安全的生产目标，揭示作物生长发育、产量与品质形成等规律及其对生态环境、栽培措施的反应，探索作物优质高产高效的客观规律，制订综合配套栽培技术，以实现最大的经济效益、社会效益和生态效益。

作物栽培学的内容丰富，且综合性强。作物种类多，各种作物及其品种都有其自身的生长发育和产量及品质形成规律，因此作物栽培学首先必须研究它们的生育规律，在此基础上提出相应的栽培技术措施；作物在生长发育的不同阶段，对土、肥、水、光、气等外界条件都有特定的要求，且各种环境因子又是相互关联的，因此作物栽培学必须研究作物生长发育与环境条件的关系，明确最有利于作物高产和优质的环境因子以及为创造最佳生长环境的农艺调控技术；作物生产的对象是群体，而群体由个体所组成，在作物生长发育过程中，群体与个体间存在着一定的矛盾，主要表现在群体内不同个体对外界环境因子的竞争作用，因此作物栽培学必须分析这些作用，创造一个群体和个体协调发展的农田生态系统，改善群体质量(population quality)，以充分发挥品种的遗传潜力；作物生产不仅要考虑当季当年的高产高效，而且要考虑生产的持续发展、资源的有效利用以及环境的洁净安全，因此作物栽培学还必须研究当季当年的生产对土壤肥力、资源利用和环境质量的影响，建立一和可持续发展的种植和栽培管理体系。

二、作物栽培学的学习方法

要学好作物栽培学，必须注意以下几点：

一是要了解国内外市场对作物产量和品质的要求，树立以市场为导向的生产观念。

　　二是要确立正确的学习方法。作物栽培学研究的对象是活的有机体,作物本身的生长发育规律、外界环境条件的变化规律,以及作物生长发育和环境条件关系的规律,都是客观存在的。因此,学习作物栽培学要理解这些规律的基本原理,并善于分析和归纳。

　　三是要有理论联系实际、实事求是的科学观。作物栽培学是一门实践性很强的科学,它直接用于指导实践,为生产服务。因此,学习作物栽培学,一方面要掌握理论知识,另一方面要紧密结合生产实践,从实践中不断提高发现问题、分析问题和解决问题的能力。

　　四是要学好相关的基础学科,奠定学好作物栽培学的理论基础。作物栽培学是一门综合性很强的应用科学,它以众多的学科为基础。如研究作物的形态结构,必须具有植物学、植物解剖学的知识;研究作物的生长发育规律,必须具有植物生理学、遗传学以及现代分子生物学的知识;研究作物对环境条件的要求,必须具有土壤学、农业气象学、农业化学、农业生态学以及植物生理学的知识;防治病虫杂草,必须具有农业微生物学、农业昆虫学、植物病理学和农药学的知识;在试验设计和数据分析时,必须具有生物统计学、计算机应用技术等知识;为了提高生产效益,还必须具有经济管理、农产品加工学和市场行销学等知识。

第二节　作物的概念和分类

一、农作物的概念

　　作物的概念有狭义和广义之分。从广义上说,凡是有利用价值并由人工栽培的植物都称作物,如粮食作物、油料作物、蔬菜作物、果树、桑和药用作物等。从狭义上讲,所谓作物是指粮、棉、油、麻、糖、烟等大田作物,即农作物。地球上有记载的植物有30万余种,目前被人类利用的约有2500种,其中约有1500种为人工栽培植物。世界栽培植物中最主要的农作物有90多种,我国目前种植的主要农作物有五六十种。

　　我国是一个具有悠久栽培植物历史的国家,是许多重要农作物如稻、粟、大豆等的原产地。小麦、大麦、黍、大麻等在我国也有数千年栽培历史,其他如甘薯、玉米、马铃薯、蚕豆等作物传入我国的时期,虽然有先有后,但在原产地都有相当长的栽培历史。随着农业生产的发展与人类对植物资源的开发利用,一些野生植物会逐步加入作物的行列。

二、农作物的分类

　　农作物的种类很多,为了便于比较、研究和利用,人们常根据作物的某些特征、特性进行分类,其中按用途和植物学系统的分类,是目前最常用的分类方法,依此分类,可将农作物分为三大部门、八大类别。

(一)粮食作物(food crops)

　　(1) 谷类作物(cereal crops)　一般属禾本科植物。常见的有稻、小麦、大麦(青稞、元麦)、燕麦(包括莜麦)、黑麦、玉米、高粱、粟、黍(包括稷)、龙爪稷、蜡烛稗、薏苡等。蓼科的荞麦,因其主要用途与上述作物相同一般也列在此类中。

（2）豆科作物（legume crops） 属豆科植物。常见的有大豆、蚕豆、豌豆、绿豆、饭豆、小豆、豇豆、菜豆、兵豆（小扁豆）、扁豆、鹰嘴豆等。

（3）薯类作物（tube and root crops） 又称根茎类作物，植物学上科属不一。常见的有甘薯、马铃薯、豆薯、木薯、山药（薯蓣）、蕉藕、芋、魔芋、菊芋等。

（二）经济作物（cash crops）

（4）纤维作物（fiber crops） 植物学上科属不一，常见的有棉花、红麻、黄麻、大麻、苘麻、苎麻、亚麻、剑麻、蕉麻、菠萝麻、罗布麻等。

（5）油料作物（oil crops） 常见的有油菜、花生、芝麻、蓖麻、向日葵、红花、油莎草等。

（6）糖料作物（sugar crops） 常见的有甘蔗、甜菜和甜菊等。

（7）其他作物（other crops） 包括烟草、茶叶、薄荷、咖啡、啤酒花、席草、浙贝母、白术、玄参、芍药、麦冬、延胡索、杭白菊、郁金、厚朴、山茱萸、西红花等。

（三）绿肥及饲料作物（green manure and foliage crops）

（8）绿肥饲料作物 大多数属于豆科植物，常见的有黄花苜蓿、紫云英、苕子、草木樨、田菁、柽麻、紫穗槐、绿萍、水花生、水葫芦、黑麦草、籽粒苋等。

表 1-1 列出了常见作物的名称及主要用途。

表 1-1 常见作物中文名、学名、英文名及主要用途

中文名	学名	英文名	主要用途
禾本科 Gramineae			
稻	*Oryza sativa* L.	Rice	籽实食用
小麦	*Triticum aestivum* L.	Wheat	籽实食用
大麦	*Hordeum vulgare* L.	Barley	籽实食用、饲用、啤用
黑麦	*Secale cereal*e L.	Rye	籽实食用
燕麦	*Avena sativa* L.	Oat	籽实食用、饲用
玉米	*Zea mays* L.	Maize（corn）	籽实食用、饲用
高粱	*Sorghum vulgare* Pers.	Sorghum	籽实食用、饲用
黍（稷）	*Panicum miliaceum* L.	Proso millet	籽实食用
粟	*Setaria italica*（L.）Beauv.	Foxtail millet	籽实食用
薏苡	*Coix lacryma*-jobi L.	Job's-tears	籽实食用、药用
甘蔗	*Saccharum officinarum* L.	Sugar-cane	茎糖用
蓼科 Polygonaceae			
荞麦	*Fagopyrum esculentum* Moench	Buckwheat	籽实食用
豆科 Leguminosae			
大豆	*Glycine max*（L.）Merr.	Soybean	种子油用、食用
花生	*Arachis hypogaea* L.	Peanut	种子油用、食用
蚕豆	*Vicia faba* L.	Broad bean	籽实食用
豇豆	*Vigna unguiculata* L.	Common cowpea	籽实食用
豌豆	*Pisum sativum* L.	Garden pea	籽实食用
饭豆	*Phaseolus calcaratus* Roxb.	Rice bean	籽实食用
绿豆	*Phaseolus radiatus* L.	Mung bean，green gram	籽实食用

续表

中文名	学名	英文名	主要用途
小豆	*Phaseolus angularis* Wight	Adzuki bean	籽实食用
菜豆	*Phaseolus vulgaris* L.	Common bean（kidney bean）	籽实食用
扁豆	*Dolichos lablab* L.	Hyacinth bean	籽实食用
紫云英	*Astrgalus sinicus* L.	Milk vetch	全株作绿肥、饲料
南苜蓿	*Medicago denticulata* Willd	Alfalfa	全株作绿肥、饲料
苕子	*Vicia sativa* L.	Vetch	全株作绿肥、饲料
猪屎豆	*Crotalaria mucronata* Desv.	Striped crotalaria	全株作绿肥
柽麻	*Crotalaria juncea* L.	Sunn hemp	全株作绿肥
胡枝子	*Lespedeza bicolar* Turcz.	Shrub lespedeza	茎叶作绿肥
紫穗槐	*Amorpha fruticosa* L.	Bastard indigo，Falsemdigo	茎叶作绿肥
田菁	*Sesbania cannabina*（Retz.）Poir.	Common sesbania	全株作绿肥
草木樨	*Melilotus officinalis*（L.）Pall.	Sweet clover	茎叶作绿肥
豆薯	*Pachyrhizus erosus*（L.）Urban	Wayaka yambean，yambean	块根食用
旋花科 Covolvulaceae			
甘薯	*Ipomoea batatas* Lam.	Sweet potato	块根食用
薯蓣科 Dioscoreaceae			
山药	*Dioscorea batatas* Decne.	Yam	块根食用
天南星科 Araceae			
芋	*Colocasia esculenta* Schott.	Taro	球茎食用
大藻	*Pistia stratiotes* L.	Water lettuce	全株饲用
美人蕉科 Cannaceae			
美人蕉	*Canna edulis* Ker	Queenalan arrowroot	块茎食用、饲用
茄科 Solanaceae			
马铃薯	*Solanum tuberosum* L.	Potato	块茎食用
烟草	*Nicotiana tabacum* L.	Tabacco	叶制烟
锦葵科 Malvaceae			
棉花	*Gossypium* spp.	Cotton	种子纤维纺织
红麻	*Hibiscus cannabinus* L.	Kenaf	韧皮，纤维用
苘麻	*Abutilon avicennae* Gaertner	China jute	韧皮，纤维用
椴树科 Tiliaceae			
黄麻	*Corchorus capsularis* L.	Jute	韧皮，纤维用
荨麻科 Urticaceae			
苎麻	*Boehmeria nivea*（L.）Gaudich.	Ramie	韧皮，纤维用
大麻科 Cannabiaceae			
大麻	*Cannabis sativa* L.	Hemp	韧皮，纤维用
亚麻科 Linaceae			
亚麻	*Linum usitatissmum* L.	Flax	韧皮，纤维用
龙舌兰科 Agavaceae			
剑麻	*Agave sisalana* Perr. ex Engelm	Sisal hemp	叶，纤维用
芭蕉科 Musaceae			
蕉麻	*Musa textilis* Nee	Manila hemp，Abaca	叶，纤维用
十字花科 Cruciferae			
油菜	*Brassica* spp.	Rape	种子油用

续表

中文名	学名	英文名	主要用途
胡麻科 Pedaliaceae			
芝麻	*Sesamum indicum* L.	Sesame	种子油用
菊科 Compositae			
向日葵	*Helianthus annuus* L.	Sunflower	种子油用
菊芋	*Helianthus tuberosus* L.	Jerusalem artichoke	块茎食用
大戟科 Euphorbiaceae			
蓖麻	*Ricinus communis* L.	Castor-oil plant	种子油用
木薯	*Manihot utilissima*（Pohl）Link	Cassava	块根食用
藜科 Chenopdiceae			
甜菜	*Beta vulgaris* L.	Sugar beet	块根糖料
茶科 Theaceae			
茶	*Camellia sinensis*（L.）O. Ktze	Tea	叶制茶
雨久花科 Pontederiaceae			
水葫芦	*Eichhornia crassipes*（Mart.）Solms	Common water hyacinth	全株饲用
苋科 Amaranthaceae			
水花生	*Alternanthera philoxeroides*（Mart.）Griseb.	Alligator alternanthera	全株饲用
槐叶苹科 Salviniaceae			
绿萍	*Azolla imbricata* L.	duckweed	全株绿肥

第三节　作物产量和生产潜力

一、作物产量

作物产量有生物产量（biomass yield）和经济产量（economic yield）两个概念。生物产量是指作物在整个生育期间生产和积累的有机物质总量，即整个植株（一般不包括根系）的干物质总量。经济产量是指栽培目的所需要的产品收获量，即一般意义上的产量。由于作物种类和栽培目的不同，被利用作为产品的部分也不相同，如禾谷类、豆类作物的产品是籽实，薯类作物是块根、块茎，棉花是种子纤维，黄麻、红麻、大麻、苎麻等为韧皮纤维，甘蔗为茎秆，烟草、茶叶为叶片，绿肥作物为整个植株；当玉米作为粮食作物时，其产品收获物是籽实，作为饲料作物时，茎、叶、果穗均可用作饲料。

作物经济产量是生物产量的一部分，经济产量的形成以生物产量为物质基础。没有高的生物产量，就不可能有高的经济产量，但有了高的生物产量，是否就一定具有高的经济产量了呢？这取决于生物产量转化为经济产量的效率。这种转化效率可用经济系数（经济产量/生物产量）来衡量。经济系数（economic coefficient）越高，说明有机物转化为收获物的效率越高。现代育种大大提高了作物的经济系数，目前薯类作物为0.7～0.85，水稻、小麦在0.50左右，玉米为0.25～0.30，油菜和大豆在0.3左右。由此可见，不同作物的经济系数差异很大，这很大程度上与所利用的产品器官及其化学成分有关。一般说来，凡是以营养器官作为收获对象的作物（如薯类），其产品形成过程比较简单，经济系数往往较高；凡是以生殖器官作为收获对象的作物（如禾谷类和豆类），其产品形成过程要经过较为复杂的有机物转运和再合成，经济系数较低。以碳水化合物为主的收获产品，因形成过程能量消耗少，往往经济系数较高；蛋白质和脂肪含量较多的收获产品，形成过程能量消耗多，经济系数较低，因而大豆、油菜等蛋白质、油分含量较高的作物经济系数要比稻、麦等禾谷类作物低。

　　一般，特定作物品种的经济系数相对比较稳定，作物产量主要取决于生物产量，因而提高生物产量是夺取高产的基础。从作物经济产量的形成过程上看，在作物营养生长阶段，光合同化物绝大部分用于营养体的建成，为以后产品器官的发育和形成奠定物质基础；进入生殖生长后，光合同化物主要用于生殖器官或储藏器官的形成，即形成产量。因此，作物生育后期的光合同化量与经济产量的关系十分密切。保持后期有较大的绿叶面积和较强的光合能力，是提高作物经济产量和经济系数的关键所在。为了达到高产目标，栽培上要运用综合配套技术措施，在作物生育前期，促进壮苗早发，建立起大的营养体（源，source），为生产大的生物产量打基础；在生育中期要促使营养器官和生殖（储藏）器官的协调生长，形成足够数量的有机物储存器官（库，sink）；在生育后期要防止植株早衰和贪青，保证有充足的有机物合成和顺利向产品器官运输（流，stream）。也就是说，要获得作物高产，不仅要求同化物多，运转能力强，同时还要求有与之相适应的储存产品的器官，即要求库大、源足、流畅。

二、作物产量构成因子及相互关系

　　作物产量由单株产量和单位面积上的株数两大因素构成，且具体因素因作物种类而异（表1-2）。作物栽培学的一个基本内容便是研究这些因素的形成规律和相互之间的关系，以及影响这些因素的条件，并制订相应的农艺措施以满足这些因素协调发展的需要。不同品种或同一品种不同生产条件下的产量可能相同，但它们的产量结构可能不同。以小麦为例，我国北方冬麦区高产田块的特点是穗数多，而南方麦

表1-2　各类作物单位面积产量构成因素

作物类型	产量构成因素
禾谷类作物	穗数、每穗实粒数、粒重
豆类作物	株数、每株荚数、每荚实粒数、粒重
薯类作物	株数、每株薯块数、单薯重
棉花	株数、每株有效铃数、每铃籽棉重、衣分
油菜	株数、每株荚数、每荚粒数、粒重
甘蔗	有效茎数、单茎重
烟草	株数、每株叶数、单叶重
绿肥	株数、单株重

区高产田块的穗数较少，但每穗粒数较多，这一差异是由地区间生态条件不同所决定的。

　　在一定的栽培条件下，作物群体的产量构成因素之间往往存在着一定的矛盾关系。以禾谷类作物为例，当单位面积的穗数增加时，每穗粒数就有减少的趋势，千粒重也会有所降低，这是因为作物的群体是由各个体组成的，当单位面积上株数（密度）增加时，各个体所占的空间就减少，这样个体的生物产量会相应削弱，因而表现为每穗粒数等构成经济产量的器官也减少。密度增加，个体变小是普遍现象，但个体变小，不等于最后产量就低，这是因为作物栽培的最终目的是单位面积上的产量，即要求单位面积上的穗数×粒数×粒重达到最大值。由此可见，若单位面积上的穗数增加能弥补并超过每穗粒数及粒重减少的损失，则表现为增产。当三因素中任一因素增加而不能弥补另两个因素减少的损失时，就表现为减产。那么，个体可以允许的削弱和过分削弱之间的界限在哪里呢？根据对以籽实为收获物的作

物的分析结果,当群体密度增加到一定水平时,单株籽实重并不随植株重量降低成比例下降,而是比株重下降更为剧烈,结果导致经济系数下降,即在密度提高后植株受到削弱时,生殖器官受到的削弱更为严重。因此,在密度过高时,虽然生物产量并不比密度适宜时少,但经济产量却由于经济系数的下降而比密度适宜时为低。所以,对于以籽实为主要收获物的稻、麦、玉米、大豆、油菜等作物来说,产量最高时的密度范围,出现在提高密度增加干物质积累的有利作用恰好与经济系数下降的不利作用相等的时候,而这个密度总是比生物产量最高时的密度要低。

当密度超过一定范围后,造成经济系数下降的根本原因是,群体过大引起的冠层郁蔽、通风透光差,叶片光合效率下降,从而影响干物质的生产和积累。任何作物达到高产,在具体的栽培条件下都有一个最适的叶面积值。在此值以下,增加密度,可增加单位面积上的绿色面积,提高光能利用率,从而增加干物质生产和积累。当密度超过一定范围,叶面积继续增大时,田间遮光严重,有效叶面积和光合产物不再增加,而呼吸消耗则随叶面积的增加而增大,因而干物质积累反而减少。作物各生育阶段的最适叶面积指数(leaf area index),是协调产量构成因素间的矛盾,增加干物质积累,提高经济系数的重要条件,也是作物高产栽培需要研究和解决的主要问题。

三、作物增产潜力与提高作物产量的途径

作物所积累的有机物质,是作物利用太阳光能,将吸收的二氧化碳和水迻过光合作用合成的。通过各种措施和途径,最大限度地利用太阳光能,不断提高光合作用效率,以形成尽可能多的有机物质,是挖掘作物生产潜力的重要手段。

据研究,在自然条件下作物可以达到的太阳光能最高利用率,为可见光的 12% 左右,但目前我国耕地全年太阳光能平均利用率仅为 0.5% ～ 0.6%,即使是全年产量达 15000 kg/hm² 的田块,其太阳光能利用率也只达 4% 左右。据报道,在气温＞5℃的时期内,如农田的太阳光能利用率达到 2%,则我国粮食作物的平均产量可达 7500 kg/hm² 以上;如在＞5 ℃的时期内农田的太阳光能利用率提高到 5.1%,则全国粮食平均产量将达到 27765 kg/hm²。可见,提高作物的单位面积产量,还有巨大潜力。

以上光合潜力的估算值,必须在以下四个条件都具备时才能实现:一是具有充分利用光能的高光效作物品种;二是空气中的二氧化碳浓度正常;三是环境因素均处于最适宜状态;四是具备最佳的接受和分配阳光的群体。因此,从提高光能利用率上提高单产,必须从改良作物品种和改善环境条件等几方面着手。

第一,培育高光效的作物品种。要求具有高光合能力,低呼吸消耗,光合机能保持较长时间,叶面积适宜,株型、长相等有利于田间群体最大限度地利用光能的特点。

第二,充分利用生长季节,合理安排茬口。采用间作套种、育苗移栽等措施,提高复种指数,在温度允许范围内,使一年中尽可能多的时间有作物生长,特别是在温度高、光照强的时期,使单位面积上有较高的绿色面积,以提高作物群体的光能利用率。

第三,采用合理栽培措施。如合理密植,使田间有最适宜的作物群体;加强田间管理,正确运用肥、水,充分满足作物各生育阶段对外界环境条件的需求。

第四,提高作物光合效率。通过补施二氧化碳、人工补充光照和抑制光呼吸等手段达到这一目标。

第四节　作物栽培科学成就与发展前景

一、世界作物生产的发展概况

作物栽培科学是密切联系生产实际、把科学技术转化为生产力的应用性学科;作物栽培科学和技术是综合反映一个国家、一个地区农业科技水平和生产水平的标志之一。随着自然科学的研究发展、新技术的发明应用、生产条件的改善优化,作物栽培科学不断被赋予新的内容并把作物生产提高到一个新的水平。衡量作物栽培科学的标志最终显示在产量的增长、品质的改善和效益的提高上。从全世界范围看,当代作物栽培科学有以下特点和成就。

(一)作物生产发展迅速

1. 总产大幅度增长

据联合国粮食及农业组织(Food and Agriculture Organization of the United Nations, FAO)(2013)报道,2013 年谷类作物总产量达 27.80 亿 t,其中稻谷 7.41 亿 t,小麦 7.16 亿 t,玉米 10.18 亿 t;棉花(籽棉)总产量为 2454.36 万 t;油菜籽总产量为 7270 万 t,增长 407.30%;大豆总产量为 2.76 亿 t;其他如糖料作物、豆类和薯类也有不同程度的增长。

2. 单产显著提高

近半个世纪以来世界农作物总产的大幅度增长主要归因为单位面积产量的显著提高。据统计,谷类作物种植面积 2013 年(7.22 亿 hm²)与 1970(6.75 亿 hm²)相比,仅增加 7.0% 左右。从单产上看,2013 年和 1970 年比较,谷类作物产量从 1841 kg/hm² 提高到 3857.3 kg/hm²,增加 109.5%,其中稻谷产量从 2380.8 kg/hm² 增加至 4485.9 kg/hm²,增加 88.4%;小麦从 1494.1 kg/hm² 增加至 3268.3 kg/hm²,增加 118.7%;玉米产量从 2350.9 kg/hm² 增加至 5499.7 kg/hm²,增加 133.9%;棉花籽棉产量从 1069 kg/hm² 提高到 2138 kg/hm²,增加 100%;油菜籽产量从 780 kg/hm² 提高到 1992 kg/hm²,增加 155.4%;大豆产量从 1386 kg/hm² 提高到 2474.6 kg/hm²,增加 78.5%。

3. 生产条件明显改善

农业技术现代化对作物产量增长起重要作用。自 20 世纪 80 年代以来,农业机械作业进一步发展,发达国家农田耕、种、管、收已全部实现机械化、自动化,农业劳动生产力显著提高;发展中国家农机作业比例也有所增加。化肥施用量成倍增长,且氮、磷、钾比例进一步调整,逐渐趋于合理。农田灌溉面积进一步扩大,据 FAO 统计资料,2012 年世界农田灌溉面积约 3.23 亿 hm²,占农用土地面积的 6.6% 左右;我国是灌溉面积最大也是增加速度最快的国家。同时,新的节水灌溉技术不断得到开发和应用。

（二）生产技术不断改进与完善

1.良种良法配合

作物新品种培育更注重高产、优质和抗逆性。近半个世纪以来,作物育种在矮秆抗倒、高产优质、抗逆抗病等方面取得了重大突破。水稻、玉米、棉花和油菜等作物都培育出一批杂种优势强、适应性广的高产组合(品种)。在良种推广应用前,通过对作物生长发育、产量形成、生产潜力、环境适应、抗逆性以及栽培技术效应等生理学、生态学、栽培学方面的研究,明确并提出充分发挥良种高产、优质潜力的栽培技术措施,实现良种良法配套。

2.肥料管理

据 FAO 统计,在 20 世纪 80 年代的作物增产诸因素中,增施化肥和合理施肥的贡献率约为 30%～40%。鉴于化肥在作物生产上的重要作用以及施用过量或不合理会导致生产成本增加、环境污染的问题,提高肥料利用率一直是农业科学研究的主要内容,一是研究作物需肥规律和配方施肥技术,充分发挥肥效;二是改进施肥方法,减少养分挥发和流失;三是增施化肥增效剂;四是研制新型化肥品种,如复合肥料、缓效肥料、包衣肥料等。

3.科学灌溉

20 世纪 80 年代世界农田灌溉面积约 3.23 亿 hm^2,不及农用土地面积的 20%,但提供的农产品占农业总产量的一半以上。在当今水资源紧缺的情况下,节水栽培是世界研究灌溉技术的重点。节水栽培是一项综合配套技术,它是以节水灌溉为核心,配合采用抗旱品种、秸秆或薄膜覆盖、少耕免耕、土壤保水剂等措施。各国在改进渠道灌溉的同时,发展管道灌溉。发达国家采用喷灌、滴灌、雾灌等新技术,一般比沟灌或漫灌节约用水 30%～50%,节约农地 7%～10%。

4.设施栽培

设施栽培包括温室栽培、无土栽培、工厂化栽培以及植物工厂等,它是人工控制自然条件,创造作物良好生长环境的一种集约化程度很高的栽培方式,可以人为调节季节,显著增加光热资源利用,大幅度提高农作物产量。设施栽培的发端始于 20 世纪 70 年代掀起的塑料薄膜的广泛应用,从花卉、蔬菜等精细作物发展到粮食作物。薄膜覆盖具有增温保墒作用,增产增收显著,在高寒冷凉地区大田作物一般增产 30%～50%,高的达一倍以上。此后,一些农业发达国家陆续发展温室栽培和工厂化栽培,并已出现一定规模的植物工厂栽培,这些设施栽培不受季节、气候和土壤的限制,光照、水分、养分、二氧化碳等环境因子可自动化控制,管理实现机械作业,并与组织培养等生物工程技术紧密结合、配套应用,实现了高产、优质、高效的目标。

5.农作物模型模拟技术

利用计算机模拟作物生长发育和产量形成过程是一项新兴技术。20 世纪 60 年代有关科学家建立了农作物生长动力学模型,模拟作物光合作用、呼吸作用、物质运输等过程,解释作物生长与环境的数量关系;之后开发了著名的作物生长模拟程序,可以模拟作物生长、农田小气候、光合进程、呼吸消耗、水分平衡等。80年代从理论研究逐步进入应用研究,如美国建立的棉花生长发育和产量形成动态模型(Gossypium Simulation Model,GOSSYM),已在棉花种植带大范围推广应用;建立的作物-环境资源综合体系(Crop-Environmental Resource Synthesis,CERES)小麦、玉米生长和产量模型,用来预测玉米带的产量以及研究气候变化对作物产量的影响。目前,全球已有几十种作物生长发育模拟模型或作物高产专家咨询决策系统。

6. 农业机械作业

总体而言,发达国家已实现了农田作业机械化,农业机械日益向大功率、高速、宽幅、联合作业与自动化方向发展。例如,130马力轮式拖拉机带动10铧犁,耕地前进速度每小时8 km,每天可耕翻土地16 hm²;整地播种机具幅宽10~20 m,并广泛采用悬挂装置和复式作业。联合收割机采用液压操纵、自动挂接、电子监视技术等。迄今,大多数发展中国家农业机械化尚处于较低水平,劳、畜、机作业兼而有之,因而农业生产力相对低下。

二、我国作物栽培科学的成就和发展

(一)种植制度改革

作物间套复种是合理利用自然资源和提高单位土地生产力的重要途径,也是作物栽培科学的主要研究内容。我国南方稻区20世纪50年代进行单改双、间改套、籼改粳,60年代大力推广双季稻,70年代以后部分地区在双季稻改制的基础上,发展粮食和经济作物的两熟制和复种形式的三熟制,在江淮地区发展小麦—水稻、小麦—棉花或油菜—水稻两熟制,在黄淮海平原逐步从一年一熟发展到两年三熟及以小麦、玉米为主的间套复种一年两熟。种植制度改革显著增加了复种指数,1952年全国耕地复种指数为131%,1979年增加到151%,1990年发展到155.6%。据估算,我国粮食的1/2、棉花和油料的1/3都是依靠间套复种获得的。种植制度研究的主要成就有:①在查明全国不同生态类型区光、热、水资源分布和种植方式的基础上,研究制订了全国农作物种植制度区划,为调整作物布局、改革种植制度和分布分类指导提供了依据。②研究不同种植类型农田生态系统的物质能量循环,明确了物质循环的特点以及氮素、碳素和其他矿质元素的循环过程。③研究多熟种植与培肥地力的关系。查明间套复种对土壤理化性状和养分含量的影响,通过各种土壤培肥措施,如多施有机肥、秸秆还田、建立合理作物轮作和土壤耕作制,实现用地与养地相结合。④研究复合群体的竞争和互助,包括种内和种间竞争和互助。查明作物复合群体在空间、时间和地下部对光照、水分、养分的竞争以及对植物代谢产物的影响,通过优化种植方式、品种搭配、行向、行比以及各种调控措施,提高光能利用率和对养分、水分的吸收利用,加快物质能量的转化进程。⑤针对不同生态区多熟种植方式,如南方水田双季稻、黄淮海平原小麦玉米两熟间套复种、西南丘陵旱地三熟套种和北方一熟种植等,研究多熟高产综合配套栽培技术以及大、中、小结合一型多用的农业机械。我国农作物间套复种种植制度及其研究成果,在世界农业科学领域中居领先水平。

(二)育秧(苗)移栽技术的发展

作物育秧(苗)移栽在我国有悠久的历史,它可以集中育苗,适时移栽,合理安排作物茬口,调节劳力,提早播种,充分利用农时季节,是获取农作物高产的一项重要技术。育秧(苗)移栽是作物栽培学的重点研究内容之一,取得的主要成果有:①水稻培育壮秧机理及防止烂秧的措施;②农作物工厂化育秧(苗)生态因子的调控;③玉米、棉花等作物营养钵育苗的形态生理指标及移栽技术;④育苗移栽机械化。我国大田作物育苗移栽技术及其研究成果在国际上具有较高的水平。

(三)施肥技术的改进

作物科学施肥是保证作物不同生育阶段对营养需求、培肥地力、提高产量和改进品质的重要措施。取得的主要研究成果有:①主要农作物的需肥规律,作物对养分吸收的动态和数量。②施肥与环境条件的关系,包括肥料性质、土壤肥力、水分状况以及气候因素等。③施肥时期、次数和方法,确定农作物施肥的基本原则:无机与有机结合;基肥为主,追肥为辅;化肥为主,有机肥为辅;氮肥为主,磷钾肥为辅等。④施肥诊断技术,包括叶色诊断、株形诊断、营养诊断和根系诊断等。⑤配方施肥,即根据作物需肥规律、土壤供肥能力和肥料成分,设计获得预期产量所采用的施肥数量和氮、磷、钾适宜比例。农作物配方施肥的研究成果推广在减少化肥用量、增产增益上发挥了积极的作用。

(四)节水灌溉技术

作物节水灌溉技术包括灌溉节水技术、节水制度、区域水资源平衡以及上述节水措施的综合配套应用。我国稻田面积近 3000 万 hm^2,长期以来发展形成了四种节水灌溉类型:①水层湿润与晒田结合灌溉型;②长期水层与晒田结合灌溉型;③长期水层灌溉型;④干湿灌溉型。在有灌溉条件的旱田作物,采用畦灌和沟灌方式,能够不同程度地节约用水;经济作物采用喷灌、滴灌和雾灌技术,可增产 5%~20%,节约用水 50% 以上。节水技术研究的主要成果有:①缩小灌溉湿润层深度。根据作物根系集中分布区把灌溉层深度从 80~100 cm 缩小到 50~80 cm。②降低适宜土壤水分指标。通过主要作物产量形成与土壤水分含量关系的研究,将适宜下限降低 20%~30%。③利用深层土壤苦水,用以补偿浅水层水分不足。④根据作物需水规律和降水特点进行补充灌溉。还有,综合考虑上述指标,制订农作物高产节水的规范化灌溉实施方案。

(五)旱地农作技术

我国无灌溉条件的旱作面积约占耕地的一半,年降雨量仅 250~500 mm。蓄住天上水,保住土中墒,最大限度地蓄水保墒和提高水分利用率,是旱作农业增产的关键。围绕旱作栽培的蓄水和用水过程,将工程措施与生物措施相结合,研究形成了以纳雨蓄水为主的耕作技术,达到以土蓄水、增肥保水、水肥保苗、壮苗根深、以根调水、开发利用深层水、提高自然降雨利用率以实现旱作稳产高产的目的。主要旱作农业措施有修筑梯田、深层耙压、节水播种、合理轮作、应用化学抗旱制剂等。科研人员根据农民的长期实践,研究总结出丰富的旱作经验,如沙田、堰田、露水聚肥改土耕作法,以及耕耙盖糖、整地保墒技术和旱作综合栽培技术。

(六)农作物覆膜栽培

农膜覆盖栽培从 20 世纪 70 年代引进我国,首先在园艺作物上应用,显示出很大的增产效果,并为冷凉地区和大城市缓解了瓜菜周年供应矛盾;80 年代后覆膜栽培迅速扩大,其发展特点是从经济作物扩展到大田作物,从高寒丘陵发展到沿海平原,从北方向南方拓展,特别是在无霜期较短的西北和南方丘陵地区,农作物覆膜栽培增产在一倍以上。主要研究内容有:①覆膜栽培的生态效应,包括热效应,覆膜土壤比露地一般增温 2~4 ℃;水效应,覆膜栽培有良好的保墒、提墒以及稳定土壤水分的效果;二氧化碳效应,覆膜地比露地表面二氧化碳含量高一倍以上;养分效应,覆膜栽培促进微生物活动,加速矿质营养转化为速效态,有利于作物根系吸收。②覆膜栽培对作物生长发育和产量的影响。③不同海拔高度覆膜栽培的适应范围。④铺膜机械研制与应用。

(七)农作物化控技术

长期以来,人类根据取食植物部位的不同,采取人工措施促进或控制农作物生长发育,如抑制水稻分蘖、玉米去雄、大豆摘心、棉花整枝、烟草打尖等,以获取较高的经济产量。20 世纪 80 年代以来,农作物化控技术快速发展,它是在农作物生育过程中施用植物生物调节物质,调节植物生长发育,协调器官生长平衡,以达到农作物高产和高效的目的。农作物化控栽培主要有以下特点:一是措施的可调控性,可根据施用时间和剂量实现促进或控制的目的;二是技术的综合性,化控技术往往与施肥、水分管理等措施结合使用;三是使作物管理更接近目标设计可控程序的工程。通过化控栽培可弥补传统栽培方法的不足,塑造植物的理想个体造型和群体发育过程,如高秆变矮秆、晚熟变早熟、促进花芽分化、疏花落果等,从而可突破速生、密植、多熟的极限。

(八)农作物规范化栽培

农作物规范化栽培,就是运用系统工程原理和计算机模拟技术,组装配套最佳栽培技术措施,按程序设计实现作物最佳生长,以达到最大的产量和经济效益。农作物规范化栽培在我国的水稻、小麦、玉米等粮食作物和棉花、油菜等经济作物上广泛应用,如水稻和小麦的群体质量栽培,对作物增产起了重要作用。它标志着我国作物栽培从以经验指导为主转向以科学指导为主,从侧重单项技术转向运用综合栽培技术,从以定性研究为主转向定性与定量研究相结合,注意宏观控制与微观调节相结合,从而使作物栽培研究发展到一个新阶段。农作物规范化栽培有三种形式:①指标化栽培。在总结多年大面积丰产经验的基础上,根据作物生育进程提出高产的植株形态和生理指标以及调控措施。②规程化栽培。根据目标产量指标优化栽培技术并集成配套,进而大面积推广应用。③模式化栽培。综合作物生长发育指标和单项技术,运用系统工程和计算机技术,建立农作物生育进程和高产栽培模型,指导大面积作物生产。

(九)农作物高产栽培及其机理研究

作物高产栽培技术及其机理研究的成果,为农作物高产高效栽培奠定了理论与技术基础。作物高产栽培的主要研究内容有:①农作物生长发育规律。研究在高产条件下作物的生长发育进程、叶面积的动态消长、干物质积累和分配以及器官建成的同伸关系。20世纪80年代在此项应用理论研究成果的基础上,先后提出了水稻叶龄发育模式、小麦叶龄指标促控法以及玉米按叶龄促控管理技术等。②农作物产量形成规律与源、库、流关系的研究。研究作物产量形成过程的生态环境条件,群体穗、粒、重决定时期及其对产量形成的作用,源、库、流的合理比值和促控调节。③农作物群体结构及提高光能利用率的研究。重点研究作物群体发展的自动调节和反馈机理,群体冠层结构(株型、叶面积、叶角、叶片空间取向及发展动态等)与光能利用效率,群体整齐度对个体生长和产量的影响。④农作物需水需肥规律的研究。研究农作物高产需水特点和需水规律,作物对主要营养元素的吸收、积累和动态分配规律,作物高产需肥指标和比例,作物品种耐肥性研究以及高产栽培的营养诊断技术。⑤农作物落花、落铃、落果的机理和调控技术研究。

三、作物栽培科学的发展特点与趋势

展望未来,我国作物栽培科学发展的特点和趋势是:传统精细农艺与现代科学技术结合,根据市场需要,调整作物结构和布局,向区域化、专业化生产发展;采用先进的适用栽培技术,注重自然资源的利用和保护,实现作物生产的可持续发展;大面积地建设高产高效农田,积极发展减工节本的轻型(简)栽培技术和有机农业,实现作物生产的优质、安全和高效。

(一)根据市场需要,调整作物结构和布局

商品农业以高产、优质、高效为发展目标。因此,必须以市场需要为导向,改革种植制度,调整作物结构和布局,最大限度地满足社会经济快速发展的新形势下对农产品的需求。调整作物结构和布局的原则如下:

一是妥善安排粮食作物、经济作物和饲料作物的比例。为适应国内、国外两个市场的需要,特别是发展畜牧业的需要,既要确保粮食产量稳定增长,积极发展多种经营,又要促进养殖业的发展。因此,必须合理安排粮食、经济、饲料作物的种植比例,实行人畜分粮、粮饲分营,改变饲料长期依附于粮食的被动局面,使粮食作物的生产和加工成为一个独立的产业,以适应逐步形成的种植业、养殖业、加工业全面发展的格局。

二是有计划地扩大名、优、特、稀作物和品种的种植面积。名、优、特、稀农作物和品种有助于改善人民生活、扩大外贸收入。由于受自然条件的制约,这些作物生产有一定的制约性,要因地制宜,在该产品资源优势区建设独具特色的规模商品生产基地,以优、鲜、新、特多样化满足人民生活需要,并逐步走向国际市场。

三是重视资源利用和市场统一,大力推广多熟、高效种植模式。例如,粮—果—菜,粮—油—饲和种、养结合等生产方式,进一步搞好综合配套技术,发展适度规模经营,有效利用光、热、水、土、气自然资源,充分挖掘耕地生产潜力。

(二)增加复种指数,扩大间套复种面积

我国人口多、耕地少。据统计,20世纪50年代我国人均耕地为0.2 hm² 左右,2014年已下降到0.07 hm²,不及全世界人均耕地的1/4。在过去的半个多世纪里,我国农业依靠增加复种指数,发展精细农艺,提高农作物单位面积产量和总产量。今后,我国种植制度改革

仍应以提高土地利用率为中心,合理利用土地资源,增加复种指数,其理由是:①人均耕地越来越少,后备耕地资源不多;②宜复种的土地一般基础较好,不必从头搞起,因而投资少,见效快;③多熟地区人口多,劳力资源多,交通方便,经济较发达,有利于复种。

(三)采用先进适用栽培技术,挖掘耕地潜力

作物耕作栽培技术,实质上标志着一个时期人类对自然条件和作物生长的控制程度以及社会经济发展水平。我国农业生产特点决定了需采取适用耕作栽培技术。所谓适用技术,就是在一定社会经济环境和自然条件下,劳动者能够获得作物高产、高效的技术。先进技术和适用技术既有联系又有区别。先进技术是当代对农业生产起主导作用的技术,它可能成为当时当地的适用技术,也可能不是,这主要取决于运用技术的时间、地点、环境和条件。随着科学技术的进步,适用技术将不断被赋予新的内容,如通过生物工程技术培育的优异种质材料,仍需通过常规育种手段育成新品种,需要适用技术发挥它的增产潜力。此外,需要综合运用良种良法配套技术,包括施肥技术、节水灌溉技术、设施栽培技术、化控技术和农机作业技术等。

(四)建设高产高效农田,实现增产增收

我国农业生产的特点决定了农业集约化经营和高产高效的发展方向。因此,必须有计划地建设高产高效农田,即建设标准化农田,并推广综合配套技术,增加物质能量投入,从而不断提高土地利用率和劳动生产率。

通常,高产出是在高投入基础上获得的。随着物质投入的增加和采用适宜的耕作栽培技术,高产量和高效益(包括经济效益、肥料效益、灌水效益、能耗效益)完全可以同步增长。我国耕地以产量高低划分,中、低产田占耕地面积的 2/3 以上。建设高产高效农田的重点应放在低、中产田上,使中产田变高产田,低产田变中产田,从而显著提高全国耕地的平均生产率。

主要参考文献

[1]曹卫星.作物栽培学总论[M].2 版.北京:科学出版社,2011.

[2]杨守仁,郑丕尧.作物栽培学概论[M].北京:农业出版社,1997.

[3]张国平,周伟军.作物栽培学[M].杭州:浙江大学出版社,2001.

复习思考题

1. 作物栽培学研究的主要内容是什么?
2. 什么是广义上的作物?什么是狭义上的作物?
3. 农作物是怎样分类的?
4. 什么是作物的生物产量和经济产量?两者的关系怎样?
5. 当代作物栽培科学有哪些特点和成就?发展趋势如何?
6. 我国在作物栽培科学上的进步主要表现在哪些方面?

第二章 水 稻

第一节 概 述

一、水稻生产在国民经济中的意义

水稻、小麦和玉米是世界三大粮食作物,全球以稻米为主食的人口占总人口的50%以上。我国水稻栽培面积约占粮食作物种植面积的1/3,而稻谷总产量占粮食总产量的40%以上,全国有近2/3人口以稻米为主食。因此,水稻生产在保障我国粮食安全供应上占有十分重要的地位。

水稻是高产作物,可通过水分管理调节土壤肥力,提高对肥料和光、热等自然资源的利用,从而获得高产。在地力、施肥水平相近的情况下,水稻干物质积累量常较旱地作物多,经济系数也比其他粮食作物高。

水稻的适应性强。不论酸性土壤、轻盐碱土壤、沙土、黏土、排水不良的低洼沼泽地,还是其他作物不太适应的土壤,只要有水,一般均可栽培水稻或以水稻为先锋作物。种植水稻是利用和改造低洼易涝地、盐碱地、沙薄地并增产的重要途径。

稻米的营养价值较高。与其他粮食相比,稻米的淀粉粒小,易于消化吸收;稻米中还含有较丰富的蛋白质、脂肪、维生素、矿物质等,各种营养成分配合相对合理,且可消化率和吸收率都较高;稻米便于加工、运输和储藏,是最重要的商品粮之一。此外,稻谷还是重要的加工、酿造业原料,稻糠、稻草等副产品可作为饲料和造纸等工业原料。

水稻生产的劳动密集程度较高。全球发展中国家共有约10亿人从事水稻生产和相关产业,其中大多数人生活在欠发达地区,发展水稻生产对保障广大稻农的基本经济来源和提高生活水平至关重要。近年来,随着人们对生态环境恶化担忧的不断增大,种植水稻的生态效应也越来越受到重视,凌启鸿认为水稻具有五大生态功能:储水抗洪功能、清新空气功能、调节气候功能、人工湿地功能和改良土壤功能。

二、水稻生产概况

(一)全球水稻生产概况

世界各大洲均有水稻栽培,主要集中在亚洲,占世界水稻总产量的90%左右,美洲和非洲分别约占全球水稻总产量的5%和4%。此外,欧洲和大洋洲亦有一定面积的水稻栽培。

印度是世界上种植水稻面积最大的国家,但单产水平较低,总产量远不及我国,居世界第二。除中国和印度外,亚洲地区的其他主要水稻生产国有印度尼西亚、孟加拉国、越南、泰国、缅甸、菲律宾、日本、韩国、巴基斯坦和马来西亚等,其中,泰国和越南是主要大米出口国。美洲地区的水稻生产地区主要分布在美国南部、西部沿海、南美洲各国低洼平原地区,栽培面积以巴西最大,居世界第九位,巴西也是全球陆稻种植面积最大的国家,其次为美国,栽培面积不大,但单产水平较高,约 2/3 的稻米供出口。非洲地区的产稻区集中在尼罗河三角洲和北部沿海一带,主要产稻国有尼日利亚、埃及、马达加斯加、几内亚和坦桑尼亚等。欧洲地区的主要产稻国家有意大利、西班牙、葡萄牙和法国,以意大利种植面积较大,全部种植单季粳稻。大洋洲地区主要产稻国家为澳大利亚,以生产优质米为主,由于水资源紧缺,澳大利亚的水稻生产面积近年来呈逐渐缩小的趋势。在世界十大水稻生产国中,除巴西为南美洲国家外,其余 9 国均属于亚洲。

(二)我国水稻生产概况

中国水稻种植面积约占世界水稻面积的 1/4,仅次于印度,居世界第二。稻谷总产量约占世界稻谷总产量的 1/3,居世界第一。目前,全国水稻的平均单产为 6800~7000 kg/m^2,单产水平在世界主要产稻国中位居前列。其中,杂交水稻的年种植面积约占我国水稻面积的 55%,产量约占水稻总产的 65%。

近半个多世纪以来,我国水稻生产及技术的发展大致经历了以下几个阶段:

第一个阶段是 1949 年—20 世纪 60 年代初期。此期我国水稻生产和发展的特点是在大力开展治水、改土为中心的农田基本建设的同时,进行了单季稻改双季稻、籼稻改粳稻等耕作制度改革,各地总结了劳模的水稻高产栽培经验,如北方稻区总结崔竹松的"分蘖发黑发墩,拔节落黄打粮"的经验;长江流域总结了陈永康的单季晚稻"三黄三黑"和唐宝铭的中稻"二黄二黑"高产经验,对提高水稻产量起了重要作用。但在此时期末,由于部分地区双季稻和三熟制面积下降,水稻种植面积减少,单产有所降低,我国水稻生产出现了第一次大滑坡。

第二个阶段是 20 世纪 60 年代初到 20 世纪 70 年代末。此期的发展特点是推广和普及矮秆品种,以矮秆品种代替高秆品种,并围绕推广矮秆高产良种,提出以适当扩大群体依靠多穗增产为主的壮秧、足肥、早发、早控等栽培技术,实现了矮秆品种熟期类型配套,以及"小、壮、高"高产模式和"浅水勤灌、分次适时搁田"灌溉技术的推广,对我国水稻大面积增产起到了积极作用,水稻种植面积至 1976 年发展至顶峰,达到 3620 万 hm^2,水稻单产水平得到进一步提高。

第三个阶段是 20 世纪 80 年代初到 20 世纪 90 年代末。此期高产杂交稻组合和常规稻品种大面积应用于水稻生产。与此同时,以稀播、培育壮秧、以分蘖代苗、适当稀植建成高光效群体和以分蘖成穗为主的杂交稻高产栽培技术也在水稻生产上得到较广泛应用。例如,20 世纪 80 年代推广的以"水稻稀少平"、"水稻叶龄模式"等为代表的水稻高产栽培理论与技术,20 世纪 90 年代推广的以"水稻旱育稀植"、"水稻群体质量栽培"、"水稻浅湿干灌溉技术"等为代表的水稻高产高效栽培技术为日益增长的人口的粮食需要提供了重要保障。在稳定水稻种植面积的同时,提高单产而增产的比重占据了主导地位。

20 世纪 90 年代后期以来,我国水稻生产进入新时期,水稻种植面积大幅下降,提高水稻单位面积产量已成为稳定水稻总产量和提高种植效益的主要途径。水稻超高产育种取得了可喜的成绩,一批超级稻品种大面积应用于水稻生产,各地在研究超级稻生育特性和高产形成规律的同时,提出了精确定量栽培、实地养分管理等理论和"旺壮重"等栽培技术配套措施,以机械化种植为主的轻简栽培技术和高效节水灌溉技术模式也在水稻生产上得到迅速推广,各地涌现了一批大面积每公顷产量在 10500 kg 以上,小面积每公顷产量达 12000～13500 kg 以上的水稻高产纪录。近年来,我国水稻生产在高产的同时注意提高稻米品质和稻米安全,在高产高效基础上进行品质和清洁生产研究,水稻生产正向"高产、优质、高效、生态、安全"的综合方向发展,并取得了初步成效。

三、中国水稻区划与分布

我国稻区分布辽阔,南自热带北纬 18°98′的海南省崖县,北至 53°36′的黑龙江漠河,东至台湾,西迄新疆,在这一广大范围内,由低洼的沼泽地到海拔 2670 m 的西南高原和山地都有水稻种植。我国水稻种植面积的 90%以上分布在秦岭、淮河以南地区,成都平原、长江中下游平原、珠江流域的河谷平原和三角洲地带为我国水稻主产区。此外,云南、贵州的坝子平原,浙江、福建沿海地区的滨海平原以及台湾西部平原,也都是我国水稻集中产区。各地自然生态环境、社会经济条件和水稻生产状况都有明显差异。我国稻作区划以自然生态环境、品种类型、栽培制度为基础,结合行政区划,划分为六个稻作区(一级区)和 16 个稻作亚区(二级区)。

Ⅰ. 华南双季稻稻作区:该区位于南岭以南,包括广东、广西、福建、海南和台湾五省(区)。其下划分为闽、粤、桂、台平原丘陵双季稻亚区(Ⅰ₁),滇南河谷盆地单季稻稻作亚区(Ⅰ₂)和琼雷台地平原双季稻多熟亚区(Ⅰ₃)。该区稻作面积居全国第二位,不包括台湾约占全国稻作总面积的 22%。本区水热资源最为丰富,稻田种植制度是以双季稻为主的一年多熟制,实行水稻与夏秋季旱作的当年或隔年水旱轮作,稻田复种指数较高,水稻品种以籼稻为主,山区也有粳稻分布。

Ⅱ. 华中单、双季稻稻作区:该区位于南岭以北和秦岭以南,包括江苏、上海、浙江、安徽、江西、湖南、湖北、四川八省、市的全部或大部,以及陕西和河南两省的南部。其下划分为长江中下游平原单双季稻亚区(Ⅱ₁),川陕盆地单季稻两熟亚区(Ⅱ₂)和江南丘陵平原双季稻亚区(Ⅱ₃)。该区稻作面积和总产量约占全国稻作总面积和稻谷总产的 60%～65%。本区内的太湖平原、里下河平原、皖中平原、鄱阳湖平原、洞庭湖平原、江汉平原和杭嘉湖平原等历来都是我国著名的稻米产区。本区属亚热带温暖湿润季风气候,早稻品种多为籼稻,中稻多为籼型杂交稻,单季晚稻为籼、粳型杂交稻或常规粳稻。

Ⅲ. 西南单季稻稻作区:该区位于云贵高原和青藏高原,包括湖南西部、贵州大部、云南中北部、青海、西藏和四川甘孜藏族自治州。该区分为黔东湘西高原山区单、双季稻亚区(Ⅲ₁),滇川高原岭谷单季稻两熟亚区(Ⅲ₂)和青藏高寒河谷单季稻亚区(Ⅲ₃)。该区属亚热带高原型湿润季风气候,稻作面积约占全国稻作面积的 6%,水稻类型垂直分布带差异明显,稻田种植制度以单季稻为主,低海拔地区为籼稻,高海拔地区为粳稻,中间地带为籼粳交错分布区,陆稻也有一定种植面积。

Ⅳ. 华北单季稻稻作区:该区位于秦岭、淮河以北,长城以南,包括北京、天津、河北、山东、山西等省、市和河南北部、安徽淮河以北、陕西中北部、甘肃兰州以东地区。该区分为华北北部平原中早熟亚区(Ⅳ₁)和黄淮平原丘陵中晚熟亚区(Ⅳ₂)。该区属暖温带季风气候,光热条件好,稻作面积约占全国稻作面积的 2%～3%,主要分布在黄淮海平原的低洼地区、沿河滨海地带,以及有灌溉条件的城镇郊区,一年只种一季,品种以粳稻为主,也有籼稻、旱稻。

Ⅴ. 东北早熟单季稻稻作区:该区位于黑龙江以南和长城以北,包括辽宁、吉林、黑龙江和内蒙古自治区东部。该区分为黑吉平原河谷特早熟亚区(Ⅴ₁)和辽河沿海平原早熟亚区(Ⅴ₂)。本区属寒温带—暖温带湿润季风气候,夏季湿润温热,冬季酷寒漫长,光照充足,无霜期短,生长季节短促,稻作面积约占全国稻作面积的10%,品种类型都是早熟粳稻。

Ⅵ. 西北干燥区单季稻稻作区:该区位于大兴安岭以西,长城、祁连山与青藏高原以北地区,包括新疆维吾尔自治区、宁夏回族自治区、甘肃西北部、内蒙古西部和山西大部。该区分为北疆盆地早熟亚区(Ⅵ₁)、南疆盆地中熟亚区(Ⅵ₂)和甘宁晋蒙高原早中熟亚区(Ⅵ₃)。本区东部属温带半湿润—半干旱季风气候,大部分地区气候干旱,太阳辐射强,光能资源丰富,降水量少,蒸发量大,主要种植早熟粳稻。

各稻作区主要自然生态条件比较见表2-1所示。

表2-1　各稻作区的主要自然生态条件比较(引自中国水稻研究所,1988)

稻作区代号	≥10℃		年降水量 (mm)	年太阳辐射总量 (kJ/cm²)	年日照时数 (h)	稻田种植制度
	年积温(℃)	天数(d)				
Ⅰ	5800～9300	260～365	1200～2500	377～502	1500～2600	双季稻为主
Ⅱ	4500～6500	210～260	800～2000	209～482	1200～2300	单季稻和双季稻
Ⅲ	2900～8000	180～260	500～1400	293～461	1200～2600	单季稻为主
Ⅳ	4000～5000	170～210	580～1000	461～565	2000～3000	一年一熟
Ⅴ	2000～3700	110～200	350～1100	419～611	2200～3100	一年一熟
Ⅵ	2000～4250	110～250	50～600	544～628	2500～3400	一年一熟

第二节　水稻栽培的生物学基础

一、栽培稻的起源

栽培稻的学名是 *Oryza sativa* L.,在植物分类学上属禾本科(Gramineae)稻属(*Oryza*)植物,是由野生稻经过长期自然选择和人工选择演变而来的。全球稻属植物共有20多个种,但栽培种只有2种:普通栽培稻(common rice,*O. sativa*)和非洲栽培稻(African rice,*O. glaberrima*),其余均为野生种。普通栽培稻又称亚洲栽培稻,起源于亚洲的中国至印度之间的热带地域。现广泛分布于世界各地(包括亚洲、非洲、美洲、南美洲、大洋洲及欧洲),占栽培稻面积的99%以上;非洲栽培稻起源于热带非洲尼日尔河三角洲,目前仅在西非有少量栽培,丰产性差,但耐瘠性强。

栽培稻起源于野生稻。非洲栽培稻起源于长雄蕊野生稻,普通栽培稻则起源于普通野生稻。国内外关于普通栽培稻的起源地有多种学说,主要有印度起源说、喜马拉雅山东南麓起源说和中国起源说等。我国已发现的野生稻有三个种,即普通野生稻(*O. sativa* f. *spantanea*)、药用野生稻(*O. officinalis*)和疣粒野生稻(*O. meyeriana*),其中普通野生稻分布较广。普通野生稻生长于沼泽地,茎叶多带紫红色,一般为多年生,多蘖散生,穗枝梗散开,着粒少,结实少,谷粒多具长芒,自然落粒性强,与普通栽培稻的杂交结实率较高,说明普通野生稻与普通栽培稻的亲缘关系较近,是栽培稻种的祖先。

二、我国栽培稻种的演变和类型

(一)栽培稻的系统分类

我国栽培稻由于分布地域辽阔,栽培历史悠久,生态环境多样,在长期自然选择和人工培育下,出现了适于不同纬度、海拔、季节及不同耕作制度的生态类型和品种类型,品种数量多达 4 万多个。丁颖等(1961)根据各类稻种的起源、演变、生态特性及栽培发展过程,对我国栽培稻的类型进行了系统分类,其系统关系如图 2-1 所示。

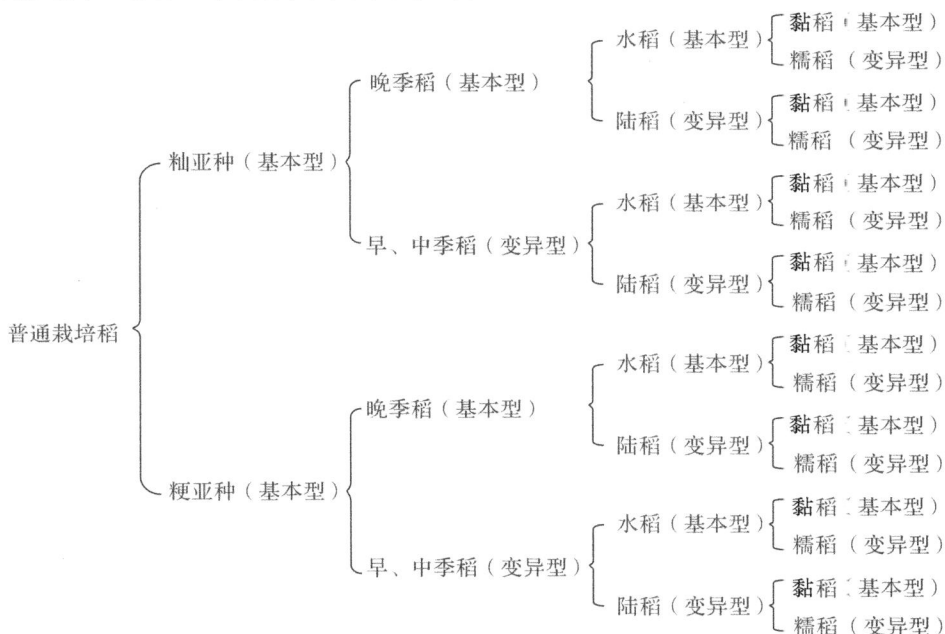

图 2-1 中国栽培稻种分类

1. 籼稻(indica rice)和粳稻(japonica rice)

籼稻(*Oriza sativa* L. ssp. indica)和粳稻(*Oryza sativa* L. ssp. japonica)是长期适应不同生态条件,尤其是温度条件而形成的两种气候生态型。其中,籼稻是基本型,粳稻是在较低温度气候生态条件下,由籼稻经过自然选择和人工选择逐渐演变而形成的变异型。在植物学分类上,籼稻和粳稻已成为相对独立的两个亚种,两者间的杂交亲和力较弱、杂交结实率较低。

籼稻与粳稻的地理分布不同,大多数粳稻品种比籼稻品种耐寒,适宜于气候温和的温带及亚热带地区种植,而籼稻品种则较适宜于高温、强光和多湿的热带及亚热带地区种植。典型的籼稻和粳稻在形态特征和生理特征上都具有明显差异(表 2-2),但也存在一些中间类型品种,必须根据其综合性状表现鉴别籼稻和粳稻。

表 2-2　籼稻与粳稻主要形态特征和生理特性比较

	性状或特性	籼　稻	粳　稻
形态特征	株型	株型较散,顶叶开角小	株型较紧,顶叶开角大
	叶形和叶色	叶片较宽,色淡,叶毛多	叶片较窄,色浓绿,叶毛少
	籽粒形态	籽粒细长略扁	籽粒短圆
	内外颖	颖毛短而稀,散生颖面	颖毛长而密,集生颖尖、颖棱
生理特征	芒	多数无芒或短芒	长芒或无芒
	茎秆	较粗而脆	细而坚韧
	落粒性	容易落粒	不容易落粒,脱粒较难
	分蘖	分蘖力强	分蘖力弱
	耐寒性	耐(抗)寒性较弱	耐(抗)寒性较强
	耐肥性	耐肥抗倒性一般	较耐肥抗倒
	抗病性	抗稻瘟病性较强	抗稻瘟病性较弱
	酚反应	在苯酚中易着色	在苯酚中不易着色
	米质	出米率低,黏性小,胀性大	出米率较高,黏性大,胀性小

2. 晚稻(late rice)和早稻(early rice)

晚稻和早稻是在不同栽培季节中形成的两个生态型,它们在外形上没有明显的区别,它们之间的主要区别在于对光照长短的反应特性不同。其中,晚稻的感光特性与野生稻相似,因此认为晚稻为基本型;早稻是通过长期的自然与人工选择逐步从晚稻中分化出来的变异型;中稻对日长的反应处于晚稻与早稻的中间状态,其中的早、中熟品种与早稻相似。

籼稻和粳稻中都有晚稻和早稻。晚稻对日长反应敏感,即在短日照条件下才能进入幼穗发育阶段和抽穗;早稻对日长反应钝感或无感,只要温度等条件适宜,没有短日照条件,即在长日照条件下,同样可以进入幼穗发育阶段和抽穗。我国华南和长江中下游平原地区可将早稻品种作晚稻种植,称为早稻"翻秋"。

3. 水稻(paddy rice)和陆稻(upland rice)

根据栽培稻对土壤水分的适应性差别,可将其分为水稻和陆稻(又称旱稻)两大类型。其中,水稻又可进一步划分为灌溉稻(irrigated rice)、低地雨育稻(rain-fed lowland rice)、深水稻(deep water rice)和浮稻(floating rice)等小类。水稻与陆稻的主要区别是耐旱性不同,它们在形态解剖上和生理生态方面存在的一些差别,都是其耐旱性不同的表现。从栽培稻的系统分类(图 2-1)可知,在籼稻和粳稻的早、中、晚稻类型之中均存在水稻和陆稻。水稻在整个生育期中都可适应于有水层的环境,属于一种水生或湿生植物,但部分水稻品种可旱种,而陆稻则和其他旱作物一样,可在旱地栽培,但陆稻品种也可在水层灌溉下栽培。水稻和陆稻在水分关系上没有本质的不同,但存在着"量"上的差别。由于水稻的水生环境与野生稻生长在沼泽地带相似,故认为水稻为基本型,而陆稻是变异型。

4. 黏稻(non-waxy rice)和糯稻(waxy rice 或 glutinous rice)

上述各稻种类型中都有黏稻(又称非糯稻)和糯稻,它们在稻株形态生理特性方面通常没有明显差别,两者的主要区别只是米粒的淀粉组成不同和米粒颜色差异。其中,黏稻的胚乳呈半透明,含 15%～30% 的直链淀粉和 70%～85% 的支链淀粉,而糯稻的胚乳通常呈乳白色，几乎全部为支链淀粉。因此，黏稻煮的米饭黏性弱、胀性大，而糯稻米饭黏性强、胀性小。米饭煮熟后黏性最强的是粳糯（也称大糯），其次为籼糯（也称小糯），再次为粳黏，而籼稻的黏性最弱。野生稻都属黏稻，因此黏稻为基本型，而糯稻是根据其淀粉成分的变异经人工选择而演变成的变异型。

（二）栽培稻的品种分类

作物品种是人们针对农艺性状或经济性状（如生育期、株高、产量、品质、抗性等）经过人工选择育种而形成的。在近半个世纪内，栽培稻品种选育工作发展快，品种类别丰富。通常根据栽培稻品种的熟期、株型、穗型、种子繁殖方式和稻米品质等特征、特性等进行分类。

（1）按熟期分类　一般将早稻、中稻和晚稻分别分为早、中、迟熟品种，共 9 个类型。熟期的早迟，是根据品种在当地生育期长短划分的。在不同的耕作制度或生态条件，选用不同熟期的品种进行合理搭配，有利于获得最佳的经济效益和生态效益。

（2）按株型分类　主要按水稻茎秆长短，划分为高秆、中秆和矮秆品种，一般将茎秆长度在 100 cm 以下的称为矮秆品种，长于 120 cm 者为高秆品种，介于 100 和 120 cm 之间的划为中秆品种。矮秆品种一般耐肥抗倒，但茎秆过矮，生物学产量低，难高产；高秆品种一般不耐肥、不抗倒，生物学产量虽高，而收获指数低，也不易高产。因此，目前生产上利用的水稻品种多为矮中偏高或中秆品种类型。

（3）按穗型分类　分为大穗型和多穗型品种。大穗型品种一般秆粗、叶大、分蘖少，每穗粒数多；多穗型品种一般秆细、叶小、分蘖较多，而每穗粒数多少，又往往受环境和栽培条件的影响。在栽培上，多穗型品种必须在争取足够茎蘖数的基础上，提高分蘖成穗率而获得高产；大穗型品种，除在一定成穗数的基础上，还应主攻大穗，以发挥其穗大、粒多的优势而充分挖掘其生产潜力。

（4）按稻种繁殖方式分类　分为杂交稻种和常规稻种。杂交稻遗传基础丰富，具有杂种优势，通常产量较高。目前推广的杂交稻品种，以中秆、大穗类型的籼稻较多，且根系发达分蘖力强。当前我国南方稻区籼稻以杂交稻为主。

（5）按稻米品质分类　分为优质稻、中质稻和劣质稻。目前我国仍以生产中质稻为主。随着人民生活水平的提高，对优质稻米需求量将越来越多。近年来，优质稻种植面积有较大发展，但由于多数常规优质稻品种产量不高，故发展速度受到一定限制。随着高产优质稻品种选育工作的进展，今后我国优质稻种植面积将进一步扩大。

三、水稻的一生及其发育特性

（一）水稻的一生

通常将稻种萌发到新种子成熟的整个生长发育过程，称为水稻的一生，可划分为营养生长期（vegetative growth phase）和生殖生长期（reproductive growth phase）两个阶段（图 2-2）。一般以稻穗开始分化作为生殖生长期开始的标志。在水稻生产上，通常将水稻从移栽至成熟这一时期，称大田（本田）生育期（field growth duration），而将某品种在当地正常水稻生长季节适时播种至成熟的天数，称为全水稻生育期（whole growth duration），也简称水稻生育期。

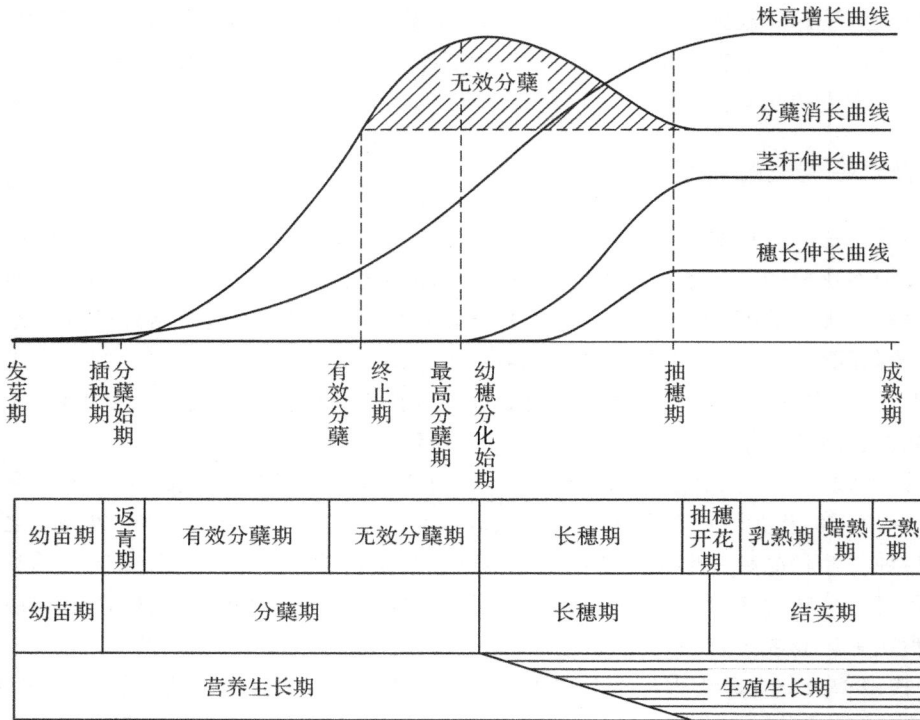

图 2-2　水稻的一生

营养生长期是水稻营养体的增长时期,包括种子发芽和根、茎、叶、蘖的增长,并为过渡到生殖生长期进行必要的物质积累。水稻的营养生长期分为幼苗期(seedling stage)和分蘖期(tillering stage)。从稻种萌动开始到 3 叶期称为幼苗期;从 4 叶长出开始萌发分蘖直到拔节为止为分蘖期。移栽水稻通常在秧田度过幼苗期。秧苗移栽后,由于根系损伤,有一个地上部生长停滞和萌发新根的过程,约需 5 d 才恢复正常生长,称为返青期(turning green stage)。返青后分蘖不断发生,到开始拔节时,分蘖数达到高峰。此后稻株发根节(root node)以上的节间开始伸长,称为拔节(jointing),到抽穗后 4~7 d,拔节过程才完成。分蘖在拔节后向两极分化,一部分出生较早的继续生长,能抽穗结实,称为有效分蘖(effective tiller or productive tiller),而另一部分出生较迟的分蘖在拔节后中途死亡或不能抽穗,称为无效分蘖(ineffective tiller or non-productive tiller)。从开始分蘖到拔节前 15 d 发生的分蘖大都能成穗,称为有效分蘖期(effective tilling stage);拔节前 15 d 到拔节期间发生的分蘖多数不能成穗,称为无效分蘖期(ineffective tilling stage)。在通常情况下,分蘖期主茎每长出一片叶约需 5 d 时间,若分蘖在拔节前能长出 3 片以上的叶并生出根系,至少需要在拔节前 15 d 出生,才可能成为有效分蘖。

生殖生长期是结实器官的生长,包括稻穗的分化形成和开花结实,分为长穗期和结实期。实际上,从稻穗分化到抽穗是营养生长和生殖生长并进时期,抽穗后基本上是生殖生长期。长穗期从穗分化开始到抽穗止,一般需要 30 d 左右,生产上也常称为拔节长穗期(jointing-booting stage or panicle differentiation stage)。结实期从出穗开花到谷粒成熟,又可分为开花期(flowering stage)、乳熟期(milky stage)、蜡熟期(waxy stage)、黄熟期(yellow ripe stage)和完熟期(full ripe stage)。

营养生长和生殖生长是密切联系、相互制约的。营养生长为生殖生长提供营养体物质基础,而生殖生长又是营养生长的发展和继续。前期营养生长不良,表现穗小粒少,产量降低。但如果前期营养生长过旺,群体过大,后期生殖生长受阻,光合产物不能顺利向穗部转运,稻穗产量也不高。因此要取得水稻高产,必须合理运用栽培技术,协调营养生长与生殖生长的关系,使产量各构成因素都能得到合理发展。

(二)水稻的发育

水稻的发育特性是指影响稻株从营养生长向生殖生长转变的若干特性。这些特性集中表现为品种的感光性、感温性和基本营养生长性,简称为水稻的"三性"。

1. 水稻品种的感光性

水稻原产于亚热带地区,系短日性植物。日照时间缩短可加速其发育转变,使生育期缩短;日照时间延长,则可延缓发育转变,甚至不转变,使生育期延长,或长期处于营养生长状态而不抽穗、开花。水稻的这种因日照长短的影响而改变其发育转变、缩短或延长生育期的特性,称为感光性(photoperiod susceptibility)。通常,衡量水稻品种感光性强弱的指标以"短日出穗促进率(%)"表示:短日出穗促进率(%)=(长日高温出穗日数-短日高温出穗日数)/长日高温出穗日数×100%。

原产低纬度地区的水稻品种感光性强,而原产高纬度地区的水稻品种对日长的反应钝感或无感。一般地,晚稻品种的感光性强,越晚熟的品种,其感光性越强,而早稻品种感光性弱,越是早熟的品种,其感光性越弱,属于对日长反应迟钝或无感的类型;中稻品种的感光特性介于早、晚稻之间。晚稻品种感光性强,它的感温特性必须在短日条件下才可能表现出来,影响其生育期变化的主要因素是日照长度,感光性强的品种,在长日照条件下不能抽穗。我国南北稻区水稻生育期的日长大致都在 11~17 h,诱导感光性品种形成幼穗的日长一般为 12~14 h。在人工控制光照条件下,光照时间每日 9~12 h 的促进出穗最显著。

2. 水稻品种的感温性

各类水稻品种,在其适于生长发育的温度范围内,高温可加速其发育转变,提早抽穗;而较低温度则可延缓其发育转变,延迟抽穗,使生育期延长。水稻因温度高低的影响而改变其发育转变,缩短或延长生育期的特性,称感温性(temperature susceptibility)。通常,衡量水稻品种感温性强弱的指标以"高温出穗促进率(%)"表示:高温出穗促进率(%)=(低温短日出穗日数-高温短日出穗日数)/低温短日出穗日数×100%。

我国南方晚稻品种高温出穗促进率通常为 28.7%~40.7%,早稻品种仅为 7.3%~32.7%。这说明大多数晚稻品种在短日条件下,高温对其生育期缩短幅度较早稻大,表明晚稻感温性比早稻强,但晚稻品种的感光性强,它的感温性必须在短日照条件下才能表现出来,其感温性表现要受到日照长短的约束,因此影响晚稻生育期变化的主导因素是日照时间长短,而感光性弱或钝感的早稻品种和部分中稻品种,影响其生育期的决定因素是温度。通常粳稻感温性比籼稻强。

3. 水稻的基本营养生长性

水稻的生殖生长是在营养生长的基础上进行的,其发育转变必须有一定的营养生长作为物质基础。因此,即使是稻株处在适于发育转变的短日、高温条件下,也必须有最低限度的营养生长,才能完成发育转变过程,开始幼穗分化。水稻进入生殖生长之前,不受高温短日影响而缩短的营养生长期,称为基本营养生长期(basic vegetative growth period),或短日高温生育期(short-day and high temperature growth period)。不同水稻品种的基本营养生长期各不相同,这种基本营养生长期长短的差异特性,称为品种的基本营养性。籼稻品种的基本营养生长性一般强于粳稻品种,籼稻中又以中稻最强,早稻次之,晚稻最弱。

水稻品种的全生育期,短的不足 100 d,长的超过 180 d。不同品种的生殖生长期差异幅度不大,幼穗分化至成熟一般约为 60～70 d。但不同品种的营养生长期差异较大,水稻品种(尤其中稻品种)生育期长短的差异主要在于其营养生长期。此外,水稻品种出穗日数的多少,乃是品种的感光性、感温性和短日高温生育期(称"两性一期")综合作用的结果。不同生态类型的品种,"两性一期"(即"三性")综合反应的程度及其配组方式,称为品种的光温反应型。早稻"三性"的特点是基本营养性较小,感光性弱,甚至无感,而感温性较强,其生育期的长短主要受温度高低制约。因此,早稻类型的品种在温带北部高纬地区种植,能在夏季日照较长的条件下正常抽穗,在低温来临前成熟。晚稻类型品种,其"三性"特点是基本营养生长性较弱,而感光性、感温性均强,其生育期的长短,主要决定于日照的长短,同时又受温度高低的影响。中稻的生态类型较为复杂,品种间的光温反应差异亦较大,中籼稻的基本营养生长性较强,中粳的感光性和感温性比中籼稻稍强,但基本营养生长性较弱,其"三性"是处于晚稻和早稻之间的一种过渡类型。

(三)水稻"三性"在生产上的应用

1. 在引种上的应用

从不同生态地区引种,必须考虑水稻品种的温光反应特性。北种南引,因原产地在水稻生长季节的日照长、气温低,引种到日照较短、气温较高的南方地区种植,其生育期大大缩短,因营养生长量不足而造成严重减产。1956 年,长江中下游地区从东北引种的早粳青森 5 号普遍遭到失败便是一例。在适宜纬度范围之内,如从华南地区向华中地区引种感光性弱或钝感、感温性中等的早、中稻品种,只要能保证其生长季节,引种较易成功。广东的矮脚南特、广陆矮 4 号、珍珠矮、福建的杂交稻汕优 63 等,引到长江流域栽培,生育期稍有延长,表现产量高而稳定;菲律宾国际水稻研究所选育的 IR8,在当地生育期 120 d 左右,向北引至我国长江中下游地区种植,生育期延长到 145～150 d,可作一季迟熟中稻栽培。华南的感光、感温性强的晚稻品种,引种到长江流域种植,往往不能抽穗。此外,纬度接近的东西相互引种,生育期变化不大,也容易成功;纬度相近而海拔不同地区之间引种,一般由低向高处引种,生育期延长,宜引用早熟品种,而由高向低处引种,生育期缩短,以引种迟熟品种为宜。总之,北种南引,一般不宜引用早熟品种;南种北引,引用感光性弱的早稻早熟类型较易成功,而感光性强的晚稻则难于成功引用。纬度相近而海拔高度不同的地区之间引种,应注意生态条件不同所导致的品种的生育期变化规律。

2.在栽培上的应用

在我国南方多熟制稻区,为满足各季作物对光、温资源的要求,必须根据水稻品种的温光反应特性,进行合理的品种搭配和播栽期安排,以达到高产、稳产的目的。在一年三熟制的双季稻区,早稻品种应选用感光性弱、全生育期要求有效积温较多的迟熟品种,比较能耐迟播,秧龄可稍长,栽培上要求稀播培育带蘖壮秧,补足基本苗;而若采用早熟早稻品种,由于全生育期要求有效积温少,会引起早穗或株矮穗小而减产。

早、中稻品种感光性弱或钝感,可作连作晚稻栽培,但秧龄不宜过长,否则可能会因发生早穗而减产。单季晚稻品种作连作晚稻栽培要特别注意安全齐穗期,应适当早播、稀播,培育老壮秧;晚稻因感光性强,早播也不可能明显早熟,更不能在早稻生长季节的长日照条件下抽穗,因此不能作早稻栽培,否则徒耗地力,增加管理成本。另外,晚籼稻的感光性和感温性通常比晚粳稻强,在有室外照明的工矿区和高速公路附近的稻田,水稻出穗期往往会有不同程度的延迟,甚至不能安全齐穗,因此不适宜种植对夜间灯光照明较敏感的晚籼品种。

3.在育种上的应用

在杂交育种时,应考虑亲本的光温反应特性。早稻宜选育感光性钝感、感温性较弱或中等、秧龄弹性大的品种类型。在采用不同生态型或地理上远距离的不同品种进行杂交时,为了使两亲本花期相遇,应根据亲本的光温反应特性加以调控,则可解决熟期差异悬殊的品种间杂交花期不遇问题。例如,早、晚稻杂交时,将晚稻进行遮光短日照处理使之提前抽穗,或将早稻推迟播种可使两者花期在有利时期相遇,便于进行杂交。其次,发育特性本身就是很重要的育种目标。例如,位于菲律宾的国际水稻研究所,确定感光性较弱、短日高温生育期中等作为育种目标,具有这样发育特性的品种,适宜种植的范围大。此外,在育种工作中,还常应用水稻发育理论,给育种材料(主要是杂交后代)提供短日高温条件,使世代周期缩短,提高育种工作效率。

四、水稻形态和生物学特性

(一)种子发芽和幼苗生长

1. 稻谷的结构

颖花受精后成为谷粒,在农业生产上称为水稻种子。谷粒的外部是谷壳(husk),由内颖(inner glume)、外颖(outer glume)、护颖(sterile lemma)和颖尖(glume top)四部分组成(有芒品种颖尖伸长为芒),内有一粒糙米,即颖果(caryopsis)。颖果由受精子房发育而成(图2-3)。外颖比内颖略长而大;内外颖沿边卷起成钩状,相互钩合包住颖果。外颖基部的外侧各生护颖一枚,托住稻谷籽粒,起保护内颖、外颖的作用。护颖的长度一般为外颖的1/5~1/4。内、外颖均具有纵向脉纹,外颖有 5 条,内颖有 3 条,外颖的尖端有芒,内颖一般不生芒。内颖所包裹的一侧称为颖果背部,外颖所包裹的一侧称为颖果腹部。在颖果背部通常都有纵向沟纹,称为背沟。颖果的背沟深浅对稻谷的出米率有一定影响,而胚则位于颖果腹面的基部,由胚芽(plumula)、胚根(radicle)、胚轴(hypocotyl)和盾片(scutellum)四部分组成,是发育成幼苗的原始体。

2. 稻种的发芽和幼苗生长

水稻在受精后 7～10 d 就具有发芽能力,但成熟不充分的种子,发芽所需的时间长,腐烂的机会多,发芽率低,所以作种子用稻谷,必须充分成熟。

稻种吸水后,种皮膨化软化,胚和胚乳的呼吸加强,胚乳在有关酶的作用下转化为简单的可溶性物质,供胚生长之用。芽鞘的伸长和胚根鞘的膨胀,挤破颖壳露出白色的胚部,即为露白(white budding)。此后,胚根突破胚根鞘,向下生长,为种子根(seed root),幼芽最先长出的是无色的

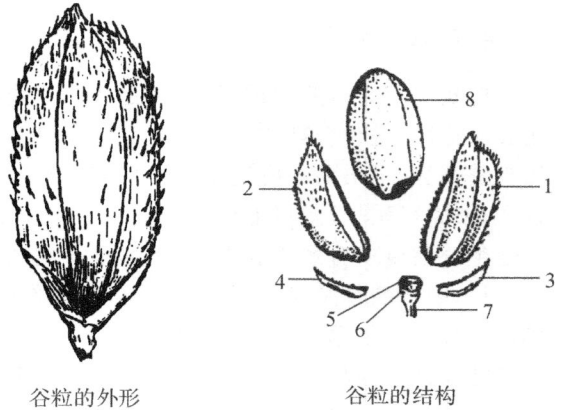

谷粒的外形　　　　　谷粒的结构

图 2-3　水稻谷粒的外部结构

1.外颖　2.内颖　3.护颖　4.护颖　5.副护颖
6.浆片　7.小穗梗　8.籽粒

芽鞘(coleoptile)。当胚根与种子等长,胚芽为种子一半长度时,称为发芽(germination)。稻种萌发(发芽)需要适宜的环境条件,即水分、温度和氧气三要素,其适宜吸水量为本身风干重的 25%～40%,发芽的最低温度粳稻为 10 ℃、籼稻为 12 ℃,最适温度为 28～36 ℃,最高温度为 40 ℃。稻种萌发和幼苗生长还要有充分的氧气,在进行有氧呼吸时,胚乳储藏物质转化速度快、利用率高,有利于幼根和幼叶的生长,而在无氧(淹水)条件下,稻种只能进行无氧呼吸,产生的中间产物和能量较少,除胚芽鞘依靠原有的细胞伸长而能生长外,其他器官均因缺乏养料不能进行细胞分裂而停止生长。因此,生产上常见的"干长根、湿长芽"现象就是上述原因形成的。

发芽的种子播种后,从地上部看首先长出白色、圆筒状的芽鞘,接着从芽鞘中长出只有叶鞘而无叶片的不完全叶,因其含有叶绿素,所以秧苗呈现绿色。当不完全叶突破芽鞘,叶色转青时称出苗(或称现青)。现青后,依次长出第 1 完全叶、第 2 完全叶、第 3 完全叶等。当第 4 完全叶抽出时,第 1 完全叶腋芽就能长出分蘖。现青时,种子根已下扎入土;至第 1 完全叶抽出时,从芽鞘节上先后长出 5 条不定根,因形似鸡爪,故称为鸡爪根(图 2-4),对扎根立苗、培育壮秧起着重要作用。当幼苗生长至三叶期末(即第 3 片完全叶抽出)时,胚乳养分基本耗尽,称为断乳期(或离乳期)。断乳期是秧苗生理上的一个重要转折点,在此之前,幼苗的生长主要依靠胚乳储藏的养分,此后,秧苗由异养阶段转入自养阶段,依靠其自身的根系吸收土壤中的无机营养、水分和叶片制造的有机养分。此时秧苗抗寒力下降,抵御不良环境能力减弱,是防止死苗的关键时期。

(二)根的生长

水稻根系属须根系,由种子根(seed root)和不定根(adventitious root)组成。种子根 1条,当种子萌发时,由胚根直接发育而成,在幼苗期起吸收水分和支持幼苗的作用,一般当不定根形成以后就逐渐枯死。不定根又称永久根(permanent root),是从各个茎节上生出,由下而上再逐步发生的支根(图 2-4)。从种子根和不定根上长出的支根,叫第一次支根(primary branch root);从第一次支根上长出的支根,叫第二次支根(secondary branch root);依此类推,条件好时最多可发生 5～6 级分支。

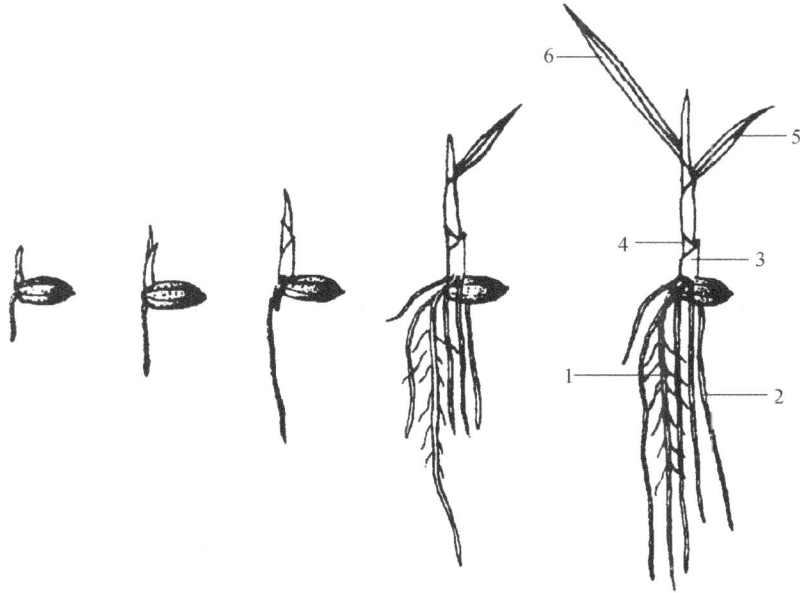

图 2-4　水稻幼苗期发根、出叶过程
1.种子根　2.不定根　3.芽鞘　4.不完全叶　5.第 1 完全叶　6.第 2 完全叶

水稻根系主要集中在 $0\sim20\ cm$ 的耕作层,占总根量的 90% 以上。分蘖初期水稻根系主要横向扩展或向斜下方伸展,在耕作层土壤中呈扁圆形分布,分蘖盛期以后开始有部分根系穿过犁底层,伸入土壤下层,拔节后根系迅速向下伸展,到抽穗前后,根的总量达到高峰,根系向下发展,其分布由分蘖期的扁圆形发展为倒卵形。陆稻、旱播稻湿润管理时,根尖伸长区之上表皮细胞外壁延伸出大量根毛,但在水层中生长的水稻不长根毛或根毛极少。根的顶端有生长点,外有帽状根冠保护。根的数量、长度、分布、伸展角度等会因环境条件而变化。水稻根系除具有吸收水分、养分,向根际分泌氧的主要功能外,还有合成氨基酸和细胞分裂素的功能。

根的颜色有白色、黄褐色和黑色之分,是根系生长状况和活力高低的重要标志。白根是新根或是老根的尖端部分,其生理活动旺盛,对肥水的吸收能力强。黄根是老根和根基部的特征,外层细胞壁增厚,分泌氧的能力下降,表面附着三价铁膜呈黄色,有保护作用,生理机能已衰退。在长期淹水和土壤中氧气不足的情况下,有机质进行嫌气分解,产生硫化氢等有毒物质,当硫化氢与二价铁结合时,便生成黑色的硫化铁,沉淀在根表形成黑根。黑根的生理机能已大大衰退,是水稻高产的一个主要生理障碍。在生产上,通过培育壮株,防止大量施用未腐熟的有机肥,适时适度搁田,抽穗后湿润灌溉等措施,以提高根系活力,减少黑根产生。

(三)叶的形态与生长

1.叶的形态

稻叶可分芽鞘、不完全叶及完全叶三种。发芽时最先出现的是无色薄膜状的芽鞘,从芽鞘中长出的第 1 片绿叶只有叶鞘,一般称为不完全叶(incomplete leaf)。自第 2 片绿叶起,叶片和叶鞘清晰可见,习惯上称为完全叶(complete leaf)。

稻的完全叶由叶鞘(leaf sheath)、叶片(leaf blade)、叶枕(leaf phyllula)、叶耳(leaf auricle)和叶舌(leaf paraphyll)所构成。叶鞘卷抱在茎的周围,边缘较薄,重叠而不愈合,有支持地上部和保护茎秆的作用,叶鞘呈绿色,但也有呈紫色或红色的品种,叶鞘也能进行光合作用。叶片呈长披针形,中间有平行棱起的叶脉,中央主脉称中脉,在叶片先端的叶缘有一水孔,常溢泌出水分,聚成水滴附着于叶端,称为吐水。吐水的多少常可作为植株生长健壮与否和根系活力强弱的诊断指标。

在叶片与叶鞘的交界处有叶枕、叶耳和叶舌(图 2-5)。叶枕为叶片与叶鞘相接的白色带状部分,叶枕宽而厚实的品种,叶片多上举。叶舌是叶鞘内侧末端延伸出的舌状膜片,它封闭叶鞘与茎秆之间的缝隙,具有减少茎与心叶幼嫩部的失水,防止雨水集积于叶鞘与茎秆之间的作用。叶枕两侧有钩状的叶耳,由较肥厚的薄壁细胞组成,叶耳的边缘有茸毛。叶舌、叶耳在叶鞘上端抱茎秆,叶枕与叶片主脉连接成三角形。稗草没有叶耳,这是区别稻和稗草的主要特征。但也有极个别的无叶耳的水稻品种,称为筒稻。

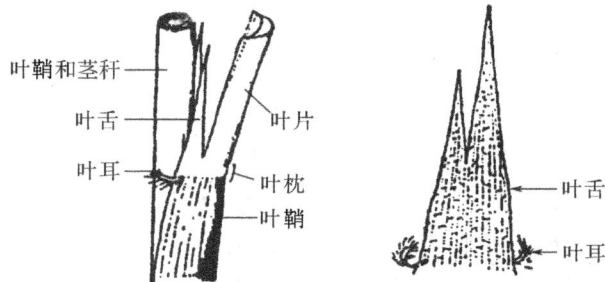

图 2-5　水稻叶片、叶鞘部分的形态

2. 叶的生长

水稻主茎的叶片总数(指完全叶数),大多为 11~19 叶。主茎的叶数与茎节数一致,其数目多少与品种、生育期有直接关系,生育期 95~120 d 的早稻,有 10~13 片叶;生育期为 120~150 d 的中稻,有 14~16 片叶;生育期 150 d 以上的晚稻,总叶数在 16 片以上。此外,同一品种栽培于不同条件下,若生育期延长,则叶片数也相应增加,若生育期缩短,则叶片数相应减少。

相邻两片叶伸出的时间间隔,称为出叶间隔,又称出叶速度。水稻一生中各叶的出叶间隔随生育期的进展而增长。离乳期之前出生的 3 片叶,出叶间隔一般为 3 d 左右,分蘖期的出叶间隔通常为 5~6 d,生殖生长期出生的最后 3 片叶,出叶间隔为 7~9 d,但出叶的快慢也受环境条件的影响较大,特别是温度对出叶间隔的影响最明显,在 32℃ 以下,温度越高,出叶越快;生育后期氮肥过多,有推迟出叶的现象。此外,水分对出叶间隔也有影响,土壤干旱时出叶间隔变慢;栽培密度对出叶间隔的影响表现为稀植的出叶快,单本栽插的往往要比多本栽插的多出 1~2 片叶。

主茎各叶的长度,从第一叶起,随着叶位的上升而增长,至倒数第二至第四叶达到最长,其后依次递减。稻叶从叶原基的出现到叶片枯黄死亡,大致经历叶原基分化期、伸长期、充实期、成熟期和衰老期五个时期。从叶片抽出到枯黄死亡所经历的时间,为叶片寿命。叶片的寿命随叶位的上升而逐渐延长,最先出的 1~3 片叶,只有 10 多天寿命,剑叶寿命最长,如晚粳稻的剑叶可达到 50 d 以上。一般来说,生育期长的品种叶片寿命较长。缺肥、光照不足都会使叶片寿命缩短。

叶片的长短、大小、弯直和叶色浓淡,因品种类型、环境条件和栽培措施的不同而不同。水稻群体叶片生长状况,可以用叶面积系数表示。叶面积系数随生育期进展而增大,在抽穗前达到最大,抽穗后随着下部叶片的死亡而下降。在各生育期都有一个适宜的叶面积系数,据研究,一般品种高产田块生育前期的叶面积系数以 2.5～3.5 为宜,中期以 4～6 为宜,孕穗期可达 6～8,抽穗后稳定在 4～5,以后逐渐减退。但适宜的叶面积还因品种、产量水平和肥水条件而不同,高的可达 8～9。

3. 叶的功能与叶鞘的储藏作用

水稻叶片的光合量占植株光合量的 90% 以上。研究表明,各叶对稻株营养器官的建成和产量形成的作用是不同的。一般基部的叶片与茎的伸长、穗的分化发育的关系比较密切;而上部的叶片与灌浆结实的关系比较密切。据研究,水稻在乳熟期,剑叶的光合产物主要输入稻穗,而下部叶片的光合产物,除维持自身的同化物需求外,还输送到根部。

叶鞘是稻株主要储藏器官之一。其作用因生育期而不同。在生育前期,叶鞘物质积累量较少,特别是幼苗期的叶鞘几乎看不到有淀粉积累;在生育后期,各茎节叶鞘的物质积累和运转量都较大,其中以茎秆中部叶鞘的物质积累转运量最大。茎秆上的叶鞘几乎都是在开花前后达到最重,其后迅速下降,但顶叶叶鞘干重至乳熟期才达到最高,其后下降。叶鞘内的储藏物质主要是淀粉。在同一时期,稻株各叶位的淀粉含量,一般均是心叶以下第二叶叶鞘的淀粉含量最高,其上下各叶叶鞘的淀粉含量依次递减。

稻谷产量的一部分是由抽穗前叶鞘的储藏物质转运而来的。因此,抽穗前叶鞘内储藏物质的多少,在一定程度上影响谷粒的灌浆结实和产量。在生育中期,氮素供应过高,较多的光合产物合成氮化合物,用于新器官生产,以致茎秆和叶鞘内储藏淀粉减少,叶鞘干重下降,对灌浆结实不利,经济系数低。

(四)分蘖的发生

1. 分蘖发生规律

分蘖是由茎基部节上的腋芽长成的。由主茎上长出的分蘖,称为第一次分蘖(primary tiller),从第一次分蘖上长出的分蘖称为第二次分蘖(secondary tiller)。生育期长的品种在稀播、足肥条件下,还可能有第三次分蘖、第四次分蘖。分蘖在母茎上所处的叶位称为分蘖位(tillering position)。凡是分蘖位多的品种,分蘖期长,生育期一般也较长。在正常群体条件下,由于分蘖要长出第 4 叶时才能从第 1 节上长出根系,才能进行自养生长,此前主要是靠母茎提供养分。当母茎开始拔节时,分蘖必须有 3 片以上叶才有较高的成穗可能性。在分蘖期,每长 1 片叶需 5～6 d,3 片叶合计要 15～18 d,因此,在拔节以前 15 d 发生的分蘖,其成为有效分蘖的可能性较大。

分蘖发生与主茎出叶有同伸的规律。一般主茎新出叶的叶位与分蘖发生的节位相差 3 个节,即主茎第 n 叶出现时,$(n-3)$ 叶位分蘖第一叶也同时抽出。水稻的分蘖与出叶之间虽然存在同伸现象,但受环境条件的影响较大,当环境条件不适时,这种同伸现象就表现不严格。因此,在水稻生产上可根据叶蘖同伸现象的表现,对分蘖期间的田间管理好坏和禾苗生长状况进行诊断,为栽培措施的合理运用提供依据。

2. 影响分蘖发生的条件

分蘖发生的早迟和多少,因品种和环境条件而异,主要受以下几个因素影响。

(1)温度　水稻分蘖的最低气温为 15～16 ℃,最适气温为 28～32 ℃,最高气温为 38～40 ℃。在田间条件下,当气温低于 20 ℃或高于 37 ℃时,对分蘖有不利影响。水稻分蘖的部位一般都在表土下 2～3 cm 处。直接影响分蘖发生的温度是气温和土温。长江中、下游地区的早稻,在早插情况下,常由于气温偏低,阻碍分蘖发生而造成僵苗,此时可采取日浅、夜深的灌水办法提高土温,促进分蘖的发生。

(2)光照　水稻分蘖期需要充足阳光,以提高光合强度,促进发根分蘖。在自然光照下,返青 3 d 后可开始分蘖。当光照减至自然光强的 50%时,分蘖始期可推迟 8 d 左右。尤其是在秧苗移栽后,如果阴雨天多,光照不足,叶鞘细长,稻苗瘦弱,不利分蘖发生;反之,晴天多,光照充足,叶鞘短粗,稻苗健壮,分蘖早而多。当本田叶面积系数达到 4.0～5.0 左右时,因稻株之间相互遮阴、群体内部光照不足而使分蘖停止。

(3)养分　在土壤养分充足的田块,分蘖发生较早而快,分蘖期较长;相反,田瘦肥少,土壤营养不足,分蘖发生缓慢,分蘖期也短。在氮、磷、钾三要素中,氮素对分蘖的影响最大,而磷、钾对分蘖的作用不明显,但在土壤缺磷或缺钾时,增施磷肥和钾肥对分蘖有促进作用。

(4)水分与土壤通透性　分蘖期受旱,稻株体内各种生理功能受阻,主茎对分蘖芽的营养供应减少,也不利于分蘖形成。浅插的表土温度高,通气性较好,有利于分蘖早生快发;反之,插秧过深,土层温低,氧气少,分蘖节间伸长,消化养分多,分蘖推迟,有效分蘖少。一般情况下,在气温 28～36 ℃,土壤持水量 80%时,分蘖最多;在气温 16～20 ℃,土壤持水量达到 100%时,分蘖最少,故灌深水和重搁田均能抑制分蘖。

(5)品种　不同品种的分蘖特性存在明显差异,尤其对温、光、水、肥等条件敏感的品种,其分蘖芽在环境条件不宜时会处于休眠状态,分蘖发生率低。一般情况下,伸长节间的叶腋内通常都会形成休眠的潜伏芽,当主穗不存在,但稻体养分积累尚充足、光照条件良好时,这些潜伏芽可很快发育成分枝穗,成为再生稻。

(五)茎的伸长

1. 茎的形态

稻茎中空,呈圆筒形,节部中实,直径 6～8 mm。稻茎由节和节间组成,具有支持、输导和储藏的功能。稻茎基部的节间不伸长,各节密集,节上发生根和分蘖,习惯上称为分蘖节(tillering node)或根节(root node)。茎上部有若干伸长的节间形成茎秆。稻株主茎的总节数和伸长节间数,因品种和栽培条件的不同而变化,一般具有 10～20 个节,基部 6～13 个分蘖节密集于地表附近,上部有 4～7 个伸长节间形成茎秆。

稻株的叶、分蘖和不定根都是由茎上长出来的,叶着生在茎节上,上下两节之间为节间。一般情况下,生育期短的品种总节数和伸长节间数较少,生育期长的品种总节数和伸长节间数较多。地上节间自下而上依次增长,最上节间自剑叶叶鞘部至穗颈节的一段称为穗颈。

2. 节间伸长与各器官伸长的关系

节间伸长初期是节间基部的分生组织细胞增殖与纵向伸长引起的,生产上称为拔节。节间的伸长是先从下部节间开始,顺序向上,但在同一时期中,有 3 个节间在同时伸长,一般是基部节间伸长末期正是第 2 节间伸长盛期,第 3 节间伸长初期。基部节间伸长 1～2 cm时称为拔节期。伸长期后,节与节间物质不断充实,硬度增加,单位体积重量达到最大值。抽穗后,茎秆中储藏的淀粉经水解后向谷粒转移,一般在抽穗后 21 d 左右茎秆的重量下降到最低水平。

节间伸长(拔节)与幼穗分化的先后,因品种和生育期的不同而有差异,主要取决于主茎伸长节间数的多少,按拔节与幼穗分化的先后,可分为重叠型、衔接型和分离型。

重叠型(overlapping type):主茎拔节比幼穗分化开始早为重叠型。这种类型多出现在主茎有 4 个伸长节间的早稻品种中,如协青早、嘉育 293、中嘉早 17 等。

衔接型(connecting type):主茎拔节与幼穗分化是同时开始的为衔接型。这种类型多出现在具有 6 个伸长节间的中晚稻品种中,如金优 299、Ⅱ优 7954 等。

分离型(separating type):主茎拔节在幼穗分化之前,两者彼此分离,称为分离型。这种类型多出现在具有 7 个伸长节间的单季晚稻品种中,如秀水 09、中浙优 1 号和甬优 6 号等。

上述类型因栽培季节、地点而发生变化。如,单季晚稻作连作晚稻栽培时,由于生育期缩短,主茎叶数和伸长节间数减少,拔节与幼穗分化的关系便可由分离型变成衔接型。即使是同一稻株,在主茎和分蘖及不同分蘖之间,由于伸长节间数的差别,拔节与幼穗分化的先后也有所不同。

3. 节间性状与倒伏的关系

水稻倒伏(lodging)多发生在成熟阶段,折倒的部位多在倒数第四至第五节间,这是基部两个节间抗折能力弱造成的。影响茎秆抗折强度的主要因素是:①基部节间长度;②伸长节间的强度和硬度;③叶鞘的强度和紧密度。

从各节间的长度看,易倒伏水稻与不易倒伏水稻在最上部三个节间的长度上相差很小,但易倒伏水稻的倒数第四至倒数第五节间通常比不易倒伏水稻长 2～3 倍,且其节间单位长度的干物质重量也较轻,只有不易倒伏水稻的一半。总之,倒数第四至第五节间细长,水稻抗折能力较弱。

矮秆品种一般不易倒伏,但高秆品种也有抗倒伏的。抗倒伏的高秆品种,茎壁有较厚的厚壁组织,维管束也较多,在气穴后有一特殊厚膜细胞的狭层,与气穴间的维管束厚壁组织鞘相连,易倒伏品种则无这种细胞层。此外,在茎秆的有机、无机成分中,全纤维素和钾含量也与伸长节间的抗折强度高低有关。施钾可增加茎秆厚度和维持细胞的高膨压,故也可以增强茎秆的机械强度。

稻茎抗折能力不仅受茎秆节间长度和硬度的影响,而且与包围茎秆的叶鞘强度有关,尤其是当下部茎秆较细弱时,叶鞘所起的作用更大。叶鞘的强度随叶片的枯黄而显著降低,所以在水稻生育后期保持下位叶的功能,争取较多的绿叶数,有利于防止倒伏。

(六)穗的分化形成

1. 穗的形态

　　稻穗为复总状花序或圆锥花序,由穗轴(主梗)、一次枝梗、二次枝梗、小穗梗和小穗(颖花)组成。从穗颈节到穗顶端退化生长点为穗轴(它是茎的延长,因此在解剖结构上与茎相似),在穗轴上有多个穗节(一般8~15个)。穗颈节是穗轴最下一个穗节,退化的穗顶生长点处是最上的一个穗节,每个穗节上着生一个枝梗。直接着生在穗节上的枝梗,称为一次枝梗(primary branch);由一次枝梗上再分出的枝梗,称为二次枝梗(secondary branch)。每个一次枝梗上直接着生4~7个小穗梗(rachilla),每个二次枝梗上着生2~4个小穗梗,小穗梗的末端着生一个小穗(spikelet),如图2-6所示。每个小穗分化3朵颖花(florets),其中2朵颖花在发育过程中退化,各剩1个外颖,通称护颖(sterile lemma),因此每个小穗只有1朵正常颖花。每朵颖花由1对副护颖、2片护颖、1个内颖、1个外颖、6枚雄蕊、2片浆片和1个雌蕊组成,如图2-7所示。

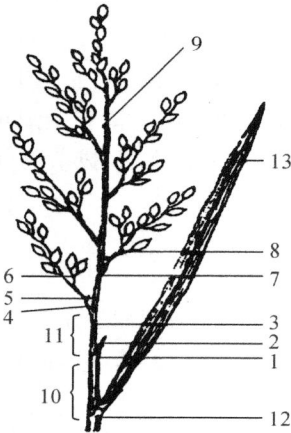

图 2-6　稻穗的形态

1.穗颈节　2.退化一次枝梗　3.穗轴
4.一次枝梗　5.二次枝梗　6.退化二次枝梗
7.穗节　8.退化颖花　9.退化生长点
10.穗颈长　11.穗节距　12.剑叶鞘　13.剑叶

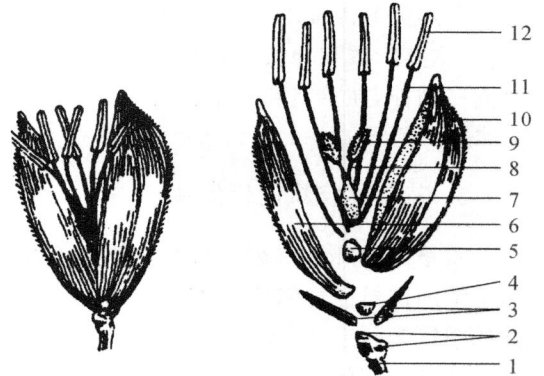

整体形态　　　解剖结构

图 2-7　水稻小穗的形态

1.小穗梗　2.副护颖　3.护颖　4.小花梗
5.浆片　6.内颖　7.子房　8.花柱　9.柱头
10.外颖　11.花丝　12.花药

2. 幼穗发育过程

　　水稻完成一定的营养生长之后,茎的生长锥转入幼穗分化过程。幼穗分化时首先出现苞片,然后在苞片的腋部分化出枝梗,最后在枝梗上分化出小穗。丁颖将水稻穗发育过程划分为8个时期,即第一苞分化期(穗轴分化期)、一次枝梗原基分化期、二次枝梗及颖花原基分化期、雌雄蕊形成期、花粉母细胞形成期、花粉母细胞减数分裂期、花粉内容物充实期和花粉成熟期,其中,前4个时期为幼穗形成过程,后4个时期为花粉形成发育过程。

　　(1)第一苞分化期(primary bract cell differentiation)　幼穗开始分化时,首先在生长锥基部,剑叶原基的对面分化出环状突起,即第一苞原基(图2-8)。第一苞即分化穗颈节,其上部就是穗轴,所以又称穗颈节分化期,是生殖生长的起点。

（2）一次枝梗原基分化期(primordium differentiation of primary rachis cell)　当第一苞原基增大后,生长锥基部继续分化新的横纹(图 2-9A),即第二苞、第三苞原基。接着在这些苞的腋部生出新的圆锥形突起,这些突起就是第一次枝梗原基(图 2-9B)。一次枝梗原基分化的顺序是由下而上,逐渐向生长锥顶端进行的,当分化达到生长锥顶端时,在苞着生处开始长出白色的苞毛,至此一次枝梗原基分化结束(图 2-10)。

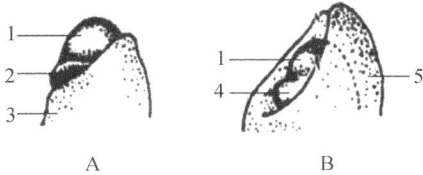

图 2-8　稻穗的苞原基和苞原基叶分化
A. 第一苞原基分化　B.叶原基分化
1.生长点　2.第一苞原基　3.剑叶原基
4.叶原基　5.幼叶

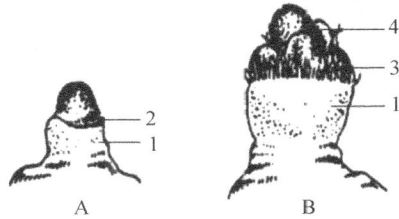

图 2-9　第一次枝梗原基分化
A. 分化初期的幼穗外形　3. 分化后期幼穗形
1.苞　2.生长锥　3.苞毛　4.一次枝梗原基

（3）二次枝梗及颖花原基分化期(primordium differentiation of secondary rachis cell)　在一次枝梗原基的下部相继出现二次枝梗原基,而上部逐渐出现颖花原基。待二次枝梗长成后,即在二次枝梗上分化出颖花原基。二次枝梗的基部密生较长的苞毛,覆盖着幼穗和颖花。此时(图 2-11)是决定二次枝梗和颖花数目的重要时期。

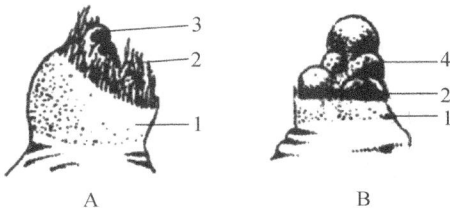

图 2-10　二次枝梗原基分化
A.分化初期幼穗外形　B.从幼穗中剥下一个枝梗
1.苞　2.苞毛　3.一次枝梗原基　4.二次枝梗原基

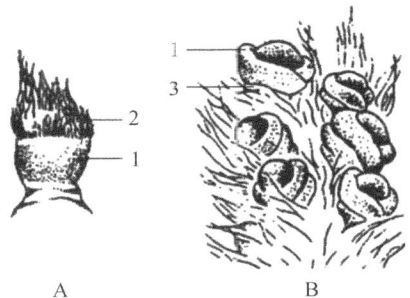

图 2-11　颖花原基分化
A. 幼穗外形　B.剥下的枝梗
1.苞　2.苞毛　3.护颖原基

（4）雌雄蕊形成期(differentiation and formation of pistil and stamen)　穗上部发育最快的颖花原基,在内、外颖内又出现一些小突起,即雌雄蕊原基,为内颖和外颖所包围,显微镜观察似一窝鸡蛋。雌雄蕊原基分化由穗上部的颖花向穗下部的颖花推进(图 2-12)。当穗下部的二次枝梗上颖花的雌雄蕊原基分化完毕时,全穗最高颖花数已定。之后,穗轴、枝梗开始迅速伸长,内外颖也伸长而相互合拢,雄蕊分化出花药和花丝,雌蕊分化出柱头、花柱和子房。至此,穗部各器官分化完毕,幼穗雏形已经形成,全穗长约 5～10 cm,此后转入生殖生长期,即孕穗期。

（5）花粉母细胞形成期(pollen mother cell differentiation)　内外颖合拢不久,雄蕊的花药分化为四室,此时将花药的内容物加以镜检,便可见体积较大而不规则的花粉母细胞(图 2-13),同时雌蕊原基顶端出现柱头突起。此时剑叶正处在抽出过程中,颖花长度接近

2 mm,约为最终长度的 1/4,幼穗长 1.5～
4.0 cm。

（6）花粉母细胞减数分裂期（pollen
mother cell meiosis）　花粉母细胞经过连
续两次的细胞分裂（第一次为减数分裂,第
二次为有丝分裂）,形成 4 个具有 12 条染色
体的子细胞,称为四分体（图 2-14）。所有四
分体子细胞的染色体数都比母细胞减数一
半,此时幼穗伸长最为迅速,一半穗长由
3～4 cm 伸长到 10 cm 以上。颖花长达到
最终长度的一半,花药变成黄绿色。从外观
看,当剑叶叶枕在伸出过程中与其下一叶叶
枕平齐时,为减数分裂盛期,此时对环境条
件反应十分敏感,是决定颖花能否健全发育
或退化及谷粒容积大小的关键时期。

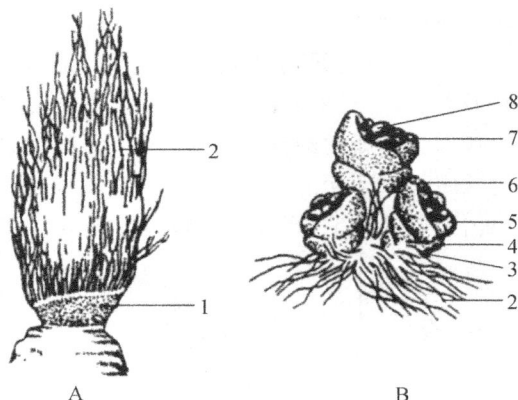

图 2-12　雌雄蕊形成
A. 幼穗外形　B. 从幼穗中剥下一个枝梗
1.第一苞　2.苞毛　3.副护颖原基　4.护颖原基
5.内颖原基　6.外颖原基　7.雄蕊原基
8.雌蕊原基

（7）花粉内容物充实期（microspore
development）　颖花长达最终长的 85% 左右时,四分体分散成为单核花粉粒。不久,体积迅
速增大,同时形成外壁和发芽孔,花粉内容物不断充实。随着花粉内容物的充实,单核经过
分裂,形成 1 个生殖核和 1 个营养核,称为二核花粉粒。此时颖壳叶绿素开始增加,柱头出
现羽状突起。

（8）花粉完成期（pollen maturation）　在颖花伸出顶叶鞘前（抽穗前）1～2 d,花粉内容
物充满完毕,变成浅黄色,胚囊的发育也完成。此时颖壳内形成了大量叶绿素,花丝开始迅
速伸长,此后花粉内的生殖核开始分裂,至开花前形成两个精核和一个营养核,称为三核花
粉粒,至此花粉的发育全部完成。水稻花粉形成发育过程见图 2-15 所示。

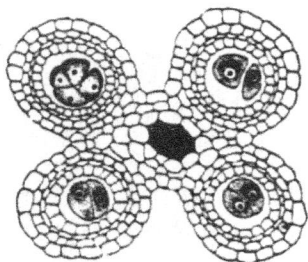

图 2-13　花粉母细胞形成期　　图 2-14　花粉母细胞减数分裂期　　图 2-15　花粉内容物充实期
1～3.单核期　4.第一次核分裂
5～7.二核期　8.第二次核分裂
9～10.二核期与花粉完成

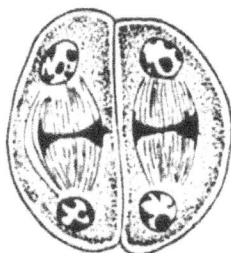

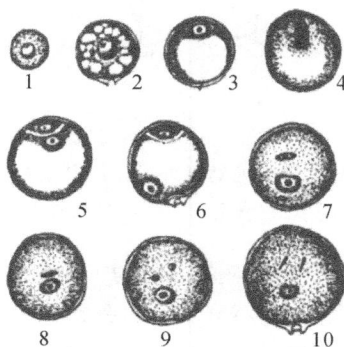

稻穗发育时期除上述的丁颖划分法外,常见的还有松岛于 1955 年提出的划分法和江苏
农学院 1972 年提出的简要划分法。现将 3 种划分法列于表 2-3 中。稻穗的大小,最终反映
在发育颖花数的多少。其中,一次枝梗数量是颖花数量的基础,大、中、小穗品种的区别,也

主要表现在其一次枝梗的数量差异上。

表 2-3　稻穗发育时期划分法的比较

丁颖划分法	简要划分法	松岛划分法		
第一苞分化期	枝梗分化期	幼穗形成期	穗轴分化期	
			一次枝梗分化期	枝梗分化期
一次枝梗原基分化期			二次枝梗分化期	
二次枝梗原基及颖花原基分化期	颖花分化期		颖花分化前期	颖花分化期
			颖花分化中期	
雌雄蕊形成期			颖花分化后期	
花粉母细胞形成期	减数分裂期	孕穗期	生殖细胞形成期	
花粉母细胞减数分裂期			减数分裂期	
花粉内容物充实期	花粉粒充实完成期		花粉外壳形成期	
花粉完成期			花粉完成期	

稻穗分化发育经历的时间为 25～35 d,因品种、播种和温度等条件而异。一般生育期较长的品种,其幼穗发育时间较长,而生育期短的品种,幼穗发育时间则较短。另外,在早播、稀植、日照较长、温度较低的情况下,幼穗发育较慢,所需的时间较长;反之则较短。幼穗发育各时期所经历的时间,因整个稻穗发育期的长短而有所变化,其中前三个时期变化较大,后五个时期的变动较小。

3. 颖花与枝梗的退化

在稻穗分化发育过程中,并不是所有分化出的颖花原基都能发育成正常的颖花,有部分在发育过程中停止发育而成为退化颖花,成熟时所见的总粒数为分化颖花与退化颖花数之差。如一个枝梗上的颖花全部退化,就称为退化枝梗。通常,退化颖花中约有 90% 以上都是停滞在雌雄蕊形成期,其中以雌雄蕊被内、外颖完全包拢前后的颖花最多。

丁颖根据稻穗上不同位置颖花发育进程的差异对颖花退化的原因进行过分析,退化颖花在进入雌雄蕊分化前后时,由于穗上有越来越多的颖花进入花粉充实期,养分需要量大,而先发育的枝梗和颖花有生理上的优势,从而易使穗下部发育迟的颖花缺乏养分停止发育。一般稻田颖花退化率在 20% 左右。通常大穗品种的颖花退化率高,多穗品种的颖花退化率低。栽培条件对颖花退化率的影响也很大,施用保花肥能提高稻株中后期的光合能力,增加有机养分对穗的供应,有利于弱势颖花生长发育,对减少颖花退化有显著效果。此外,在栽培实践中,穗轴分化期追施氮肥往往引起基部节间显著伸长,恶化稻株受光姿态,造成一系列不良后果,因此调节颖花数目的施肥应推迟至颖花分化期,这样既可以促进颖花适量增加,又有利于减少颖花退化。

4. 稻穗发育时期的鉴定

正确地判断稻穗的发育时期,在水稻生产上具有重要实用价值。判断稻穗发育的方法有两种:一是镜检法,直接在解剖镜或显微镜下检查,这种方法较准确可靠,伹需要一定的技术和设备,生产上不易做到;另一种是间接检查法,即根据稻株器官内部发育与外形变化之间的联系进行判断(表 2-4),这种方法较简便,但准确性稍差,在生产上较常用。现将间接检查法作简要介绍。

表 2-4　稻穗发育时期的鉴定方法

穗发育时期	叶龄指数	叶龄余数	幼穗长度	距抽穗天数
第一苞分化期	78	3		30 d 左右
一次枝梗原基分化期	81～83	2.5～2.7		28 d 左右
二次枝梗原基和颖花原基分化期	85～88	1.8～2.2	0.5～2.0 mm	25 d 左右
雌雄蕊形成期	90～92	1.3～1.5	2.0～15 mm	21 d 左右
花粉母细胞形成期	95	0.3～0.4	1.5～5.0 cm	15 d 左右
花粉母细胞减数分裂期	97～99	0～0.3	5.0～20 cm	11 d 左右
花粉内容物充实期	100		全长	7 d 左右
花粉完成期	100		全长	2～3 d

(1)叶龄指数(leaf age index)　叶龄指数是指主茎当时已抽出的叶片数,除以主茎总叶片数,其商乘以 100。根据叶龄指数的大小,可推算稻穗发育的进度。

(2)叶龄余数(remaining leaf number)　叶龄余数是指主茎总叶片数减去已抽出的叶片数后余下的尚未抽出的叶片数。例如,某一品种主茎叶片数为 13,当时叶龄为 10,则此时该品种的叶龄余数为 3。

(3)剑叶叶枕距(phyllula distance between flag leaf and its adjacent one)　剑叶叶枕距是指剑叶的叶枕和下一叶叶枕的距离。一般以剑叶叶枕未抽出为"-",两者相齐为"0",超过下一叶叶枕时为"+"。通常,进入花粉母细胞减数分裂期时,早稻叶枕距多在-7～0 cm,晚稻多在-3～0 cm。

(4)幼穗长度(young panicle length)　用幼穗长度也可推算幼穗的发育进程。

以上各种鉴定方法,应以主茎为对象,以检查总茎数中占 50%以上的发育时期为代表。

5. 稻穗发育与环境条件

影响稻穗发育的环境条件有光照、温度、氮素营养和水分等。

(1)光照　幼穗发育期,要求光照充足。如果枝梗和颖花分化期光照不足,枝梗和颖花数减少;减数分裂期和花粉充实期光照不足,会引起枝梗和颖花大量退化,并使不孕颖花数增加,总颖花数减少。因此,在幼穗发育过程中,如果遇上长期阴雨,或群体生长过旺,均对幼穗发育不利。

(2)温度　稻穗发育最适宜的温度为 30 ℃左右,在较低的温度下,延长枝梗和颖花分化期,有利于大穗形成,但温度低于 19 ℃或 21 ℃时,分别对粳稻和籼稻幼穗发育不利。减数分裂期对高温和低温反应最敏感,这个时期受热害或冷害后会使穗下部枝梗和颖花大量退化,造成穗短粒少。在小孢子时期受高低温危害,花粉发育受阻,影响正常的受精,形成大量空壳。

(3)氮素营养　在雌雄蕊分化前追施氮肥,有增加颖花数的作用,其中以第一次苞原基分化期前后施用适量速效氮肥(促花肥),对增加二次枝梗和颖花数的作用最大,但要根据苗情掌握用量,若施用不当容易引起上部叶片徒长和下部节间过度伸长,造成后期郁闭和倒伏。在雌雄蕊分化期后追施氮肥,对增加颖花数已不起作用,但能减少颖花退化。在花粉母细胞形成期,即剑叶露尖后,施用适量氮肥(保花肥),能提高上部叶的光合效率,增加茎鞘中光合产物的积累,为颖花发育和颖壳增大提供足够的有机养分,能有效地减少颖花退化或增大颖壳容积,起保花增粒和增重作用,但若氮肥用量过多,容易引起贪青晚熟,影响产量和后季作物的适时播种。

(4)水分　幼穗发育时期,群体的叶面积大,气温较高,叶面蒸腾量大,是水稻一生中需水量最多的时期。减数分裂期,对水分的反应最为敏感,干旱或受涝都会使颖花大量退化或发生畸形。因此,在减数分裂期前后,以浅水层灌溉为宜。

(七)开花和结实

1. 抽穗、开花和受精

稻穗上部颖花的花粉和胚囊成熟后1~2 d,穗顶即露出剑叶鞘,称抽穗(heading)。当全田有10%的稻株抽出叶鞘一半时,称为始穗期(initial heading date);当全田有50%稻株出穗时,称为抽穗期(heading date);当全田有80%的稻株出穗时,称为齐穗期(full heading date)。对一个稻穗而言,从穗顶露出到全穗抽出一半需5~7 d,温度高抽出快,温度低抽出慢。通常穗顶颖花露出剑叶鞘当天或后1~2 d即开始开花,一穗的开花历时为5~7 d,以第3天前后开花最盛。一天中开花的时间主要受当天气温的制约,气温高开花早,气温低开花迟。我国南方早稻一般自上午8时至下午1时都能开花,而以上午9—11时开花最盛;晚稻在上午9时至下午2时开花,以上午9—12时开花最盛。

稻穗上各朵颖花的开花顺序与颖花发育早迟的顺序是一致的,即同一穗上各一次枝梗间,上位枝梗开花早,下位枝梗开花迟;同一个一次枝梗,直接着生在一次枝梗上的颖花开花早,着生在二次枝梗上的颖花开花迟;就一个枝梗来说,顶端的一粒先开,接着是基部一粒,其后由下而上依次开放,顶端第二朵颖花开放最迟。一穗中颖花开放的早迟与颖花对光合产物的竞争能力有密切关系,早开的颖花竞争能力强,有先获得光合产物的优势,称为强势花(superior floret);迟开的颖花,竞争能力弱,容易形成空秕粒,称为弱势花(inferior floret)。一朵颖花自开颖到闭颖,一般需1~2.5 h,内外颖一展开,花丝急剧伸长,花药伸出颖外,经历若干时间,花丝凋萎而花药下垂,同时内外颖闭合。水稻一般在开颖的同时就裂药散粉,绝大多数是同花自交的,天然异交率极低,花粉散落在柱头上,经2 min左右,花粉萌发。授粉后12 h,花粉管已由珠孔进入胚囊,开始受精,24 h后受精结束。

2. 籽粒的发育

颖花受精后,茎叶所制造和储藏的养分向子房输送,籽粒开始发育。受精后,卵细胞发育非常迅速,一般经过数小时就开始分裂,到开花后第5天,胚根、胚芽鞘分化出现,到第14天,胚内各部分器官原基都已分化完成,其后胚逐步进行生理上的成熟。在胚发育的同时,胚乳也迅速发育,约在开花后1~3.5 h胚乳细胞开始分裂,到开花后5~6 d胚乳细胞填满整个胚囊,在受精后9~10 d胚乳细胞分裂完毕。随着胚和胚乳的发育,子房也逐渐膨大和充实,形成糙米。籽粒在开花后第5~7天就伸到颖壳的顶部。以后逐渐向两侧加宽,在开花后的第10~12天接近最大宽度,厚度在开花后14 d左右接近最大值。籽粒灌浆充实的速率因成熟季节而不同,高温季节,子房膨大快,充实的历时短;气温凉爽时,成熟的时间长。

根据籽粒充实程度和谷壳颜色的变化,一般把籽粒的成熟过程分为乳熟、蜡熟、完熟和枯熟四个时期。早稻在开花后第 3 天,晚稻在开花后第 5 天,籽粒开始有淀粉积累,并出现白色的乳液,以后随着淀粉的积累,胚乳呈白色乳浆状,这时米粒和谷壳仍为青色,为乳熟期,这个时期早稻 7 d 左右,晚稻 10 d 左右。蜡熟期米粒内部由乳浆状变成蜡状,手压能变形,谷壳开始发黄,米粒仍是青色,这个时期早稻 7 d 左右,晚稻 10 d 左右。完熟期米粒继续失水硬化,变成透明硬实状,谷壳变黄,此时为收获期。枯熟期谷壳黄色褪淡,枝梗干枯,米粒偶尔有横断痕迹。水稻灌浆结实期的长短因气候和品种不同而有差异,气温高灌浆期短,气温低灌浆期延长。从水稻抽穗开花到成熟收获的历时,早稻为 25～30 d,晚稻为 35～40 d。

3. 影响水稻开花结实的环境条件

(1)温度　　水稻开花最适温度为 28～30 ℃,最高温度为 40～45 ℃,最低温度为 13～15 ℃。当气温低于 23 ℃或高于 35 ℃时,花药的开裂就要受到影响,但花粉发芽的最低温度为 7～14 ℃,子房在 16 ℃以下发育才会受到影响。花粉与雌蕊耐受高温的能力不同,在 43 ℃下 5～10 min 或 45 ℃下 3～5 min 即可杀死花粉,而雌蕊则不受损害,育种上的温汤杀雄即依此道理。水稻空壳率与抽穗前后 5 d 左右的平均气温也有密切关系,平均温度在 19 ℃以下时水稻的空壳率大幅上升,一般为 20～21 ℃的 2 倍以上,严重时达 80%,因此通常把 20 ℃和 22 ℃分别作为粳稻和籼稻的安全齐穗期。

温度与籽粒发育及品质形成过程也存在密切关系。一般在 20～35 ℃范围内,温度越高,籽粒灌浆速度越快。但高温会使籽粒的呼吸消耗过大,形成高温逼熟,导致淀粉充实不良、千粒重降低和米质变差,尤其是大粒品种,易出现腹白和心白。适宜籽粒发育和灌浆充实的日平均温度在 21～24 ℃左右,日均温度过高(26 ℃以上)或过低(20 ℃以下)均不利于优质稻米形成,而低于 17 ℃籽粒发育过慢,可出现延迟性冷害。此外,昼夜温差大有利于籽粒发育及其灌浆充实,差值一般以 6～8 ℃为宜。

(2)湿度和水分　　空气湿度过高或过低,对花粉的发芽和花粉管的伸长均有不利影响,尤其是高温加高湿天气,对水稻开花受精的影响更大。在通常情况下,相对湿度 70%～80%有利于水稻开花,相对湿度低于 60%空壳率明显增加;花期多雨会影响到落在柱头上的花粉粒数量和花粉粒萌发能力,增加空壳率,但水稻在雨天一般不开颖,可进行闭花受粉,因此短期降雨的影响较小。另一种情况是,水稻正在开花时遇到大雨,则会引起花粉粒吸水爆破,柱头上的黏液被冲洗,使受精率降低,空粒增多,而晴暖微风天气则对水稻开花受精最为有利。此外,水分条件与籽粒的发育也存在密切关系。水稻生育后期断水过早,会造成上部叶片的早枯,影响光合产物的积累和转运。反之,长期淹水,则会造成根系早衰,影响叶片的寿命和光合效率。

(3)氮素营养　　氮素营养充足,可延长叶片功能期、防止早衰,尤其是大穗型品种追施粒肥可明显促进弱势粒的米粒发育和灌浆充实,而氮素营养不足,叶片光合能力下降过快,导致弱势粒灌浆不良,结实率和千粒重下降,但如果氮素过多,则会造成成熟推迟,产量降低,不完全米的比例增加,品质也变劣。

(4)光照　　光照充足,光合同化产物多,水稻结实率和千粒重均较高;反之,光照不足,田间郁闭、通风透光不良,结实率和千粒重则有所下降。例如,抽穗以后至胚乳大体完成增长期间的叶片光合量多少对籽粒充实度有决定性影响,决定叶片光合量的内因是水稻叶面积,而外因则是光照,强调水稻生育后期"养根保叶"就是为了增加光合量。此外,水稻顶部三片叶对水稻这一时期的光合量影响最大,以剑叶最甚,因其在顶部,受光最好,且与稻穗距离最近,灌浆物质能更快运送到籽粒。

(八)产量形成

1. 产量构成因素

水稻产量是由单位面积上的有效穗数(effective panicle number)、每穗粒数(grains per panicle)、结实率(seed-setting ratio)和千粒重(1000-grain weight)构成的。用公式可表示为:稻谷产量(kg/hm²)=单位面积(hm²)的有效穗数×每穗总粒数×结实率(%)×千粒重(g)×10⁻⁵;也可表示为:粒数/hm²×结实率(%)×千粒重(g)×10⁻⁵。一般报道的水稻产量是指含水量 13.5%(籼稻)~14.5%(粳稻)的稻谷产量。

不同生育时期决定着不同产量构成因素。天气条件、栽培管理和养分供应对每个产量构成因素都有很大影响。上述各因素的形成,按时间进程可分为:穗数形成阶段、穗粒数形成、结实率和粒重形成 3 个阶段,其间存在相互制约和相互补偿的关系。

水稻产量也称为水稻的经济产量,即稻谷的收获量。水稻经济产量可看成是生物学产量(biological yield)和经济系数(economic coefficient)的乘积,即经济产量=生物产量×经济系数。经济系数也称收获指数(harvest index)或谷草比(grain-straw ratio)。换言之,水稻经济系数(收获指数或谷草比)是指稻谷产量与总生物学产量的比值。野生稻的经济指数约为 0.25,高秆品种为 0.30~0.35,矮秆品种可达 0.40 以上。目前,我国水稻生产上种植水稻品种的经济指数一般多为 0.45~0.55。

水稻籽粒产量的 1/3 左右来自抽穗前茎鞘中的储藏物质,2/3 左右来自抽穗后叶片的光合产物。其中,谷粒中的糖类约有 20%~40%是抽穗前茎秆及叶鞘中暂存的淀粉(称为临时淀粉,transient starch)转运而来,其余 60%~80% 是由抽穗后光合产物的直接供应。氮素由茎鞘等器官向发育米粒的转运,多数是以氨基酸形态进行的。由于在水稻抽穗开花之后,土壤中的氮素供应(无机氮)已大幅减少,以及根器官对土壤无机氮吸收和同化能力也显著降低,所以发育米粒中的氮素大部分是由茎鞘和叶片器官中的储存氮素(有机氮)转运而来的。总之,抽穗前茎鞘储藏物质向籽粒的转运过程对籽粒发育及充实过程的影响很大。凌启鸿对抽穗前茎鞘的物质储藏量和抽穗后光合产物对水稻产量的贡献大小进行了划分,归结出一个理论公式:稻谷经济产量=花后光合积累量+花前储藏物质×运转率,这对于水稻栽培理论研究和高产栽培实践有重要指导意义。

2. 产量构成因素的形成

(1)单位面积穗数　单位面积的有效穗数是构成水稻产量中起作用最早的因素,也是其他三个因素发挥作用的基础。水稻单位面积穗数是由基本苗和单株有效分蘖数两个因素决定的。生产上把单位面积上主茎和分蘖的总数合称茎蘖数;把从起始分蘖开始,总茎蘖数增加到与最后穗数相等的时期,称有效总茎蘖数(有效穗数)决定期;把分蘖增加到拔节后不再发生分蘖的时期称最高茎蘖数期(或高峰苗期)。

在单位面积的基本苗数确定后,穗数的形成主要决定于单株的有效分蘖。能够成穗的分蘖几乎全在有效分蘖临界期左右(水稻抽穗前 12~15 d)出现。前已述及,此时出现的分蘖,在拔节期至少长有 3 叶,已形成自身根系能独立吸收水分、养分,这些分蘖一般可成为有效分蘖。因此,可根据最高分蘖期已具备 3 片叶以上的茎蘖数就可以预测最后的成穗数。一般高产稻田的成穗率为 60%～85%,早稻偏低,单季中晚稻偏高,长江中下游单季稻的高产田成穗率为 70%～80%。

秧苗壮弱、栽植密度大小对穗数影响较大,而土壤耕作、栽插深度和肥水管理等栽培措施也有一定影响。从发育时期看,播种开始到最高分蘖期后的 10 d,各种环境条件变化都会对单位面积的穗数有影响,一般以分蘖盛期的环境生态条件对穗数的影响最大。水稻高产栽培上要做到培育壮秧和适时早插,提高插秧质量,插足基本苗,早施分蘖肥,加强田间管理,促进分蘖早生快发,争取低位分蘖。在群体总茎蘖数达到预期穗数的 80% 时,应及时控制肥水,调节分蘖的发生与发育,使最高茎蘖数适宜,提高成穗率。

(2)每穗颖花数 每穗颖花数是由分化颖花数和退化颖花数决定的。其中,分化颖花数与秧苗和茎秆的粗壮程度密切相关,秧苗壮弱对每穗分化颖花数起决定作用,秧苗健壮水稻穗型大,一次枝梗数多,穗轴分化期至二次枝梗分化期对颖花分化的促进力最大。而对颖花退化影响最大的是减数分裂期。减数分裂期正是幼穗从 2～3 cm 左右急剧伸长达到接近全长的时候,此时每穗所有颖花已几乎分化完毕,弱势颖花退化正在加剧,这个时期是水稻每穗颖花数从分化增加到退化减少的消长转折时期,对环境条件最为敏感,至减数分裂末期,每穗颖花数已基本确定。因此,减数分裂期保持良好的稻株营养状况,可以促使颖花多分化,减少颖花退化,增加每穗颖花数。

(3)结实率 结实率是指饱满谷粒占总颖花数的百分率。在产量构成因素中,结实率是支配作用较强的因素。通常将单位面积穗数和每穗颖花数的乘积,称为单位面积的总库容量(total sink capacity)。在每穗颖花数确定后,这个总库容量也已基本确定,而库容的充实程度则在很大程度上取决于结实率的高低。

影响结实率的时期是从穗轴分化开始到胚乳大体完成增长过程的几个生育时期。其中,对结实率影响最大的时期:一是抽穗前的颖花分化和减数分裂两个时期。这两个时期如遇不良环境条件,容易导致水稻雄性不育或受精不良而形成空粒。二是抽穗后开花至胚乳增长盛期。此时期若遇不良条件,容易形成秕粒,而接近胚乳增长末期,结实率受环境条件影响较小。

(4)千粒重 稻谷粒重是由谷壳体积和胚乳发育好坏两个因素决定的,谷壳体积是粒重大小的前提。糙米的形状和体积大多决定于颖壳的形状和体积,受谷壳的机械约束,谷壳越大,糙米也可能越大。谷粒的大小存在一个由遗传决定的上限,谷壳体积从颖花形成内外颖时即受影响,但以颖花生长最旺盛的减数分裂期影响最大,通常称之为粒重第一决定期。造成谷壳小的重要原因是稻穗内外颖形成期体内特别是幼穗部分碳水化合物供应不足。抽穗前的环境条件也影响颖壳的大小,特别是在减数分裂期营养供应不足或遇到不良环境条件会导致颖花变小。决定粒重的另一个因素是胚乳发育的好坏,即稻谷的充实程度。抽穗后,谷壳大小已固定,米粒的体积和重量则主要取决于胚乳的灌浆充实程度,因此把籽粒灌浆盛期称为粒重第二决定期,并基本决定了水稻最终的产量高低。因此,提高粒重,第一要增大谷壳的体积,除选用大粒品种外,在花粉母细胞形成期至减数分裂期追施速效氮肥,对增大颖壳体积有明显的促进作用;第二要增大、充实米粒,通过提高抽穗后叶片的光合效率,降低呼吸强度,改善灌溉条件,使植株储藏的和抽穗后合成的光合产物顺利地转运到谷粒中。

(5)产量构成因素之间的关系 在水稻产量构成因素中,千粒重相对比较稳定,其他三个因素的变异较大。理论上讲,单位面积的水稻产量随着产量构成因素数值的增大而增加,但在群体栽培条件下,各产量构成因素之间很难实现同步增长,具有相互制约和相互补偿的关系。研究表明,在构成产量四个因素的相互关系中,仅结实率与千粒重呈显著正相关,其他产量构成因素间均呈负相关,其中,单位面积穗数与每穗总粒数呈极显著负相关,每穗总粒数与结实率呈显著负相关,即当穗数或每穗粒数超过一定范围后,每穗总粒数或结实率呈下降趋势。因此,生产上调整产量构成因素的相互关系,宜以这两对呈极显著负相关的产量构成因素为重点,在提高单位面积颖花数的同时,提高结实率。由于这两对因素的相互制约性较强,在产量形成中,只要单位面积穗数或每穗总粒数的增加能够补偿或超过每穗总粒数或结实率下降的损失,就表现增产。目前栽培上采取的大穗增产途径、穗粒兼顾增产途径及多穗增产途径,主要就是利用穗粒互补关系。此外,生态条件、品种特性和养分供应对每个产量构成因素都有很大影响。不同品种在不同地区和栽培条件下,有其获得高产的产量构成因素最佳组合。为此,需要结合品种的光温特性,选择适宜的产量构成因素组合,均能获得增产。值得一提的是,各产量构成因素的形成过程以及产量物质的生产积累与分配,从本质上讲都贯穿在水稻群体发育过程中,受群体发育的影响。因此,群体质量优劣是水稻各产量构成因素形成是否协调和产量水平高低的决定因素,水稻产量水平的不断提高是群体质量不断优化的结果。通常,将对群体光合积累和产量起决定作用的形态和生理指标称为群体质量指标,例如,群体光合生产量、叶面积指数、总颖花量、粒叶比、冠层结构、茎鞘质量、颖花根活量等。

3. 产量形成的源库关系及类型

每穗颖花数和谷壳大小,相当于容纳稻谷产量的储藏库。抽穗后,茎鞘储存的光合产物和抽穗后上部叶片制造的光合产物,集中输送至穗部的籽粒中,而制造光合产物的叶片则相当于供给源。因此,在作物的源库理论上,源(source)是指生产和输出同化产物的器官或组织,库(sink)是接受和储藏同化物质的器官或组织。然而,源和库均是相对的、动态的,在一定条件下可发生转化,如茎鞘器官,在水稻抽穗前是光合物质的临时储藏库,但抽穗后则是穗部同化物的主要供应源之一。在水稻生产上,常用单位面积的颖花数与叶面积分别作为衡量库与源的主要指标。为发挥水稻的高产潜力,既要有足够的"储藏库"和丰富的"供给源",还应该提高穗分化后茎鞘中积累的光合产物的量和抽穗后的光合产物(源)向穗部(库)输送的能力(流),以实现"适库"、"足源"和"强流"。如果库大源少,那么空秕粒增多,但如果库小源少,那么穗小粒多,均不能高产。根据水稻产量形成的库源关系特征,一般将水稻品种分为源限制型、库限制型和源库互作型三种类型。

(1)源限制型　这类品种的颖花形成能力强、总库容量大,且有较多的过剩,茎、鞘物质的输出率与转换率高,但因叶片光合产物不能充分满足库容充实需要,导致结实率偏低且不稳定,成熟期茎鞘残留的可用性碳水化合物(可溶性糖和淀粉)较少。一般大穗品种(组合)多属此类型,较典型的有南优、籼优系列的籼型杂交组合,甬优系列的籼粳杂交组合等。这类品种(组合)强势粒与弱势粒的灌浆起步时间相差较大,且两者的灌浆快慢及其速率高峰期相距较远,存在较明显的异步灌浆现象,因此也称之为异步灌浆型(asynchronous filling type)。这类品种的库容量是充足的,限制产量提高的主要因素是源的光合生产。在库容一定的情况下,产量随源的增大而增加。在栽培策略上,以增加抽穗前的茎、鞘储藏物积累和促进抽穗后的功能叶片光合作用为主攻目标。

(2)库限制型　这类品种的颖花形成能力较弱,总库容量较少,抽穗开花期单位叶面积和抽穗后积累的单位干物质负担的颖花量较小,结实率较高且稳定,茎、鞘物质输出率低,成熟期茎鞘残留的可用性碳水化合物较多。一般穗数型品种多属此类型,较典型的品种如农垦57、苏协粳等。这类品种强势粒与弱势粒的灌浆起步时间相差较小,且两者的灌浆快慢及速率高峰期几乎同步,不会出现较明显的异步灌浆现象,因而也称之为同步灌浆型(synchronous filling type)。这类品种在相当大的范围内,增库就能增产。在栽培策略上,以增加群体总颖花为主攻目标。

(3)源库互作型　这类品种的库源特性介于上述两类品种之间,或库容量虽较大,但叶片光合产物和抽穗后积累的单位干物质负担的颖花量相对较适宜,基本能够满足库容充实需要,因而结实率相对也较高,源库共同制约其产量形成,增源或增库均可增产。较典型的品种有扬稻4号、秀水63和IR24等。这类品种源和库的自身调节能力较强,栽培措施的回旋余地也较大,高产栽培策略应根据具体条件确定。

品种的源库类型是其源库特征与产量形成的关系在一定生态环境与栽培条件下的反映,是水稻群体在不同水平下协调发展的结果。因此,在不同生态条件下,通过改变栽培措施,调控群体的发育方向可使有些品种的源库关系发生转变,大致规律是:源对氮素的反应敏感程度大于库;对水分的反应,在颖花形成期缺水,对库限制型品种的产量形成影响大;而结实期缺水,则对源限制型品种的产量影响较大。因此,当源库类型发生变化时,其栽培策略也需相应改变。

4. 水稻高产群体结构

水稻群体可分为光合层、支撑层和吸收层。最上一层为光合层,也称叶层或冠层,包括绿叶、穗和上部节间,其主要功能是进行光合作用;中间一层为支撑层,也称茎层,起支撑光合层和运输光合产物和养分的作用;地面以下为呼吸层,即根层,主要功能是吸收水分和养分。

群体叶面积是光合层群体结构的一个重要指标。群体叶面积的大小,通常受单位面积的株数、每株分蘖数、分蘖叶面积的大小和叶片寿命长短四个因素的制约。在一定范围内,水稻群体的叶面积越大,光能利用率就越高,产量也随之提高。但叶面积超过一定值时,常会导致群体过大,相互荫蔽,下部叶片光照不足,光合效率显著下降,呼吸消耗增大,同时使大田通风透光条件变差,田间湿度增大,导致病虫害和倒伏加重。

水稻群体叶面积大小常用群体叶面积对土地面积的倍数表示,称为叶面积系数(leaf area index,LAI)。水稻移栽时叶面积最小,随着稻株的生长和分蘖的增多,叶面积系数不断增大,到孕穗期达到最大值,以后由于新叶不再出生,下部叶片和无效分蘖的逐渐死亡,叶面积又逐渐下降。水稻高产群体适宜的最大叶面积系数是库源关系协调和各部器官(地上部分和地下部分)平衡发展的基础。适宜的LAI能最大限度地截获太阳能,获得最大的作物生长率,保持基部叶片有高于光饱和点受光量的群体叶量。高产田的最大适宜叶面积应在孕穗至抽穗期达到,同时单株保持与伸长节间数相等的绿叶数。这样,一方面可使抽穗后群体叶面积能截获最大量的阳光辐射,达到充分利用光能的目的;另一方面可使群体在拔节至抽穗期,中、下部有充足的受光条件,保证上层根充分发根生长和壮秆大穗的形成。水稻群体最适宜的叶面积系数值并不是固定不变的,因地区和品种株型而异。一般株型紧凑、上位叶片短而厚、叶姿直立的品种,各叶受光均匀,其最适叶面积系数较大;相同类型品种在较强光照的季节或地区栽培,适宜的叶面积系数可大些;反之则宜小些。一般在18~32 ℃范围内,光合效率大体相同,而呼吸强度则随温度的上升而增强,温度每增高 10 ℃,呼吸强度约增加一倍。所以,当温度较低时,最适叶面积系数可大些,而在温度较高的多雨季节,容易发生病虫害,最适叶面积系数不能过大。高产水稻在孕穗至抽穗期间的适宜叶面积系数,常规粳稻一般在 6.0～8.0,杂交稻大致在 6.0～7.5。

各地高产群体的实践证明,在足穗的基础上,尽量减少无效分蘖,压缩高峰苗数,提高茎蘖成穗率(粳稻达到 80%～90%,籼稻达到 70%～80%),是全面提高群体质量、实现高产目标的有效栽培措施。控制无效分蘖,同时控制有效茎蘖基部叶片生长,是提高上部高效叶面积比例的先决条件。无效分蘖减少,茎基部叶片短小,改善中后期群体的光照条件,可促进上部高效叶的生长,促进大穗的形成和单茎茎鞘重的增加,从而提高后期的光合生长能力和产量。

第三节　水稻栽培技术

水稻栽培方式有育秧移栽、直播、培育再生稻等。由于育秧移栽与直播栽培相比,能缩短本田生育期,充分利用土地和季节,解决前后熟的季节矛盾,提高复种指数,便于苗期精细管理、培育壮秧,有利于苗期经济合理用肥用水,节省种子以及较为抗倒伏等,故育秧移栽仍是目前水稻生产的基本栽培方式。育秧移栽种植水稻在我国已有 2000 多年历史。

一、育秧技术与秧田期管理

(一)培育壮秧

壮秧是水稻高产的基础。壮秧移栽后返青快、分蘖早、穗大粒多,容易实现高产。农谚云:"秧好半年稻,苗壮产量高",充分说明了培育壮秧对增产的作用。育秧方法、秧苗类型和种植季节不同,其壮秧的具体指标也不尽相同,但基本要求是一致的。这可结合秧苗的类型与特点,从形态特征和生理特性两个方面来加以说明。

1. 秧苗的类型及特点

为了适应不同生态条件和不同稻田种植方式,一般将秧苗分为小苗、中苗、大苗和多蘖苗 4 种类型。其中,小苗一般是指 3 叶期内带土移栽的秧苗,多在密播、保温育秧床上培育,广泛用于抢早移栽、机插与抛秧;中苗是指 3.0～4.5 叶内移栽的秧苗,也多用于抢早移栽、机插和抛秧;大苗是指 4.5～6.5 叶移栽的秧苗,广泛用于双季稻和一季晚稻;多蘖苗是指 6.5～9.0 叶内移栽的秧苗,在稀播移栽时可充分利用秧田的低位分蘖,多用于双季晚稻和迟茬一季稻。

2. 壮秧的形态特征

壮秧的形态特征包括叶宽苗健、扁蒲白根、生长整齐和秧龄适宜。从个体形态看,要求茎基宽扁、叶挺色绿、根多色白、植株矮健等。其中,茎基宽扁是评价壮秧的重要指标,俗称壮秧为"扁蒲秧"。这种扁蒲粗壮的秧苗,个体营养较好,体内储藏的养分多,维管束发育好,移栽后发根快而多,分蘖早而壮;从群体形态看,要求秧龄适宜,具有较高的成秧率与整齐度,使移栽大田后生长整齐。

3. 壮秧的生理特性

壮秧的生理特性包括光合能力强、碳氮比(C/N)适中、束缚水含量高、移栽后发根力强和植伤率低。所谓发根力(rooting ability),是指秧苗移栽后发生新根快慢与多少的能力;所谓植伤率(transplanting injury ratio),是指秧苗在拔秧、移栽过程中和栽后风吹日晒受伤的程度。秧苗发根力的强弱决定于秧苗茎节上根原基的数目和苗体内的碳、氮水平。壮秧的碳氮比适中,如中苗 7～9,大苗 11～14。老壮秧的碳氮比较大,接近或超过 20,发根力衰退。小苗的碳氮比较小、苗体内的氮化合物含量较高,同化作用形成的糖类大部分与氮结合形成蛋白质,但随秧苗生长,幼苗叶片的光合作用增强,秧苗体内的糖类积累增多,碳氮比也逐渐增大。一般来说,当碳氮比较小,即含氮化合物相对较多时,有利于根细胞的增殖,秧苗的发根力较强,发根快、发根多;当碳氮比较大,即含碳化合物相对较多时,秧苗体内的细胞渗透压较高,束缚水含量大,移栽后不易失水,植伤率便较低。此外,束缚水含量相对较高,自由水含量相对较低的秧苗,在抵御不良环境条件的影响上占有相对优势,抵抗低温、干旱等不良环境的能力强。

(二)播种期、秧龄和播种量的确定

1. 播种期的确定

水稻播种过早,特别是双季早稻播种过早,常常遭受早春寒潮的袭击而导致烂秧;播种过迟,特别是双季晚稻播种过迟,又容易遭受秋季低温而不能安全出穗。因此正确掌握水稻早播和晚稻迟播的界限期,是确保水稻正常发育的一项重要措施。

决定播种期的因素主要有气候条件、种植制度和品种特性。其中气候条件是确定播种期的首要因素,从有利于出苗、分蘖、安全孕穗和安全齐穗出发确定适宜的播种期。早稻早播的界限期应根据水稻种子发育出苗和秧苗移栽成活的最低温度要求确定。在自然条件下,一般将日平均温度稳定通过 10 ℃和 12 ℃的初日,分别作为粳稻和籼稻的露地秧早播界限期,并使孕穗期能避开 20 ℃以下的低温危害;晚稻迟播的界限期是要保证安全齐穗。水稻抽穗期低温伤害的温度指标为日均温度连续 3 d 以上低于 20 ℃(粳稻)、22 ℃(籼稻)或 23 ℃(籼型杂交稻)。因此,一般都以秋季日平均温度稳定通过 20 ℃和 22 ℃的终日,分别作为粳稻、籼稻的安全齐穗期,以安全齐穗期为依据,再根据品种的生育期,向前推算出最迟播种的期限。长江中、下游地区绝大部分地区双季晚稻的安全齐穗期,籼稻在 9 月 15 日左右,粳稻在 9 月 20 日左右。

2. 秧龄的确定

秧龄(seedling age)一般是指从播种到拔秧(移栽)的天数,是决定秧苗素质的一个重要因素。由于不同播期所处的温度和光照条件不同,相同秧龄的秧苗,其生育进程并不相同,通常不能完全反映秧苗的实际生理年龄,因此应同时参考主茎出叶总数(即叶龄)作为适宜秧龄指标。秧苗从 1 叶 1 心开始就可移栽,高产栽培要求移栽后至少能长出 5～7 片新叶,这是因为幼穗开始分化时叶龄余数为 3.5 左右,这样栽插后至少有 2 个以上新叶处于大田营养生长期,而后再进行穗分化,因此最迟秧龄的叶龄为该品种主茎总叶数减去至少5片叶的叶龄。通常,把从移栽起始叶龄到移栽最大叶龄的时间长短称秧龄弹性(elasticity of seedling age),即适宜秧龄的界限。超过上述最大叶龄移栽,就称为超秧龄,有可能在秧田内进入或接近幼穗分化期,严重影响产量。秧龄的长短应依据品种特性、育秧季节、育秧方式、播种量和耕作制度等进行确定,以保证栽插适龄秧苗,确保移栽后秧苗的健壮发育和产量形成。早稻生育期短,适龄界限也短,假如秧龄偏长,则会导致营养生长不良,甚至会提前进行穗分化;晚稻的感光性强,早播秧龄延长,不会提前穗分化,因而晚稻秧龄弹性较大。

早穗现象是秧龄过长所造成的一种生理障碍。它是指秧苗在秧田期,其幼穗已开始分化或形成,移栽后过早出穗的现象。发生早穗的水稻,分蘖参差不齐,见穗早而齐穗迟,抽穗期较长,穗小粒少,秕谷多、产量低。防止早穗的关键,在于根据品种特性掌握适宜的秧龄。一般早熟品种秧龄不宜超过30 d,如播种较晚,气温较高,秧龄宜控制在25 d以内。如果发现秧苗在秧田中已开始幼穗分化,应抢时早插,重施起身肥,注意浅栽,栽后要重施肥,促进早发多发分蘖,以减少主穗发生早穗后的损失。

3. 播种量的确定

播种量的多少对秧苗素质影响较大,秧龄越长,秧苗个体受播种量的抑制程度越大,所以秧龄越长越要稀播,适宜播种量的标准,以掌握移栽前不出现秧苗个体因光照不足而影响个体生长为原则。播种量也与育秧季节气温高低有关,高温季节的秧苗生长较快,群体发展迅速,个体受抑制的时间较早,应适当少播;反之,可适当多播。此外,秧龄短的中小苗,播种量可稍大,长龄大苗秧必须减少播种量,否则就有可能引起早穗。

(三)种子处理与催芽

作为种用的稻谷,谷粒饱满度、种子纯度和种子活力都应达到一定质量要求,例如,种子纯度一般应达到95%以上,净度不低于96%,发芽率应超过90%。因此,在播前必须经过晒种、精选、浸种、消毒和催芽等处理,以确保用纯净、饱满、无病、发芽率高、生活力强的种子播种,为培育壮秧打好基础。

1. 晒种和选种

晒种不仅可以增加稻谷种皮的透气性,加快氧气进入稻谷速度,而且能使稻谷干燥一致,消除含水量的差异,使浸种时吸水均匀,催芽时发芽整齐。对收获时成熟度不一致、保管不善或含水量较高的稻谷,晒种的作用更为明显。

选种是为了确保用纯净和饱满的种子播种。秧苗在3叶期以前,其生长所需养分主要靠胚乳供应,因而种谷的饱满度与幼苗初期生长有着密切的关系。一般可用风选、筛选或溶液选种。溶液选种通常采用比重法,可分为盐水、泥水和清水选种等,饱满度相对较好的种子,以盐水选种的效果较好,易于除去杂草种子、病粒和秕粒。常用的盐水浓度是20%～25%,其比重是1.05～1.10。通过比重选种后,用清水冲洗干净。杂交稻种子的饱满度差,一般仅用清水选种。

2. 浸种与消毒

浸种的目的在于使稻谷均匀吸足发芽所需的水分。稻谷发芽所需的最低吸水量,籼稻为 15%,粳稻为 18%,此吸水量只相当于种子饱和吸水量的 60%,发芽慢而不齐。稻谷发芽良好的饱和吸水量,籼稻为谷重的 25%,粳稻为谷重的 30%。稻谷吸水速度与温度有关,当水温为 20 ℃时,约需 60 h;当水温为 30 ℃时,约需 40 h。浸种时间不宜过长,2～3 d 即可。在浸种过程中,由于稻种的呼吸使水中的氧气减少,易缺氧窒息,对稻种呼吸和发芽不利,所以要经常换水。杂交稻种子不饱满,发芽势低,可采用间隙浸种或热水浸种,以提高发芽势和发芽率。

消毒是为了避免种子将病菌带到大田侵染和传播,常用抗菌剂、强氯精或生石灰水(1% 生石灰澄清液)等消毒,凡是药剂消毒过的稻种,都要用清水洗干净后再催芽,若种子尚未吸足水分,还需要继续浸种,待吸足水分后再催芽。

3. 催芽

稻谷催芽是根据种子发芽过程中对温度、水分和空气的要求,人为创造良好发芽条件,使稻谷播种后的扎根、出苗快,幼苗生长迅速,以减轻自然灾害影响,防止烂秧。催芽要求达到"快、齐、匀、壮"。其中,"快"是指 3 d 内能催好芽;"齐"是指发芽率要达到 90% 以上;"匀"是指发芽整齐,根芽长短一致;"壮"是指幼芽粗壮,出芽白色,无异味,根芽长比例适中,根长一粒谷,芽长半粒谷。但旱育秧、塑料软盘育抛秧催芽的长度要适当短些。

催芽的方法很多,有地窖催芽、室内堆垛催芽、焦泥灰催芽、日浸夜露催芽等。但无论采用哪种催芽方法,其催芽的原理和技术要求基本上是一样的,都是根据种子发芽各个阶段对温度、水分、氧气的不同要求,进行人工调节,使稻谷发芽整齐迅速。在催芽过程中,根据种子萌发时器官的生长特点和对环境的要求,可分为高温催(露)白、适温催根、保湿催芽、摊晾炼芽 4 个阶段。

(1)高温催(露)白 从吸足水分的稻谷进入种堆到 80% 左右稻谷破胸露白阶段。这一阶段要求保持较高温度,以促使破胸快而整齐。稻谷露白前,呼吸作用弱,温度偏低是主要原因。可先用 50 ℃ 左右温水掏种 10 min,再起水沥干,上堆密封保温,此时没有必要翻堆,种壳不干也不必淋水,温度保持在 35～38 ℃,尽可能迅速地(15～18 h)将稻芽"闷"出来,至 80% 左右的稻谷破胸为止,一般要求在 24 h 内达到破胸整齐。如果这个阶段的温度过低,水分过多,氧气缺乏,就会使种谷生活力减弱,养分外渗,种谷发黏带酒气,这种现象称现糖(sugar efflux 或 sugar extravasation)。现糖现象是水稻催芽过程中的一种生理障碍,轻则会使种芽不壮,重则会使种芽死亡。精选种子,控制露白前的温度和水分,是防止现糖的主要办法。当发现种谷有现糖现象时,应及时把种谷放在 25～30 ℃ 的温水中漂洗干净,再行催芽。

(2)适温催根 种谷破胸露白后,呼吸作用急剧增强,放出大量热能,使谷堆温度迅速升高,当谷堆内部温度超过 40 ℃ 时,就会灼伤根芽,这是催芽的危险期。所以在露白前后要常检查,谷堆温度保持在 30 ℃ 左右为宜,当谷堆温度过高时,要及时翻堆散热,并淋以 20～25 ℃ 温水降温。

(3)保湿催芽 齐根后要适当控制根的生长,促进芽的生长,达到根齐芽壮。根据"干长根、湿长芽"的原理,保持适温(25～30 ℃ 为宜)和足够的湿度是关键。这时要适当浇淋 25 ℃ 左右温水,保持谷堆湿润,促进幼芽生长。同时仍注意翻堆散热保持适温,可把大堆分小,厚堆摊薄。待谷芽和根达到播种要求长度时结束催芽。早稻在播种时气温较低,因此一般在"根长一粒谷,芽长半粒谷"时取出摊晾,而单季稻和双季晚稻只要催短芽(根)即可取出。

(4)摊晾炼芽　为了使芽谷能适应播种后的自然环境,一般将催好芽的芽谷在室内温度下摊放半天到一天左右时间再进行播种,称为摊晾炼芽。早稻在播种时气温较低,若催好芽的稻谷直接播种,因温差太大,容易造成烂芽和生长停顿现象,所以要经室内低温锻炼后(低温炼芽)再行播种。炼芽过程中若谷壳干燥,应及时喷水,以保持谷壳不发白为度,若天气不好,可将芽谷摊薄,待天气转晴后再播种。

晚稻播种时气温高,谷种经浸种消毒后放置室内 1～2 d 便自然发芽,或采用日浸夜露 2～3 d 亦可发芽。

(四)育秧方式与秧田管理

1. 育秧方式

水稻的育秧方式很多,按水分管理可分为水育秧、湿润育秧和旱育秧三种类型,按设施条件可分为露地育秧、保温育秧和加温育秧三种类型。但在实际生产中,各种育秧方式常常交替或配合使用,如湿润育秧加盖薄膜就成为薄膜保温湿润育秧,旱育秧和保温育秧组合就成为薄膜保温旱育秧。现将几种较常见的育秧方式简介如下:

(1)露地湿润育秧　又称为半旱秧田育秧,是目前应用最广的一种育秧方式。该育秧方式的技术要点是:秧田宜选择排灌方便、向阳背风、土质松软、肥力较高的田块;秧田应按畦定量播种,均匀落谷,播撒后轻轻塌谷,使种子陷入表层泥浆中,以利于谷种吸水、发芽、扎根;水分管理介于水育秧与旱育秧之间,满足秧苗对水、气、肥的要求,以达到秧苗生长健壮的目的。露地湿润育秧可以育适龄壮秧,拔秧栽插,也可育短龄小苗。

(2)旱育秧　是从播种开始整个育秧过程中只维持土壤湿润而始终不保持水层的育秧方式,其核心是旱作育秧和稀植栽培。旱育秧与湿润育秧的主要差别是齐苗至移栽前的控水管理,但苗情诊断和其他栽培管理也有所差异。如旱育秧的秧苗叶色一般较深,缺肥初期不易察觉,当叶片出现落黄时,其缺肥程度一般就比同叶色的湿润育秧的秧苗更严重。旱育秧主要优点是:秧苗根系发达,干物质积累多;束缚水含量较高,苗期抗逆性强;移栽后返青分蘖快,分蘖力强。缺点是:秧苗整齐度相对较差,易发生立枯病等病害。由于旱育秧具有节水、省力、省工等优点,且秧苗素质好,可培育出适宜各种本田不同栽插的各类秧苗,所以旱育秧是一项高效的育秧技术,近年来已成为我国水稻生产上的主要育秧方式之一。

(3)地膜(薄膜)保温湿润育秧　在湿润秧田的基础上,利用地膜(薄膜)覆盖保温增温。盖膜方式有搭拱形架覆盖和平铺覆盖两种,大多应用于双季早稻。该育秧方式的技术要点是:育秧前期保持床土湿润,密封薄膜保温;2 叶期后湿润与淹水交替;3 叶期后保持浅水层管理,并开始揭膜炼苗,通风降温。这种育秧方式一般出苗率较高,除盐碱地外,前期病害很少。但在 3 叶左右建立水层后,秧苗地上部生长较快,而根系活力和抗逆性降低,应及时揭膜炼苗,通风降温。

(4)温室育秧　这种育秧方式是育秧技术的新发展,是从大棚盘育秧演变而来的一种育秧方式。温室育秧具有省种、省工、省秧田,有利于实现育秧工厂化和机械化插秧的优点,其核心技术是集约化管理和小苗移插。温室可用旧房改装,也可用薄膜搭成棚架,以能密封、保温、调湿、侧面和顶部透光为原则。温室内搭秧架,摆放数层秧盘,秧盘大小要便于搬运,或适合于与机插配套的盘钵。秧苗一般在温室内培育约 15～20 d,秧苗长至 2 叶 1 心时即可移插。温室秧苗的竖芽、盘根和齐苗较早,但大苗移栽的植伤率也较高,因此一般应于中小苗移栽。

(5)两段育秧　两段育秧是把秧苗分成两个阶段来培育的育秧方式。采取两段育秧主要是为了解决晚茬口水稻要求早播早插夺高产而不能早插,秧龄过长而不利于高产的矛盾,先在普通秧田密播育小苗,后将小苗寄插于寄秧田,在优越的肥、水条件下育成壮苗。第一阶段为小苗阶段,可采用多种方式育秧,待秧苗长至 1 叶 1 心或 2 叶 1 心左右时,带土移入寄秧田;第二阶段为寄秧阶段,寄秧有摆寄、插寄、抛寄等方式,一般多用摆寄,即将带土秧苗摆放在寄秧田,以入土 1～2 cm 为宜。秧田应施足基面肥,寄秧时灌溉深水,移栽前 4～5 d 再施速效起身肥。寄秧均匀有利于育成生长整齐的多蘖壮秧,但若寄秧秧龄短于 25 d,生长优势则不甚明显。两段育秧的小苗田、寄秧田、大田的比例一般为 1∶8∶32。

2. 秧田管理要点

根据秧苗的生育特性和栽培管理特点,可以分为三个时期。

(1)扎根竖芽期的管理　扎根竖芽期是指播种到立苗(1 叶 1 心期),这是秧苗生育的第一个转变期,管理的重点是促进种子根和"鸡爪根"及时扎入土中,防止烂芽。措施是坚持湿润灌溉,使空气与土面接触,保证秧苗根部的氧气供应,如果落谷以后长时间淹灌,根系生长受到抑制,而芽鞘的伸长由于缺氧而加速,灌水越深,芽鞘越长,就会出现烂种和烂芽现象。生产上要求落谷后至 2 叶期(1 叶 1 心期)秧板保持湿润,秧沟内晴天保持满沟水,阴天半沟水,雨天排干水,只在暴雨有可能将刚扎根的幼苗砸翻时,才灌薄层水"护苗",但灌水时间要越短越好。即使是旱育秧方式,在此时期的土壤含水量也必须保持在 70%～80%,若水分控制不当,就会出现出苗率下降和出苗不齐现象。

(2)离乳前后的管理　离乳期指的是幼苗 3 叶前后,胚乳养分已经耗尽。离乳期是幼苗由异养逐步过渡到自养的重要生理转变期。要求使秧苗过好断奶关,顺利进入独立生活,增强抗性,防止死苗。措施是早施断奶肥。

幼苗 1 叶 1 心期时,胚乳中储藏的氮已基本用完,是"氮断奶",3 叶期胚乳中储藏的淀粉也相继用完,称"糖断奶"。幼苗从异养到自养,是秧苗一生中有机营养最不足,抗性最弱,最容易发生死苗的危险时期。为了使幼苗渡过这一困难时期,尽量早施断奶肥,可在 1 叶 1 心期时施用,这样可弥补氮断奶时所造成的氮素亏缺,到 3 叶期糖断奶时秧苗处于"增糖期",增加对不良环境的抗性。

根据"得氮耗糖"的原理,断奶肥一次施用量不宜过多,一般每公顷 60～75 kg,以后根据情况施用接力肥。此外,断奶期是秧苗对低温的抵抗力最弱的时期,也称抗寒临界期,遇到低温寒潮,露地秧要灌好"栏腰水"护苗。薄膜覆盖育秧在白天揭膜,通风降温的同时,下午重新盖薄膜,防止夜间低温。

(3)移栽前后的管理　由秧田移入大田是秧苗生育过程的第 3 个转变期。这个时期的管理目标是调节好秧苗体内的 C/N,提高秧苗的发根力和抗植伤能力,过好移栽关。措施是施好接力肥和起身肥。生产上要求秧苗既具有较强的发根力,又具备较高的抗植伤能力,因而需通过适当的栽培措施培育出含氮和含碳水平都较高的秧苗。技术关键是在早施断奶肥的基础上,补施接力肥,以后看苗促平衡,使秧苗在移栽前 7～8 d 叶色褪淡,进入增糖期,提高苗体碳素水平,为抗植伤打好基础。之后于移栽前 3～4 d 施起身肥(或称送嫁肥),使秧苗吸收一定氮素,在叶色开始转深而未转嫩、新根开始萌发而未深扎时移栽。

(五)烂秧的原因与防止

烂秧是秧苗在秧田里死亡的总称,可根据发生的时期不同,分为烂种、烂芽、死苗几种。烂秧是水稻秧苗期最常见的生理障碍之一,轻者5%,重者20%～30%或更多。其中,烂种和烂芽主要发生在"现青"以前,死苗主要发生在"现青"以后,尤其在2～3叶期,青枯、黄枯的死苗现象较严重。

1. 烂种

谷种在播种后出苗前死亡叫烂种。其产生的原因主要是稻谷丧失发芽力,经久腐烂。有的是由于浸种、催芽过程中发生了烧种、烧芽;有的是因种子质量差发芽力丧失;有的是因秧板过硬或过软,发生了干芽或烂种现象;也有的是由于播后低温、闷水芽腐烂而死。

防止烂种的办法是:选用发芽率、发芽势高、饱满的种子;进行晒种、选种、消毒;浸种时间要够,使种子吸足水分;催芽时要严格按要求操作,勤检查、勤处理,使芽齐、芽壮;注意播种后的温度和水分控制。

2. 烂芽

秧苗出苗后腐烂死亡的叫烂芽。产生烂芽的原因主要是秧田水分控制不当,芽谷较长时间闷水缺氧所造成的。例如,有的是因播种后阴雨连绵,或深水淹灌,造成芽鞘徒长,根不入泥,头重脚轻,翻根倒芽,变成"翘脚",这时芽谷生活力衰弱,易被病虫害侵入,引起烂芽;有的是因大量施用了未腐熟的有机肥,在淹水条件下产生硫化氢,毒害了芽谷;有的是由于播种后持续低温造成种芽活力下降,引起病菌侵害所致。

烂芽可分为芽干、烂根和烂芽三种。其中,芽干是幼芽、幼根的干枯现象。这种情况往往是在水稻播种后,因遇低温阴雨天气,通常实行深水保温护芽,天晴后急排水抢晴晒秧,由于气温急升,种芽水分蒸发快,而幼根吸水力很弱,根和芽失水所造成的。预防芽干,应在寒潮过后气温回升时,缓缓排水。芽干表面上看似种芽已干枯,实际上生长点仍具有生命力,应采取缓缓灌水湿芽挽救。烂根和烂芽主要是由于长期淹水,种芽因长时间缺氧,处于无氧呼吸状态,加上低温侵袭,生理机能减弱,抵抗力降低,病菌侵入引起的传染性烂秧,这种病害一般是弱寄生的,如种芽能早扎根立苗,就可免受其害;烂根通常是因施用未腐熟的有机肥后长期淹水,产生大量的有机酸、硫化氢等有毒物质,抑制种芽的呼吸作用而引起的,其防止的关键是播种后不要长时间淹水,采用湿润灌溉,在施用有机肥时用腐熟的有机肥料。

3. 死苗

3叶期前后的秧苗死亡叫死苗。常见死苗主要有急性青枯死苗和慢性黄枯死苗两种。青枯是一种生理性病害,秧苗受低温影响,暴晴后未及时灌水,造成秧苗失水死亡,且死苗发生迅速。病苗从幼嫩的心叶部分开始卷缩萎蔫,然后整株枯萎死亡,俗称"卷叶死"。因苗的基部尚未腐烂,手拉秧苗根部不会脱离。黄枯病则是一种寄生性病害,它表现为矮脚弱苗的缓慢变黄死亡,一般从叶尖向叶基、由外向内、从老叶到嫩叶逐渐变黄桔死,俗称"剥皮死",由于苗基部多为病菌寄生而腐烂,所以手拉秧苗,根部很容易脱离。

死苗的原因,主要是早春寒潮频繁,长时间零上低温严重抑制了秧苗的生活力,秧苗素质柔弱,抗病力低;同时,低温引起幼苗细胞原生质透性增加,氨基酸、糖类等养分外渗,为病原菌提供营养条件,病原菌侵入秧苗,使其受害或腐烂。秧苗受害后在阴雨天可暂不表现出明显的症状,但当温度上升时,因根系吸收功能丧失,便表现出急性青枯死苗。若长期持续低温,则表现为慢性黄枯死苗。黄枯死苗主要是腐霉菌属、地霉菌属、丝核菌属的病原菌等侵害秧苗,引起烂根造成。薄膜育秧的青枯死苗主要是揭膜措施不当引起的,揭膜时由于秧苗较柔弱,一旦遇到异常天气,便会发生青枯死苗现象,或者在晴天中午正值烈日高温时段揭膜,使秧苗周围空气相对湿度急剧下降,叶片蒸腾迅速加快,此时即便补给大量水分,也不能加速根系对水分的吸收,使叶片失水过量,青枯而死。

防止死苗,除选用耐寒品种、掌握好播期、促进秧苗早扎根外,薄膜育秧应及时揭膜炼苗,防止高温烧苗和暴冷暴热,改善秧苗生活环境。提高秧苗生活力的综合管理措施是防止烂根死苗的重要途径。如 1 叶 1 心时,浅灌溉可增温,同时适量施以氮素为主的"断奶肥",施用"敌克松"等土壤杀菌剂可防止死苗和加速秧苗复活生根。

二、水稻的需肥特征与施肥原则

(一)水稻的需肥特征

1. 水稻对营养元素的需求与吸收特性

水稻正常生长必须吸收各种营养元素,包括大量元素和微量元素。其中,对氮、磷、钾、钙、镁、硫、硅等元素的需求量较大,称为大量元素;对铁、锰、锌、硼、铜等元素的需求量较少,称为微量元素。在水稻所吸收的矿质元素中,吸收量多而土壤供给量又通常不足的是氮、磷、钾三要素。水稻对三要素的吸收量通常是依水稻收获物中的含量计算出来的。据国际水稻研究所的研究结果,每生产 1000 kg 稻谷的养分吸收量(含稻草)与施肥量及土壤供肥力的关系为:在适量施肥条件下,氮、磷和钾的吸收量分别为 14～16 kg、2.4～2.8 kg、14～16 kg;在足量施肥条件下,氮、磷和钾的吸收量分别为 17～23 kg、2.9～4.8 kg、17～27 kg。我国籼型杂交稻的氮、磷、钾吸收量分别约为 17～18 kg、2.7～3.4 kg、17～20 kg。考虑到水稻根系所需要的养分和稻株地上部未收获因淋洗作用及落叶已损失的养分,水稻实际所吸收的养分总量应高于此值。上述各种营养元素在不同稻田土壤中的储藏量和有效程度不同,故不同地区补施的营养元素和施用量有所差异。例如,有些地方的高产田需通过稻草还田或施用硅酸盐来满足水稻对硅的需求;在碱性土壤上种植水稻,常需补充锌肥等。

水稻各生育期对营养元素的吸收随生育进程而不同,但具有一定的规律:苗期通常吸收量较少,随着生育进程的推进,营养体逐渐增大,吸肥量也相应增加;在分蘖盛期和拔节期吸肥量大,直至抽穗期仍保持旺盛的吸收能力;抽穗以后,随着根系活力的减弱,肥料的吸收量逐渐减少。氮、磷、钾三要素相比,氮、钾的前期吸收较多,抽穗以后显著减少,而磷的吸收则相对较为平稳,抽穗以后的吸收量仍较大,约占到全生育期总吸收量的 24%～37%。

氮素是吸收量最大的营养元素,稻株生长必须具有一定的氮素水平。稻株体内的氮素含量一般为 10～40 g/kg 干重,以分蘖期含量最高。植株氮素吸收量以幼穗分化至抽穗期间最高,达总吸收量的 50%～60%,其次为移栽到幼穗分化开始阶段(分蘖期)。在水稻分蘖期,稻株体内的氮素水平高,分蘖发生早而快,分蘖期延长;反之,分蘖发生迟而慢,分蘖期缩短。据研究,分蘖期叶片含氮量在 35 g/kg 以上时分蘖最旺盛,含氮量减少到 25 g/kg 时分蘖停止,含氮量下降到 15 g/kg 以下时弱小分蘖逐渐死亡。抽穗灌浆期要求稻株含氮量不低于 12.5 g/kg,叶片含氮量不低于 20 g/kg。因此抽穗期巧施粒肥,能延长叶片寿命,提高光合效率,防止根系早衰。水稻吸收的氮素有铵态氮、硝态氮、酰胺态氮和有机态氮,主要吸收铵态氮,其次是吸收硝态氮。硝态氮在土壤中易于流失,在还原层会因反硝化作用而造成脱氮损失。因此在生产上,稻田氮肥多以铵态氮为主,很少施用硝态氮肥。

水稻植株的磷(P_2O_5)含量为 4～10 g/kg,穗部器官的含磷量稍高,约为 5～14 g/kg。不同生育时期相比,拔节期水稻植株的含磷量最高,以后逐渐下降。植株磷吸收量则以幼穗分化期为最高,占总吸收量的 50% 左右,其次为分蘖期。研究表明,如果分蘖期叶片含磷量在 2.5 g/kg 以下,水稻分蘖就会受阻,稻秧呈小老苗状;如果叶片含磷量在幼穗分化期低于 4.0 g/kg,稻穗发育不健全。因此,水稻幼苗期和分蘖期的磷供应较重要,此时缺磷会对以后产生明显不良影响。若初期供磷充足,即使后期不施磷,因磷在作物体中有较强的重复利用能力,后期也不至于严重缺磷。由于磷元素在土壤中的移动性小、流失少,故磷肥多做基肥施用。

水稻植株的钾(K_2O)含量一般为 15～55 g/kg,其高峰值出现在分蘖盛期到拔节期,以后逐渐下降;抽穗期植株的钾积累量达到 90% 以上,抽穗后吸收量较少。抽穗期的不同器官相比,茎叶器官的钾含量较高,穗部的钾含量较低,一般在 5～10 g/kg 以下。当叶片中含钾低于 15 g/kg 时,光合能力锐减,光能利用率降低。钾与氧化磷酸化有关,供钾充足能提高氮肥的吸收和利用率,对减少黑根有明显效果。

水稻吸收硅的数量也较大,是典型的“喜硅作物”。硅能增强氧化能力,减少二价铁或锰过量吸收对根系的毒害,并促进磷向穗转移。缺硅时,水稻体内可溶性氮和糖增加,抗病性减弱,穗粒数和结实率降低,严重时变为白穗。这也是水稻营养元素吸收的一个重要特点。

2. 水稻的需肥规律

(1)需肥量　根据目标产量的需肥量、土壤供肥能力和肥料养分利用率确定。其中,肥料养分利用率与肥料种类、施肥方法、土壤环境等有关。我国水稻当季化肥的利用率大致范围:氮肥为 35%～40%,磷肥为 15%～20%,钾肥为 40%～50%。在通常情况下,氮肥施用量可用斯坦福(Stanford)方程求取,其公式为:氮素施用量=(目标产量需氮量-土壤供氮量)/氮素当季利用率。在实际应用中,首先要明确目标产量需氮量、土壤供氮量和氮素当季利用率这三个参数。具体估算方法是:目标产量需氮量(kg/hm²)=目标产量×100 kg 籽粒吸氮量(kg)/100(kg);土壤供氮量=不施氮肥条件下基础地力产量(kg/hm²)×无氮空白区100 kg 籽粒吸氮量(kg)/100(kg);而氮素当季利用率的确定,应根据当地正常栽培条件下(氮肥合理运筹)的氮肥利用率而定。在氮肥施用量确定的基础上,根据氮、磷、钾的合理比例,确定磷、钾的需肥量。水稻对氮、磷、钾养分吸收的比例大致是 2:1:3,但在实际应用上,需考虑到当地土壤中磷、钾的供应能力,以及各种肥料施入土壤后可能被水稻吸收利用的情况而作适当的调整。

(2)需肥时期　水稻对营养元素的吸收,因生育时期的不同而变化,应根据水稻的营养吸收规律,结合产量构成因素的形成特点确定需肥时期。一是增加有效穗数的施肥时期,以基肥和有效分蘖期内施用促蘖肥效果最好;但若稻田肥力水平高,底肥足,则不宜多用分蘖肥。二是增加每穗粒数的施肥时期,在第一苞分化至一次枝梗原基分化时追肥,有促进一、二次枝梗和颖花分化的作用,增加每穗颖花数,称为促花肥。在雌雄蕊形成至花粉母细胞减数分裂期(即倒 2 叶期)施肥,能减少每穗的退化颖花数,称为保花肥。对于生育期长的品种,同时施用促花肥和保花肥,增粒效果显著。三是提高千粒重和结实率的施肥时期,水稻在抽穗后施肥有延长叶片功能期,提高光合强度,增加粒重,减少空秕粒的作用。

(二)合理施肥的原则

1.根据土壤的供肥性能确定施肥量

水稻一生中所吸收的营养元素来自两个方面,一是自然供给,主要来源是土壤,其次是灌溉水中溶解的各种营养元素和水层中藻类固定的氮素;二是当季肥料供给。水稻对土壤营养的依赖程度与施肥量、施肥方法以及土壤肥力等有密切关系,在施用相同化肥数量的情况下,土壤肥力较高的乌泥田和灰泥田,水稻收获物中的矿物质有 80%～83%来自土壤;而土壤肥力较低的烂泥田、黄泥田等,收获物中的矿物质仅有 54%～68%来自土壤。一般情况下,在确定稻田施肥量时,首先应根据目标产量计算所需要吸收的肥料数量,再调查土壤的供肥量和肥料的利用率,就可以用下式计算出理论上的施肥量:

$$稻田理论施肥量=(目标产量需肥量-土壤供肥量)/(肥料中有效养分含量 \times 肥料利用率)$$

在水稻生育过程中,稻田土壤内有效养分的变化动态受多种因素的影响,情况比较复杂。早稻大田初期土壤中氮、磷、钾养分含量都比较高,随水稻生育的进展,各养分含量迅速降低,约至孕穗期达最低值。各养分的变幅有差异,但总趋势基本一致。晚稻田由于大田前期气温高,土壤养分分解快,所以前期有效养分稳定在较高水平的时间较长,养分供应能力高于早稻,而后期则下降很快。总之,水稻对养分的吸收与土壤的供肥往往处于不同程度的不协调状态,这就必须通过施肥来调整,以保证高产水稻生育所需有效养分的充分供应。

2.提高肥料的利用率

施用到稻田的肥料,能被当季水稻吸收利用的只是其中的一部分。氮肥在稻田的损失主要是硝化和反硝化过程,以及氨的挥发等。因为铵态氮和尿素施在稻田表土的氧化层,被硝化细菌转化为硝态氮,一部分为水稻吸收利用,另一部分下渗到还原层,其中大多数被亚硝化细菌转化为氮气逸失,一般这种"脱氮"损失约为 10%～15%,高的可达 20%左右。铵态氮肥施用后还可因氨挥发而损失,其损失率变幅很大,一般为 5%～50%,特别是挥发性强的碳酸氢铵,在运输储存过程中,即会引起氨的挥发损失。此外,施入稻田的氮素也会因排水而流失,稻田施用化学氮肥后同一天内排水,损失率为 10%～20%,至于稻田中的铵态氮因渗漏而淋失的量一般来讲是微乎其微的,因此提高稻田氮肥利用率,重点应是减少"脱氮"和挥发损失。

水稻磷肥的当季利用率较低,通常仅 15%～20%。磷肥施到土壤后,很快和土壤中的铁、钙和铝等结合成难溶性的化合物,即磷的"化学固定"作用,这是磷肥当季利用率低的主要原因。但这种反应也存在有利的一面,磷素被固定后可以减少因淋失而引起的损失,这些微溶性的磷素可供后季作物吸收利用。

钾肥的当季利用率主要受土壤对钾的固定能力的影响,土壤对钾的固定能力与土壤酸碱度有关。pH 值高的碱性土壤固定钾的能力弱,pH 值低的酸性土壤固定钾的能力强。钾肥的土壤固定率变化很大,一般为 11%～77%,其利用率也会随之有很大变化。这一情况水田和旱田相似。水稻田的经常淹水和干湿交替是否有利于钾的释放,目前研究结果尚不完全一致,但较多的研究结果认为淹水和干湿交替可增加土壤溶液中的钾。此外,稻体中的钾绝大部分是水溶态,因而水稻成熟期遇雨,稻株中的钾会大量淋洗入土中,这是稻田钾素循环的一个途径,但影响对水稻钾吸收率和钾肥利用率的准确估算。此外,钾在土壤中的移动性虽比硝态氮小,但比磷大,所以也有一定的淋失性。

3. 配合施用各种肥料

有机和无机肥料配合使用不仅对土壤的有机质平衡具有不可替代的作用,而且对营养元素的循环和平衡也有重要的意义,是提高土壤肥力和调节当季水稻营养条件相结合的一种施肥制度。如化肥和厩肥的配合使用,可使土壤全氮量消长相对平稳,保持较适宜的 C/N 值,并提高土壤肥力。

水稻要正常生长,必须吸收多种营养元素。各种营养元素都有其特殊的生理功能,对水稻的生育同等重要,缺一不可,不能相互代替。这些矿质营养元素,一般土壤中都含有一定的量。在水稻施肥上必须重视化学肥料间的配合使用,使各种营养元素之间的比例协调,互相促进,实现高产。其他元素,通常是靠土壤和灌溉水提供,但不同土壤中这些元素的储藏量和有效程度不同,故不同地区,需要补施的元素不尽一致。

4. 因地制宜选择不同的施肥方式

在水稻生产实践中,一般将水稻全生育期的施肥划分为三个时期,其中以水稻移栽至有效分蘖终止期为前期,有效分蘖终止期至花粉母细胞减数分裂期为中期,以花粉母细胞减数分裂后为后期。合理的施肥方式就是要按照各地的生态条件、品种特性、施肥水平和肥料种类,决定各个时期肥料的合理分配比例。我国传统的稻田施肥以有机肥为主,在施肥方式上自然也形成了"施足基肥、普施面肥、早施追肥"的一般原则,但随着生产条件的改善,稻田施肥水平不断提高,不同地区的自然条件和施肥水平差异较大,以及对各个产量因素的主攻方向不同,形成了不同的施肥方式,其差异主要表现在基肥、追肥的比重及其追肥时期与数量的配置。

(1)"前促"施肥方式 也称"一轰头"施肥法,其特点是将肥料集中于水稻生育前期施用,采用重施基肥、早施蘖肥的方式。就氮肥而言,一般基肥占 20%～30%,分蘖肥占70%～80%,后期不再追肥。在施肥和产量水平较低的条件下,这种施肥方法有利于保证一定的穗数而取得较高产量。但当施肥量和产量水平提高以后,这种施肥方法常造成过早封行,无效分蘖多,导致病虫害加重,抗倒伏性降低。在一般情况下,对于全生育期短、前期气温较低的稻作类型,如东北地区早粳稻、华北地区稻麦茬稻、南方早稻,可采用这种施肥方式。

(2)"前促、中控、后保"施肥方式 在重视前期施肥的基础上,其最大特点是强调中期控氮,后期适量补氮。"前促"是在有效分蘖终止期前施促分蘖肥,即施足基肥、早施蘖肥;"中控"即达到预定穗数后至穗分化期以前,一般停止追肥,结合水层浅、湿、晒管理,控制无效分蘖,使已形成的分蘖中储藏较多的碳水化合物,促进根系发育;"后保"是指孕穗期以保花为主,施用穗肥,抽穗前后酌施粒肥,提高饱粒数、结实率和千粒重。对于水稻生育期中等、施肥水平较高,特别是分蘖穗比重较大的杂交稻,采用这种施肥法能较好地协调穗多与穗大的矛盾,穗粒结构合理,增产效果明显。

(3)"前保、中促、后补"施肥方式 在栽足基本苗的前提下,减少前期施氮量,使水稻稳健生长,着眼于依靠主穗,而不要求过多分蘖。在此基础上,中期重施穗肥,以充分满足稻株对氮素营养的吸收,促进穗大粒多;后期适当施用粒肥,以增加碳水化合物的积累。所谓"前轻、中重、后补",达到早生稳长,前期不疯、后期不衰的要求。当水稻前期群体发展平稳时,比较适宜于采用这种施肥方式。此外,在施肥水平较低时,最高茎分蘖数偏低,有效穗偏少,采用中期攻穗的施肥方法,具有提高成穗率、减少颖花退化、提高结实率和增加产量的效果;但在高肥条件下,采用"攻中"则会得到相反的结果。

(4)"稳头、顾中、保尾"施肥方式　其特点是缩小前、中、后期氮肥分配比例的差距,采取比较均匀的供肥方式。在品种生育期较长,要求塑造穗粒并重的群体结构,特别是在分蘖肥采用深层追肥而形成稳长的土壤供肥特点等条件下,采用这种施肥方式能较好地解决水稻生长过程中稻株吸氮不断上升与土壤供氮逐渐下降而不相协调的矛盾,是一种比较平稳的供肥方法。近年来,扬州大学农学院等单位提出的"前氮后移"精确定量施肥法就是在该施肥方式的基础上,通过精确计算氮肥的施用量和运筹比例而建立的水稻高产施肥模式。

三、水稻需水特性与灌溉原则

(一)水稻需水特性

1. 生理需水

生理需水(physiological water requirement),是指直接用于稻株正常生理活动及保持体内水分平衡所需要的水分。蒸腾作用和光合作用是水稻生理需水的两大主要形式。由于稻株吸收的水分绝大部分是蒸腾作用散失的,所以生理需水的指标主要是蒸腾系数,即生产1 g干物质所消耗的水分量。水稻的蒸腾系数一般为 395～635 mm。

水稻蒸腾系数的大小与品种特性、土壤水分、气候环境和生育阶段有密切关系。一般植株高大、生育期长、自由水含量高的品种蒸腾系数较大,而植株矮小、生育期短、束缚水含量高的品种蒸腾系数小;杂交稻蒸腾强度通常高于常规稻。土壤水分对水稻蒸腾系数的影响表现为,土壤水分供给充足时蒸腾系数较大,干旱时蒸腾系数往往降低;在水稻不同生育阶段,随着水稻叶面积增加,蒸腾量也增加,而孕穗期到出穗期是蒸腾强度高峰期,以后随叶面积的下降,蒸腾量减少;气候环境条件对蒸腾系数的影响表现为,大气湿度低、温度高、光照强、风大,则蒸腾系数大,反之蒸腾系数小。此外,蒸腾量的变化还与栽培地区、栽培季节有关,一般单季中、晚稻在孕穗期达到或接近最大值,此后明显下降。南方双季早稻前期气温低,蒸腾高峰到来迟,接近开花期蒸腾量达到最大值,其后气温高,衰减较少。双季晚稻移栽后前期气温高,蒸腾高峰到来早,孕穗期蒸腾量达到最大值,其后随温度降低而下降。

2. 生态需水

生态需水(ecological water requirement),是指利用水分作为生态因子,创造一个适于水稻生长发育的良好环境所需要的水分,主要包括株间蒸发和土壤渗漏两部分。

水稻生态需水的意义主要表现在调节稻田土壤的温度、湿度、养分和抑制杂草生长等几个方面。在土壤的水、气、土三相中,水具有比热大、汽化热很高、热传导率低等物理特性,在有水层的情况下,对高温或低温具有明显的缓冲作用,有利于造成一个适于水稻生长的较稳定的温度环境;而在空气干燥时,水层可以提高水稻群体内空气的湿度,因此水层对稻田的温度和湿度具有重要调节作用。在水层条件下,造成土壤还原状态,有机质分解慢、积累多,但稻田水层灌溉造成的土壤还原状况,也有利于土壤氨化细菌增高,铵化作用旺盛,增加氮的供给。此外,在盐土稻田,水层还有防止返盐、减低耕作层土壤盐分的作用。

(二)稻田的灌溉原则

1. 稻田需水量

稻田需水量(total amount of paddy water requirement),是指水稻生育期间单位土地面积的总用水量,也称稻田耗水量,常用 mm 表示。稻田需水量包括植株蒸腾、株间蒸发及土壤渗漏三部分,前两部分合称为腾发量(evapo-transpiration amount)。腾发量在很大程度上是受气候因素支配的,是太阳辐射、大气温度、湿度、风速等多种因素对水稻群体综合影响的结果,且受栽培技术如种植密度、施肥量和灌水量等因素的影响。

在水稻一生中,蒸腾和蒸发是互为消长的。在水稻移栽初期,植株幼小,蒸发量(evaporation amount)要大于蒸腾量(transpiration amount),在水稻分蘖盛期以后,蒸腾量则大于蒸发量。水稻的蒸腾强度一般随叶面积的增加而增加,以后随植株叶片枯黄而递减,呈单峰曲线变化,其高峰一般出现在孕穗到抽穗期,而稻田蒸发量的变化受植株荫蔽的影响,故随叶面积增大而变小,拔节期以后基本稳定,后期叶面积指数降低后又略有回升。

渗漏量因土壤质地、水文条件、灌水方法、耕作措施的不同而有极大变化。地势低洼、土质黏重的稻田,渗漏量较小;地势高的沙土田,渗漏量较大,日渗漏可高达 30～50 mm 以上。稻田如果渗漏量过小,就不足以有效地更新土壤环境,排除土壤中的还原性有毒物质;但如果渗漏量过大,不仅耗水多,也使土壤养分淋失过多,不利保肥。

水稻稻田需水量应包括秧田和本田两部分,但秧田期需水量较少,约占本田需水量的3%～4%,尤其是旱育秧需水更少,不到本田需水量的1%。因此,一般秧田需水量可忽略不计,只考虑本田需水量。我国稻田需水量差异很大,由南到北、由东至西大致呈逐渐增大的趋势;一般种植一季稻的需水量约为 380～2280 mm,双季稻为 680～1270 mm,大多数地区稻田的日平均需水强度为 5～15 mm。

2. 灌溉定额

稻田的需水量,除一部分由水稻生长季节的降水量直接供给外,还有一部分需依靠人工灌溉来补给。单位面积稻田所需人工补给的水量,称为灌溉定额(irrigation ration),用公式可表示为:

稻田灌溉定额＝稻田需水量－有效降水量＋整地泡田用水量

上式中,有效降水量一般按水稻生育期间降水量的 45%～80% 计算,整地泡田用水量包括水耕、水耙及插秧前的水层保持等。

稻田灌溉定额与自然条件、地形地貌、土壤种类、整田前的土壤含水量,以及耕作方式有关。由于我国南方稻田的需水量小而降水量大,所以稻田灌溉定额也大大低于北方。一般南方稻区一季稻的灌溉定额为 300～420 mm,双季稻为 600～860 mm,而北方稻区的灌溉定额变化较大,一般为 400～1500 mm。

3. 稻田灌溉技术

(1)水稻各生育时期对水分的需求与灌溉原则

返青期:返青期是水稻一生中对水分比较敏感的时期。此期水分管理的重点是避免秧苗过分失水,维持体内水分平衡,加速发根返青。这个时期应保持一定的水层,为秧苗创造一个较稳定的温度条件。具体水层深度视秧苗大小、壮弱、气温高低而定,一般秧苗较大、素质差、气温较高时可稍深,反之则应稍浅。水层最大深度以不超过苗高的 2/3 为原则,且深水时间不宜过长。在通常情况下,水稻返青期如天气晴朗,宜以 5～10 cm 深水护苗,如天气阴雨则宜保持 1～5 cm 浅水层。

分蘖期:分蘖期水分管理的核心是促进早期低位分蘖早生快发,而抑制后期的无效分蘖,提高分蘖成穗率,为以后形成良好的株型、壮秆大穗奠定基础。含水量达到饱和的湿润土壤最适宜水稻分蘖,而 1～3 cm 的浅水层有利于分蘖成穗。当土壤含水量降到田间持水量的 80% 时,分蘖受到一定影响;而当土壤含水量进一步降低到田间持水量的 60% 时,则明显抑制分蘖的发生。因此,生产上大多采用浅水或浅湿交替促进分蘖。进入分蘖盛期后,根据长势和土壤肥水状况落干晒(搁)田。晒田的程度要视长势等而定,长势猛、蘖数多的应早晒、多次晒,相反可轻晒或不晒,盐碱地一般不宜晒田。近年来,水肥管理上多采取平稳促进,避免大促大控,晒田也以早晒、轻晒、多次晒居多。

穗分化期:穗分化是水稻生理上的转折点,此期水稻腾发量达到高峰,需水量约占全生育期总需水量的 30%～40%。此期又是水稻一生中对水分反应最敏感的临界时期,特别是减数分裂期,缺水会造成颖花发育不良,降低结实率。为了提高分蘖成穗率,保证枝梗和颖花的正常发育,提高每穗粒数,此期一般应保持水层,但是水层不宜过深,4～6 cm 即可。

灌浆结实期:此期水分管理的目标是"以水调气、以气养根、以根保叶、以叶保产"。具体来说,既要给予必要的水分供应,又不能长期淹水而使土壤供养不足。可采用小水勤灌、浅湿结合的灌溉方式,即每次灌少量水形成浅水层,待土壤呈湿润状态后再灌下次水,使土壤交替处于渍水和湿润状态。稻田断水以收获前 10～15 d 为宜,过早会影响灌浆,盐碱地上还会因缺水返盐,导致减产。但断水过晚,容易造成灌浆慢,贪青晚熟,也不利收割。

(2)搁田的作用及技术

搁田(paddy field drainage)又称晒田、烤田,是一项协调水稻与环境、群体与个体、生长与发育诸矛盾的有效措施。一般在分蘖末期,幼穗分化之前,进行排水搁田,限制稻株对肥水的吸收,其生理生态作用有:一是促进后生分蘖的迅速消亡,使养分集中向有效分蘖积累,提高分蘖成穗率;二是适当抑制地上部分生长,使碳水化合物在茎秆和叶鞘中积累,增加抗倒伏能力;三是促进根部发育,减少黑根,提高根系活力;四是改善土壤的通透性,排除土壤中的还原性有毒物质,更新土壤环境。

掌握搁田的时期和程度很重要,主要根据苗数、苗情和土壤而定。基本要领包括以下几点:一要看发苗情况,实行"够苗搁田"。够苗早、长势旺的田应早搁,搁田的程度应偏重,并多次搁,反之,则应迟搁、轻搁、少搁。二要看稻株的长势。如生长旺,长势猛,叶色深,有徒长现象,宜早搁、重搁。如生长旺,叶色较淡,可适当迟搁、轻搁。三要看稻根发育情况。如新白根较多,可迟搁、轻搁。若黑根较多,就应早搁、重搁。四要看土壤通透性。通透性差的稻田应早搁或增加搁田次数;土壤通透性好的田则应迟搁、少搁;渗漏量大的田,也可以不搁。

搁田的程度不宜过重,重搁对植株的生长有许多不利影响。首先是土壤裂缝,拉断根系,会使分枝根和根毛脱落,甚至破坏根表皮和内皮层,损伤根系,覆水后根的吸收能力短期内难以恢复,达不到"先控、后促"的目的。在重搁田时,有不少新根由土层已伸出土表,这种粗白根是在通气条件极好的情况下产生的,一经淹水后即停止生长,活力锐减,以致很快腐烂,非但不能增进吸收,还消耗养分;在长期的重搁田过程中,土壤微生物活动旺盛,覆水后短期内由于大量微生物耗氧,土壤急速转为还原状态,对根系生长不利。所以,中期搁田切不可一次重搁,可从有效分蘖临界叶龄期到叶龄余数为2.0的适宜搁田期进行多次轻搁。采取排水或自然落干,待土壤失水田干,只有少量细裂缝时,即上水,然后再落干,如此往复达到田土沉实,田中不陷脚,叶色褪淡,叶片挺起为止。这样覆水后田土不易浮烂,能做到"清水硬板"。

四、水稻本田期栽培管理技术

(一)分蘖期

1. 栽培管理目标

分蘖期的主攻目标是:在合理密植的基础上,促进前期分蘖的早生快发,适当控制后期分蘖,提高分蘖成穗率。具体地讲,根据当地生产实际合理确定基本苗;栽插后促进分蘖早发,使有效分蘖终止叶龄期的全田总茎蘖数达预期穗数;控制最高茎蘖数,为中期即拔节长穗期间的稳长,形成壮秆大穗打下好基础。

(1)基本苗的确定 栽插基本苗数主要依据适宜穗数和有效分蘖叶龄数两个方面来确定。由于某一品种在一定生态条件下群体适宜的最大叶面积指数是大致确定的,所以适宜穗数一般可由水稻抽穗时的叶面积指数和此时的单茎蘖叶面积这两个因素求得。如汕优63在长江中下游作麦茬稻栽培时,在亩产600 kg左右的水平下,抽穗期适宜叶面积指数为7.2,单茎蘖平均叶面积为250 cm^2,则适宜的穗数为$7.2 \times 666.7/(250 \times 10^{-4}) = 19.2$万;确定栽插基本苗数的另一个因素是大田有效分蘖的叶龄数。一般生产条件下n叶期移栽,$n+1$叶期返青活棵,$n+2$叶期开始分蘖。在条件很好时,$n+1$期即可发生分蘖。开始发生分蘖到有效分蘖终止叶龄期,即为大田有效分蘖叶龄数。考虑到每个有效分蘖叶龄并不一定能长出一个有效分蘖,且在生产上分蘖能发生二次以上有效分蘖的极少,所以可根据实际情况确定分蘖发生成穗率,进而推算出适宜的栽插基本苗数。

(2)合理茎蘖动态 合理茎蘖动态是衡量合理群体结构的基础和重要指标,促进前期分蘖,适当控制后期分蘖,是建立合理茎蘖动态的基本原则。如前所述,分蘖在生长出第3片叶片时开始发根,到第4叶时形成分蘖自己独立的根系。这种具有自己根系的分蘖,才有独立生活能力。因此,在主茎拔节前仅具有1～2叶的小分蘖,一般都将成为无效分蘖,具有3叶的分蘖就有成穗的可能。根据叶、茎同伸的规律,分蘖发生愈早,蘖位愈低,分蘖上的叶片也就愈多,发根便越好,独立营养性也越强,成穗的可能性也就越大,因此应促进前期分蘖早生快发。适当控制后期分蘖是分蘖期管理的另一个重要目的,这是因为后期分蘖成穗的可能性不大,后期分蘖过多,不但减少体内的养分积累,影响将来长成壮秆大穗,而且会造成过早封行,群体严重郁闭,下部叶片早死,根系发育不好,带来早期倒伏和招致病虫危害等恶果。但控制后期分蘖并不意味着完全不要后期分蘖，后期分蘖虽不易成穗，但它是母茎、母蘖健壮生长的标志，如果在有效分蘖终止期后不再产生分蘖，那就意味着母茎、母蘖营养状况不好，便将会有一些有效分蘖转化为无效分蘖。因此，为了巩固有效分蘖，适当地有一部分后期分蘖还是必要的。

水稻在进入无效分蘖后，要求长势平稳，分蘖速度逐渐减慢，能有适当的后期分蘖而又不可过多。一般说来，掌握在有效分蘖终止期后，再产生相当于适宜穗数30%左右的后期分蘖，亦即控制最高茎、蘖数相当于预期穗数的1.2～1.5倍，保证成穗率在70%～80%比较合适。

2. 插栽的基本要求

首先是适时早栽。适时早栽可争取足够的大田营养生长期，有利于早熟高产。早稻一般应在当地气温稳定通过15℃时栽插，栽插过早，因温度低，活棵慢，甚至形成僵苗；双季晚稻和单季中、晚稻也应在可能范围内争取早栽。长江中下游的早稻一般在4月中、下旬栽插，后季稻在7月底、8月上旬栽插，麦茬中、晚稻5月中下旬至6月20日之间栽插。

其次是株行距的合理配置。目前生产上一般提倡宽行窄株栽插，以增加行田通风透光，延迟封行时期，协调群体和个体的矛盾。每穴苗数不宜太多，杂交稻每穴1～2苗，常规稻每穴3苗，以便更好发挥个体生产优势。

最后是注意栽插质量，要求做到"浅、直、匀、牢"。栽插深度一般以3～4 cm为宜，使分蘖处于通气良好、土温较高、肥沃的表土层中，以利于促进早返青、早分蘖。此外，苗要插直，不插"顺风秧"、"烟头秧"；每穴苗数要匀，防止小苗栽大棵、大苗栽小棵；秧要栽牢，不飘秧，不插"拳头秧"和"脚塘秧"。

3. 田间管理措施

分蘖期的管理措施主要是围绕促进分蘖早生快发，控制高峰苗，提高分蘖成穗率这一目标进行的。具体包括以下几个方面：

(1)早施分蘖肥　分蘖期的叶色要深，苗体含氮水平要高，才能满足分蘖和发根对氮素营养的要求。研究表明，分蘖期苗体的含氮率必须大于30 g/kg，分蘖才能正常发生，所以在分蘖初期，必须追肥促进，以保证分蘖早发。一般在栽插以后7～10 d施第一次分蘖肥。双季早稻和双季晚稻有效分蘖期短，分蘖肥宜早施、重施；中稻和单季晚稻有效分蘖期稍长，可酌情迟施。分蘖肥以氮肥为主，一般每公顷施纯氮75 kg左右，第一次先施总肥量的70%，过一周以后，以30%看苗补施，促进全田平衡生长。

(2)浅水勤灌　由于移栽秧苗根部受伤，吸水能力减弱，而叶面蒸腾仍在进行，易失去水分平衡，所以移栽以后，应灌水护苗，为秧苗返青活棵创造一个比较稳定的温湿环境，在高温季节移栽的后季稻，活棵阶段水层可适当加深，防止烈日高温灼伤秧苗。早稻移栽后若遇低温寒流，也可加深水层，以减小温差保苗。活棵以后，则应浅水勤灌，协调水气，促进多发根、快分蘖，分蘖后期应根据稻株的发苗、长势等情况进行搁田。

(3)防治杂草病虫　栽秧后活棵阶段，选用适当的除草剂防除杂草。此外，分蘖阶段有稻蓟马、螟虫、纹枯病、稻瘟病等病虫发生，也应及时防治。

4. 僵苗的成因及防治

僵苗(stiff seedling)又称坐苑，是水稻移栽后分蘖期常见的一种生理障碍，表现为出叶迟缓,叶片和叶鞘上带有褐色或赤褐色斑点,分蘖停滞,稻丛簇立,根系细瘦色泽不正,造成减产。造成僵苗的原因较复杂,依其产生的主要原因,一般划分为缺素僵苗、冷害僵苗、中毒僵苗和泡土僵苗这几种常见类型(表2-5)。

表 2-5　几种常见水稻僵苗的主要症状、发生原因和防止措施

发僵类型	主要症状	发生原因	防止措施
缺磷发僵	1.生长慢,迟不分蘖,呈簇状;2.叶片直立,叶色暗绿带紫灰色,叶片短,叶鞘长,严重时呈纵状卷缩;3.根细长、黄色,软缩少弹性,或根系发黑	1.土壤有效磷低;2.低温或冷水田,根系吸磷能力弱;3.土壤还原性物质抑制磷素吸收;4.绿肥分解中,磷被生理固定	1.增施磷肥;2.排水耘田、搁田,提高土温,改善土壤通透性,消除土壤还原性物质,使根系增加吸磷量;3.施用石灰、石膏等间接肥料
缺钾发僵	1.植株矮小,分蘖根少;2.叶片有不定形的赤褐色斑点,远看似火烧焦;3.根系老化腐朽,后变黑腐烂;4.病株极易拔起	1.土壤有效钾含量低;2.重氮轻钾,氮钾比例失调,钾氮比越低,病越重;3.中毒发僵和冷害发僵稻根生长差,减少钾素吸收,常与之伴随并发	1.增施早施钾肥;2.开沟排水,降低地下水位;沙田掺泥,泥田掺沙;3.漫水勤灌,提高水温增氧通气;4.发病立即排水,增施磷钾肥,中耕、搁田
缺锌发僵	1.基部叶尖干枯,随后下部叶出现褐色锈斑块;2.出叶慢,心叶卷曲、失绿白化,老叶脉发脆易断;3.稻株变矮,迟不分蘖;4.根细短,如中毒发僵并发,变黑褐色	1.土壤有效锌含量低;2.土壤 pH 值偏高,锌溶解度降低;3.尿素水解,增加碳酸根浓度,抑制稻苗对锌吸收;4.大量施用石灰,锌被碳酸钙颗粒表面固定	1.增施锌肥;2.缺锌土壤,氮肥施用氯化铵、硫酸铵等生理酸性肥料;3.磷肥与锌肥配合施用,改善磷锌平衡,提高对磷和锌的吸收利用
冷害发僵	1.叶色暗绿,生长停滞,簇立不发;2.叶尖干枯,严重时有不规则斑点,并从叶尖向基部沿边缘枯焦;3.稻根褐色,新根少;4.昼夜温差大时,出现"节节白"或"节节黄"	1.插秧过早,或插后遭遇寒潮低温,出现寒害性发僵;2.土壤温度和灌溉水温过低,肥料分解慢,容易引起冷害型发僵	1.培育壮秧,日平均气温稳定在15℃以上时插秧;2.返青后浅灌勤搁,增温增氧,促使发根分蘖;3.排除泉水、冷水,降低地下水位
中毒发僵	1.插秧后落黄不转青;2.老叶先枯死,叶尖干枯,稻苗簇立;3.根深褐色,有黑根和畸形根,白根甚少,软绵无弹性	1.未腐熟有机肥用量过多,或绿肥翻埋过迟;2.土壤通透性差;3.有机肥分解时产生还原性物毒害根系,使秧苗生长停滞	1.适时翻耕绿肥,不用未腐熟有机肥;2.提高翻耕质量,干耕湿沤,配施石灰、石膏加速分解;3.降低地下水位;4.耘田、晒田,增温增氧,消除毒害
泡土发僵	1.土壤浮烂,插后秧苗下沉;2.稻苗簇立,返青慢,分蘖迟,形成僵苗;3.叶片发黄,地下拔节,根位上移;4.不发新根,老根变黄褐色,黑根增多	1.烂糊田、冷水田,田脚深,土壤通气性差,还原性强,插后秧苗沉陷,根系生长不良;2.新改水田,表土浮松	1.降低地下水位或开沟引出冷泉水;冬耕晒垡,改善土壤理化性状;2.新改水田提早耙耕,土壤沉实后再插秧,或施用石膏,加速土粒下沉

　　(1)缺素发僵(缺素僵苗)　因缺磷、缺钾、缺锌所引起的僵苗现象。这三种缺素僵苗均表现为出叶缓慢、分蘖受阻,但症状各有特点,缺磷僵苗的叶色常呈暗绿或灰绿色,并常沿叶脉纵向卷缩,远看苗色暗绿,且带有蓝紫或灰紫色;缺钾僵苗,开始时下部老叶尖首先发黄,

并伴有赤褐色斑点发生,斑点沿叶缘向基部扩展,连成条斑,叶片枯死,部分品种不显赤褐斑点,起先下部叶全叶呈赤褐色,而后扩展至全株,严重时整株叶片枯死,远看似火烧焦状,故称赤枯病;缺锌僵苗,棕色至褐色的叶斑从下位叶的中部开始出现,逐渐扩展至上部和基部,叶基部和中脉常有失绿现象。

(2)冷害发僵(冷害僵苗)　因插秧过早,或插后遭遇寒潮低温(日平均温度低于 15 ℃),或灌溉水温过低等引起的僵苗现象。冷害僵苗表现为叶色暗绿、生长停滞,簇立不发,较严重时,上部叶往往有水渍状病斑,并有夹科或全科死苗。

(3)中毒发僵　因稻田土壤中的有毒还原性物质浓度过高所引起的僵苗现象。有毒还原性物质主要有硫化氢、低级饱和脂肪酸和低价铁、锰离子等。其中以硫化氢毒性最强,中毒症状与土壤中各类还原性物质的浓度高低有关,但共同的症状是必然伴有大量黑根、腐根发生,土壤发黑,有臭味。

(4)泡土发僵(泡土僵苗)　由于田土过分浮松或浮烂所引起的僵苗现象。秧苗栽插后不断向下沉陷,外观苗变矮,生长停滞,常见于泉涌田、冷浸田,不难识别。

值得一提的是,生产中所见的僵苗,原因和症状往往均是多重的。如土壤速效钾含量较低(<50ppm),栽后又遇低温,或土壤还原性强,则会严重阻碍稻根对钾的吸收,使缺钾加剧,这样缺钾和冷害、中毒僵苗的症状并发;又如在土壤中低价铁离子过量时,会抑制磷的吸收和运转,稻苗会伴生缺磷症状。在生产中,必须对僵苗的症状和环境条件进行综合分析,根据僵苗的成因,采取相应的防治对策。此外,坚持浅水勤灌与轻搁田相结合,提高土壤的通透性,加速土壤环境更新,是防止僵苗的通用对策。

(二)拔节长穗期

分蘖高峰期后,稻株茎秆基部节间伸长,即开始拔节,整个茎秆的伸长过程到出穗后5～6 d结束。穗分化过程和拔节过程大部分时间重叠,所以长穗期又称为拔节长穗期。

1.栽培管理目标

拔节长穗期的主攻目标是培育壮秆大穗,防止颖花败育,并为后期的良好灌浆结实创造条件。在水稻的拔节长穗期,营养生长与生殖生长并进,一方面迅速拔节、出叶和长根,另一方面分化形成稻穗。在此期间内,决定分蘖成穗率和每穗粒数,并对结实率和粒重有很大影响,是栽培管理的关键时期。

(1)培育壮秆大穗　根据不同品种的特点,掌握叶色的"黑"和"黄"变化,积极促进、适当控制,是培育壮秆大穗的关键所在。其中,对于晚熟品种,应根据水稻在这一时期的叶色变化,在分蘖期间"一黑一黄"的基础上,保持"二黑二黄"的变化规律,通过拔节期间的"黑"和"黄"变化来促进茎秆健壮,控制节间徒长,并通过后一个"黑"和"黄"变化来促进穗大粒多,防止贪青晚熟;而对早、中熟品种,拔节和穗分化几乎是同时进行的,在这一时期的叶色变化应控制为"一黑一黄",在孕穗时"一黑",在出穗前出现"一黄",且"黑"与"黄"的程度应比晚稻轻些。这样,既可适当控制茎秆徒长,又能较好地促进幼穗分化,以协调壮秆和大穗间的矛盾。

(2)防止颖花败育　在稻穗分化前期,分化形成各个穗部器官,栽培目标主要是增多颖花,促使穗大;到了穗分化后期,在花粉发育过程中,则要防止颖花败育,巩固有效分蘖,才能确保穗多穗大。水稻在幼穗分化过程中,已经分化形成的颖花,常会突然停止发育,成为败育颖花,出现退化枝梗,并有一部分有效分蘖又转化成为无效分蘖。此种现象,在雌雄蕊形成到花粉母细胞减数分裂期最为普遍。减少小穗败育、巩固有效分蘖的关键在于提高稻株在这一时期的光合生产能力。一方面要严格控制群体封行日期,一般以剑叶露尖时达到封行合适,封行过早,田间郁闭,封行过迟,群体叶面积不足,均会降低光合量,增加颖花败育;另一方面,保持这一时期适宜的氮素代谢水平,以促使光合作用的旺盛进行。此外,在穗分化前期促进增多颖花过程中,颖花数目必须适宜,颖花数目少,穗小粒少,固然达不到高产;而颖花过多,超过了光合产物所能负担的程度,则会引起颖花败育,同样也难以取得高产。

2. 田间管理措施

(1)巧施穗肥　依其施用时期和作用可分为促花肥和保花肥。

促花肥:第 1 苞分化期前后至二次枝梗分化期(叶龄余数 3.5～2.5)追施速效氮肥,可使枝梗和颖花分化数增加,一般分化颖花数可增加 25%～40%,故称为促花肥。适量追施促花肥,有明显的增产效果。如果促花肥施用不当,会促使茎秆基部节间和中、上位叶片过度伸长,有效分蘖增多,恶化群体结构,同时易造成颖花量过多。此外,在高氮水平下分化形成的枝梗,抽穗后容易早枯。这些都会导致结实率下降,以至倒伏减产。

保花肥:在雌雄蕊分化期(叶龄余数 1.5～1.0)施用,减数分裂期发挥作月,可有效防止颖花退化。依据器官同伸规律,促花肥的肥效发挥时,顶部叶片及基部节间已经定型,不会恶化株型,同时还能有效提高出穗期叶片含氮量和茎鞘内淀粉积累量,对灌浆结实有利,从而起到增产效果。

(2)灌好孕穗保胎水　水稻在分蘖期要浅水勤灌,到穗分化期则要深水保胎。但在晚熟品种的拔节期、早、中熟品种的穗分化初期,灌水仍不宜太深,否则茎基部气腔加大,茎秆强度减弱,容易招致倒伏。此后就宜保持 4～6 cm 的水层,绝不可断水,因为这一时期是水稻一生中需水最多的时期,也是对水分最敏感的时期。如在雌雄蕊形成期受旱,就会产生畸形小穗;若在花粉母细胞减数分裂期受旱,则花粉粒发育受阻,造成小穗败育;若在花粉充实期受旱,则使花粉粒发育不完全,增多不孕花。

(3)及时防治病虫害　白叶枯病、叶瘟病以及二化螟、稻纵卷叶螟、稻苞虫等是这一时期常见的病虫危害。这些病虫的发生与栽培管理有密切关系,特别是氮素肥料施用偏多或偏迟,以及长期深水灌溉和排水不良,造成茎叶茂密,田间郁闭,通风透光不良,是导致病虫害流行的重要因素。因此除选用抗病虫品种外,需加强肥水管理,合理施肥灌水,适时落干搁田,促使稻株生长健壮,增强其抗病虫的能力。在发病和虫害发生季节,加强田间检查,一经发现,应抓紧时机,及时防治,勿使其蔓延为害。

(三)灌浆结实期

1. 栽培管理目标

这一时期是决定水稻每穗粒数和粒重的关键时期,栽培管理的主攻目标是养根保叶,防止早衰,提高结实率和千粒重。概言之,栽培主攻方向是保穗、攻粒、增重。

籽粒中的灌浆物质大部分是来自出穗后光合作用的产物。水稻在出穗后,叶面积不再增加,只会因衰老而减少。如果叶面积减少过快,光合量下降,就减少了灌浆物质的来源。所以保护叶片,延长其寿命,维持其较高的光合效率,是增加灌浆物质来源,提高结实率和千粒重的关键。

增加灌浆物质来源的另一个重要方面是保持根系活力,防止早衰。灌浆结实期根系活力下降,根量增加很少。"根死叶枯",根系活力衰退过快,必然会影响叶的寿命和叶的光合能力。另一方面,到了灌浆期,供应根系养料的稻株下位叶陆续死亡,地上部分供应根系养分和氧气的能力明显下降,"叶死根枯"必然会导致根系早衰,从而使叶片的功能也迅速衰退。所以,保持根系活力的关键也就在于防止下位叶片的过早死亡,并创造良好的土壤环境,使之能供应维持稻根活力所需要的氧气。

2. 田间管理措施

(1)酌施粒肥 稻株出穗以后,穗部籽粒灌浆所需的氮素营养一部分是由绿叶的蛋白质降解供给,另一部分是根系从土壤中吸收。如土壤氮素供应不足,叶片含氮量会日益减少,加速叶片衰老,叶面积指数下降,光合产物减少,不利于灌浆结实。在齐穗时施粒肥,能增加穗部氮素输入量,提高籽粒蛋白质含量,减缓叶片氮素输出量,延缓叶片衰老,提高其光合能力和根系活力,增加灌浆物质,提高粒重。据研究,施用粒肥,可显著增加剑叶含氮量,并可使倒2、3叶在齐穗后1周内保持抽穗时的氮素水平,并对倒4叶含氮率下降也有明显减缓作用。另一方面,粒肥使稻株氮素提高,会相应增加对磷、镁、硅的吸收,茎叶内钾的外渗量也相应减少,有利于维持稻株后期生理功能。但粒肥施用要得当,以"苗不黄不施,多雨寡照、有病害的不施"为原则。粒肥用量也不宜多,可采用根外追肥,稻株生长正常的田块可少施或不施,以免引起贪青晚熟。此外,抽穗后还要注意防治纹枯病、稻瘟病、稻纵卷叶螟和稻飞虱等,有缺肥迹象的田块可在始穗期追少量的速效肥。

(2)活水养稻(间歇灌溉) 在抽穗扬花期间,田间仍需保持一定水层,除满足水稻的生理需水外,主要是调节水温,提高空气湿度,以利于开花授粉;而在灌浆结实期,既要保证水分的供给,又不能长期淹水。如果在抽穗时水层灌溉的基础上,灌浆结实期继续长期保持水层,势必导致土壤还原性继续增强,根系活力弱,继而叶片早衰,灌浆物质减少,空秕粒增多。反之,若在灌浆结实期过早断水,土壤供水不足,同样影响稻株叶片的同化能力和对矿质营养的吸收,不利于籽粒的灌浆充实,尤其是弱势粒的饱满度,因此在灌浆结实期可采用间歇灌溉的方式。在籽粒灌浆的前、中期,采取"干干湿湿,以湿为主"的灌水方法,以达到"以气养根、以水保叶"的目的,防止叶片早衰;而进入蜡熟阶段后,则宜采取"干干湿湿、以干为主"的灌水方法,以增加土壤的通气性,提高根部活力和千粒重。一般到稻穗黄熟阶段,即可断水。如早、中稻在灌浆结实期遇到高温或干热风,要尽量采取白天灌深水,夜间排水漏田措施,降低田间温度。

(3)防治病虫 水稻到抽穗后的灌浆结实期,仍有多种病虫为害,如穗颈稻瘟、三化螟、稻苞虫、稻飞虱、稻叶蝉等,应注意检查和及时防治。

(4)适时收获 水稻适宜收获的时间,一般为蜡熟末期至完熟初期。这时谷粒大部变黄,稻穗上部1/3的枝梗变干枯,穗基都变黄色,全穗外观失去绿色,茎叶颜色变黄,但在水肥过大情况下,或因品种特性不同,谷粒虽已变黄,部分茎叶仍呈绿色,应及时收割。一般在稻穗90%的谷粒变黄,穗枝梗已变黄时,为收获适期。

3. 空秕粒的形成与防止

空秕粒是指不实的空壳和半实的秕谷。空秕粒的多少对水稻产量影响很大。在正常气候、栽培条件下,水稻空秕粒约为10%,如遇不正常情况空秕粒可达30%~40%,甚至更多。

在生产上,除了争穗大粒多外,还要降低空秕粒,提高粒重,才能高产。空壳与秕谷(粒)的形成原因有所不同,防止方法也有区别,现分述如下:

(1)空壳的形成与防止　空壳是指颖花雌雄性细胞不能受精,子房体不能进一步发育而形成的不实粒。空壳形成的内因有两种:一是抽穗前颖花雌雄性器官或花粉粒发育不正常,不能完成受精过程;二是颖花发育正常,但在抽穗扬花时雌雄性器官不协调所造成的。诸如花药不开裂、花粉管不能达到胚囊、雌雄蕊长度不同使柱头接受不到花粉以及柱头上分泌物过多过少或存在抑制花粉萌发的物质等均可造成空壳。造成上述空壳的主要外因是在孕穗末及开花时温度过高过低、干旱阴雨或大风,以及肥水管理不当等因素,导致雄性器官产生了结实障碍,如花药不开裂、花粉活力低、花粉萌发障碍以及花粉粒散落到柱头上的数量不足等,使正常受精过程受到影响,从而引发空壳的产生。

防止空壳形成的措施:一是根据水稻品种特性和当地气候特点,合理安排好播栽期,避开高低温危害,保证安全孕穗和齐穗。二是科学用肥用水。施肥要防止造成前期封行过早和后期贪青徒长,适时适量巧施穗肥,促进稻穗发育和防止减数分裂期颖花败育。此外,在高低温出现时,注意以水调温调湿,减轻或避免高低温危害。三是人工辅助授粉。在抽穗开花期进行人工辅助授粉,有利于裂药散粉,减轻冷热危害。研究表明,从稻穗开始分化至大体完成胚乳增长的整个生殖生长期均能影响结实率,以花粉发育期(主要在减数分裂后期至小孢子形成初期)、开花期和灌浆初期的影响最大。

(2)秕粒的形成与防止　水稻秕粒是指颖花受精后,子房或胚乳中途停止发育而形成的半实粒或死米。形成秕粒的原因复杂,但根本的原因是穗部营养不足。穗部营养不足的生理原因有以下三个方面:一是稻株本身积累和制造的光合产物少,不能满足谷粒灌浆需要,导致弱势花成为秕粒。如灌浆结实期的日照强度和日照时数不足,不仅叶的光合作用削弱,而且影响碳水化合物向谷粒转运,可导致秕粒率的增加。二是每穗颖数过多,"库"、"源"不协调,颖花间对碳水化合物的争夺加剧。当灌浆物质不足时,强势花因灌浆起步早、速度快,优先获得灌浆物质而充实为实粒,而部分弱势花因得不到足够的营养而成为秕粒。三是稻穗不同枝梗的维管束数目、大小及转运灌浆物质的能力存在较大差别。着生在二次枝梗上的颖花,其维管输导组织远不如着生在一次枝梗上的颖花发达,即使加强营养物质供应,稻穗中下部二次枝梗上的颖花仍可能会形成秕粒,尤其是在结实期遭遇不利于胚乳灌浆充实的环境条件时,如高低温危害、后期氮肥过多、群体过大和封行过早等,就会引起秕粒数明显增加。

在生产上,凡可防止空壳形成和改善胚乳灌浆充实的栽培措施,均可用于防止秕粒的形成,其中要重视以下几点:一是适时播栽,使稻株处于当地温光最佳季节开花结实;二是控制群体,建立一个稻株器官发育健壮、生理代谢旺盛的高产群体,为谷粒灌浆充实提供丰富的灌浆物质;三是科学运筹肥水,防止稻株生育后期贪青徒长或根叶早衰。

第四节　稻作栽培科学现状与发展前景

我国是栽培稻种的起源地,稻作栽培源远流长,至今已有6700多年的历史。栽培技术丰富多彩,但长期以来一直处于经验阶段,没有形成自身的理论体系,而稻作栽培作为一门独立完整的学科,是20世纪50年代以后的事,它是在总结农民长期种稻的经验基础上,逐步渗入稻作生态、生理、肥料营养等现代科学理论而建立发展起来的。在短短的几十年里，稻作栽培科学采取理论研究与高产实践紧密结合的方法，从总结劳模高产经验到探索高产栽培的理论指标等，对于指导我国水稻生产发挥了极其重要的作用，并形成了由三个基本部分组成的稻作栽培科学理论体系——器官建成、群体结构与产量形成理论；环境生态条件对水稻生长发育的影响及其矛盾的分析与诊断；栽培措施的作用原理、应用原则和操作规范。

　　20世纪80年代以来，稻作栽培理论与技术研究又向着定量化、模式化、轻简化、标准化的方向发展，同时在生产上也推出了多种多样的高产栽培法，如20世纪80年代推广的"水稻叶龄模式"栽培法、"三高一稳"和"稀少平"栽培法、"多蘖壮秧少本"栽培法等，以及20世纪90年代以后推广的"水稻旱育稀植"、"水稻群体质量栽培"、"水稻浅湿干灌溉技术"、"水稻实地养分管理技术"、"机插秧钵苗栽培技术"等为代表的水稻高产高效栽培技术，在稳定水稻种植面积的同时，水稻单产大幅度提高。由于这些栽培法大多是围绕水稻生长发育和产量的形成规律，针对水稻生产中的关键性问题或技术薄弱环节而提出的，所以能行之有效地在生产上发挥其指导作用。回顾历史，展望未来，保护和优化稻田生态环境，主攻单产，改善品质，提高效益，是我国水稻生产发展的基本途径。在栽培理论及其技术体系上，以下几个领域的研究近年来较为活跃，取得了不少成果，并在水稻生产上得到推广应用。

一、轻简栽培技术研究

　　随着农村产业结构、劳力结构、农村经济及农业资源利用的不断调整与优化，省力、省工的种稻技术倍受人们的关注。特别是在农村二、三产业发达，农业适度规模经营得到发展的地区，对简化程序、减少用工、降低作业成本的水稻增产技术的要求更为迫切，在这一新的历史背景下，近年来直播稻、抛秧稻、机插秧等轻简栽培技术研究不断深入，成为带动我国水稻栽培技术变革的关键环节。

（一）水稻直播栽培

　　水稻直播栽培是指直接将稻种播于本田而省去育秧和移栽环节的种植方式。水稻直播根据土壤水分状况以及播种前后的灌溉方法，可分为水直播、湿直播和旱直播3种类型；按播种方式又可分为撒直播、点直播和条直播3种类型；按播种动力可分为手工直播和机械直播等。

　　直播稻是水稻的最早栽培方式之一，由于存在易缺苗、易倒伏、草害严重等问题，所以逐步为育苗移栽所代替，但直播具有省力、省工、成本较低的生产特点，因此在我国人少地多的黑龙江、新疆、内蒙古等省（区）一直以直播栽培水稻为主，20世纪80年代初，随着水稻旱种技术的改进，北方稻区直播面积又进一步扩大。近年来，农业结构的调整、化学除草剂的广泛应用及农业机械化程度的提高，推动了直播栽培技术在我国各稻区的迅速发展，大大减轻了劳动强度，缓解了劳动力的季节性矛盾，同时由于从整地、播种、化学除草直到收获，水稻直播可实现全程机械化作业，所以便于机械化、规模化种植。

1. 直播水稻的生育特点

　　（1）直播水稻的全生育期缩短，植株变矮，主茎叶片数减少。由于直播水稻播种较迟，加上浅植，土表环境状况较好，有利于发根和分蘖，可加速生育进程，所以全生育期有所缩短，以营养生长期缩短最显著,始穗至成熟天数变化较小。与同期栽培稻相比,主茎总叶数少、株高和穗型略有变小。

（2）直播水稻分蘖早而多,有效穗数高,成穗率低。由于直播水稻播种浅,且无移栽过程,避免了移栽植伤等抑制生长的因素,所以直播稻分蘖早,分蘖节位低,分蘖快而多,高峰苗数多且出现早,最终有效穗数多,但分蘖成穗率低。

（3）直播水稻根系发达,集中分布于表土层。因直播水稻直接在大田中发芽出苗,且播种较浅,有利于根系发生和生长,如在同等条件下,直播水稻单株根数较移栽稻多,根系分布面较广,根干重也相对较大,但根系分布在表层土壤中,下扎较浅,因此直播水稻生育后期容易倒伏。

2. 直播水稻的关键配套栽培技术

缺苗、草害、倒伏是直播稻生产上面临的三个重要问题。因此,在直播水稻栽培实践中,主要是围绕全苗、除草和防倒伏 3 个方面,采用相应的关键配套栽培技术措施。

（1）全苗技术　水稻幼苗顶土能力较弱,如整地、播种质量差,容易产生缺苗,因此直播前应注重整地和播种质量,并在生育初期加强田间管理,争取全苗、匀苗、壮苗。通常采用的实用技术措施是:①选用顶土能力强、耐旱、灌水后长势快的优良品种;精细整地,达到田面平整;②根据当地气候、耕作制度、品种特性及除灭杂草等情况确定具体适期、播种量及播种方法;③播后灌 3 cm 左右的浅水层,以保证种子获得必需的水分;④加强田间管理,稻种发芽后适时排水晾田,促进扎根立苗。若田面发白,出现小裂缝,再灌跑马水,保持田土湿润,到 2 叶 1 心后保持浅水以促分蘖。

（2）除草技术　由于直播稻田杂草与稻苗同步发芽生长,且杂草种类繁多、密度高、生长旺盛以及会有几个出苗高峰,给直播稻田的除草带来了一定困难,稍有疏忽,就会造成草荒,其危害程度远超过移栽稻田。直播稻田除草技术应贯彻以农业防除为基础,化学防除为重点的综合防治策略,充分发挥“以苗压草、以药灭草、以水控草、以工拔草”的作用。其中,农业防除主要实施以精选稻种、消除杂草种子、早建水层、以水控草、拔净杂草及实行水旱轮作等为主的技术措施,而化学防治主要实施以播前或播后苗前土壤封闭灭草,出苗后主攻防除第 2 批杂草和第 1 批残留杂草,并辅之以人工拔除和化学补除。

（3）防倒伏技术　直播水稻分蘖节入土和根系分布均较浅,是其易倒伏的原因之一。此外,直播稻的群体偏大也在一定程度上削弱了其个体生育,使茎秆变细,根量减少,根系活力降低。因此,除控制直播稻的起点苗数外,应创造良好的抗倒环境和增强植株本身的抗倒能力。通常采用的技术措施是:①在施肥方法上,一般采用促前、稳中、攻后的办法。在氮肥中,基肥占 30%～40%,分蘖肥占 10%～20%,穗肥占 40%～50%。在磷、钾肥中,基肥占 50%,穗肥占 50%。②在水分管理上,以“浅水分蘖,多次轻搁,后期间歇灌溉”为原则。分蘖期浅水促分蘖为主,待长茎蘖数达到计划穗数的 80% 时,及时排水搁田,防止分蘖过多而增加田间郁闭程度,并多次轻搁,中后期间歇灌溉也利于发根、壮秆,防止倒伏。③在拔节期喷施多效唑等生长调节剂,控制水稻节间伸长,增加节间重量,降低株高,提高抗倒能力。④直播水稻病虫害发生、防治与移栽稻基本相同,但由于直播水稻中后期群体较大,田间郁闭度高,易受病虫危害,所以应更加重视中后期的纹枯病和稻飞虱防治,以免削弱植株本身的抗倒能力。

(二)水稻抛秧栽培

水稻抛秧是指用塑料软盘或常规育秧等方法培育带土秧苗,以人工或机械将秧苗往空中定向抛撒,利用带土秧苗自身重力落入田间定植的一种水稻秧苗移植方式。我国自20世纪80年代初引进日本抛秧技术的同时,黑龙江、吉林、江苏、浙江等地的生产与科研部门针对我国的国情相继进行了大量试验示范,对不同栽培制度的水稻抛秧栽培技术进行了较系统深入的研究。在我国不同地区先后形成了纸筒育苗抛秧、方格塑料硬盘育苗抛秧、蜂窝式薄型压塑软盘育苗抛秧、机械抛秧、旱育抛秧等技术,建立了适应多种栽培制度的抛秧技术体系。"九五"以来,该技术被列为国家重点农业技术推广项目。

抛秧稻栽培方式,具有省工、省力,以及有利于实行专业化规模育秧的优势。水稻的抛栽效率比手工栽插提高6~8倍,抛秧比常规移栽一般每公顷可省工20~35个。此外,若采用塑料软盘育秧,本田与秧田比可达45:1~50:1,与常规育秧栽培相比,可节省秧田和节约秧田用水,有利于连片集中育秧与商品化供秧,实现水稻生产的集约经营,因而成为较受农民欢迎的水稻种植方式之一。

1. 抛秧水稻的生育特点

(1)软盘秧苗的生长特点 抛秧稻既不同于秧苗移栽,又不同于直播,因而与移栽和直播稻相比,在生长发育特点上存在明显的差异。生产上常用蜂窝式薄型压塑软盘育秧,简称软盘秧。由于受蜂窝式钵体小的限制,秧苗生长与常规育秧的秧苗相比,其叶龄进程稍缓,秧苗高度一般比常规育秧小,单株绿叶数和茎基宽较小,且根的生长呈卷曲状,单株总根数比常规秧苗少。总体上,同龄软盘秧的素质略低于常规育秧,但白根较多,并有完整根系进入大田,有利于抛栽后的秧苗迅速扎根,因而抛栽稻的秧苗返青快、分蘖起步较早。

(2)抛秧稻本田期的生育特点 抛秧苗在田间分布有3个明显的特点:一是秧苗带土且秧根入土较浅,通常不超过2 cm;二是空中抛撒,秧苗呈均匀而无规则的水平分布,呈满天星状;三是抛栽秧苗的姿态为直、斜、平多样化。由此也决定了抛秧水稻的生育特点主要是:①秧苗植伤轻,低位分蘖和群体有效穗数较多,但成穗率相对偏低。由于抛栽秧苗的植伤轻,无明显生长停滞期,分蘖起步早、发生快,且低位分蘖相对较多,所以高峰苗易偏高,影响群体质量,导致成穗率偏低、穗型大小差异较大等缺陷。②群体叶面积指数较大,但稻株群体的中下层易郁闭。由于抛秧稻分布不规则,株型较松散,叶片张角大,最大叶面积指数通常高于手插秧,中下层叶量所占的比重较高,增加田间的郁闭程度。③根系发达,但根系分布较浅,易发生根倒。由于抛秧稻植伤轻、根系入土浅,一般抛后1 d露白根,2 d扎新根,3 d长新叶,7 d出分蘖,单株根干量比手工秧明显增多,但根系分布浅而集中,在群体偏大、田间肥水调控不当时,易发生根倒。

2. 抛秧水稻的配套关键栽培技术

抛秧育秧技术具有较广泛的适应性,但基于抛秧水稻的生长发育特点,抛秧稻与移栽稻和直播稻的配套栽培技术也存在明显差别,其关键技术要点是:

(1)提高抛栽质量 首先,抛秧稻对整地质量的要求较高,需要达到"平、浅、烂",其中,"平"是指田面平整,"浅"是水层应浅,"烂"是指土壤烂糊有泥浆,便于秧苗的入土和立苗;其次,根据当地气候、土质、秧龄等因素选择适宜的抛栽期,抛栽时应选择晴朗无风的天气,尽量抛高抛匀,抛栽后做适当整理,匀密补稀,力求分布均匀。为防止高温烈日晒伤秧苗,双季晚稻的抛栽最好选择阴天或晴天午后作业。

(2)薄水立苗、浅水促分蘖　为发挥抛秧稻早发的优势,抛后 3~5 d 采取湿润灌溉,坚持阴天或无雨夜间露田,晴天午间以薄水层护苗,使秧苗尽快扎根。在分蘖期,应采用浅水层结合适当露田,促进分蘖发生。

(3)提早搁田控蘖　抛秧稻分蘖节入土较浅,分蘖快而多,应提前搁田,一般以多次轻搁为主,抑制无效分蘖。在水稻抽穗后,应以湿润灌溉为主,以延缓根系衰老,提高结实率、粒重和抗倒性。

(4)合理施肥运筹　由于抛秧稻返青期短,分蘖早发快长,够苗早,高峰苗易偏高,成穗率低,后期易倒伏,所以应适当减少基蘖肥,相应增加穗肥用量。一般基肥占 40%,分蘖肥占 20%,穗肥占 40%。

(5)病虫草害防治　针对抛秧群体偏大的特点,应及时防治稻蓟马、螟虫、稻飞虱、稻纵卷叶螟、纹枯病和稻瘟病等。在防除草害上,由于抛栽时苗体小,又以湿润灌溉为主,易滋杂草,更应重视化学药剂除草。

(三)水稻机械插秧栽培

机插栽培是水稻生产机械化的重要内容之一,它具有减轻劳动强度、提高劳动生产效率、降低生产成本、改进作业质量等诸多优势,在日本、韩国和我国台湾地区的应用面积较大。近年来,我国在水稻机械化插秧技术的研究与应用方面不断加强,机插栽培方式在黑龙江、吉林、辽宁、江苏、浙江、江西和福建等地已得到迅速发展,展现出广阔的发展应用前景。

1.机插水稻的生育特点

(1)机插水稻的苗期生育特点　机插水稻苗期密度大,幼苗生长较整齐,但个体生长空间小,株间竞争激烈,苗体活力与抗逆性较弱。秧苗机械插入大田后缓苗期较长,一般约经 14 d 才开始分蘖。

(2)机插水稻的分蘖特点　机插水稻移栽叶龄一般比手插中大苗少 3~4 叶,因而其分蘖节位多、分蘖期长。同时,机插浅栽等也促进了分蘖的发生。因此,机插水稻在本田期的分蘖节位多,分蘖发生较为集中而势旺,高峰苗多,但茎蘖成穗率低。

(3)机播水稻全生育期及产量特点　由于机插水稻比常规手插中大苗水稻播期迟,全生育期缩短。与手栽稻相比,机插稻的全生育期一般缩短 11~14 d,且个体生产量略小,叶片数少,植株稍矮,单位面积穗数多而穗型偏小。

2.机插水稻的配套关键栽培技术

(1)提高大田整地与机插质量　机插水稻的大田整地质量要做到田平、泥软、肥匀;但不需要手插时所要求的起浆工序。为防止壅土,整地后要经过沉淀再机插。对沙性土壤或易淀浆的土壤,沉淀时间可短些。机插水深要适宜,机插带土小苗水深应在 1~2 cm,如水过深,则容易漂秧;如水过浅而田面又不平整,则易造成有些田面无水而增大插秧机滑动阻力。水田泥脚深度应小于 40 cm,如泥脚过深,会使插秧机打滑,甚至无法行定。机插水稻田前作留茬不宜过多,施用腐熟的有机肥时撒肥要均匀,若地表残茬与有机肥过多,易造成漂秧。机插时要强调农机与农艺的密切配合,严防漂秧、伤秧、重插、漏插,把缺棵(穴)率控制在 5%

以内。

（2）加强田间管理　机插水稻虽具有较强的分蘖成穗优势，在高质量机插适龄壮秧的基础上，还应该加强田间管理，才能达到穗多、秆壮、穗大。本田期管理要求做到：①机插水稻栽插后立即灌水，保持水深3～5 cm，维持2～3 d，减少秧苗叶片蒸腾，减轻枯叶现象；②机插水稻插后的缓苗期较长，应早施分蘖肥，促进前期早发。分蘖盛期以后，机插水稻分蘖增长显著超过手插水稻，因此当群体总茎蘖数达到设计穗数的70%～80%时，即要及早断水搁田，并严格控氮，抑制无效分蘖。进入幼穗分化期，因苗情不同及早追施穗肥，既巩固穗数又促使穗大粒多。

二、资源节约与清洁栽培理论及技术研究

(一)水稻节水栽培

水稻节水栽培的基本生物学原理是：水稻的需水量虽然大于小麦、玉米等作物，但其生长用水并不是越多越好；水稻不同生育时期对水分的需求量差别很大，除部分生育阶段的需水量较多外，水稻的其他阶段并不需要土壤淹水。目前我国不同稻区已形成各具特色的规范化的水稻节水栽培技术体系，其中，水稻旱种就是选用耐旱性较强、丰产性能好的水稻品种，充分利用自然降雨和辅之必要的灌溉，满足其生理需水，达到丰产的一种节水型种稻方式。水稻旱种具有节水、提高灌溉效率、合理利用土地、扩大稻田面积等优点。旱种水稻的生育期一般比水作秧短4～7 d，叶片数少2～3片，下部叶片的功能期较水作稻长，中上部叶片的功能期比水作稻短，且前者的低位分蘖成穗率高，穗粒数和结实率一般也高于后者。此外，旱种水稻的茎秆维管束数目多，机械组织发达，根系活力和抗倒伏能力均强于水作稻。但也存在不少问题，如旱种水稻的分蘖穗小于主茎穗，在高肥田块穗粒数约为主茎穗的2/3，中等肥力田块穗粒数约为主茎穗的1/2左右，且单株平均分蘖数和每穗颖花数也低于水作稻。此外，旱种水稻的肥料利用率偏低，抗稻瘟病能力变弱。

(二)水稻清洁栽培

水稻清洁栽培是指在没有环境污染的土壤和灌溉水条件下栽种水稻，或者是采用清洁水源、通过使用对环境友好的生产资料（如肥料、农药、地膜等），改进水稻生产技术，减少稻作生产过程对人类和环境的风险性。其主要内容和关键技术措施有：

（1）加强水稻清洁生产的管理工作，大力加强相关法律法规的健全、政策的研究与制定、相应机构的建设、试点与示范实践、宣传和培训以及国际合作等方面的工作。

（2）提高肥料的利用率，主要应加强研究和生产各种对环境友好的新剂型肥料，如多元有机无机复合肥、缓释肥、微生物肥等；大力推行水稻配方施肥、测土施肥、诊断施肥等平衡配套施肥技术；同时，加大使用硝化抑制剂、脲酶抑制剂；加强肥料的施用与其他农业措施的结合（如合理节水灌溉等）。

（3）积极推进水稻病虫草无害化的综合防治，加大绿色农药的研究和推广力度，重点应加强研究与推广高效、低毒、低残留化学农药、生物农药、植物与矿物质农药及其施用技术。根据水稻清洁生产目标、生产标准规范、土壤肥力来源及病虫草防治手段，可将我国目前的

水稻清洁生产分为无公害栽培、绿色栽培和有机栽培。其中,无公害栽培禁止使用未经国家或省级农业部门登记的化学肥料或生物肥料,施肥技术体系必须按照平衡施肥技术,有机肥与无机肥比例不得低于 1∶1,可限量使用高效、低毒、低残留农药,但必须避免有机合成农药在水稻生长期内重复使用;而绿色栽培则必须遵循可持续发展原则,在生产过程中限量或不得使用化学农药、化学肥料、生长调节剂和其他有害于环境和身体健康的物质,按照特定生产方式生产,且稻米质量符合绿色食品产品标准,并经专门机构认定,许可使用 A 级和 AA 级绿色食品标志的大米;有机栽培是指按照有机农业生产体系,根据有机农业生产要求和相应标准进行生产加工的一整套技术体系。有机栽培的土壤肥力主要来源于没有污染的绿肥和作物残体、秸秆、无病虫害与寄生虫及传染病的人粪尿和畜禽粪便,以及其他类似物质或经过堆积处理的食物和林业副产品等。有机栽培过程中绝对禁止使用农药、化肥、生长调节剂等人工合成物质,生产产品经独立的有机食品认证机构认证后即为有机水稻(有机米)。有机水稻生产的环境规范,主要是指产地环境(大气、灌溉用水、土壤质量等)符合有机农业生产的环境标准,而有机水稻生产技术规范主要指有机水稻生产的种子、化肥、农药、生长调节剂及管理技术措施等符合有机食品生产中允许、限制和禁止使用的物品名录。

三、群体质量优化与超高产栽培理论及技术研究

适当控制群体数量、提高群体质量,已成为近年来高产群体理论与栽培技术研究的一个重要思路。目前我国各地出现的着眼于改善群体质量的高产和超高产栽培法,尽管提法不同,但遵循的基本生物学原理则是一致的。基本思想是:大个体组成的群体优于小个体组成的群体,通过增大个体提高群体生长总量有利于稻谷高产;增密增蘖增穗是中低产田增产的主要途径,而高成穗率和稳穗增粒是高产更高产的重要对策;抽穗后尽可能提高光合作用效率,对高产起决定性的作用;在水稻生育后保持强大根系和适当增加施氮量,使抽穗后仍能从土壤吸收较多氮素,有利于稻谷高产;在成熟后期保持稻株的根系活力和光合能力,可使茎鞘物质出现明显的再累积而达到高产。总之,近年来水稻高产和超高产的群体质量指标已由以往的抓基本苗数、穗数(即注重数量),开始向控制前中期的群体数量,着眼于大幅度提高后期光合生产力的质量型栽培方向转变。

水稻精确定量栽培是扬州大学和南京农业大学等单位在水稻叶龄模式与群体质量调控的基础上,把水稻生长发育与高产形成的动态诊断和促控技术精确定量化,达到用适宜的作业次数、在适宜的生育时间、以适宜的投入数量实现水稻高产、优质、高效、生态、安全的水稻栽培技术体系。而水稻超高产栽培是以高标准农田建设为基础,以具超高产潜力品种(超级稻)的利用为前提,充分发挥生产区自然资源优势,综合运用各种栽培措施的叠加效应,努力塑造水稻理想的株型与群体结构,全面提高水稻群体的动态质量,从而获得水稻超高产的目标。关于水稻超高产,日本于 1980 年首先提出,并实施了籼粳杂交稻的研究以实现增产 50% 的 15 年计划;国际水稻研究所从 1989 年开始实施了每公顷产 13~15 t 计划。我国杨守仁、黄耀祥和袁隆平等在 20 世纪 80 年代后分别提出了水稻理想株型与杂交优势利用相结合、半矮秆丛生快长型、两系法籼粳亚种杂交优势利用等超高产育种途径。在此基础上,农业部于 1996 年开始组织实施 2000 年每公顷产 9~10 t,2005 年每公顷 12 t,2015 年每公顷达到 13.5 t 的超高产水稻品种改良和配套栽培技术体系研究计划。在超高产栽培方面,国内外学者提出了种种构想,如日本学者川田提出了改良稻田土壤的途径,松岛主张通过塑

造水稻理想株型的途径,国内张洪程等提出"精苗稳前、控蘖优中、大穗强后"的水稻超高产栽培途径,并创造了我国稻麦两熟制条件下每公顷 14058 kg 的高产纪录,展示了水稻增产的巨大潜力。

四、优质、抗逆和信息化栽培理论及技术研究

(一)水稻优质栽培

长期以来,我国水稻生产和栽培理论研究主要侧重于稻谷产量的提高,而忽视了品质,因而在水稻优质化的栽培理论与生产技术方面的研究起步较晚,但水稻优质栽培的技术原则与传统栽培相同,在具体措施上,因用途、市场及土、肥、水等质量条件要求的不同,而有较大差异。优质栽培的关键技术要求是:

(1)选用优质品种,做好作物品种的搭配与合理布局。据农业部统计,全国种植面积在 6667 hm² 以上的水稻品种有 440 个,其中长江中下游的"武运粳 3 号"、"秀水 09"和"天优华占"等,华南稻区的"博优桂 44"、"Ⅱ优 3550"等品种的米质较好,大面积种植农艺性状较稳定。此外,水稻灌浆结实期气候条件对稻米品质有显著影响,同一品种(组合)作为单季稻种植,与双季晚稻种植的米质水平也存在较明显差异,其原因主要与水稻灌浆结实期间的气候生态因素有关。水稻灌浆结实期的高温不仅使稻米的垩白增加,外观品质变差,而且可导致其碾米品质下降、食味变劣。灌浆后期低温对稻米整精米率和垩白度有不利影响,但对稻米蒸煮食味品质的影响没有灌浆结实期高温那样明显;土壤条件、水分管理、肥料施用等环境因子和农艺措施对稻米品质也有一定的影响,研究表明,无论是在水作条件还是在旱作条件下,水稻增施适量氮肥,可在一定程度上改善稻米品质,其中以对加工品质、营养品质的影响较大,但对蒸煮食味品质影响相对较小;化学氮肥过量,会使稻米的品质变差。

(2)合理水肥管理,保障水稻籽粒良好灌浆充实。在栽培原则上,凡是有利于水稻籽粒灌浆和充实度提高的栽培措施,都有助于稻米品质的改良和提升;反之,则会对稻米品质产生不利影响。如在水稻生育后期不宜过早断水,以免根系早衰,影响籽粒灌浆充实。但从总体上看,由于目前对环境生态因子与稻米品质之间关系方面的许多问题尚缺乏较明确认识,所以深入开展优质水稻生产的栽培理论研究,建立优质稻米生产的综合栽培技术是今后水稻栽培领域内的一个重要研究方向。

(二)水稻抗逆栽培

我国人多地少,水稻不可能选择最适宜的地区种植,因而在水稻生产上往往会遇到各种不良生态条件的危害,如高温、低温、绵雨、盐碱及污水毒害等,其影响的地区之广、减产幅度之大,一直是限制我国水稻高产稳产及优质的重要原因之一。据报道,由温度变化而形成的冷害和高温热害对水稻生产影响最大,我国每年因冷害损失稻谷约 30 亿～50 亿 kg,热害在江西、浙江、广东、湖南、江苏、四川等省年年都有发生,一般减产稻谷 10%～18%,土壤还原性物质造成的毒害每年也约使我国稻谷损失 10 亿～20 亿 kg。近年来,我国稻田的污害(有毒有机化学物质、重金属等)问题日趋严重,不仅对水稻生长发育和产量形成产生了一定的影响,而且给稻米的优质和安全性带来突出的问题。因此,对适应各种不良生态环境的抗逆

栽培措施研究,日益受到人们的重视。

针对主要限制因素,近年来除加强抗逆品种的筛选外,在抗逆栽培技术上主要有以下一些发展:

(1)广泛推广薄膜覆盖保温栽培技术,提高水稻生育进程与季节进程的同步性;

(2)使用新的化学调节物质和调控技术,防止水稻倒伏,调节水稻对高低温天气的耐御能力;

(3)开沟作畦,减轻冷泉、冷浸、多雨的危害;

(4)通过合理水层管理缓解盐胁迫,以及有毒化学物质与重金属对水稻生长发育的污害。

(三)水稻信息化栽培

水稻信息化栽培是指以现代稻作科学、计算机科学、卫星遥感技术、地理信息系统技术等为基础,农业信息技术来指导与管理水稻生产全过程。在众多农业信息技术中,以农业专家系统为代表,即通过试验设计、建立水稻生产系统模型、模拟试验直至产量预测、农艺措施科学决策等方式,建立拥有高层次、多方面、全方位的农业专家知识,并基于水稻模型专家系统模仿人类推理过程,在计算机上以图像、直观的方式向稻作生产者提供各种关于稻作生产问题决策的咨询服务系统。因此,其不仅可以保存、传播各类农业信息和农业知识,可以把分散的、局部的单项稻作生产技术综合集成,经过智能化的信息处理,并针对不同稻作土壤和气候等环境条件,给出系统性和应变性强的稻作生产问题解决方案,为水稻生产提供科学、高效、便捷的服务,而且对提高我国的水稻生产管理水平,促进稻作科技成果转化具有重要的意义。

主要参考文献

[1] 中国农业科学院.中国稻作学[M].北京:农业出版社,1986.

[2] 熊振民,蔡洪法.中国水稻[M].北京:中国农业科学技术出版社,1992.

[3] 高亮之,李林.水稻气象生态[M].北京:农业出版社,1992.

[4] 刁操铨.作物栽培学各论(南方本)[M].北京:中国农业科学技术出版社,1994.

[5] 中国水稻研究所.中国水稻种植区划[M].杭州:浙江科学技术出版社,1989.

[6] 黄发松,胡培松.优质米的研究与利用[M].北京:中国农业科学技术出版社,1994.

[7] 南京农业大学等四院校合编.作物栽培学(长江中下游适用)[M].北京:农业出版社,1991.

[8] 浙江农业大学作物栽培教研室.作物栽培学[M].上海:上海科学技术出版社,1994.

[9] 程式华.现代中国水稻[M].北京:金盾出版社,2007.

[10]凌启鸿,张洪程,丁艳锋.水稻精确定量栽培理论与技术[M].北京:中国农业出版社,2007.

[11]张洪程.水稻新型栽培技术[M].北京:金盾出版社,2013.

[12]杨文钰,屠乃美.作物栽培学各论(南方本)[M].2版.北京:中国农业科学技术出版社,2011.

[13]胡立勇,丁艳锋.作物栽培学[M].北京:高等教育出版社,2008.

［14］张国平,周伟军.作物栽培学［M］.杭州:浙江大学出版社,2004.

复习思考题

1.简述籼稻和粳稻在形态特征和生物学特性上的主要差异。

2.简述决定水稻品种生育期的"三性"理论及其应用。

3.简述水稻主要器官的同伸规则在栽培实践中的应用价值。

4.简述水稻产量形成的构成因素与主要决定时期。

5.简述水稻合理的群体结构及品种的库源类型特征。

6.简述壮秧的基本指标及防止烂秧、培育壮秧的关键技术环节。

7.简述稻谷催芽的四个基本阶段及其技术要点。

8.解释组培转化秧苗从室内移栽到大田后易产生死苗现象的可能栽培学原因。

9.简述水稻的需肥规律及主要施肥技术。

10.简述水稻不同生育时期的需水特点与合理灌溉原则。

11.简述搁田的作用与应用原则。

12.简述水稻不同生育时期的生育特点、栽培主攻目标及田间管理原则。

13.简述常规栽培、抛秧栽培与机插栽培3种水稻生产方式的育苗技术特点及其异同。

14.简述直播栽培与常规栽培的水稻生育特征及栽培管理要点的异同。

15.简述国内外稻作科技研究的热点问题与今后发展趋势。

第三章 小 麦

第一节 概 述

一、小麦生产在国民经济中的意义

小麦是世界上栽培最古老、分布范围最广的作物之一,20 世纪末,它是和植面积最大、总产量最多和商品率最高的作物。全球有 1/3 以上的人口以小麦为主粮。

小麦籽粒营养价值高,蛋白质含量明显高于玉米和水稻等其他禾谷类作物,且蛋白质组成与结构独特,以麦醇溶蛋白(gliadin)和谷蛋白(glutenin)为主体的面筋(gluten),使面团(dough)具有弹性、延伸性和膨胀性,从而可制作面包、面条、馒头及其他多种多样的食品,因此小麦是食品工业的重要原料。

小麦的适应性广。目前栽培的六倍体普通小麦(common wheat)和四倍体硬粒小麦(durum),包含有 2 个或 3 个不同染色体组的遗传物质,产生了大量形态和生态变异,且经过长期适应性进化和栽培选择,对温光和土壤条件具有较强的适应能力。在多变的环境条件下,小麦产量构成因素间有较好的补偿与调节能力,抗逆性较强,产量较稳定。

二、小麦生产概况

小麦分布极广,自南纬 45°到北纬 67°的范围内,除少数炎热低湿地外,几乎都有种植。但小麦喜冷湿润气候,因此生产区域主要在北纬 20°～60°及南纬 20°～40°,尤以北半球欧亚大陆和北美洲栽培面积最大,约占全球小麦总面积的 90%。世界小麦栽培主要为冬小麦(winter wheat),春小麦(spring wheat)仅占 1/4 左右,且主要分布在俄罗斯、加拿大和美国,约占全世界春小麦栽培面积的近 90%。

2013 年全球小麦种植面积为 2.19 亿 hm^2,印度(2965 万 hm^2)的种植面积最大,中国(2412 万 hm^2)和俄罗斯(2337 万 hm^2)分别排列第二和第三,美国(1827 万 hm^2)位居第四。其他种植大国为澳大利亚(1298 万 hm^2)、加拿大(1044 万 hm^2)、巴基斯坦(869 万 hm^2)、土耳其(777 万 hm^2)、伊朗(705 万 hm^2)及法国(532 万 hm^2)。2013 年全世界小麦平均单产 3268 kg/hm^2,爱尔兰产量水平最高,达 8993 kg/hm^2,7000 kg/hm^2 以上的国家还有荷兰(8719 kg/hm^2)、德国(7998 kg/hm^2)、英国(7381 kg/hm^2)和丹麦(7284 kg/hm^2)等国。2013 年全球小麦总产量为 7.16 亿 t,我国是小麦总产最高的国家,为 1.22 亿 t,超过 2000 万 t 的国家还有印度(9351 万 t)、美国(5797 万 t)、俄罗斯(5209 万 t)、法国(3861 万 t)、加拿

大（3753 万 t）、澳大利亚（2286 万 t）和土耳其（2205 万 t）。

全世界每年小麦进出口量为 1 亿 t 左右。亚洲和非洲基本上是净进口地区，北美、大洋洲和欧洲为主要出口地区。美国、加拿大、澳大利亚和法国四个最大的小麦出口国占世界出口量的 80% 左右。由于国际贸易中农产品种类配置上需要，我国是小麦的主要进口国，其他进口量较多的国家为日本、俄罗斯、意大利、印度和伊拉克。

半个世纪以来，世界小麦生产发展很快，总产量从 1949 年的 1.6 亿 t 提高到 2013 年的近 7.2 亿 t，增加了 3 倍多。据分析，20 世纪 60 年代中期以前的总产增加，主要是由于面积扩大和单产提高的综合结果，而此后的总产增加则主要归因为单产水平的显著增加，而单产增加主要原因是推广种植高产、抗病的矮秆、半矮秆小麦新品种以及灌溉面积扩大和肥料投入增加。

我国栽培小麦历史悠久，远在新石器时代就有种植。小麦是我国的主要粮食作物，种植面积和产量长期以来仅次于水稻，近年来由于玉米种植面积的快速扩大而退居第三位。我国小麦生产的发展速度远远超过世界平均，表现为 1949 年至 20 世纪 80 年代初单产和面积同步增长，此后面积大致保持稳定而单产大幅度提高。1949 年全国小麦栽培面积为 2150 万 hm²，单产不到 750 kg/hm²，1980 年小麦栽培面积达到 2880 万 hm²，单产增加到 2700 kg/hm²；从 1980 年到 2013 年的 33 年间，我国小麦栽培面积有所减少，但单产进一步提高到 5055.3 kg/hm²，年均增长率居全球小麦主产国首位。我国各地均有小麦生产，2013 年种植面积前五位的省区依次为河南（534 万 hm²）、山东（363 万 hm²）、河北（241 万 hm²）、安徽（242 万 hm²）和江苏（213 万 hm²）。单产最高的是西藏（6512 kg/hm²），其次是山东（6011 kg/hm²），其他单产较高的省（区、市）还有河南（5950 kg/hm²）、河北（5551 kg/hm²）、安徽（5357 kg/hm²）、新疆（5333 kg/hm²）和北京（5258 kg/hm²）。

三、中国小麦区划与分布

我国小麦种植遍及所有农业区域，以普通小麦占绝对多数，密穗小麦、圆锥小麦、硬粒小麦仅为零星种植。我国幅员辽阔，自然条件复杂，气候类型繁多，小麦在全国形成了若干生态类型区。根据小麦播种季节，可把全国小麦分为冬、春麦区两大类型，大致以年极端最低气温 −24 ℃ 为界，高于此限种植冬小麦，低于此限种植春小麦。从东北的大兴安岭，经过辽宁、张北、榆林、兰州、玉树，止于拉萨的 400 mm 等雨线，以西地区温度低、雨水少，以种植春麦为主，以东地区温和湿润，一般种植冬小麦。根据各地的自然条件、小麦品种类型、种植制度、播种季节等特点以及小麦生产发展趋势，可将我国小麦自然区域划分为十个麦区：①东北春麦区；②北方春麦区；③西北春麦区；④北方冬麦区；⑤黄淮冬麦区；⑥长江中下游冬麦区；⑦西南冬麦区；⑧华南冬麦区；⑨新疆冬春麦区；⑩青海西藏春冬麦区。

第二节　小麦栽培的生物学基础

一、小麦的起源与分类

栽培小麦属于禾本科小麦族（Triticeae）、小麦亚族（Triticinae）的小麦属（Triticum）。舒尔茨（Schuls，1913）按染色体数目把小麦分为三大系：①有 14 条染色体的一粒系；②有 28 条染色体的二粒系;③有 42 条染色体的普通系。各个系内又按其进化程度分为野生种、带皮栽培种和裸粒栽培种。这种分类法在较长时间内被小麦研究者所采用。麦基(1968)等提出了按染色体组的分类法,将小麦属分为 6 个种、15 个亚种和 4 个栽培品种群。以后,道罗费耶夫(1979)等指出,二倍体种乌拉尔图和一粒小麦的 A 染色体属于不同的类型,前者为 A^u,后者为 A^b,并以此为依据将小麦分为两个亚属;凡有 A^u 染色体组的种归为 Triticum 亚属;凡有 A^b 染色体组的种归为 Boeoticum 亚属(表 3-1)。

表 3-1　道罗费耶夫的小麦属分类系统

亚属	系	类型 2n	染色体组	种 名	中文名称
Triticum	Uratu 乌拉尔图系	野生 14 带皮	A^u	T. urartu Thum ex Gandil.	乌拉尔图小麦
	Dicoccoides 二粒系	野生 28 带皮	A^uB	T. dicoccoides (Korn, ex Aschers. et Graebn.) Schweinf.	野生二粒小麦
		带皮 28	A^uB	T. dicoccum (Schrank) Schuebl.	栽培二粒小麦
		28	A^uB	T. karamyschevu Nevski.	科尔希二粒小麦
		28	A^uB	T. ispahanicum Heslot.	伊斯帕汗二粒小麦
		裸粒 28	A^uB	T. turgidum L.	圆锥小麦
		28	A^uB	T. durum Desf.	硬粒小麦
		28	A^uB	T. turanicum Jakubz.	东方小麦
		28	A^uB	T. polonicum L.	波兰小麦
		28	A^uB	T. aethiopicum Jakubz.	埃塞俄比亚小麦
		28	A^uB	T. persicum var. (T. carthlicum Nevski)	波斯小麦
	Triticum 普通系	带皮 42	A^uBD	T. macha Dakapr. et Menabde.	莫迦小麦
		42	A^uBD	T. spelta L.	斯卑尔脱小麦
		42	A^uBD	T. vavilovi (Thum.) Jakubz.	瓦维洛夫小麦
		裸粒 42	A^uBD	T. compactum Host.	密穗小麦
		42	A^uBD	T. aestivum L.	普通小麦
		42	A^uBD	T. sphaerococcum Pereiv.	印度圆粒小麦
		42	A^uBD	T. petropavlovskyi Udacz et Migusch.	新疆小麦
Boeblicum Migusch. Et Drorof.	Monococcum 一粒系	野生 14 带皮	A^b	T. monococcum L.	栽培一粒小麦
		裸粒 14	A^b	T. sinskajae A. Filat et Kurk.	辛斯卡娅小麦
	Timopheevii 提莫菲维系	野生带皮 28	A^bG	T. araraticum Jakubz.	阿拉拉特小麦
		带皮 28	A^bG	T. timopheevii (Zhuk.) Zhuk.	提莫菲维小麦
		42	$A^b A^b$G	T. Zhukovskyi Menabd et Ericzjan	茹可夫斯基小麦
		裸粒 28	A^bG	T. militinae Zhuk. et Migusch.	密利提奈小麦

从以上分类系统中可见,小麦属内有 A、B、D、G 四种染色体组,所有小麦种均含有 A 染色体组,而 A 染色体组又有 A^u 和 A^b 两类。四倍体种有 AB 染色体组和 AG 染色体组两大类。有 AB 染色体组的种是由乌拉尔图小麦与拟斯卑尔脱或其他山羊草的天然杂交和染色体加倍而来,如野生二粒小麦、栽培二粒小麦、圆锥小麦和硬粒小麦等;四倍体种中有 AG 染

色体组的种,是野生一粒小麦和拟斯卑尔脱或其他山羊草的天然杂交和染色体加倍而来,如野生阿拉拉特小麦、提莫菲维小麦等。

六倍体种,也有 ABD 和 AAG 染色体组两大类。有 ABD 染色体的六倍体种是由有 AB 染色体组的四倍体种与方穗山羊草天然杂交和染色体加倍而来,如普通小麦、密穗小麦等,有 AAG 染色体组的六倍体种是由提莫菲维小麦与栽培一粒小麦的天然杂交和染色体加倍而来,如茹可夫斯基小麦。

小麦栽培已有约 1 万年的历史,其祖先在长期系统发育中,经过自然轮回杂交,染色体自然加倍,逐渐演化为目前的多倍体栽培种。据木原(Kihana)、Sears 等研究,一粒系小麦是由野生一粒小麦进化而来,野生一粒小麦是栽培小麦的祖先。野生一粒小麦与拟斯卑尔脱山羊草天然杂交,然后染色体加倍产生野生四倍体二粒小麦,这是小麦进化的第一次飞跃。野生二粒小麦由于基因突变以及天然杂交,形成二粒系的其他类型,四倍体二粒小麦与方穗山羊草天然杂交,经染色体加倍形成六倍体斯卑尔脱小麦,这是小麦进化的第二次飞跃。目前栽培的普通小麦是从原始类型斯卑尔脱小麦基因突变而产生的。据考察,在伊朗和伊拉克的众多丘陵地区,存在着野生小麦及其近缘属植物,在地理分布上是重叠的,且栽培小麦具有丰富的遗传多样性,因此可以认为西南亚是栽培小麦的起源地。

小麦进化是近缘物种染色体重组和形成异源多倍体物种的过程,多倍体小麦含有多个二倍体的遗传物质,形态变异大,生态变异广。栽培的普通小麦有来自西南亚野生一粒小麦所具有的高经济价值的穗部结构和对不良环境的抗性;有来自近东野生二粒小麦的特性,加强了抗热性,扩大了分布范围。从四倍体到六倍体的进一步演化过程中,加入了来自中亚方穗山羊草的遗传基础,不仅提高了面筋品质,增添了小麦制作面包的优良特性,而且加强了抗寒性,扩大了小麦的适应范围。

我国栽培小麦约 95% 属于普通小麦,根据颖片上有无茸毛、芒特性、颖壳和种子颜色,可以划分为不同的变种。我国栽培小麦的主要变种有 13 个(表 3-2)。

表 3-2　我国栽培小麦的主要变种及特征

类　别	主要特征		拉丁名
通常类	颖无毛	长芒	
		白壳红粒	*Crythrospermum*
		红壳红粒	*Ferrugineum*
		白壳白粒	*Graecum*
		无芒	
		白壳红粒	*Lutescens*
		红壳红粒	*Milturum*
		白壳白粒	*Albidum*
圆形多花类	颖无毛	短曲芒	
		白壳红粒	*Suberythrospermum-inflatum*
		勾曲芒	
		白壳红粒	*Lutinflatum*
		红壳红粒	*Rufinflatum*
		长曲芒	
		白壳红粒	*Erythrospermum-inflatum*
拟密穗类	颖无毛	长芒	
		白壳白粒	*Graecum-compactoides*
		白壳红粒	*Erythrospermum-compactoides*
		红壳红粒	*Ferrugineum-compactoides*

二、小麦发育特性及其在生产上的应用

小麦从种子萌发到成熟,除需肥水等条件外,还需要特定环境条件。在这些条件的作用下,小麦内部发生一系列质变,生长锥从分化茎叶等营养器官转向分化生殖器官。小麦完成其生活周期,要经过几个循序渐进的不同质的发育阶段,每一阶段的进行,除要求综合环境外,往往有一个因素起主导作用,目前研究比较清楚的主要有春化(vernalization)和光照两个发育阶段。

(一)春化阶段

小麦种子萌动后在适当的环境条件下即可进入春化阶段,在此阶段除要求一定的综合条件外,低温起主导作用。已知小麦的春化反应受 5 个基因控制,彼此间在效应上有累加作用。根据小麦品种通过春化阶段所需的低温程度和时间长短,一般分为三个类型。

(1)冬性品种(winter-habit cultivar)　春化要求温度低,时间长,一般要在 0~8 ℃温度下经过 35 d 以上才能完成。我国北方栽培的新冬 2 号、泰山 4 号、农大 139 等品种属此类。

(2)半冬性品种(semi-winter-habit cultivar)　在 3~15 ℃温度经 15~35 d 可完成春化阶段。长江中下游地区栽培的大多数品种属于此类,如浙麦 2 号、徐州 17 等。

(3)春性品种(spring-habit cultivar)　春化温度范围较宽,所需时间较短,在 5~20 ℃温度经 5~15 d 即可完成春化阶段。北方春小麦和长江中下游地区栽培的早熟品种及华南地区冬小麦属此类,如浙麦 1 号、扬麦 3 号、蜀万 761 等。

春化阶段可在萌动的胚或幼苗的生长点进行,甚至种子成熟过程中的幼胚遇低温也能接受春化反应。一般认为绿体春化比种子春化效果更好。在春化过程中,一般长日促进春化。

不同类型品种的苗期耐寒性和生长特性有明显区别。冬性小麦的幼苗有较强的耐寒能力,有的可忍耐－20 ℃的低温。耐寒性强的品种,幼苗在越冬期间匍匐地面,叶片较狭而色浓;春性小麦幼苗耐寒性弱,易受冻害,幼苗直立,叶片较宽而色淡。

我国冬播小麦的冬性程度,总的趋势是南方品种春性较强,向北推移冬性逐渐增强。但东北、西北和北部地区因冬季严寒,麦苗不能越冬,以种植春小麦为主,品种为春性类型。

长期以来,小麦的生长锥伸长被认为是营养生长和生殖生长、春化阶段与光照阶段的转折点;但 20 世纪 80 年代一些研究者通过对幼穗的组织解剖和细胞学检查,证明小麦生长锥伸长是积温效应,任何品种在较高温度下均能到达伸长期,且不同品种随冬性程度增加,到达伸长期的有效积温值及天数也增加。在不满足春化反应的条件下,小麦植株内部停留在二棱期,由此认为这是小麦通过春化的形态指标,也是营养生长向生殖生长发展的转折点。至二棱期,小麦主茎叶片数已定局,故春化阶段长的冬性品种,叶片及分蘖数较多。

小麦通过春化阶段后,体内的生理代谢发生了明显的变化,如代谢强度加快,蒸腾强度提高,细胞持水力降低,叶绿素含量增加,物质积累速度加快,呼吸强度提高,抗寒力显著减弱。

(二)光照阶段

小麦通过春化阶段后,在适宜的条件下,就可进入光照阶段。小麦是长日照植物,日照时

数延长,光照阶段进行加快,抽穗期提前。根据小麦品种对日照长短的反应,分为三种类型。

(1)反应迟钝型 对日照长度无严格的要求,在少于 8 h 日照下也能通过光照阶段而抽穗,且经历的光照阶段时间短。低纬度地区的春性品种大多属此类,如南大 2419、扬麦 3 号和绵阳 11 等。

(2)反应中等型 在 8 h 日照下不能通过光照阶段,而在 12 h 日照下能完成光照阶段而正常抽穗。半冬性品种多属此类,如浙麦 2 号、丰产 3 号和临汾 10 号等。

(3)反应敏感型 只有在 12 h 以上的日照条件下才能通过光照阶段而抽穗,且所需的时间较长。一般冬性品种和高纬度地区的春性品种大多属此类,如泰山 4 号、新冬 2 号和辽春 6 号等。

通过光照阶段的天数因品种而异,一般日长反应迟钝的品种,需时较短,如扬麦 3 号和绵阳 11,15～25 d 即能通过;日长反应敏感的品种,需时较长,需 30～40 d;大多数品种的光照阶段时间在 24～32 d。

光照阶段最适温度为 15～20 ℃,低于 10 ℃或高于 25 ℃会延长光照阶段。感应日长的部位是叶片,因此,植株营养体生长状况、营养条件及光照强弱、光波长度均会影响光照阶段的进行。据研究,光照强度不足,光合产物少,麦株体内代谢活动弱,光照阶段进行慢;氮肥水平高,植株体内氮与糖类形成氨基酸等含氮化合物,会消耗过多的糖分,从而延长光照阶段时间。

一般认为,小麦光照阶段结束的标志是幼穗进入雌雄蕊分化期。光照阶段的长短对小穗和小花的发育有明显影响,延长光照阶段能增加每穗的小穗和小花数。一般地,温度较低,光照阶段通过较慢,持续时间较长,有利于大穗的形成。在光照阶段期间,外界条件是否适宜,栽培措施是否恰当,将直接影响光照阶段通过的速度和穗分化的快慢,最终影响小麦的产量。

(三)阶段发育理论在小麦生产上的应用

掌握小麦阶段发育特性及不同类型品种温光反应的差异,不仅对杂交育种选用亲本具有很好的指导作用,也能为异地引种和制订适宜的栽培技术措施提供重要的理论依据。在栽培实践上,应根据小麦阶段发育理论,选用适当品种,安排适宜播期、播量,结合肥水管理,使麦株充分利用当地温、光、水等自然资源,协调穗器官的分化发育,趋利避害,达到穗多、穗大、粒多、高产,如春性品种主茎叶片数少,有效分蘖时间短,生产上应适当增加播种量。引种时首先要考虑品种阶段发育特性与引入地区气候生态因子的适应性,以克服盲目性,增强预见性;一般从相同纬度或相近生态条件的地区引种,成功率较高。冬性品种春化阶段要求低温较严,因而可适当早播或在冬季温度低的地区种植;春性品种春化阶段短,对低温要求不严格,秋播过早,穗分化开始早,孕穗拔节期提前,易受冻害,应在适期范围内迟播。

三、小麦器官发育与产量形成

(一)种子的萌发与出苗

1. 种子的构造

小麦籽粒的果皮和种皮紧密相连,属颖果(caryopsis)。外形有圆形、卵圆形和椭圆形等,为品种属性;麦粒顶端有一簇"冠毛",背面隆起,腹面有凹陷的腹沟,腹沟浅的种子往往出粉率较高。小麦种子由胚、胚乳和皮层三部分构成。

(1)胚 位于麦粒背面的基部,由胚根、胚轴、胚芽、外胚叶和盾片组成,约占种子重的2%~3%。盾片与胚乳相连,萌发时有分泌水解酶和吸收养分的作用。胚营养价值高,蛋白质占胚干重的37%左右,是胚的主要结构组成部分;糖占25%左右,脂肪占15%左右。

(2)胚乳 占种子重的90%~93%,外层为糊粉层,约占种子重量的7%,其成分约有一半为纤维素,1/4为含氮物质,其余为灰分和脂肪。内层为淀粉层,由胚乳细胞组成,含大小不同的淀粉粒和蛋白质,蛋白质存于淀粉粒间的孔隙中。胚乳因其质地上的差异,可分为粉质(chalky)、角质(vitreous)、半角质(semi-vitreous);一般地,角质胚乳含蛋白质较多,籽实透明、较硬,品质好,宜制馒头、面包和面条;粉质胚乳含淀粉多,宜制饼干。胚乳性质除品种特性外,也受环境条件的影响,灌溉和湿润条件下多为粉质。

(3)皮层 由果皮和种皮组成,约占种子重的5%~7.5%,主要成分为纤维素,其厚薄色泽因品种、气候、栽培条件而异。皮层越厚出粉率越低,粒色深浅因种皮含有色素情况而定。种子休眠特性与种皮颜色、厚薄、透气性有密切关系。我国南方雨量较多,栽培品种多为麦粒皮层厚,色泽呈红色,休眠期较长;北方麦区气候干燥,栽培品种大多皮层薄、色浅、休眠期短。

小麦属淀粉类种子,淀粉含量在60%以上,且集中于胚乳。在谷类作物中,小麦种子蛋白质含量最高。据美国对41000份普通小麦材料分析,蛋白质含量为9%~21%,平均13.5%,其中赖氨酸含量1.77%~4.15%,平均3.03%。据中国农业科学院分析,我国小麦蛋白质含量大多为10.01%~14.08%。

2. 发芽

麦粒经过休眠期后,在适宜的条件下,吸水膨胀,胚乳内养分向可溶性方向转化,胚部酶活性提高而萌动。萌发时,胚根鞘伸长先突破种皮而"露嘴",随后胚芽鞘破皮而出,当胚根与麦粒等长,胚芽长为麦粒一半时,称为发芽。

麦粒发芽的最低温度为1~2℃,最高温度为30~35℃,最适温度为15~20℃,超过30℃,发芽力显著减弱。发芽时麦粒的含水量必须大于干物重的35%~45%,一般当种子吸水量达到其干重的45%~50%以上时就可发芽;但若种子浸在水中,则会止于缺氧而不能发芽。土壤含水量对发芽的影响很大,最适土壤湿度为田间最大持水量的70%~80%,如播种后土壤水分不足,发芽出苗慢而差;相反,土壤水分处于饱和或积水状态,麦粒不易发芽,会发生烂种。

3. 出苗

幼苗向上生长首先露出地面的是略带绿色或紫色的圆筒形芽鞘,芽鞘的颜色因品种而异。播种越深,光线越弱或温度越低时,芽鞘越长,这样胚乳养分消耗在芽鞘伸长上的也越多,导致麦苗细弱。随着芽鞘顶出土面,第一真叶从芽鞘顶端伸出,至2~3 cm时,被视为出苗。当田间有50%的苗时,称为出苗期。一般从播种到种子萌发,约需50~60℃积温;芽鞘每伸长1 cm需10~12℃的积温。这样,如播深3 cm,从发芽到出土需要30~40℃积温。由此可知,自播种到出苗一般约需120℃的积温。出苗后主茎每长1片叶,约需80℃的积温。

出苗的好坏和快慢,受播后的温度、土壤水分、整地质量、覆土深浅等条件影响很大。南方冬麦区在适期播种的条件下,大多数地区此时的外界温度在 14～18 ℃。因此,小麦从播种到出苗需 7 d 左右。播种越迟,温度越低,出苗越慢。土壤湿度为田间最大持水量的 70%～80% 时,出苗快;土壤湿度低于田间最大持水量的 60% 时,出苗不齐。整地精细,土壤疏松,有利于全苗、齐苗;覆土过厚或不匀,会延缓出苗或造成出苗不齐。

(二)根的生长

1. 根的种类与生长

小麦根系由种子根(初生根、胚根)及次生根(节根、不定根)组成。种子根在种子萌发时从胚轴上陆续长出,至第一真叶展开时就停止发生。种子根一般有 3～5 条,多的可达 7 条,依品种、籽粒大小、饱满程度、萌发条件而定。种子根较细而坚韧,入土深。

次生根在三叶期后开始在茎节上发生,随节位提高发根力增强,每节上一般发生 2～3 条,上部节有 3～5 条。小麦主茎叶龄(n)与发根节位具有 $n-3$ 关系,而 I、II 分蘖发根起始叶龄为 2～2.5 叶。一株小麦次生根多的可达 70～80 条,少则 10 多条。次生根发育状况与品种、土质、土壤湿度、气候和栽培条件等有关。次生根较粗,一般先横向生长,然后下扎。拔节期前后是次生根数和生长速度最大时期,根系总干重的 50% 左右在此时积累,至孕穗期次生根的生长基本停止,灌浆期根系活力逐渐衰退。水分、养分供应适当时,根系吸收作用可持续到成熟期。小麦根系主要分布在 0～40 cm 土层内,一般在 0～20 cm 内根占全部根量的 70%～80%,20～40 cm 占 10%～15%,40 cm 以下占 10%～15%。

2. 根的功能

小麦从种子萌芽发根到孕穗期发根结束,不同时期发生的根,由于生理年龄差异,功能不同。种子根出现较早,出苗至拔节是其发挥功能的主要时期;由于入土深,可吸收深层水分和养分,对旱地小麦尤为重要。种子根前期作用大,生长较稳定,与小麦稳产性有关。随着次生根的不断发生与生长,种子根的作用逐渐下降。次生根发根时间长,根量大,后期作用大,对产量起重要作用。一些研究对不同节位发生的次生根进行了分组,从胚芽鞘节和 1、2 节上发出的根为下层根,拔节前出现的为中层根,这些中下层根促进分蘖发生,对穗数起决定作用。拔节后出现的为上层根,发生迟,主要分布在表土层,吸收能力强,对巩固分蘖成穗及每穗粒数和粒重的影响较大。

3. 影响根系生长的条件

影响小麦根系生长的因素,主要有温度、土壤水分、营养条件和播种密度等。小麦根系在 2 ℃ 就可开始生长,16～20 ℃ 生长最快,超过 30 ℃ 生长显著受抑制,低温下根生长比地上部生长相对较快,根冠比增大。

小麦根系生长的适宜土壤水分是田间最大持水量的 60%～70%。土壤干旱,水分不足,种子根生长缓慢,次生根生长不良甚至停止形成;相反,当土壤湿度超过田间最大持水量的 80% 时,由于土壤缺氧,根系生长受阻,甚至部分根系死亡。南方稻区麦田常由于地下水位高,田间渍水重,造成麦苗烂根、黄苗、死苗。因此,栽培上要特别重视开沟排水,降低土壤湿度。适量施用氮肥可促进根系生长,但若氮肥用量过多,会引起叶片和分蘖生长过旺,消耗大量糖分,使根系有机营养不良,生长相对减弱,造成地上部和地下部生长不平衡,易发生倒伏。磷肥有促进根生长点细胞分生和生长的作用,缺磷土壤,根系生长差,麦苗瘦弱。光照强弱对根系的生长也有较大的影响,光照强度愈弱,根系生长愈差。如播种过密,由于麦株营养面积小,光照不足,叶片光合作用降低,向根部输送的糖分少,根生长明显减弱。因此,合理密植,改善通风透光条件,是调节根系生长的重要措施。

(三)叶的生长

1.叶的分化与形成

小麦叶由叶片、叶鞘、叶耳、叶舌组成。叶鞘可加强茎秆强度,并具有光合和储藏养分的作用;叶舌可防雨水、灰尘、害虫侵入叶鞘;叶耳呈爪状有茸毛,其颜色可作为鉴定品种的标志。小麦的第一片真叶尖端较钝,是田间叶序鉴定上的一个明显标志,同一茎上的叶片,自下而上渐次增长、增宽,一般倒二叶最长,旗叶(flag leaf)最宽。

叶片分化形成可分为叶原基分化期、细胞分裂期和伸长期。叶原基在生长锥基部不断分化,分化的原始叶细胞进行细胞分裂,叶原基在 3～7 mm 内为细胞分裂期;此后叶面积的增加依赖细胞分裂及伸长两个过程。叶片与叶鞘的分生组织均在各自的基部,一片叶首先形成叶尖,然后向基部发展。要控制或促进叶面积,应在细胞分裂期进行。从叶露尖直到叶耳、叶舌露出,叶片全部伸出,长宽达定型称为伸长期。叶片定型到衰老枯黄为功能期。叶片光合作用强度随幼叶生长逐渐加强,到叶片全部展开达最大值,然后由于叶片衰老而下降。正在伸出的叶制造的营养物质主要供自身生长,输出甚少,进入功能期后,才有多余的光合产物输出。叶片功能期的持续天数随品种、叶位、气候、栽培条件而异。南方麦区一般 1～3 叶功能期最长,可达 80 d 左右,以后各叶功能期逐渐缩短,剑叶最短,一般不足 50 d。

小麦主茎上叶数因品种、播期、气候等的不同而不同。一般冬性品种较多,春性品种较少,如南方春性小麦品种一般为 9～11 叶,半冬性品种为 12～13 叶;同一品种一般较稳定,早播及肥水充足时相对较多。小麦叶片自下而上逐层伸出展开、衰老,重叠交替,经常保持 4～6 叶。

叶片生长受环境影响极大,与气候关系尤为密切。温度较高,肥水适量,光照充足时,生长较快,大小适中,功能期长,光合强度大。温度过低,叶生长时间长。如氮肥过多,群体过大,下部叶遮光严重,或肥水不足,都会使下部叶片过早枯黄。

据研究,小麦胚胎中已发育 3～4 胚叶,胚叶数品种间差异较小。第 1、2 胚叶已基本具备叶的结构,因此它们的大小受环境影响不大;第 3、4 胚叶分化程度较低,环境条件对其建成影响较大。

2.叶的功能及分组

根据叶片的发生时间、部位和作用,可分为两组。

(1)近根叶 着生于分蘖节,主要在拔节前定型和起作用。近根叶数因品种、播期及环境变异较大。它的光合产物主要供根、分蘖、中部叶片生长及幼穗早期分化和基部节间生长,对壮苗和幼穗发育起重要作用,拔节后的作用逐渐减小。

(2)茎生叶 着生在伸长节上,在拔节至孕穗期定型和进入功能盛期。茎生叶与伸长节间数相同,各类小麦一般均为 4～6 叶。茎生叶主要供给茎、穗生长的养分,拔节前伸出的中部茎生叶关系到茎的伸长、充实及小花、小穗发育,对壮秆大穗起决定性作用;拔节后伸出的3片上部茎生叶关系子房、花粉粒的正常发育及籽粒形成灌浆,对提高结实率、增粒重有重要作用。

大田小麦的叶片生长状况,常用叶面积系数表示。叶面积系数的大小可反映利用光能的程度,叶面积过小,光能利用率低,积累干物质少,产量低;叶面积系数过大,影响株间通风透光,易引起徒长倒伏。合理的叶面积系数,因小麦品种、地区和生长发育阶段的不同而异,据研究,浙江省小麦高产田各生育期的适宜叶面积系数变化范围为:

年内　　0.6～0.7　　拔节期 2.5～3.0　　孕穗期 5.5～6.0
抽穗期　4.5～5.0　　乳熟期 3.0～3.5　　最大值 < 6.5

3. 主茎叶片数及其变异规律

小麦主茎叶是一个可计量的主要形态指标,其数目的多少,取决于叶原基的分化数。小穗原基出现之前,生长锥上的突起均属叶原基。小穗原基出现后,生长锥停止分化叶原基,此时叶片数已定。小麦一生的主茎叶片数主要受品种决定,栽培和环境条件也有很大的影响。特定品种在一定地区栽培,在适宜播期范围内叶片数相对比较稳定。据全国小麦生态研究协作组杭州点的研究结果,春性品种主茎叶数较少,多为 7～10 片;冬性品种较多,常达 12～15 片;半冬性型居中,为 10～12 片。因此,可以根据主茎叶数判断品种的春、冬性。浙江省现有推广品种,在适期播种下,主茎叶片数大多为 11～12 片。同一品种在不同地区栽培,主茎叶片数随着纬度和海拔高度的升高有减少。主茎叶片数对播期的反应较为复杂,据王中琪等(1986)的研究,在杭州地区,随播种期(11 月上旬至 2 月上旬)的延迟小麦叶片数递减;秋季早播或春季迟播,强春性品种叶片数减少,而半冬性和冬性品种春化条件不满足,幼穗分化迟,叶原基分化较多,最终叶片数增加。

(四)分蘖及其成穗

1. 分蘖节的作用

分蘖发生在茎基部地表下的分蘖节上,分蘖节由若干密集在一起的节组成,其数目与春化特性有关,也因品种、播期而异。每节叶腋内有分蘖芽,条件适宜可成长为分蘖。分蘖节交织着大量以分枝互相联合的维管束群,联络着根系和地上部,是营养物质分配和运输的枢纽。分蘖节中维管束在种子萌发阶段即开始形成,至茎生长锥伸长期停止。分蘖节是苗期养分储藏器官,有大量糖分累积,使细胞液浓度提高,抗寒力增强。北方冬麦区,使分蘖节在土中保持一定深度和储藏足够的有机养分,是安全越冬的重要条件。分蘖节也是活跃的分生组织,呼吸作用强,需充足的养分、水分和空气;当播种过深缺氧时,小麦胚芽鞘和第一叶间的节间(上胚轴)可自动调节伸长为根状茎,使分蘖节处于土层中适当位置。

2. 分蘖的发生

适期播种条件下,出苗后 15～20 d,主茎出现第 3 叶时,可长出胚芽鞘分蘖,主茎第 4 叶伸出时,第 1 叶分蘖伸出;主茎第 5 叶出生时第 2 叶分蘖长出,分蘖发生和主茎叶片出现保持 $n-3$ 的关系,称为叶蘖同伸关系(图 3-1)。分蘖发生后,主茎每长一新叶,分蘖也伸出一新叶。从主茎上发生的分蘖为一级分蘖,从一级分蘖上长出的分蘖为二级分蘖,也遵循叶蘖同伸规律。大田栽培条件下,叶蘖同伸常随叶序蘖位增高而发生变化,另外,气候不宜或水肥条件不适,会使叶蘖同伸差距拉大,甚至出现缺位。因此,生产上常利用叶蘖同伸规律作为苗情诊断指标。春麦区及南方冬麦区的春性小麦,分蘖过程短,一般只产生一级分蘖,较少产生二级分蘖。

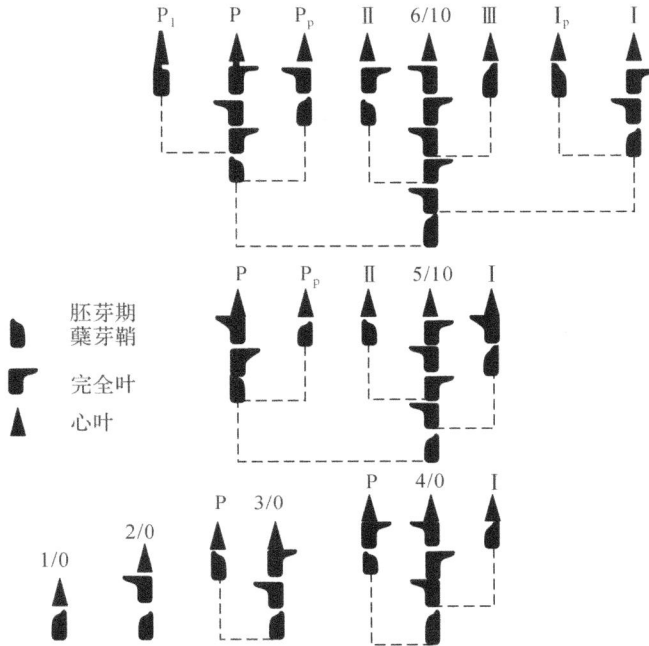

图 3-1　小麦分蘖与主茎叶片的同伸关系示意图

1/0,2/0,3/0……代表主茎叶龄

一级分蘖:P 胚茎鞘分蘖,Ⅰ、Ⅱ、Ⅲ为第 1、2、3 叶位分蘖

二级分蘖:Pₚ 胚芽鞘分蘖的分蘖鞘分蘖,P₁ 为胚芽鞘分蘖的第一叶分蘖,Iₚ 为 Ⅰ 蘖的分蘖鞘分蘖

3. 分蘖消长与成穗

小麦进入分蘖期后,分蘖数量不断增加,群体随之增大,一般临近拔节期分蘖数达高峰。此后由于生长和营养中心转移,分蘖向两极分化,大蘖迅速赶上主茎,最后抽穗成为有效蘖;迟生的高位小蘖生长缓慢,最终死亡,成为无效蘖。随着分蘖的死亡,群体总茎数下降,到抽穗前后达到稳定。北方冬麦区进入越冬期分蘖停止,在年前及春季各形成一个高峰,分蘖动态呈现双峰曲线。南方冬麦区冬季温暖,小麦不停止生长或无明显越冬期;春麦区播后温度一直上升,故分蘖动态均为单峰曲线。

分蘖两极分化,主要与分蘖有无足够发育时间形成独立的根系及植株营养代谢方向转移有关。小麦主茎与分蘖间营养物质可互相交流,但输送方向随生育期而异。分蘖初期,生长中心为蘖、根,主茎与分蘖生长量较小,吸收合成的无机、有机物满足本身有余,养分输向小蘖和新蘖,分蘖呈现较强优势,有赶主茎和大蘖趋势。当主茎幼穗进入二棱期后,主茎与分蘖间穗分化速度发生了明显的变化,至小花、雌雄蕊形成期,节间开始伸长,生长和营养中心明显转移到茎、穗,主茎和大蘖生长速度加快,形成生长中心。据上海植生所[14]C 饲喂试验,小麦拔节期主茎同化产物不再向分蘖输送,主茎与分蘖间营养物质呈现相对独立状态。

这样，新蘖停止生长，生长发育迟的小蘖由于不能独立营养，生长速度减慢而逐渐死亡。主茎与分蘖间生长上的差距及发育的不均衡性，是造成分蘖两极分化的根本原因。从叶蘖同伸关系上看，主茎有 11 张叶片的品种在主茎第 8 叶出生时，基部第一节间开始伸长，此时分蘖的叶龄大致是：6 叶期发生的第 3 叶位分蘖出生第 3 叶，并开始发生该分蘖的次生根系，在肥、水、光条件较好时，可以成穗。而此时第 2 叶位分蘖有 4 张叶片，已形成了自己的次生根系，具有独立营养的能力，大部分可以成穗。分蘖叶龄在 3 以下的小分蘖，一般不能成穗。可见，为了提高分蘖成穗率，要促进早期分蘖，控制中后期分蘖。

4. 影响分蘖成穗的条件

生产上小麦分蘖不是越多越好，而是要根据品种分蘖特性、生态、栽培条件、产量水平等因素，把分蘖利用的可能性和生产条件统一起来，要求植株有一定数量的分蘖，从而保证单位面积有足够的穗数。

一般冬性品种春化阶段长，分化的叶原基及蘖芽较多，分蘖力较强；春性品种分蘖力较弱。但在同一生态型品种间，分蘖力差异也较大。小麦分蘖在 3～4 ℃下即可进行生长，最适温度为 13～18 ℃，品种间存在着一定的差异。据观察，主茎型品种分蘖生长对温度的反应范围较窄，最低 6 ℃，适温为 8～15 ℃，19 ℃以上就明显受抑制；而分蘖型品种温度范围较广，最低温为 4 ℃，适温为 6～17 ℃。因此，播期早迟和年间温度变化，均会影响分蘖力及成穗率。

光照强度是影响分蘖力的一个重要因素。据报道，同一品种总茎数及分蘖持续期与分蘖期总辐射量呈显著正相关。单株营养面积大，光照条件好，分蘖力和成穗率较高。分蘖的最适土壤水分为田间最大持水量的 70%～80%，过多或不足均会影响壮苗而减少分蘖。施足基肥、增施苗肥以及增加土壤氮素营养，可提高分蘖力和有效分蘖率，氮、磷配合效果更好。肥力和密度对有效分蘖的影响更为显著，播种质量、播种深度对分蘖影响也较大，播种过深，造成分蘖迟缓甚至缺位。

(五)茎的生长

1. 茎的形态与生长

小麦的茎呈圆筒形，表面大多光滑，少数品种粗糙。主茎节间数 4～7 个，一般 5 个，迟熟品种较多。节间长度自下而上渐次增长。节间直径自第二节间往上逐渐增大，但最上面的一个节间明显较小。茎秆抗倒性与基部节间长短、厚薄有关，短而粗壮、茎壁较厚的抗倒伏能力较强。

小麦茎原基早在幼苗生长锥伸长期已形成，但苗期茎节密集在茎基部。温度在 10 ℃以上时，节间开始伸长，以基部的第一节间首先伸长，第二节间几乎同时开始伸长，在第一节间停止伸长时，第二节间迅速伸长，同时第三节间也开始伸出，以后各节间依次类推。

当幼茎长达 3～4 cm 时，茎生长点伸出地面，位于基部的第一节也露出地面 1.5 cm 左右时，称拔节。大田中有 50%以上的茎拔节时，称为拔节期。这时小麦幼穗正处在小花分化期。

2. 影响茎生长的环境条件

(1)温度　茎伸长一般在 10 ℃左右开始,其伸长速度随气温的增高而加快,在 12～16 ℃下,有利于培育矮壮抗倒的茎秆,如果温度高于 20 ℃,茎生长快,但茎秆软弱,易发生倒伏。

(2)光照　播种过密和拔节时群体过大,茎叶茂密,遮阴严重,湿度大,会使基部节间过长,机械组织发育差,茎壁薄,抗倒能力低。据研究,节间长度与拔节至抽穗的日平均日照时数成正相关,即在较长的日照下,小麦植株较高。

(3)肥料　氮肥不足,茎秆细弱;氮素过多,叶片中游离氮浓度较高,大量光合产物消耗于叶片本身合成蛋白质,导致输至茎内的同化产物减少,同时由于叶面积过大,相互遮阴,影响茎秆充实。磷肥能促进茎的发育,提高抗折断的能力。钾肥促进叶片中糖分向茎秆运输,有利于纤维素的形成,增强茎秆机械组织。但据研究,在高氮水平下,施用较高的钾肥会促进植株对氮的吸收,使钾对茎秆的作用显著降低。

(4)水分　从拔节到抽穗,是小麦需水的临界期,需要充足的水分。但水分过多,不仅影响次生根的发育,使地上部与地下部生长失衡,且在高肥条件下,茎叶易徒长,木质化程度减弱,抗倒能力下降。

(六)穗的分化与发育

1. 麦穗的构造

小麦为复穗状花序,互生,具一顶小穗。小穗由小穗轴、两片护颖和 3～9 朵小花组成(图 3-2),护颖的形状、色泽及有无茸毛是鉴别种、变种及品种的依据。小花由外颖、内颖、3 个雄蕊、1 个雌蕊和两枚鳞片组成。有芒品种的芒着生在外颖顶端。

2. 穗分化过程

穗分化前,茎生长锥未伸长,基部宽大于高,通过春化阶段后进入二棱期,标志生殖生长开始。穗分化过程根据形态变化特征可分为以下 7 个时期(图 3-3):

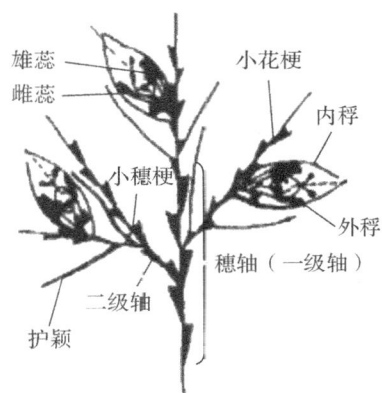

图 3-2　麦穗构造示意

Ⅰ. 伸长期(elongation stage)　该期为积温效应,满足一定积温后,茎生长锥伸长,高大于宽。

Ⅱ. 单棱期(single ridge stage)　也称穗轴分化期。生长锥进一步伸长,基部由下而上出现环状突起,为苞叶原基。苞叶原基与叶原基同属叶器官,但在小穗原基出现后退化。两苞叶原基间为穗轴原始节片。

Ⅲ. 二棱期(double ridge stage)　通过春化阶段后,幼穗中下部相邻两个苞叶原基分化出小穗原基,即苞叶腋芽原基,随后向上、向下分化。小穗原基与苞叶原基构成二棱状。该期范围从小穗原基出现至分化出护颖原基。根据小穗和苞叶原基发育和形态变化,可分为二棱初期、中期和后期。二棱后期不久,中部小穗基部两侧各分化出棱状突起的护颖原基。

图 3-3　小麦穗分化形成过程各分化期

1.生长点　2.生长锥　3.绿叶原茎　4.苞叶原基　5.小穗原基　6.护颖原基　7.外颖原基
8.内颖原基　9.小花原基　10.雄蕊原基　11.雌蕊原基　12.已分化出四个花粉囊的雄蕊

Ⅳ.小花原基分化期(floret differentiation stage)　在中部小穗原基的护颖内侧分化出外颖原基和小花原基,然后渐次向上、下分化。在一个小穗上,小花原基由下而上呈向顶式分化。

Ⅴ.雌雄蕊原基分化期(pistil and stamen differentiation stage)　幼穗中部小穗最先分化出 3～4 朵小花原基,接着在基部第一小花外颖内侧出现 3 个球形突起即雄蕊原基,接着雌雄蕊原基和内颖原基相继出现,并形成顶小穗。

Ⅵ.药隔期(anther wall formation stage)　雄蕊原基体积增大,并沿中部自顶向下出现纵沟,进入药隔分化期,并进而分化成 4 个花粉粒。雌蕊原基顶端下凹,分化成两枚柱头原基。此时有芒品种的芒及颖片等器官开始快速生长。

Ⅶ.四分体形成期(four-molecular formation stage)　花粉囊内孢原组织进一步发育为花粉母细胞,经减数分裂形成四分体,此时旗叶与倒二叶的叶枕距大约为 3～4 cm,是小花向有效和无效两极分化及决定有效小穗、小花的重要时期。

小麦幼穗分化起讫时间及历程,因品种类型、地区、播期等而异。生产上可通过植株外部形态来判断穗分化时期。穗分化各期与叶龄进程、节间伸长和生育期均有一定对应关系,同类品种表现基本一致。不同品种间,主茎叶片数少的开始早,反之则迟。如江浙地区 9～10 叶的品种,伸长期多始于 3 叶期;11～12 叶的品种,多始于 4 叶期;13～14 叶的品种,多始于 5 叶期;15～16 叶的品种,多始于 5～7 叶期。伸长期经历的时间较短,多数品种约为 1 个叶龄。

单棱期经历的叶龄期,品种间的差异最大,有 1~4 个叶龄期不等。总叶龄少的经历时间较短,总叶龄多的经历时间较长。如 9~10 叶的品种,单棱期处于 4~5 叶期,约经 1 个叶龄期;11~12 叶的品种,单棱期处于 5~6 叶期,约经 1~1.5 个叶龄期;13~14 叶的品种,单棱期处于 6~8 叶或 7~8 叶期,约经 2 个叶龄期;15~16 叶的品种单棱期处于 6~9 叶或 6~10 叶,约经 3~4 个叶龄期。

随着穗分化进程的推移,不同叶片数的品种之间,穗分化期与叶龄余数间的关系逐渐趋于一致。例如,二棱期大体处于倒数第 5 叶期,约经 1~2 个叶龄期。而至小花原基分化期,各类品种都开始于倒数第 4 叶期,与拔节期相吻合。雌雄蕊分化期处于倒 3 叶期至倒 2 叶初。药隔形成期处于倒 2 叶期至剑叶出生初期。剑叶抽出过程至孕穗期,经历花粉母细胞形成、减数分裂及四分体形成期。

3. 增加穗粒数的途径

一定生态区内,同一品种幼穗分化时间相对比较稳定,且不同栽培条件下每穗总小穗数、小花数较稳定,变异小,而可育小穗及结实小花数对环境反应敏感,变异较大。肥、水和光照条件适宜时,退化的小穗较少,而退化的小花总有一定的比例。小麦每穗有小花 160 朵左右,但结实率仅 20%~30%,且变异范围大。因此,增加每穗粒数的途径,主要是在一定小穗小花基础上减少小花退化,提高小花结实率。

小花退化主要是小花发育的不均衡性造成的。小花分化为向顶式的无限生长方式,使先后分化的小花在发育程度及对营养物质的竞争能力上有很大差异。在养分供应有限的情况下,后分化的小花,因发育时间短,对营养物质的竞争能力较弱,碳水化合物供应不足,从而发生退化。因此,改善小麦营养,增强小花分化强度,在生长中心转移时,有更多数量小花进入性细胞分化。保持适当的氮和较高的碳代谢水平,尤其是开花前体内糖分含量充足是提高结实率的关键。退化小穗多发生在穗的两端,基部小穗退化程度最大;退化小花多发生在小穗上部的小花。退化除与分化时间、生长速度、竞争能力等有关外,还受输导系统的影响。据研究,各小穗基部向上 1~3 位花的维管束直接与穗轴相连,而第 3 位以上小花为次级输导系统,直径小,对养分竞争能力较弱,同化物不足,因此易停止发育而退化。小花退化时间可分为两个阶段,第一阶段为急剧退化期,从叶环距 4~7 cm(四分体时期)至穗全部露出剑叶鞘,持续 5 d 左右,此时凡未进入药隔分化期而不能很快达到四分体的小花,就会停止发育而退化。此期退化速度快,数量大,约占总退化量的 70%。第二阶段为缓退期,从穗全部露出剑叶鞘到开花,时间长,退化速度慢,数量少,占总退化数的 10%~20%。开花到籽粒形成期还有一定数量的小花退化,约为 4%~8%,这类小花是提高结实率的主要争取对象。

4. 影响穗分化的条件

幼穗分化的主要时期与光照阶段相伴随,短光照延长小穗小花分化期,增加小穗小花数。雌雄蕊分化到四分体形成是光照敏感期,光强不足会产生不孕花。温度在 10 ℃ 以下,光照阶段进行缓慢,穗分化期延长,有利于形成大穗。高温加速通过光照阶段,幼穗分化期缩短,小穗、小花数目减少。减数分裂期对低温极敏感,5 ℃ 以下低温持续时间较长,就会发生冷害导致花粉粒发育不正常,减少结实粒数,增加不实小穗数。

水分不足,幼穗分化期缩短,使穗部性状变劣。药隔和减数分裂期,是水分"临界期"。要求田间最大持水量保持在 70％左右,干旱易引起花粉、子房发育不良,结实率显著下降。穗分化期需充足的养分,氮肥可促进小穗、小花分化强度,延长穗分化时间,增加相应器官数目;拔节期施氮对结实小穗、小花数均有促进作用;药隔到四分体期是成花的关键时期,保持适量氮素水平及较高含糖量,可减少小花退化,提高结实率。缺磷影响性细胞发育,导致花粉、胚珠不孕。

(七)籽粒的发育与灌浆成熟

1.抽穗、开花和受精

幼穗分化完成后,穗下节间伸长,当顶小穗露出剑叶鞘时为抽穗。主茎穗先抽出、分蘖穗依分蘖发生前后陆续抽出。一般抽穗后 2～7 d 开花,同一穗上以中部稍上小穗先开花,然后向上下依次开花,各小穗基部小花先开,由下而上相继开花。全穗开花需 3～5 d,全田可持续 6～10 d。小麦昼夜均可开花,但主要集中于上午 9—11 时和下午 3—5 时。在大田条件下,花粉散出后仅能存活数小时,授粉后 1～2 h 花粉在柱头上萌发形成花粉管,再经24～36 h 穿过柱头进入子房,经珠孔进入胚囊受精。

开花最适温度为 20 ℃左右,最适大气相对湿度为 70％～80％。如温度低于 9～11 ℃或高于 30 ℃,相对湿度低于 30％或多雨湿度过大,均会影响受精能力。开花时物质代谢十分旺盛,要求有充足的水、肥供应。

2.籽粒发育与灌浆

(1)胚和胚乳的发育　小麦受精时,两个精子分别与卵细胞和极核相结合,受精卵经10～15 d 分裂后,大体完成胚的发育,初具发芽能力。两个极核受精后,先于受精卵分裂而形成胚乳核,并沿胚囊边缘增殖,最终使胚囊被胚乳细胞所充满。胚与胚乳组织的增殖分裂大致同时完成。分裂结束时,胚乳外层分化为糊粉层,其内为淀粉储藏细胞。籽粒体积的大小,决定于胚乳细胞数的多少,胚乳细胞愈多,籽粒可能愈大。

胚乳细胞的分裂受环境影响很大,主要决定于当时同化物的供应,增加开花后同化物的供应可以增加胚乳细胞。胚乳细胞分裂与开花后两周内细胞分裂素水平有关,反足细胞具有大量核糖核酸,它的解体对胚乳核初期快速分裂可能起提供营养和激素的作用。高温、干旱加快胚乳细胞分裂速度,缩短分裂时期,最终导致粒重下降。

(2)籽粒形成与灌浆成熟　籽粒潜在重量决定于胚乳细胞数,但潜力的发挥则取决于籽粒灌浆充实状况。从受精到成熟一般可分为三个阶段。

乳熟期(milking stage):一般为 10～15 d,在气温低、湿度大的条件下,可延长到 16～18 d。乳熟期愈长,积累的养分愈多,麦粒愈饱满。在高温干燥条件下,乳熟期缩短,积累养分少,麦粒瘦小。至乳熟期末,一般植株下部叶片和叶鞘变黄,中部叶片也开始发黄,但上部叶、茎和穗仍保持绿色,用手指可以挤出有淀粉粒的乳白色浆液,故称乳熟期。乳熟期是灌浆最旺盛时期,这时茎叶中的营养物质迅速大量地向麦粒运送,麦粒干物质快速积累,到乳熟末期,籽粒的体积和鲜重均达最大值,含水量降至 45％左右;相比较,麦粒中含氮化合物的积累速度比碳水化合物的积累速度更快,在乳熟期间,含氮物的积累量可达麦粒总质量的70％～80％,碳水化合物为 50％～60％。

蜡熟期(黄熟期,wax stage):这时麦粒开始呈黄色,胚乳初呈黏滞状、后呈蜡状,故称蜡熟期。全过程持续5～10 d左右,植株逐渐落黄,光合作用渐趋停止,下部和中部叶片变脆,茎秆仍有弹性,茎中的营养物质继续向麦粒输送,麦粒中的可溶性物质大量转化为非溶性的储藏物质。到蜡熟末期籽粒干重达最大值,含水率下降到20%左右,麦粒呈品种固有的颜色,麦株呈黄色。

完熟期(complete maturity stage):植株枯黄,麦粒变硬,含水率下降到14%～16%,麦粒易脱落,如不及时收获,则因雨露淋溶和呼吸作用消耗而导致粒重下降。

小麦从开花授粉至成熟一般需35～45 d,但在凉爽和温差大的地区,如青藏高原,灌浆成熟时间可达60 d以上。麦粒重与品种的灌浆期长短和速度有关,灌浆期长、速度快的品种粒重较高。小麦生长后期温度回升快的地区,往往由于灌浆持续时间缩短,粒重较轻。灌浆速度大的品种一般粒重比较稳定。

3.影响籽粒灌浆的环境因素及提高粒重的途径

籽粒形成和灌浆的适宜温度是20～22 ℃,昼夜温差大有利于籽粒干物质积累。高于25 ℃灌浆加速,但失水过快;叶内碳、氮、叶绿素含量下降,叶片早衰,同化量减少,灌浆期缩短,籽粒瘦小,产量、品质降低。灌浆持续期与温度呈负相关,由20～22 ℃升至25 ℃,乳熟期由12～19 d缩短为8～10 d;由25 ℃升到31 ℃,籽粒减重16%。据研究,夜温从9 ℃升至26 ℃,灌浆期大大缩短,产量几乎降低一半。我国青藏高原灌浆期温度为15～18 ℃,开花至成熟长达70 d,昼夜温差大,千粒重达50 g左右;北方冬麦区温度为20～24 ℃,灌浆期不足40 d,千粒重在40 g左右。

籽粒产量主要来自开花后光合产物,所以抽穗后光照强度与产量有极密切关系。籽粒形成期光照不足,胚乳细胞数少;灌浆期光照不足,影响光合作用,并阻碍光合产物向籽粒运转,降低灌浆速度,千粒重低。

灌浆期适宜的土壤水分是最大田间持水量的75%,低于50%且高温、低湿,则叶面蒸腾加剧,光合强度降低,呼吸加强,根系活动受阻,籽粒过早脱水,灌浆提前结束,籽粒瘦秕。如水分过多,易造成根系早衰,形成青枯逼熟,千粒重大大降低。灌浆期仍有一定量的氮、磷营养吸收,适量施氮可防止叶片早衰,有利于灌浆增粒重,提高蛋白质含量;但月氮过多,叶片中碳水化合物消耗过多,抑制水解作用,减少糖分向麦粒运转,造成贪青晚熟,粒重降低。磷、钾肥可促进糖分和含氮物质向籽粒转移,有利于提高粒重。

提高粒重的途径,主要是增加籽粒干物质积累来源。抽穗前茎鞘储藏物质向籽粒转移量占籽粒干重一般不到1/3,主要来源是抽穗后绿色部分进行光合作用的产物,一般约占2/3以上。延缓开花后叶片衰老,维持较大的叶面积持续期,对提高小麦粒重有积极作用。延长灌浆时间和提高灌浆强度,是增加干物质积累和粒重的关键。籽粒容积是影响粒重的重要限制因子,它决定于品种遗传特性和籽粒形成期胚乳细胞的发育状况。

(八)小麦的一生

小麦的一生是指从种子萌发到产生新的种子,包括整个生育过程,一般称为全生育期。小麦从种子萌发到成熟,随着植株的生长发育,根、叶、茎、穗和籽粒逐渐形成和成长,这都是植株内部生理变化的外部反映,构成了小麦不同生育时期的生物学特性。小麦的一生可分成3个生长期,即营养生长期、营养生长和生殖生长并进期、生殖生长期,各产量构成因素分别在不同生长期形成;同时,根据植株的外部表现可以把小麦的一生分为出苗期、分蘖期、拔节期、孕穗期、抽穗期、开花期和成熟期等物候期。北方冬小麦还有越冬期和返青期。南方地区冬季温暖,小麦越冬期和返青期不明显。

在生产上,小麦各生育期的器官分化和发育的转变,以及产量的形成等与时间有一定的对应关系(图 3-4)。

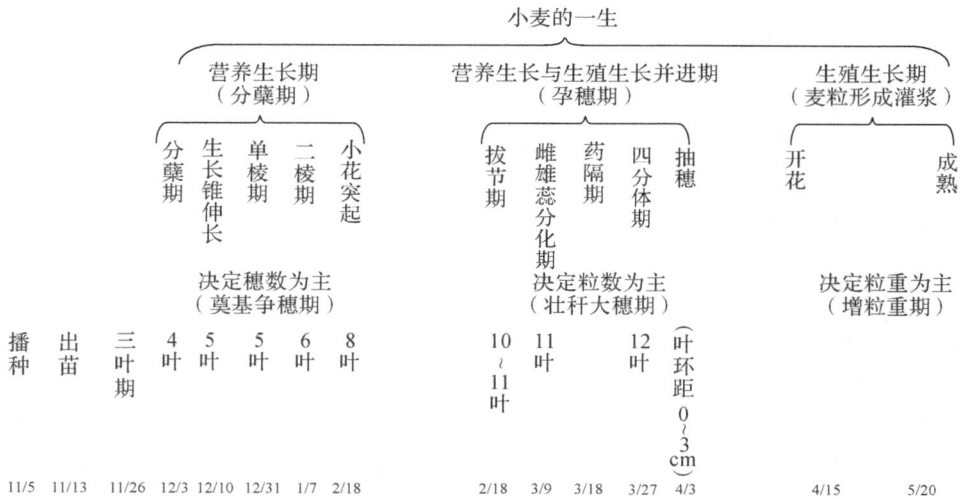

小麦的一生

营养生长期 (分蘖期)				营养生长与生殖生长并进期 (孕穗期)				生殖生长期 (麦粒形成灌浆)	
分蘖期	生长锥伸长	单棱期	二棱期	小花突起	拔节期	雌雄蕊分化期	药隔期	四分体期	抽穗	开花	成熟
决定穗数为主 (奠基争穗期)					决定粒数为主 (壮秆大穗期)				决定粒重为主 (增粒重期)	

| 播种 | 出苗 | 三叶期 | 4叶 | 5叶 | 5叶 | 6叶 | 8叶 | 10~11叶 | 11叶 | 12叶 | 叶环距0~3cm | 开花 | 成熟 |

| 11/5 | 11/13 | 11/26 | 12/3 | 12/10 | 12/31 | 1/7 | 2/18 | 2/18 | 3/9 | 3/18 | 3/27 | 4/3 | 4/15 | 5/20 |

图 3-4　小麦生长发育期(品种为浙麦 1 号)

第三节　小麦栽培技术

一、高产群体结构和合理密植

(一)小麦高产群体结构

麦田群体结构(population structure)是指各生育阶段的群体大小、分布、长相及其动态变化。群体大小是指苗、茎、蘖、穗的多少,叶面积指数的大小和根系发达程度等。群体的分布是指叶片的长度、叶层分布、植株分布的均匀和整齐程度等。群体动态是指不同生育阶段群体叶面积变化和茎蘖消长动态等。

了解各品种高产栽培中各个生育时期的合理群体结构指标,是生产上分析问题,掌握群体动态,采取相应促控栽培措施的依据。生产上常用的群体指标有:

(1)苗、茎蘖、穗数　生产上常用单位面积的基本苗数、年前茎蘖数、年后最高茎蘖数和穗数等,作为分析群体结构、调节群体与个体关系的指标。

(2)叶面积指数　较大的叶面积是小麦高产的基础。叶面积的大小因气候、品种、地力、栽培水平等而异,如南方多雨地区的浙江,目前小麦群体最大叶面积指数为 6 左右,而河南、山东等地的高产田块,最大叶面积可达 7.5 以上。

(3)产量结构　穗数、粒数和粒重等产量构成因素,因气候条件、品种和栽培管理水平而异,必须因地、因时制宜,根据各地生产水平确定单位面积最佳的穗数、每穗粒数和粒重。南方气候比较温暖,多阴雨,日照不足,品种多用春性,分蘖力弱,植株生长比较繁茂,一般单位面积的穗数比北方少,但穗形较大。

小麦合理群体结构应根据当地生态、生产条件和品种特性,采用适宜的栽培技术使麦田的群体大小、分布、长相和动态等有利于群体与个体的协调发展,从而能经济有效地利用光能和地力,使穗多、穗大、粒多、粒饱,达到高产、稳产、低耗的目的。

(二)合理基本苗的确定

基本苗是合理群体的基础,应根据地力、施肥水平、品种特性及播种期等因素综合考虑。土壤贫瘠,施肥水平低,麦株生长不良,基本苗应多些;肥水条件中等的麦田,分蘖成穗率低,以主茎成穗为主,要争取一定的分蘖成穗,应适当提高播种密度,以充分利用光能和地力;土壤肥沃,施肥水平又高的田块,单株分蘖多,成穗率高,以分蘖为主增产,密度应低些。基本苗和播种量的确定,可采用"以田定产,以产定穗,以穗定苗,以苗定子"的四定方法,即根据当地气候、麦田土壤肥力、施肥水平和栽培管理等条件,确定麦田的产量指标,再按穗、粒、重估计单位面积穗数,按单株平均成穗数并用以下公式计算基本苗数:

每公顷基本苗数＝每公顷预期穗数/单株平均穗数

然后用下列公式计算出每公顷播种量:

每公顷播种量(kg)＝每公顷基本苗数/每千克种籽粒数×种子净度×发芽率
×田间出苗率

每千克种籽粒数可用千粒重计算而得:

每千克种籽粒数＝1000×1000/千粒重(g)

田间出苗率受整地质量和播种量的影响很大,整地质量好,出苗率高,条播麦出苗率可达80%～90%;撒播麦,覆盖好的出苗率可达70%～80%。整地质量差,出苗率低,一般只有40%～50%。

合理基本苗的确定原则是,在满足所需穗数的前提下,尽可能减少基本苗数,压缩群体起点,增加分蘖穗的比例,以改善群体质量,有利于在足穗的基础上攻大穗,获得高产。研究表明,在基本苗不同的各种群体中,均存在成穗数不同的个体,它们的平均每穗粒数、千粒重及单穗重均随单株成穗数增加而提高,基本苗数越少,单株成穗数越多,单穗重越大。

(三)群体发展的促控指标

高产栽培不仅要求基本苗数合理,而且要求群体发展符合高产指标。栽培上可以根据茎蘖发展动态、叶面积消长以及干物质积累规律等指标,采取有效的促控措施,使群体朝着高产的方向发展。

1.有效分蘖可靠期的茎蘖数

在基本苗适宜的前提下,群体的茎蘖数,在有效分蘖可靠叶龄期达到预期的适宜穗数值,这是小麦壮苗早发,前期群体合理的重要标志。此值过早或过迟达到,都不利于高产形成。例如,主茎11叶的春性品种,根据叶蘖同伸关系,有效分蘖可靠叶龄期为5叶期,这时群体茎蘖数等于或超过预期的穗数值,就能保证足够的穗数,此后发生的分蘖,在拔节期叶龄小,根系少,拔节后相继死亡,成为无效分蘖。如果基本苗过多,适宜的茎蘖数提前到4叶期,到拔节期具有4~5叶的大分蘖大大超过适宜的期望穗数,则群体过大,大分蘖之间的竞争持续时间长,影响中后期生长发育,造成茎秆细弱,穗小、穗层不齐,甚至导致倒伏;相反,若适宜茎蘖数推迟到6叶期以后,则无效分蘖增加,难以保证足够的穗数。

2. 适当提前茎蘖数的高峰期和降低高峰茎蘖数

在有效分蘖可靠叶龄期后的一个叶龄期,应及时控制无效分蘖的发生。如主茎11叶的品种,应在6叶期开始控制无效分蘖的发生,以降低群体高峰茎蘖数,改善群体下部的光照条件,减少养分消耗,提高光能利用。同时将高峰茎蘖数控制在适宜的范围内。根据浙江省小麦高产栽培协作组的研究,最高茎蘖数,应控制在适宜穗数的1.8~2.0倍为宜。

3. 干物质积累与叶面积指数

据研究,产量高于6000 kg/hm² 的合理模式是:出苗到拔节、拔节到抽穗和抽穗到成熟,干物质积累分别为30%、40%和30%。叶面积指数可以较好地反映群体规律和光合源的大小。浙江春季多雨,日照不足,叶面积系数不宜过大,以5~6为宜,否则群体过大,麦田郁蔽,植株中下部光照条件差,湿度大,病害重。

二、播种技术

(一)播种期

小麦的适宜播种期应根据当地气候条件、品种特性、栽培制度等来确定。气温是主要决定因素,冬性品种播种适期的日平均气温约为16~18 ℃,半冬性品种约为14~16 ℃,春性品种约为12~14 ℃;冬小麦的适宜播种期,应以满足小麦冬前形成壮苗所需积温,而又不至于引起当年拔节为原则。小麦从播种至出苗约需零度以上积温120 ℃左右,以后每生长一张叶片约需积温75 ℃左右,冬前达到壮苗指标所需零度以上的积温,半冬性品种700~800 ℃,春性品种600 ℃左右,从当地常年进入0 ℃的日期向前累加计算,达到所需积温的日期,即为该地区的适宜播种期。

我国冬小麦播种适期从南到北逐渐提早,大体上,北部冬麦区的播种适期在9月中旬至10月上旬,黄淮平原麦区在9月下旬到10月中旬,长江中下游麦区在10月中旬至11月中旬;长江上游麦区四川、云南、贵州等省在10月中下旬到11月上中旬,华南麦区在10月下旬到11月中旬。在同一地区还应根据品种特性、地势、土壤肥力,先播种冬性、半冬性品种,后播春性品种,先播旱地、瘦地、山坡地,后播肥田、平地。

小麦在播种前要进行种子精选,淘汰损伤、虫蛀、细小的麦粒以及夹杂物等,选用纯净、饱满的麦粒作种,随后待播。

为了杀死潜伏在麦种上的病菌,必须进行种子消毒,常用的方法有以下几种,可视不同情况选择应用。

(1)冷浸日晒　对防治散黑穗病效果很好,方法简便,成本低。在7、8月份的大伏天气,选晴天,先用冷水浸种 5 h,吸足水分,促使病菌孢子萌动,再摊晒在强烈的日光下,晒 5~6 h,可以起到杀菌防病的目的。

(2)石灰水浸种　用 1% 的石灰水浸种,对防治黑穗病、赤霉病等都有较好效果。石灰水浸种,要严格掌握浓度和浸水时间,其技术要求可见水稻栽培一章。

(3)药剂处理　为防治地下害虫和苗期病虫害,可进行药剂拌种。用 2% 立克秀粉剂 15~20 g 加水 0.5 kg,拌小麦种 10 kg,采用喷雾器边喷、边拌、拌匀、堆闷 4 h 后播种,可有效防治小麦病害;或 50 kg 种子用辛硫磷 150 g,兑水 5 kg 喷洒搅拌均匀,堆闷 8 h 后即可播种,可有效防治小麦病害。

(二)播种方式

小麦的播种方式有条播、撒播和点播三种。

(1)条播　条播的优点是植株分布均匀,覆土深浅一致,出苗整齐,后期通风透光条件较好,便于田间管理和麦行套种或间作其他作物,但相对较为花时间。条播有:①宽幅条播,播幅 13~20 cm,幅距 16~24 cm;②窄行条播,行距 15~20 cm;③宽窄行条播,宽行 30~35 cm,狭行 20 cm。套种玉米和大豆等作物的田块,应适当加大行间距,便于条状套种。

(2)撒播　撒播的优点是省工,有利抢时播种,主要问题是覆土深浅不易一致,后期群体通风透光条件差,麦田管理不便。因此,撒播麦田高产栽培上要特别抓好精细整地,提高播种质量和杂草防治工作。

(3)点播　点播的优点是播种深浅一致,出苗齐全,便于集中施肥和麦田管理。为保证基本苗数和有效穗数,一些地区采用密点播,增产效果较好。如四川等地推广的小窝密植,采用缩小行距、增加穴数和减小每穴粒数的方式,使麦苗生长均匀,穴内株间的竞争作用减少,成穗率提高,增产作用明显。目前不少地方利用点播机,具有明显的省工、节本、增产效果。

(三)播种量

稻种量的多少是基本苗的基础,也是合理密植的前提;因气候、土壤、施肥和栽培技术水平等差异,生产上各地小麦的播种量差异很大。从各地高产栽培的经验总结二看,每公顷播种量在 75~150 kg 之间变动,以生产上常用的"斤种万苗"估算,这样的播种量可得 150 万~300 万基本苗/hm²;生产上可依当地生产水平和品种分蘖的强弱及成穗率的高低,先确定单位面积适宜的穗数,再根据土壤肥力、播种早迟等因素确定适宜的播种量。如,土壤肥力较差,品种分蘖力较弱,成穗率低,以主茎穗为主的每公顷播 150 kg;如土壤肥沃或施肥水平较高的丰产田,以分蘖成穗为主,按照产量计划,采取相应的促控措施,以保证适宜的穗数,每公顷约 75 kg;在一般土壤肥力及施肥水平条件下,以主茎和分蘖穗并重,每公顷播种量约 110~120 kg。

(四)提高播种质量

对小麦播种质量的具体要求是,播深适宜、深浅一致、落子均匀、消灭三子(即深子、露子、丛子)。播深因视气候和土壤、水分等条件而异,在气候温暖、土壤湿度较高的地区,一般播种深度以 3 cm 为宜,在寒冷和土壤干旱地区,可酌情增加播种深度,以 4~5 cm 为好。匀播能使麦株分布均匀,充分利用光能和地力,要求做到按畦称种,均匀播种;对于撒播麦,可用斩土的方法覆盖,保证覆土均匀。

三、小麦的需肥特性和施肥原则

(一)需肥和吸肥规律

小麦在整个生育期需要的氮、磷、钾数量和比例,根据各地分析结果,常因气候条件、品种及栽培条件、施肥水平等不同而有很大差异。综合现有资料,在目前中等产量水平下,每生产 100 kg 麦粒,需从土壤中吸取氮素 2.94 kg(变幅 2.26~3.67 kg),磷素(P_2O_5)1.32 kg(变幅 1.09~1.66 kg),钾(K_2O)3.19 kg(变幅 2.42~5.50 kg),三要素的比例为 1∶0.38∶1.09。在高产水平下,每生产 100 kg 麦粒所需的氮素和磷素变化相对较小,而钾的数量明显增加。

不同生育期,小麦吸收积累养分的规律不同。苗期氮素代谢旺盛,同时对磷、钾反应敏感,因此必须充分满足小麦对三要素的需要,以促进幼苗早分蘖,早发根。但此时麦苗小,根量少,温度低,吸收养分的能力弱,地上部的养分积累量不多。在拔节期,生殖生长与营养生长并进,幼穗分化与发育需要较多的养分供应,而茎秆充实要求较多的碳水化合物,此时植株代谢旺盛,养分吸收积累明显增加;小麦进入孕穗期,干物质积累速度达到高峰,相应地养分的吸收和积累也达最大;抽穗开花后,小麦体内的碳代谢占绝对优势,根系吸收能力逐渐减弱并趋于停止,养分吸收量一般较少。国内外不少研究表明,随着产量水平的提高,小麦后期的养分吸收量有增加的趋势,这说明延长根系活力对产量的重要性。

(二)施肥种类及其作用

(1)基肥　播前施用,以有机肥为主,适当配施磷、钾化肥,其作用在于提高土壤养分的供应水平,调节整个生育过程中的养分供应状况和改良土壤的物理性状,对出苗、幼苗生长和早期分蘖的发生有积极作用。

(2)苗肥　也称麦枪肥,在齐苗至三叶期间施用,以速效氮肥为主,对促进发根和分蘖有良好效果。根据肥料的作用时期和叶蘖同伸关系,为促进早期分蘖,苗肥宜在 2 叶 1 心前施用。

(3)拔节孕穗肥　拔节孕穗期是小麦营养生长和生殖生长两旺时期,生长量大,需肥量多。施用拔节肥,可延长幼穗分化的活动时间,增加每穗小花数。但此时正值基部节间伸长,施肥不当易造成茎秆抗倒力下降。孕穗期施肥可以促使较多的光合产物向幼穗输送,加强幼穗发育的强度,具有减少小花退化数、提高结实率的功能;且此时地上部基部两个节间已伸长,施肥对植株的抗倒性影响较小。因此,高产麦田一般提倡重施孕穗肥。

(4)根外追肥　小麦开花后,根系吸收养分减弱,为补充前期肥料不足,防止叶片早衰,采用叶面喷施,常用尿素和磷酸二氢钾溶液,浓度 1%~2%。

另外,对于瘠薄地、酸碱地或缺微量元素的土壤,为了改善肥料的有效性,促进种子或幼苗的养分吸收,可根据土壤养分特点施用微肥作为种肥,拌种或播种前后沟施。

(三)施肥量和高产施肥原则

1. 施肥量

由于各地的气候、土壤及耕作制度等条件不一,加上小麦生产水平不同,施肥量要根据各地的具体情况确定。据浙江省小麦高产栽培协作组研究(1994),小麦对氮、磷、钾的要求因地区和土壤不同而有明显差异,特别是对磷肥的要求差异很大,平均而论,产量水平大于 350 kg/667 m² 的肥料用量一般为,厩肥 1000 kg,化学氮肥(纯氮)7.5~10 kg,K₂O 6.0 kg,磷肥用量视土壤速效磷水平而定,在大于 10 mg/ kg 的土壤上,施 P_2O_5 2 kg 左右,而在小于 10 mg/kg 的缺磷土壤,应施 P_2O_5 4 kg 以上。

2. 施肥原则

为了促进有效分蘖的发生,达到早发壮苗的要求,在出苗至有效分蘖叶龄期,土壤应有较高的供肥水平;为了减少无效分蘖的发生,控制茎秆基部节间的伸长,增强抗倒能力,在进入无效分蘖叶龄期,要使土壤供肥水平保持平稳不上升,拔节前后供肥水平有所下降;为了防止小穗小花退化,提高结实率和粒重,在最后两叶抽出期,土壤供肥水平应再度提高。根据这种要求,高产栽培的施肥应采用"前促、中控、后攻"的"两促"施肥法。

"两促"施肥法中,第一促是指施好基、苗肥。基肥的作用是满足小麦出苗至越冬期的需要,实现早发壮苗,并补充土壤有机质,保持中后期稳长。因此,基肥要求三要素配合,有机肥与无机肥搭配使用,一般有机肥应占总用氮量的1/3,同时配合氮磷钾速效化肥,以促进早发壮苗。苗肥必须在 2 叶 1 心前施,使它在有效分蘖叶龄期内发挥作用。在施足基肥的情况下,不施腊肥。若基肥不足甚至失时未施,麦苗生长不良,可酌施腊肥,以培育壮苗。

第二促是指施好穗肥。使用穗肥的目的是满足小麦长穗增粒期吸肥高峰对养分的要求,对提高分蘖成穗,减少小花退化,增加结实率,防止早衰和提高粒重与增产有显著效果。稻板免耕栽培,后期土壤供肥性差,更应施用穗肥。穗肥施用的多少因苗情而异,一般以保花为主要目标,正常麦田在小麦 8 叶 1 心时施用,用肥量占总用量的 15%~20%。

四、田间管理

(一)播后管理

小麦播种后,如果土壤干燥,含水量低于 15%,会造成发芽不齐,出苗不全,应及时灌水,但要防止大水浸灌,以免造成塌畦和土壤板结;沟灌时水灌至半沟或平沟即止,到畦面湿润后,立即排干。宽畦沟灌结合泼浇,可以缩短灌水时间,效果更佳。播后如遇大雨,土壤板结,或土壤水分过多(0~30 cm 土层含水量超过 30%),要注意排水;雨过天晴,要及时疏松表土,以增加土壤空气,促使麦粒发芽出苗。出苗后要及时查苗、补缺。补种后浇稀薄水粪,促使发芽出苗,赶上早苗。

(二)麦田水分管理

小麦一生的耗水量约为 500 mm,水分过多、过少对小麦生长发育均不利。在小麦生育期间,要根据土壤水分状况及时进行排灌,保持土壤适宜的水分,这是稳产高产的重要保证。南方麦区小麦生长期间雨水多,不少地区,特别是平原稻区往往湿害严重,造成根系早衰,叶片枯黄,并诱发多种病害和高温迟熟,对小麦产量影响很大。因此,要搞好农田灌排系统,降低麦田地下水位,并在麦田开好四沟(直沟、横沟、畦沟和隔水沟),做好沟渠配套,防止"三水"(地面水、潜层水、地下水)湿害。在种麦前建立良好的灌排系统,达到雨停田干,潜层水位降至 30 cm 以下。

(三)中耕除草

南方麦区冬季温暖、土质黏湿,杂草多,必须及时中耕除草。中耕可以消灭杂草,疏松土壤,减少水分蒸发,增加土壤通气性,促进土壤养分释放,提高地温,有利于根系和分蘖生长。一般第一次中耕在开始分蘖时进行,此时苗小根浅,中耕宜浅;第二次中耕在分蘖盛期进行,这时苗大根深,且群体茎蘖数已达到预期指标,可以深耕。年后根据麦苗生长和土壤结构情况决定是否进行中耕,对徒长旺苗,可以拔节前进行深中耕,切断部分根系,控制地上部生长,促使小分蘖加快死亡,改善群体透光条件,以利形成壮秆大穗。

化学除草是减轻种麦劳动强度和防止草荒的有效措施,尤其是在稻板免耕撒播麦田,是夺取高产的关键。稻茬免耕麦田,采用播前和出苗后二次化学除草,即在播前 3～5 d,每 667 m² 用克芜踪 150～200 mL,或播种前 15 d 左右,用 41％农达 200 mL,兑清水 60 kg 喷雾;出苗后除草可根据杂草类型选用相应的药剂,以禾本科杂草为主的麦田,每 667 m² 施 6.9％骠马乳油 50 mL,在杂草 2～4 叶期,兑水 60 kg 喷雾;以阔叶草为主的麦田,每 667 m² 用苯磺隆 15 g,在杂草 2～4 叶期,兑水 60 kg 喷雾;对于单、双叶杂草混合发生麦田,每 667 m² 用 70％麦草净 70 g,在小麦 1 叶 1 心期至 2 叶 1 心期,兑水 60 kg 喷雾。

(四)防止倒伏

小麦倒伏有根倒伏和茎倒伏两种。根倒伏是由于耕作层浅,土壤结构不良,播种浅或因土壤水分过多,根系发育不良造成的。茎倒伏的原因是氮肥施用过多或施用时间不当,中部叶片徒长或密度过大,群体生长过旺,通风透光不良,以致基部节间柔弱,遇大风雨茎的下弯力超过了茎秆的抗弯力,植株就顺着风向弯曲或折断而倒伏。

小麦在乳熟期最易发生倒伏,因为这时麦粒的重量增加很快,茎秆内的储存物质和作为茎秆骨架的结构物质,如纤维素、木质素、果胶等部分分解向籽粒运送,从而降低了茎秆的强度。

小麦倒伏后,常因茎秆重叠,造成群体郁闭,光合作用强度降低,田间湿度增加,病害加重,以致灌浆不足,结实不良,麦粒皱缩,产量降低,品质恶化,并造成收获困难。

防止小麦倒伏的对策主要有:①选用秆矮、耐肥抗倒的品种。②适时适量播种。适时播种可充分利用年前温光条件,早出苗、早分蘖,年内苗足,春发苗少,为壮苗高产打下基础。稀播匀播,有利于麦苗生育健壮,群体适中,是防止群体恶化和预防倒伏的重要基础。③合理施肥。肥料用量适当,采用"两促"法施肥,控制腊肥,增施有机肥和磷钾肥。④培土压泥。在 4～5 叶期,结合清沟,利用沟泥培土压麦,抑制迟生小分蘖,延缓主茎生长,促进根系发育,使个体生育健壮,抗倒能力增强。⑤镇压敲麦。对旺长麦苗,在 3 叶期后至拔节期前进行多次敲麦或压麦,抑制麦苗生长,使茎秆矮壮,茎壁增厚,提高抗倒能力。但要注意田土过硬或过烂时不能敲，以免敲坏麦叶或泥土粘住麦叶。⑥喷施植物生长延缓剂。在小麦拔节前，每 667 m² 用 200～300 ppm 多效唑溶液 50 kg，叶面喷施。使用时要注意浓度不宜过大，喷雾时要均匀，否则会造成抽穗延迟、穗形变小等不良影响。

（五）防治病虫害

小麦生育期间常发生多种病虫害，南方麦区小麦的主要病虫害有赤霉病、白粉病、锈病，黏虫和麦蚜。目前以赤霉病和白粉病的为害最为严重。

赤霉病和白粉病均为伴湿性病害，在防治上要综合运用农业技术措施，于沟排水，降低田间湿度，以减轻病害的发生和蔓延。赤霉病的药剂防治，可用 0.05%～0.1% 浓度的多菌灵或 0.1% 浓度的托布津，每 667 m² 喷药液 100 kg。正常天气，在始花前后和盛花期各喷一次，在多雨天气，抓住齐穗期至盛花期抢晴喷药，可有效减轻病害。白粉病可用 25% 可湿性粉剂粉锈宁，每 667 m² 用量 40～60 g，加水 50 kg，在发病初期喷雾。

黏虫和麦蚜的防治可用 40% 乐果乳剂 1500～2000 倍液，每 667 m² 喷药液 75～100 kg。

（六）收获与储藏

1. 适时收获

小麦的收获适期在蜡熟末期，此时麦粒干物质积累达最大值，不仅千粒重高，而且品质好，收割脱粒时损失小。如麦粒粒重达到高峰以后不及时收割，粒重和品质都要下降。据王中琪等（1988）研究，迟收 10 d 的麦粒千粒重下降 1 g 左右，而且面团的弹性、延伸性等性状变劣，加工品质变差。过熟小麦收割时易掉穗脱粒，损失增加，在南方多雨地区，迟收往往会加重穗发芽。

2. 储藏

小麦收获脱粒后，应晒干扬净，待种子含水量降至 12.5% 以下时，进仓储藏。在日光下暴晒后趁热进仓，能促进麦粒的生理后熟和杀死麦粒中的害虫。在储藏期间要注意防热、防湿、防虫。南方夏季气温高，湿度大，麦堆容易发热生虫，应在梅雨季节选晴天和伏天进行翻晒，以保证安全储藏。

生产用种子因数量较少，可储藏在有生石灰的容器中，加盖并封口，这样种子可在较长时间内处在干燥状态下，从而防止虫蛀和保证发芽力。

五、小麦品质形成特点和优质栽培技术

（一）小麦品质的概念

小麦品质是由多因素构成的，由于人们对小麦面粉使用的目的不同，对品质的要求也就各异。通常所指的小麦品质，主要包括营养品质和加工品质两方面内容，加工品质又包括一次加工品质（磨粉品质，milling quality）和二次加工品质（食品加工品质，food processing quality），在流通领域也较多地采用形态品质指标（图 3-5）。

籽粒品质性状
├ 籽粒形态品质（外观）
│　├ 籽粒饱满度
│　├ 容量
│　├ 角质率
│　├ 腹沟的深浅
│　├ 籽粒形状
│　├ 粒色
│　└ 种皮
├ 营养品质（籽粒含有人类所需要的各种营养成分）
│　├ 蛋白质（由氨基酸组成）
│　│　├ 清蛋白
│　│　├ 球蛋白
│　│　├ 醇溶蛋白
│　│　├ 谷蛋白
│　│　└ 残余蛋白
│　├ 糖
│　│　├ 单糖
│　│　├ 寡糖
│　│　└ 多糖
│　│　　├ 淀粉 ── 直链淀粉／支链淀粉
│　│　　└ 纤维素
│　├ 脂肪
│　├ 核酸
│　├ 维生素
│　└ 矿物质
└ 加工品质
　├ 一次加工品质
　│　├ 出粉率
　│　├ 筛理性
　│　├ 灰粉
　│　└ 粉色
　└ 二次加工品质
　　├ 烘烤品质
　　└ 蒸煮品质

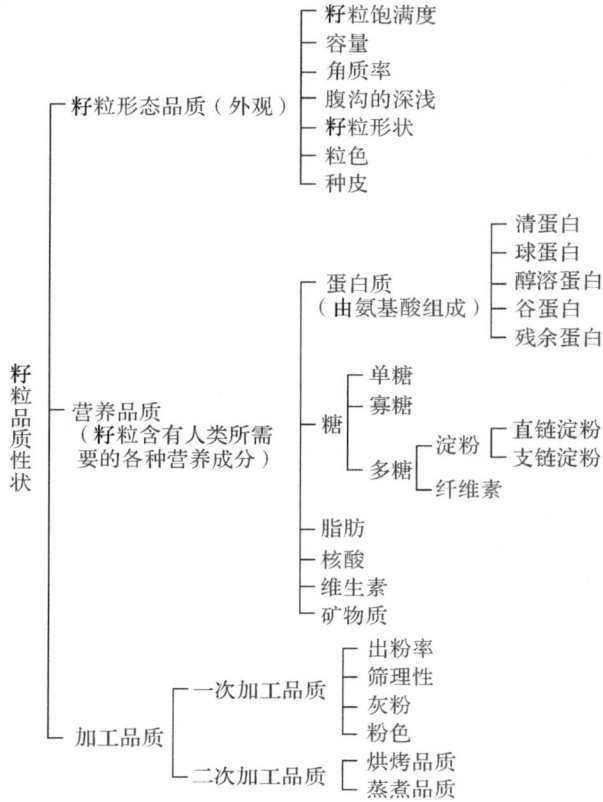

图 3-5　小麦籽粒品质性状

　　小麦营养品质系指小麦籽粒中含有的为人体所需要的各种营养成分，如蛋白质、氨基酸、糖类、脂肪、矿物质等。它不仅包括营养成分含量的多少，而且包括各种营养成分是否全面和平衡，主要指籽粒蛋白质含量及其氨基酸组成的平衡程度。小麦含有各种必需氨基酸，是完全蛋白质，但其氨基酸组成不平衡，第一限制氨基酸是赖氨酸，其次是苏氨酸、异亮氨酸等。因此，赖氨酸等必需氨基酸含量是小麦营养品质的主要指标之一。

　　将小麦磨制加工成面粉，再加工成各种食品，这一过程对籽粒的各种要求，称为小麦的磨粉品质和食品加工品质。

　　小麦磨粉品质要求出粉率高，灰分少，粉色好，粗粉多，加工中易筛理，耗能少。与这些要求相关的籽粒性状有籽粒大小和整齐度、胚乳质地、种皮颜色、容重、灰分含量等。

　　制作各种食品时对面粉的物化特性的要求不同，即一般说的烘烤品质和蒸煮品质，它是由食品在加工工艺和成品质量上对面粉特性的具体要求决定的。就烘烤品质而言，面包要求体积大，松软有弹性，孔隙小而均匀，色泽好，美味可口，适应这些特性的面粉要求蛋白质含量高，筋力强，吸水力大。而饼干要求酥、软、脆，相应的面粉要求蛋白质含量低，筋力弱，吸水力小。制作面条的面粉要求延伸性好，筋力中等。馒头则要求皮有光泽，心"蜂窝"小而均匀，松、软，有弹性，韧性适中。适应于制作馒头的面粉应是蛋白质含量中上、面筋含量稍高、弹性和延伸性好、面筋强度中等。

　　食品加工品质虽因不同的食品种类而有不同的要求，但总体上都与小麦的蛋白质含量、面筋含量和质量、淀粉性质和淀粉酶的活性、糖的含量等差异有关，其中蛋白质与面筋的含量和质量是主要决定因素。

(二)小麦品质形成过程

1. 籽粒蛋白质积累动态

小麦籽粒合成蛋白质所需的氮素来自两个部分,一是开花前植株储藏氮素的再转运,二是开花后直接吸收同化的氮素。一般认为,来自再转运的氮素约占80%,来自开花后同化的氮素占20%左右。

籽粒灌浆期蛋白质绝对含量与干物质积累量保持同步增重,蛋白质积累高峰期与干物质积累同时出现,一般在灌浆盛期。籽粒蛋白质含量决定于籽粒中淀粉、蛋白质积累量的相对变化。小麦籽粒蛋白质含量尽管随品种类型和气候条件的不同而存在着一定差异,但发育期蛋白质含量变化动态及累积都呈高、低、高曲线的变化趋势,即籽粒发育初期较高,随着籽粒重量的增加,体积增大,蛋白质含量逐渐降低,发育中期下降到最低,后又回升,直至成熟。所有品种籽粒蛋白质含量下降或上升的趋势表现基本一致。

2. 籽粒中蛋白质组分和氨基酸的动态变化

(1)蛋白质组分　小麦籽粒蛋白质组分包括清蛋白、球蛋白、醇溶蛋白和谷蛋白,在籽粒发育过程中变化各异。清蛋白变化趋势与蛋白质总量的变化趋势相似,籽粒形成初期较高,以后逐渐下降,中期降到最低,后期又逐渐回升,但增加幅度很小。球蛋白的变化趋势与清蛋白相似,但其变化幅度相对较小。醇溶蛋白和谷蛋白在籽粒发育中的变化呈递增趋势,在花后5 d含量较高,花后9 d含量最低,此后开始上升,15 d后几乎呈直线增长,一直持续至成熟。因此,在籽粒灌浆期所有影响干物质形成和转移的不利因素,都会影响这两种蛋白质的形成和积累,从而影响籽粒加工品质。

(2)氨基酸　籽粒发育中氨基酸含量的动态变化,主要受蛋白质组分变化的影响。清蛋白和球蛋白含有丰富的必需氨基酸,而醇溶蛋白和谷蛋白有较多的非必需氨基酸,因此,这4种蛋白质在籽粒发育过程中的变化影响着各种氨基酸含量的变化。据赵广才等(1986)的研究,小麦籽粒发育初期,总氨基酸含量逐渐增加,12~16 d达最大,随后下降,24 d后又缓慢增加至成熟。在整个过程中,缬氨酸、赖氨酸、天冬氨酸相对含量逐渐降低,而谷氨酸、脯氨酸、蛋氨酸和苯丙氨酸不断增加。

(3)SDS(十二烷基硫酸钠)沉降值　SDS沉降值是许多国家用于评价小麦品质的鉴定方法,一般认为该值越大,面包烘烤品质越好。SDS沉降值在籽粒发育期呈逐渐增加的趋势,面筋品质差的品种在黄熟期达最高值,而面筋品质好的品种在收获后储藏1个月才能达到最高值,以后保持相对稳定。

(4)Pelshenke(伯尔辛克)值　该值能反映烘烤品质的复杂特性,代表面团的稳定性,与面包体积显著相关。籽粒发育期Pelshenke值与SDS沉降值变化趋势相似,从始期至成熟期逐渐增大,面筋品质较差或中等的品种在黄熟期达到或接近最高值。而蛋白质、面筋品质较好的品种在收获后储藏期间仍显著增加,经过2个月储藏后才达到最大,以后保持相对稳定。

(三)小麦优质栽培技术

1. 选用高产优质小麦新品种

在一定生态条件下,小麦品质主要决定于品种的遗传特性。长期以来,我国小麦育种的首要目标是产量,对品质重视不够,从而形成了优质品种缺乏的局面。随着小麦生产的发展、国民经济水平的提高和农产品的国际贸易化,对优质品种的需求越来越迫切。因此,在育种和栽培研究上要十分重视优质品种的选育、推广和配套技术的实施。

2. 增施氮肥,平衡施肥

氮肥用量对小麦籽粒的蛋白质含量和面筋品质有显著影响。一些研究表明,在不降低产量的前提下,籽粒蛋白质含量在一定范围内随着氮肥用量的增加而提高。如范荣喜等(1993)报道,在施氮量 $0\sim225$ kg/hm^2 的范围内,产量随氮用量增加而逐步提高,超过 225 kg/hm^2 以后,产量降低;而籽粒蛋白质含量,在 $0\sim300$ kg/hm^2 范围内随施氮量的增加而提高,但增幅有变小的趋势。对于特定品种和生产条件,应确立有利于高产和优质的最适氮肥用量。

氮肥施用时期对籽粒蛋白质含量和品质有很大影响。一般在施氮不过量的情况下,从播种至开花,随着施用时期的后延,氮肥对籽粒产量的增加作用变小,而对蛋白质含量的作用逐渐加大。梅楠等(1986)根据"小麦—土壤"系统氮素平衡的研究结果,提出了不同生产水平兼顾产量和品质的氮肥运筹原则。低产田应利用有限的肥料尽快建成营养体和群体,扩大光合面积,力争增加穗数,适当兼顾品质,氮肥施用以前重后轻的运筹方式。高产田一般穗数容易保证,关键在于协调好器官建成与物质生产、群体和个体、源和库、产量和品质之间的关系,氮肥施用宜增加后期用量比例。

在小麦优质栽培上,除了合理施氮外,还要及时适量增施磷、钾和微量元素,达到土壤供给养分平衡,提高氮肥效应,促进氮的吸收、转运和合成。

3. 合理灌溉

小麦生育期间水分不足,产量下降,而籽粒蛋白质含量则随之增加,但由于减产幅度大于蛋白质含量增加幅度,最终蛋白质产量反而降低。相反,干旱时进行灌溉,将显著增加小麦产量,但蛋白质含量却不增加甚至表现下降。一般在多雨地区,由于田间湿度大,根系吸收氮素的强度弱,籽粒蛋白质的合成和积累减少。可见,在不影响产量的前提下,相对较低的土壤湿度有利于提高小麦籽粒的蛋白质含量。

4. 防止倒伏和穗发芽

倒伏不仅造成减产和收获困难,也影响品质。倒伏后,小麦千粒重和容重降低,蛋白质和面筋含量虽略有增加,但磨粉和烘烤品质恶化,出粉率降低。

穗发芽是小麦成熟期间遇连续阴雨天气,在高温高湿情况下,麦粒在穗上吸水、萌动,甚至出芽生根,使籽粒品质下降。穗发芽后的麦粒中,难溶的麦谷蛋白比例下降,而可溶性麦谷蛋白和低相对分子质量蛋白成比例增加。用这种小麦粉烤制的面包体积变小,面包心发黏而失去弹性。解决穗发芽最有效的方法是选用抗穗发芽的品种,栽培上要注意及时收获。

第四节　小麦栽培科学现状与发展前景

近半个世纪以来,小麦栽培研究取得了显著成果,有力地推动了生产的发展。随着科学的不断进步和经济的迅速发展,小麦栽培正日益向高效、优质发展,轻(简)型栽培、节水节肥栽培、优质栽培等已成为研究与推广的重点。

(一)轻型栽培

随着农村产业结构的调整和劳动力的转移,特别是农产品生产全面进入商品化以后,对省工节本栽培的要求日趋提高,20世纪80年代后期以来,南方稻区小麦免耕栽培(稻板麦)迅速成为主要的栽培方式。相应地,对这种栽培方式的小麦发育和产量形成特点以及配套技术进行了大量研究。综合各地的研究和实践,免耕小麦具有播种时间主动、出苗及分蘖早和穗数多的特点,在南方多雨地区可以争取季节,适时播种,保证足够的基本苗和促进早发。但免耕栽培有杂草多、养分利用率低和易早衰倒伏问题。生产上应重视选择抗倒伏性强的品种,做好杂草防治工作,改进施肥方法,适当增加生育后期的氮肥用量,提高土壤的供肥强度,防止小麦脱肥早衰。

(二)优质栽培

人们生活水平的提高和农产品国际贸易的扩大,对小麦品质提出了越来越高的要求。与一些发达国家相比,我国的小麦品质较差,在国际市场上缺乏竞争力,因此迅速提高我国小麦品质已成为当务之急。除了育种上加强选育优质品种以外,应在栽培上根据气候和品种特点,采用高产优质的配套技术。近十年来,围绕小麦优质生产进行了不少研究,为优质栽培提供了不少理论和实践依据,主要的研究内容有:

(1)小麦品质地域变异和品质生态区划　根据不同类型地区和自然生态条件以及生产条件,分清品质地域差别,研究各区小麦品质形成规律和特点,找出各区影响小麦品质的主要因素;提出决定小麦品质的综合农业技术措施体系,拟定最佳的综合配套措施;建立优质生产基地,充分利用自然资源,合理利用生产资料。山西、河南、江苏等省相继开展了小麦品质生态区划研究,促进小麦优质生产的发展。

(2)生态环境与品质变异研究　研究小麦品质性状的稳定性及其对环境的反应、环境条件对蛋白质含量及其组分的影响、气候条件和土壤因素对小麦品质的影响,研究的品质性状已从以往的蛋白质含量等少数性状扩大到与磨粉品质和食用加工品质有关的众多特性,检测分析手段与设备也明显改善。

(3)小麦优质栽培技术研究　在高产优质品种的基础上,在小麦生长发育过程中,通过土壤耕作、水肥管理、病虫害防治等措施,为小麦提供必要的营养物质和能源,同时调节其器官建成和生理平衡,从而达到高产和优质的目标。

(三)节水栽培

当前,我国农业生产发展的主要限制因素是水土资源严重不足。我国水资源总量2.8

亿 m³,居全球第六位,而人均年占有量仅 2300 m³,不及世界平均水平的 1/4,属 13 个贫水国之一。我国的小麦生产主要分布在雨水较少、依赖灌溉栽培的干旱和半干旱地区,水分供应状况决定着小麦产量潜力的发挥程度。另一方面,长期以来,我国农业用水浪费现象十分严重,目前灌溉水的利用系数只有 0.4 左右,仅为发达国家的 1/2,因此节水栽培日益受到关注和重视。主要的研究内容有:

(1)节水品种的筛选和应用　根据当地的降水分布、干旱发生规律和小麦水分代谢特性,因地制宜压缩需水量大、水分利用率低的品种,选择推广耗水少而水分利用率高的品种。

(2)灌溉调控技术　根据小麦的生长发育和需水特性,我国北方麦区将传统的"五水"、"七水"(底墒水、分蘖盘根水、冬水、返青水、拔节水、孕穗水、麦黄水等)经验,改革简化为"灌足底墒水、推迟拔节水、补浇抽穗扬花水"的"三水"模式,其原理是以底墒水满足有效分蘖的发生和形成壮苗的需要,用推迟拔节水去满足大穗和防倒的需要,控制分蘖中后期、越冬、返青期灌水,控制无效分蘖和低效叶片的发生和生长,促进个体健壮。

(3)覆盖保墒技术　在麦田覆盖塑料薄膜、秸秆或其他材料,抑制土壤蒸发,减少地表径流,蓄水保墒;同时提高地温,培肥地力,改善土壤物理性状,从而达到蓄水保墒、提高水分利用率和促进小麦生长的良好效果。

(4)水肥耦合技术　通过对土壤肥力的测定,建立以肥、水、小麦产量为核心的耦合模型和技术,合理施肥,培肥地力,以肥调水、以水促肥,充分发挥水肥协同效应和促进机制,提高小麦的抗旱能力和水分利用率。

(5)化学制剂保水节水技术　合理施用保水剂、复合保衣剂、黄腐酸及多功能抑蒸抗旱剂和"ABT 生根粉"等,抑制小麦生长发育期间的蒸腾作用,防止奢侈耗水,减轻干旱危害,同时促进根系提高对土壤深层贮水的利用。

(四)群体质量栽培

作物产量是在群体水平上实现的,因此作物群体问题一直是栽培研究的重点对象。早在 20 世纪 50 年代,上海植物生理研究所殷宏章等提出了作物群体概念、群体结构涉及的内容、群体的发展动态、群体与个体的矛盾,以及群体的一些形态和生理指标;90 年代后期凌启鸿等根据多年稻麦高产栽培研究和实践,发展形成了作物群体质量栽培的理论体系和技术。作物高产群体质量指标的共同原理是,高产的获得在于培育经济器官生长期群体具有高的光合作用和物质积累能力,其群体空间结构的质量指标是在稳定群体 LAI 条件上尽可能扩大库(经济器官),提高库源比,控制无效和低效茎叶的生长,提高有效和高效茎叶在群体中的适宜比例,提高茎枝的质量和组成比例,以及提高单位库容的根活力等。在小麦群体质量指标上,研究提出了开花成熟期群体光合生产量是群体质量的核心指标,适宜 LAI 是高产群体质量的基础指标,粒叶比是衡量群体库源协调水平的综合指标等观点。高产群体的培育要着眼于全面提高孕穗—开花—成熟期的群体质量的总目标,围绕稳定穗数、提高成穗率的群体各生育期发展动态指标这一主线,通过"小(群体)、壮(个体)、高(积累)"栽培技术途径,建成以高成穗率为特征的高光效群体,最终实现高产。

主要参考文献

[1]刁操铨.作物栽培学各论(南方本)[M].北京:中国农业出版社,1994.

［2］金善宝.中国小麦学［M］.北京：中国农业出版社,1994.

［3］凌启鸿.作物群体质量［M］.上海：上海科学技术出版社,2000.

［4］凌启鸿,张洪程,程庚令,等.小麦叶龄模式及其应用［G］//凌启鸿.稻麦研究新进展.南京：东南大学出版社,1991.

［5］张国平,周伟军.作物栽培学［M］.杭州：浙江大学出版社,2001.

复习思考题

1.简述世界和我国小麦生产的现状和发展趋势。

2.普通小麦是如何起源、形成的？

3.小麦的春化阶段和光照阶段过程怎样？如何根据阶段发育理论指导小麦生产？

4.小麦种子发芽和根、叶及茎的生长对环境条件要求如何？

5.小麦分蘖发生和成穗规律怎样？

6.小麦穗分化过程可以分为哪几个时期？各期的主要特征是什么？谈谈增加每穗粒数的栽培途径。

7.简述小麦成熟过程和提高粒重的关键措施。

8.如何确定特定生产地区的适宜播期和播种量？

9.如何根据小麦的需肥和吸肥规律进行合理施肥？

10.造成小麦倒伏的原因是什么？生产上防止小麦倒伏的主要对策有哪些？

11.如何根据小麦品质形成特点进行优质栽培？

第四章 玉 米

第一节 概 述

一、发展玉米生产的重要性

玉米(maize,corn),别称玉蜀黍,又有苞谷、苞粟、苞米、苞芦、棒子、玉茭、六谷、珍珠米、观音粟等称谓。玉米是世界三大粮食作物之一,又是重要的饲料和工业原料作物,在世界粮食生产中占有十分重要的地位。

玉米的环境适应性极强,从炎热的赤道到寒冷的北极圈附近,从海平面以下 26 m 的盆地到海拔 3000 m 以上的高原,均可种植玉米。其中,美国的玉米带、我国的东北三省和黄淮平原、欧洲的中部和南部、南美洲的阿根廷等,都是世界玉米的主产区。

玉米属 C_4 作物,光合效率高,生产潜力大。据分析,玉米的光能利用率可达 4%,理论产量为 52500 kg/hm^2。

玉米是重要的饲料作物,素有"饲料之王"之称。无论是籽粒还是茎叶,玉米都称得上是优质饲料。其中,从抽雄(tasseling)到乳熟所收获的鲜茎叶含丰富的维生素,可作青饲料(green fodder);乳熟到蜡熟所收获的鲜茎叶和果穗(ear),可作青贮饲料(silage);果穗收获后的茎叶,晒干后可作干饲料;脱粒后的玉米芯(cob),经加工粉碎,也是较好的粗饲料。玉米可谓"一身无废物,全身都是宝"。

玉米的工业用途也很广泛,可制成酒精、啤酒、乙醛、醋酸、丙酮、丁醇等 250 多种工业品。据报道,每 100 kg 玉米籽粒可制造:玉米粉 77 kg、淀粉 63 kg、葡萄糖 71 kg、油渣饼 3.6 kg、酒精 44 L、油 1.8~2.7 L。此外,玉米芯可提抽糠醛,秆可造纸及做隔音板等,果穗苞叶还可编织日用工艺品。

二、玉米生产发展概况

(一)世界玉米生产发展概况

全球从 40°S 到 58°N 的范围内都有玉米栽培,栽培面积最大的是北美洲,其次是远东地区,拉丁美洲居第三。2012 年世界玉米收获面积为 1.747 亿 hm^2,总产 84106 万 t,平均单产 4.81 t/hm^2,居粮食作物之首。

美国是世界上玉米栽培面积最大的国家,玉米播种面积占世界玉米播种总面积的 1/4,总产量接近世界总量的 2/5,贸易量占全球贸易量的 2/3。美国超过 85% 的玉米是转基因玉米。中国是世界上产量和消费量都排第二的国家,进口和出口都较少,基本上能够自给自足,在国际玉米贸易中没什么影响力。

预期今后美国等发达国家将会减少玉米种植面积,但通过培育新的高产杂交种和采用新的栽培技术继续提高玉米单产;发展中国家在采用新品种提高单产的同时,种植面积会有所扩大,以提高玉米总产。

全世界在发展普通玉米生产的同时,正在逐步发展特用玉米生产。特用玉米主要包括高赖氨酸玉米(high-lysine corn)、高油玉米(high-oil corn)、甜玉米(sweet corn)、糯玉米(waxy corn)、爆粒玉米(pop corn)以及青饲和青贮玉米。高赖氨酸玉米籽粒中赖氨酸含量比普通玉米高出 1 倍,其蛋白质消化率、生物价、净蛋白质利用率显著提高,粮食的营养价值比普通玉米提高 1 倍以上。高油玉米品种的含油量比普通玉米高 80% 以上,且蛋白质和赖氨酸含量也比普通玉米高。甜玉米又称蔬菜玉米,是一个菜果兼用的新兴食品,具有甜、黏、嫩、香的特点。普通甜玉米中含有 10%~15% 的糖分,相当于普通玉米的 2.5 倍;超甜玉米胚乳中约有 20% 的干物质是由糖分组成的,相当于普通甜玉米的 2.5~3 倍,是普通玉米的 10 倍,且其蛋白质含量比普通玉米高 38.5%,脂肪含量高 84.7%,故营养价值比普通玉米高得多。幼嫩的甜玉米果穗制成的玉米笋是国际市场上畅销的高档蔬菜。爆裂玉米是生产爆米花的主要原料,膨化程度要比普通玉米高得多。爆米花是一种易消化的方便食品,其蛋白质消化率从原来的 75% 提高到 85%。

(二)我国玉米生产发展概况

玉米是我国的主要粮食作物。当前,我国玉米的种植面积和产量均超过水稻和小麦,在三大粮食作物中居第一位。2012 年我国玉米种植面积为 3503 万 hm^2,约占世界玉米种植总面积的 1/5,总产为 20561.4 万 t,占世界玉米总产的 1/4,均列世界第二位。我国玉米平均单产为 5863.8 kg/hm^2,高于世界平均水平。种植面积最大的是黑龙江省,达 519 万 hm^2,接下来依次为吉林、河北、山东、河南、内蒙古、辽宁。

三、中国玉米区划与分布

我国玉米分布很广,但长期的玉米生产已形成了从东北走向西南的狭长带状分布,主要分布于从黑龙江起,沿吉林、辽宁经河北、山东、河南、山西、陕西、四川到云南、贵州、广西的一个斜长弧形地带上。根据地理位置、自然条件和种植制度等,可分为 6 个玉米种植区。

北方春玉米(spring corn)区:本区大部分位于 40°N 以北,包括东北三省、内蒙古、宁夏、河北和陕西的北部、山西的大部和甘肃的部分地区,是我国玉米主产区之一,约占全国玉米种植面积的 27%。栽培制度主要为一年一熟,有玉米单种、玉米大豆间作和春小麦与春玉米间作。

黄淮平原春、夏玉米(summer corn)区:本区位于淮河秦岭以北,包括河南、山东、河北大部、晋中南、关中、皖北和江苏徐淮地区,是我国最大的玉米产区,约占全国玉米种植面积的 40% 以上。栽培制度主要有一年两熟(冬小麦后种夏玉米)和两年三熟(春玉米、冬小麦、夏玉米)。

西南丘陵山地玉米区:包括四川、云南、贵州、湖南和湖北以及广西西部、陕西南部、甘肃部分地区。本区也是我国主要玉米产区之一,约占全国玉米播种面积的25%。高山地区以一年一熟春玉米为主;丘陵地区以两年五熟的春玉米和一年两熟的夏玉米为主;平原地区以一年三熟秋玉米(autumn corn)为主。

南方丘陵玉米区:包括广东、海南、福建、浙江、江西、台湾、江苏和安徽南部、广西和湖南以及湖北的东部。本区为我国水稻主产区,玉米种植面积约为全国的5%。种植制度以一年三熟为主,春、夏、秋都有玉米栽培,个别地区有冬玉米(winter corn)。

西北灌溉玉米区:包括新疆全区和甘肃的河西走廊。玉米播种面积占全国的2%～3%,以一年一熟春玉米为主。

青藏高原玉米区:包括青海和西藏两省区。玉米栽培历史短,播种面积小,但增产潜力大。

以上6大区域中,北方春玉米区与黄淮平原春、夏玉米是我国玉米生产的优势区域。

第二节　玉米栽培的生物学基础

一、玉米栽培种的起源与类型

(一)玉米的起源

玉米起源于美洲大陆。关于玉米的起源中心,现有几种观点。近代考古学家在中美洲和南美洲的古代遗址发掘出玉米穗轴,经^{14}C测定,距今已有5000～7000年,把玉米最早被驯化的地区缩小到从美国南部经墨西哥直到秘鲁、智利、沿安第斯山麓的狭长地带。玉米大约在460多年前传入我国,19世纪40年代被引入西班牙,然后传到欧洲、非洲和亚洲的其他地区。

(二)玉米的类型

玉米在植物分类学上属禾本科玉米属(*Tripasacea*),学名玉蜀黍(*Zea mays* L.)。品种类型十分丰富。一般根据以下几个方面进行分类。

1. 按生育期长短分类

根据生育期长短,玉米可分为早熟品种、中熟品种、晚熟品种三个类型。早熟品种春播时生育期为70～100 d,夏播时为70～85 d;中熟品种春播时生育期为100～120 d,夏播时为85～100 d;晚熟品种春播时生育期为120～150 d,夏播时在100 d以上。各熟期类型的主要性状见表4-1。

表 4-1 玉米不同生育期类型的主要性状

生育期分类	生育期(d)	积温(℃)	株高(cm)	叶片(张)	千粒重(g)	果穗大小(粗×长,cm)
早熟种	70~100	2000~2200	150~200	14~18	150~250	3.5×15
中熟种	100~120	2300~2600	200~250	16~20	200~300	4.0×18
晚熟种	120~150	2500~2800	260~350	22~25	250~350	4.5×20

2. 按籽粒形态及结构分类

根据籽粒形态及淀粉结构、分布,以及有无外稃,玉米可分为硬粒型[*Zea mays*(L.) *indurata* Sturt.](flint corn)、马齿型[*Zea mays*(L.) *indentata* Sturt.](dent corn)、半马齿型[*Zea mays*(L.) *semindentata* Kulesh.]、甜质型[*Zea mays*(L.) *saccharata* Sturt.]、糯质型[*Zea mays*(L.) *ceratina* Kulesh.]、粉质型[*Zea mays*(L.) *amylacea* Sturt.](flour corn)、甜粉型[*Zea mays*(L.) *amylacea-saccharata* Sturt.]、爆裂型[*Zea mays*(L.) *evert* Sturt.]和有稃型[*Zea mays*(L.) *tunicata* Sturt.](podcorn)。粉质型、爆裂型、甜粉型在我国栽培较少,有稃型无栽培价值。

(1)硬粒型 果穗圆锥形,籽粒顶部圆形,外表有光泽且坚硬透明。顶部和四周的胚乳为角质淀粉,近胚部分粉质淀粉。籽粒有黄、白、红、紫等色,品质较好,适应性强,较早熟,产量较低但较稳定。

(2)马齿型 果穗圆柱形,籽粒大而扁平。角质淀粉分布于籽粒的两侧,中央与顶部为粉质淀粉,籽粒多为黄白色,不透明,成熟时粒顶凹陷。产量较高但品质较差。

(3)半马齿型 果穗大小、形状与籽粒胚乳性质都介于硬粒型和马齿型之间。籽粒顶部凹陷深度比马齿型浅,籽粒黄白色。产量高,品质好,生产上许多单交种属于此类。

(4)甜质型 亦称甜玉米。果穗小,籽粒多为角质胚乳,籽粒含糖量高,用于蒸煮鲜食或制罐头。成熟后种皮皱缩。

(5)糯质型 又称蜡质型或黏玉米。果穗较小,籽粒胚乳全为角质胚乳,表面平滑无光泽。

此外,根据玉米栽培季节可分为春玉米、夏玉米、秋玉米和冬玉米;按株高分高秆、中秆和矮秆;根据玉米株形特点分为平展型、紧凑型和中间型;按籽粒颜色可分为黄玉米、白玉米、黄白玉米、红玉米、黑玉米;按用途可分为食用、饲用、工业原料用玉米;按营养成分分为普通玉米、高赖氨酸玉米、高油玉米、甜玉米等。

二、玉米的生长发育和产量形成

(一)玉米的生长发育过程

玉米从播种至成熟的过程,根据植株生长发育特点及对栽培管理的要求,一般分为苗期、穗期和花粒期三个阶段。

(1)苗期 玉米苗期是指从播种至拔节的一段时期。苗期主要进行生根、长叶、分化茎节,属营养生长阶段。根系是这一时期的生长中心。

(2)穗期 玉米穗期指从拔节至抽雄(tasseling)的一段时期。穗期先以茎的生长为中心,后以穗的分化发育为中心,是营养生长与生殖生长并进的时期。此期玉米生长发育最快,也是田间管理的关键时期。

(3)花粒期 玉米花粒期是指玉米从抽雄至成熟的一段时期。籽粒的形成与发育是该期的生长中心,营养生长基本停止,属生殖生长阶段。此期是产量形成的关键时期。

(二)玉米的器官建成

1. 根

玉米根系入土深度可达 2 m 以上,水平分布达 1 m 以上,但大部分集中分布在 0~30 cm 的土层,以及距植株 20 cm 半径的范围内。按根的发生时间、部位、形态和功能的不同,玉米的根可分胚根和节根两大类。

(1)胚根(radicle) 也叫初生根(primary root)或种子根。种子萌发时从种胚伸出的一条幼根,称为主胚根或初生胚根,随后又陆续长出 3~7 条次生胚根。主胚根和次生胚根组成了初生根系,它是玉米幼苗初期的主要根系,以后随地下节根的不断发生与生长,其重要性逐渐被地下节根所代替。

(2)节根(node root) 又称不定根(adventitious root),着生在茎的节间居间分生组织基部。生长在地下茎节上的为地下节根,一般通称为次生根(secondary root);生长在地上茎节上的为地上节根,一般通称为气生根或支持根(supporting root)。地下节根及其分枝组成的地下节根系,一般在抽雄前已完全形成,它是玉米最主要的根系,对玉米中后期的营养生长及生殖生长起重要作用。在玉米的大喇叭口至抽雄期,在靠近地表以上的茎节上环生 1~3 层气生根,多时可达 4~5 层。气生根粗壮,数量大,分枝多,吸收能力强,对维持玉米后期器官的生长与功能,以及籽粒的形成和灌浆,起着重要作用。

2. 叶

玉米不同节位叶片,对器官建成的作用不同,根据其光合产物在各个器官中分配的数量和规律,按主要供长叶和供长器官的生理功能不同,可将玉米整株叶片分为四组。

(1)根叶组 玉米从出苗到拔节(雄穗生长锥伸长期)的苗期阶段,主要生长器官是根系,主要供长叶是叶龄指数 30 以下的展开叶。该组叶片日增面积速度慢,约为 2~16 cm^2,为缓慢生长叶组,叶面积小,功能期短,约为 16~32 d。

(2)茎叶组 从拔节到大喇叭口期(雄穗四分体和雌穗小花分花期),主要生长器官是茎秆,其次为雄穗,主要供长叶为叶龄指数 30~60 的展开叶。该组叶片日增面积速度迅速上升,可高达 73 cm^2,为迅速生长组;叶面积较大,功能期长达 33~60 d。

(3)穗叶组 从大喇叭口期到孕穗(雄穗花粉粒内容物充实期),主要生长器官是雌穗,主要供长叶为叶龄指数 60~80 的展开叶。该组叶片日增面积速度高而稳,约为 86~91 cm^2;叶面积最大,功能期最长,约为 60~70 d。

(4)粒叶组 孕穗期以后,雌穗进入以粒数、粒重形成为中心的时期,主要供长叶为叶龄指数 80~100 的展开叶。该组叶片日增面积速度逐渐下降,约为 67 cm^2,为生长速度下降叶组;叶面积逐渐减小,功能期缩短,约为 45 d。

3. 茎

玉米的茎秆粗壮、高大，直径约为 2～4 cm，株高因品种以及栽培条件不同而有显著差异，一般矮秆类型株高只有 0.5～0.8 m，高秆类型株高 3～4 m，有的甚至高达 7 m。生产上通常称株高 2 m 以下的为矮秆型，2～2.7 m 的为中秆型，2.7 m 以上的为高秆型。

茎由节与节间组成，节间数与叶片数一致，一般玉米有 15～24 个节，其中 4～6 个节密集在地下部，而第 1～4 节较紧，节间很短，从第 5 节间开始伸长。靠近地面上 2～3 个节间的粗细、长短和生长状况，与根系发育、植株抗倒能力的大小有很大关系。各节间伸长的顺序，自下而上依次进行，每个节间都经历一个慢—快—慢的伸长过程。玉米节间长度，从基部到顶端呈现有规律的变化，一般上部节间比下部节间长，而以最上面一个节间最长。

4. 穗

玉米是雌雄同株异花作物。雌雄两种单性花序异位着生，为异花授粉，天然杂交率因环境和玉米类型、品种而不同，一般为 95％左右，亦有的少至 30％。

雄穗，即雄花序，属圆锥花序，着生于茎秆顶部。雄穗主轴与茎秆相连并向四周分出若干分枝，分枝数因品种而不同，一般约 15～25 个，多者达 40 个左右。雄穗主轴较粗，周围着生 4～11 行成对排列的小穗，分枝较细，通常仅着生两行成对排列的小穗，每个小穗有两朵小花，分枝愈多，散出的花粉也愈多，因而有利于授粉；但是如果分枝过多，雄穗过大，在形成过程中要消耗过多的养分，因此在育种上多选用雄穗分枝较少的材料作为杂交亲本。

每对雄小穗中，一为有柄小穗，位于上方，一为无柄小穗，位于下方，每个雄小穗基部两侧各着生一个颖片（护颖），两颖片间生长两朵雄性花，成对排列的两个小穗花内侧的两朵花为内侧花（第二朵花），外侧的两朵花为外侧花（第一朵花）。同一小穗中两朵小花结构相似，但上部的第一朵小花先成熟。每一朵雄性花，由一片内稃（内颖）、一片外稃（外颖）及三个雄蕊组成（图 4-1）。雄蕊的花丝顶端着生黄绿色的花药。雄蕊未成熟时花丝甚短，成熟后内、外颖张开，花丝伸长，使花药露出颖片外面，散出花粉，即为开花。

雌穗，又称雌花序，为肉穗花序（spadix）。雌穗由茎上叶腋中的腋芽发育而成，着生在穗柄的顶端，一般第一个果穗以下数节的叶腋中都能形成腋芽。玉米果穗为变态的侧枝，果穗柄为缩短的茎秆，各节着生一片仅具叶鞘的变态叶，即苞叶（bract），它包着果穗，起保护作用。一般苞叶数目与穗柄节间数相等，苞叶的长短因品种而不同，有些品种在苞叶上仍长有小的叶片，称为剑叶，对光合、防虫有一定作用，但对授粉有影响。在苞叶的叶腋中，有的品种也和主茎一样能形成腋芽，当条件有利时，腋芽能形成第二级果穗，而使果穗分枝。

果穗在茎秆上着生的位置，因品种和栽培条件而不同。一般晚熟品种果穗着生高度以 80～90 cm 为宜，以便机械收获，过高容易倒伏，过低容易引起霉烂，也易受兽害。果穗的穗轴由侧枝芽形成。穗轴粗大，呈白色或红色，穗轴的粗细因品种而异，以较细的为好。一般其重量占果穗总重量的 15％～25％。穗轴中部充满髓须，有很多维管束分布在边缘的厚壁组织中。穗轴节很密，每节上着生两个无柄小穗，成对排列成行，每一小穗内有两朵小花，上位花结实，下位花退化，故果穗上的籽粒行数常呈偶数。但有时成对的小穗，由于发育不良而缺少一个，或一个小穗内两朵小花都能发育结实，所以粒行不成偶数或粒行不整齐。果穗籽粒行数 8～30 行不等，一般品种粒行数为 12～20 行，粒行数多的具有丰产的特性。通常每个果穗有 200～800 粒或更多些，一个中等大小的果穗，约有 300～500 粒。一般晚熟品种每行的粒数较早熟种多。

每一雌小穗的基部两侧各着生一个颖片（护颖），其中一个为退化的小花，仅留有膜质的内外稃（颖）和退化的雌、雄蕊痕迹；另一个为结实小花，其中包括内、外稃（颖）和一个雌蕊及退化的雄蕊（图4-1）。雌蕊由两个心皮组成，包括子房、花柱和柱头三部分。花柱和柱头通称为花丝，它是两个心皮强烈延长的顶端，因此具有两条维管束和中央结构。两维管束穿经子房壁直达基部，在基部与其他小穗的维管束相连接。花丝实心，略呈扁状，其上有两条陷沟，表面密布茸毛，分泌黏液，有黏着外来花粉的作用，因此药丝任何部位均能授粉。花丝颜色分绿、红、棕、紫等。柱头是花丝顶端分叉的部分。

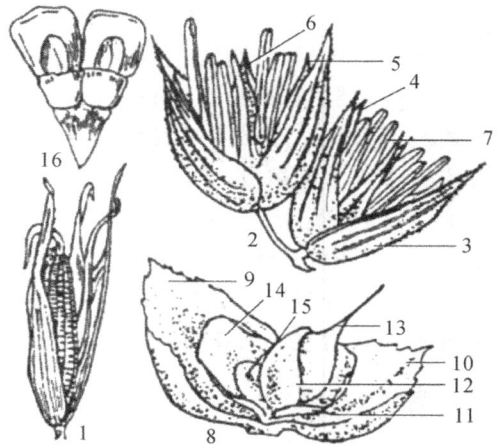

图 4-1　玉米的雌小穗与雄小穗

1.果序　2.雄小穗　3、4.第一、二颖　5.外稃　6.内稃　7.雄蕊　8.雌小穗　9、10.第一、二颖　11、12.结实花外稃、内稃　13.雌蕊　14、15.不孕花外稃、内稃　16.两雌小穗的成熟颖果

同一株玉米，雌穗苞叶露出叶鞘的时间一般比抽雄稍晚，多则晚5～6 d。雌穗花丝开始伸出苞叶，即为雌穗开花（抽丝），一般比同株雄穗开始开花晚2～5 d。一个果穗从第一花丝从苞叶中抽出到全部花丝抽出，一般需5～7 d。花丝长度一般为15～30 cm，如果较长时间得不到受精，可伸长到50 cm左右，受精后停止伸长，2～3 d后颜色变褐，并逐渐枯萎。

5. 雌、雄穗的分化

玉米的雄穗是由茎顶端的生长锥分化形成的。它分化比雌穗早，大致是从拔节前开始经过生长锥伸长、小穗分化、小花形成和雄性器官发育形成四个时期，到雄穗抽出之前分化完成（图4-2）。

玉米的雌穗由腋芽发育而成。它一般在雄小穗小花分化期开始分化，以后雌穗与雄穗的发育并进，并保持穗分化期上的一定差距。其分化过程与雄穗相同。分化各过程及其特征为（图4-3）：

（1）生长锥未伸长期　腋芽生长锥是一个基部较宽表面光滑的圆形突起，分化节和缩短的节间，将来即为穗柄。每节上有叶原始体，以后发育为苞叶。

（2）生长锥伸长期　生长锥显著伸长，长度大于宽度。在生长锥下部开始出现叶突起，在这些叶突起的叶腋间分化形成小穗裂片，叶突起以后消失。此时正是雄小花分化期，植株也迅速生长，延续时间为3～4 d。

（3）小穗分化期　幼穗进一步生长，其基部出现小穗原基，每个小穗原基又迅速地分化出2个并列的小穗突起，小穗突起基部出现褶皱状的颖片突起。小穗原基属向顶式分化。当生长锥基部与中部出现成对并列小穗突起时，生长锥顶部仍为光滑的圆锥体，并与后两个时期交叉时间很长，该时期是决定每穗粒数的关键时期，持续时间约6～8 d。

（4）小花分化期　幼穗继续增长，随着小穗突起的形成，每个小穗又分化成2个大小不等的小花原基。在小花原基的基部外围又出现3个雄蕊原始体，在中央则隆起形成一个雌

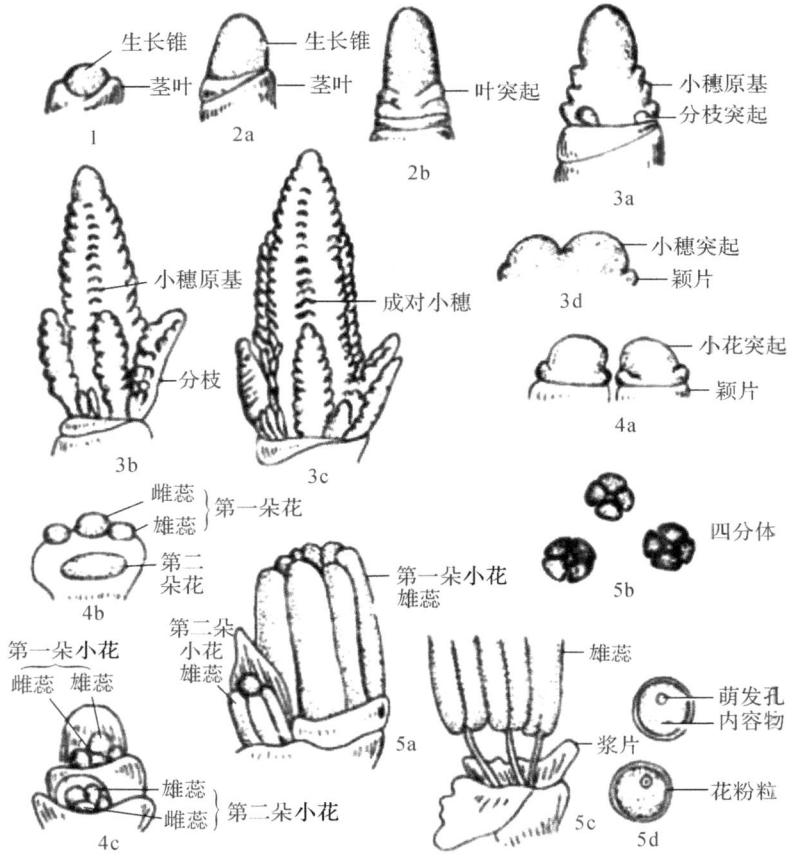

图 4-2 玉米雄穗分化的主要时期

1. 生长锥未伸长　2a～2b. 生长锥伸长期　3a～3d. 小穗分化期　4a～4c. 小花分化期
5a～5d. 性器官发育形成期

穗原始体,表现为两性花。到小花分化末期,雄蕊突起生长减慢,并逐渐消失,而雌蕊原始体却迅速增大,最后形成单性花。每小穗中两朵小花,只有较大的位于上方的小花发育,而位于下方的小花退化为不孕花。这个阶段营养条件好,能增加可孕花数目,为粒多奠定基础,此期可持续 3～7 d。

(5) 雌性器官发育形成期　雌蕊的花丝逐渐伸长,花丝顶端出现分裂,子房长大,胚囊母细胞发育形成,雌性器官继续迅速增长,花丝伸出苞叶,称吐丝期。性器官形成初期可见叶已全部出现,到该期末,花丝伸出苞叶,叶片全部展开,此期可持续 7～11 d。

在玉米雌、雄穗分化过程中,无论玉米的雌穗还是雄穗在小花分化开始时都是两性花,在 1 朵小花中同时分化出雌蕊原始体和雄蕊原始体。而在分化后期,雌穗中的雄蕊原始体和雄蕊中的雌蕊原始体分别退化消失而成为单性花。在整个分化过程中,玉米雄穗分化过程的各个时期与雌穗分化的各个时期之间存在着一定的对应关系,且这种对应关系比较稳定(表 4-2)。

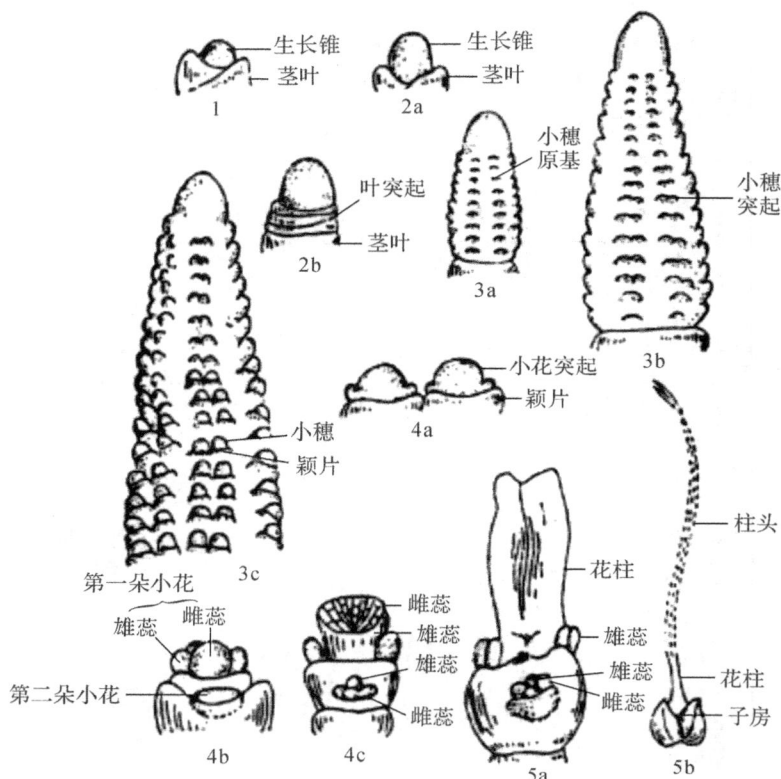

图 4-3　玉米雌穗分化的主要时期

1.生长锥未伸长期　2a～2b.生长锥伸长期　3a～3c.小穗分化期　4a～4c.小花分化期
5a～5b.性器官发育形成期

表 4-2　雌、雄穗分化时期的对应关系

器官	分化时期									
雄穗	生长锥伸长期	小穗分化期	小花开始分化期	雌雄蕊原基形成期	雄蕊生长雌蕊退化	四分体期	花粉粒形成期	花粉粒成熟期	抽雄	开花期
雌穗	未分化	生长锥未伸长	生长锥伸长期	分节期	小穗分化期	小花分化期	雌蕊生长雄蕊退化	性器官形成期	果穗增长	吐丝期

　　玉米雌、雄穗形成过程中各个时期和展开叶数及可见叶数之间有一定的对应关系,并随品种、地区和播种期不同而有一定的变化。据广西农学院研究,在春播条件下,展开 7 叶时,雌穗处于生长锥伸长期,展开 9 叶时处于小穗分化期,展开 10 叶时处于小花分化期,展开 12 叶时处于性器官形成期;而秋播条件下,上述各时期的展开叶数分别为 8 叶、9 叶、12 叶和 12～13 叶。在掌握了某一品种在一定地区条件下内外部器官生长的相互关系,就可以通过展开叶数或可见叶数的指标来推断雌、雄穗的分化时期。

　　见展叶差与玉米雌、雄穗分化也有一定的对应关系。见展叶差即是指可见叶数与展开叶数之差。在玉米生育过程中,见展叶差依次表现为 2、3、4、5,见展叶差为 5 时,顶叶露出,由于以后无新叶出现,并随着其下部各叶位叶片的相继展开,见展叶差逐渐下降,至顶叶全展时见展叶差为零,这一时期称为退差期。据报道,见展叶差为 3 时,雄穗为生长锥伸长期至小穗分化期;4 为雌穗生长锥伸长期至小穗分化期;5 为雌穗小花分化期并向性器官形成期过渡,达退差期时雌穗已达性器官形成期。用见展叶差判断玉米穗分化期,较为简便,易于在生产上应用。

叶龄指数与雌雄穗分化期之间具有较为稳定而有规律的对应关系(表 4-3),因此,可用叶龄指数诊断玉米雌、雄穗分化期。

表 4-3　玉米穗分化期与叶龄指数的关系

分期	穗分期		叶龄指数*	
	雄穗	雌穗	10 个品种叶龄指数范围	平均值
1	伸长		29.6～32.7	31.6
2	分节			
3	小穗原基		36.4～39.9	37.8
4	小穗分化		40.3～43.6	42.6
5	小花分化	伸长	46.5～48.9	47.6
6	雌雄蕊分化	分节	48.5～49.2	48.9
7	雄蕊生长,雌穗退化	小穗分化	54.4～58.3	55.9
8	四分体	小花分化	60.6～63.2	61.7
9	花粉粒形成	雌穗生长,雄穗退化	64.8～69.2	67.2
10	花粉粒成熟	花丝始伸	76.4～83.7	80.0
11	抽雄期	果穗增长	87.7～96.5	92.1
12	开花	抽丝	100	100

＊叶龄指数＝(主茎展开叶数/主茎总叶数)×100

玉米雌雄穗形成期也是营养生长最旺盛时期,茎秆生长迅速,所长叶片大,是争取壮秆大穗的关键时刻,在适宜的温度和光照条件下,供给充分的养分和水分,可保证雌穗发育良好,从而获得高产。

玉米雌、雄穗形成期,要求平均温度为 24～26 ℃,如温度降低,则抽穗延迟。玉米雌、雄穗形成期还要求充足的养分,特别是雌穗小穗和小花分化期养分充足,有利于形成大穗。在小穗分化前期追施穗肥能增加小花数,有促花增粒的效果。在小花分化期追施穗肥,能减少小花退化,有保花增粒作用。玉米从拔节到抽穗,随着植株生长发育的加快,生理活动旺盛,需水量也逐渐增多,土壤含水量以田间持水量的 70％为宜。

6. 开花授粉和结实成熟

(1)开花授粉　玉米开花授粉期一般为 7～10 d,因品种、气候及栽培条件不同而异。

玉米雄穗抽出后 2～3 d 开始开花。开花的顺序是从花序主轴的中上部开始,然后向上向下进行。分枝上的开花顺序也同样。一株雄穗从开始开花到结束历时 5～9 d,以第二至第五天开花最盛,占总花数的 80％～90％。玉米雄穗一昼夜都能开花,以上午 8:00—11:00时为最多。若温度高,相对湿度低,则开花提早;如遇低温阴雨,一天中开花最盛时间推迟;在干燥高温条件下,开花期缩短。花粉活力在环境条件适宜时,可保持 24～36 h。在正常条件下散粉后 4 h 内生活力较强,8 h 后就明显下降;但在温度高至 28～30 ℃和相对湿度在65％～80％的田间条件下,花粉生活力只能保持 5～6 h。因此在进行杂交和人工辅助授粉时必须采用新鲜花粉。发育正常的雄穗可产生大量的花粉粒。一般每个雄穗有 2000～4000朵小花,每朵小花有 3 个花药,每一花药产生 2500 个花粉粒,一个小穗约有 15000 个花粉粒,一个雄穗花序能产生 1500 万～3000 万个花粉粒。玉米花粉细小而轻,借风力传播授粉,在无风或微风的情况下,只能落在植株周围 1～2 m 内,在风力较大时,可被带到 500 m 以外的地方。因此,生产上大面积繁育自交系和配制杂交种时,必须因地制宜地设置隔离区,以防止其他玉米花粉串杂,保证亲本自交系的纯度和杂交种的质量。

雌穗吐丝时间一般比雄穗开花晚 2～5 d。雌穗出现后 2～3 d,花丝从苞叶顶端抽出。在良好的肥水条件下,雄穗开花和雌穗吐丝的间隔时间缩短;在高温干旱和缺肥时,间隔时间就延长。一个雌穗,以中下部的花丝先抽,然后向上向下相继抽出,顶端花丝最迟伸出苞叶。全穗抽完需 4～5 d,以第一至第三天花丝抽出最多,约占总量的 85%,下位果穗又比上位果穗迟 3～5 d。花丝抽出后就有授粉能力,一般在花丝抽出后 1～6 d 授粉能力最强,以后逐渐降低,10～15 d 以后失去生活力。在 25～30 ℃、相对湿度为 85%时,授粉后经 30 min 后大量花粉开始发芽,授粉后 2 h 花粉管进入蕴含丝,并沿着花丝到达子房,与卵细胞结合进行受精,从授粉到受精一般需 24～30 h。授粉后花丝不再伸长,并在受精后 2～3 d 变褐,逐渐干枯。如果授粉过程受阻,花丝会继续伸长,并在 10～15 d 内对花粉保持一定的敏感性。

玉米抽雄与开花,以温度 25～28 ℃、相对湿度 70%～90%最为适宜,开花最多;温度低于 18 ℃或超过 30 ℃而相对湿度低于 60%时开花最少;温度高于 32～35 ℃、空气湿度低于 30%时,花粉迅速失去活力,花丝也容易干枯,使受精不良,造成缺粒。浙江省夏玉米抽雄开花期常遇高温干旱,影响开花授粉。适期早播的春玉米,花期一般可以避开伏旱影响,产量比较稳定。

玉米开花期是需水量的高峰期,要求土壤持水量保持 70%～80%,如遇高温干旱,土壤水分不足,雄穗开花时间缩短,雌穗吐丝迟缓,花丝又易干枯,影响授粉结实。

(2)抽穗成熟　结实成熟期指授粉到籽粒成熟这一时期。玉米在受精之后,经过 15～20 h,受精卵细胞进行第一次分裂,经 8～10 d 即形成原胚,经 25 d 以后,胚的分化即基本完成,授粉后 35～40 d,胚已达正常大小。

授粉后 10～15 d 籽粒体积迅速增大,胚乳呈清水状,含水量在 90%以上,干物质积累很少,为籽粒形成期。以后进入乳熟期,胚乳中开始大量积累养分,籽粒内含物呈乳白色,含水量 45%～75%,持续时间为 13～16 d。进入蜡熟期,干物质继续增加,籽粒干重渐达最高,含水量为 25%～45%,持续时间 10～15 d。以后水分继续下降,籽粒全硬化,形成固有的特点,含水量仅为 18%～25%,即达完熟期。成熟晒干果穗的出籽粒一般在 75%～85%。玉米籽粒形成和成熟是一个连续的过程,各个时期之间并无严格的界限。一般认为种胚尖冠下形成黑色层(black layer),可作为籽粒达到生理成熟的指标。

三、玉米产量形成

玉米单位面积上的籽粒产量,由单位面积上的有效穗数、每穗粒数和粒重构成。

从物质生产的角度分析,玉米要形成籽粒产量,必须经过 3 个过程:第一,光合作用制造有机物,即物质"源";第二,发育形成能容纳光合产物的籽粒,即储藏物质的"库";第三,运转系统要将光合产物运输给籽粒,即所谓"流"。其中任何一项过程受阻,都会限制籽粒产量的潜力。

1. 单位面积的穗数

单位面积的穗数决定于种植密度与平均每株穗数。在较低的密度范围内,单位面积穗数几乎与密度成比例地增加,因为每株穗数受密度的影响较小,不出现空株或空株率很低。当密度增加到一定程度后,穗数增加幅度逐渐降低,双穗率显著减少,空株率明显增加。由于玉米与水稻、麦相比,其单株穗数的调节能力低,一般每株只结 1 个果穗,而在不良条件下则出现大量空株。因此培育适宜密植的品种,通过密植增加单位面积穗数,对于提高产量具有重要意义。目前国内外报道的高产纪录绝大多数是通过增加穗数实现的。如山东烟台地区单产 9000～11250 kg/hm² 的高产地块,每公顷穗数平均达 6.75 万～7.50 万个。近年推广的紧凑型玉米品种,单产 12000～13500 kg/hm²,每公顷有效株数在 7.5 万～9.75 万株。所以适当增加单位面积穗数是有效的高产措施。

2. 每穗粒数

玉米每穗粒数是比较不稳定的一项产量构成因素,对产量的影响较大。每穗结实粒数与分化的小花数有关。每穗分化的小花数目是品种特性之一,早熟类型品种雌穗分化小花数 550～600 朵,中熟类型品种 700～800 朵,晚熟类型品种 800～1000 朵。营养条件差,小花数目有所减少,但减少不多,这是因为雌穗分化时所需的养分,一般植株本身就可以满足需要。以往认为决定每穗粒数的临界期在小穗分化期和小花分化期,而现有许多试验表明在抽丝前后各 15 d 的时期内,具体时间因品种不同而有差异。抽丝前,果穗进入性器官形成期以后,果穗顶端的一些小花常成为发育不完全的败育小花。在高密度条件下,败育的小花数显著比低密度下的多。抽丝期,有的小花不能抽出花丝接受花粉,特别是果穗顶端的小花形成较晚,如果光照不足,水分亏缺,或矿质营养不足,或遇高温或低温等恶劣环境条件,更易受害,不能进一步抽丝授粉或花丝抽出过晚,失去授粉机会,或即使授了粉,也不能进一步形成籽粒,使籽粒大量减少,甚至为空棒。

3. 粒重

玉米不同品种的千粒重有显著差异,但是同一品种在各种条件下,粒重比每穗粒数的变化幅度小得多。据山东莱阳农学院研究,密度从每公顷 5.1 万株增加到 5.55 万株和 6 万株,每穗实粒数分别降低 3.3% 和 10.3%,变异系数为 5%,而千粒重仅分别降低 1.2% 和 4.9%,变异系数为 3.9%。由此可见,在不同密度下,每穗粒数比千粒重的波动大,千粒重是比较稳定的产量构成因素,这是因为粒数决定于小花分化、授粉、受精、籽粒形成和发育等一系列过程,而粒重仅决定于受精后胚和胚乳细胞数目的增加、体积扩大和胚乳细胞干物质的积累。显然,粒数比粒重有更高的机会遭受到不良环境的威胁。籽粒形成和灌浆成熟期间,是粒重的决定时期。

第三节 玉米栽培技术

一、玉米产量结构特点与合理密植

玉米植株高大,单株产量高。由于玉米与稻、麦、大豆等分蘖(分枝)作物明显不同,它是主要靠主茎成穗的作物,对密度的调节能力弱,穗数基本接近种植的株数,密度不足,穗数少,产量不高。另一方面,玉米对光照和肥水条件要求较高,需要有较大的单株营养面积,密度过高,每亩穗数虽然增加,但单株发育不良,空秆多,穗小粒轻,最后产量也不高。

合理密植的幅度应根据品种特性、气候条件、土壤肥力和施肥水平、播种季节、栽培方式等条件而确定。

(1)品种特性 株型紧凑,矮秆,生育期较短的早、中熟杂交种或品种宜密些;相反,株型松散,植株高大,生育期较长的晚熟杂交种或品种宜稀些。

(2)气候条件 南方气温高,日照短,玉米生长发育快,生育期较短,植株较矮,密度应高些。愈往北适宜的密度逐渐减低。因此,北种南引种植密度就应比原产地适当增加。

(3)土壤肥力和施肥水平 土壤肥沃、肥水充足,在单位面积上能满足较多植株生长发育对养分的需要,适当增加密度,可以提高产量;反之,宜适当降低密度。但当土壤肥力和施肥水平提高到相当水平,玉米生长很旺时,为了更有利于通风透光,又应适当降低密度。

(4)栽培方式 育苗移栽的玉米,地上部有一个生长停顿阶段,根系发达,植株矮壮,可比直播的适当增加密度。同一品种育苗移栽苗龄长的比苗龄短的可密些。地膜玉米发育进程快而整齐,株间条件比较一致,可比露地栽培适当增加株数。

(5)播种季节 春玉米生长期长,叶片数多,密度宜低;秋玉米生育期短,叶片数少,密度宜高。秋玉米的适宜密度,迟熟杂交种一般为每公顷 45000～52500 株,中熟杂交种或品种为 52500～60000 株,早熟杂交种或品种为 60000～67500 株。

玉米的适宜种植密度必须与适宜的种植方式相结合,才能取得更好的增产效果。玉米的种植方式有以下三种:

(1)等行距单株条植 行距相等,每穴留单株。一般行距 50～65 cm,株距 20～30 cm。此方式适于肥力较低、种植较稀时采用。其优点是植株分布均匀,能充分利用地力和阳光;其缺点是后期通风透光较差。

(2)等行距双株留苗 行距相等,一般行距 60～75 cm,株距 35～60 cm,每穴留 2 苗,要求长势一致,不能留大小苗;苗距 6～10 cm,相邻两行以错穴呈三角形为宜。也可采取行株距相等的方形播种。此方式在山区较普遍,适宜在行间间作其他作物,管理也较方便。

(3)宽窄行条植 宽行距 85～100 cm,窄行距 30～48 cm,株距视密度而定,一般 25～36 cm,窄行以三角错位留苗,宽行可以套种其他作物。这种方式种植密度大,既保证了单位面积总株数,又有利于通风透光,缺点是窄行间不便田间管理。适宜于肥力较高的土壤种植。

二、玉米需肥特性与施肥原则

(一)需肥特点和规律

玉米是高产作物,需从土壤吸收大量的营养元素,其中以氮、磷、钾三元素需要量最多,其次还有硫、镁、钙、锌、锰等微量元素。

1. 养分在玉米生育过程中的作用

(1)氮 氮是玉米叶片中叶绿素的重要成分。氮素能使玉米旺盛生长,茎叶繁茂,叶色浓绿,光合作用增强,穗大粒多。玉米缺氮最明显的特征是叶片呈黄绿色,叶绿素的形成受到抑制。玉米幼苗期缺氮,生长迟缓,叶片黄绿。拔节后缺氮,植株瘦弱,下部叶片最先变黄,而且变黄是从叶片的尖端开始,然后沿叶脉伸展成楔形,叶片边缘仍是绿色,最后整个叶片变黄,逐渐干枯并呈褐色,雌穗发育不良,产生空秆或小穗,降低产量。

（2）磷　磷是植物细胞核中蛋白质的重要成分。细胞的增殖和分裂须有磷的参与。植物根尖和正在生长的幼嫩组织中含磷素多。磷对碳水化合物和含氮化合物的代谢有密切的关系。在氮素充足、磷素缺乏的情况下,氮的代谢过程受到阻碍。玉米幼苗期缺磷,根系发育弱,生长缓慢,叶色紫红,严重缺磷时叶色变黄。抽雄期缺磷延迟花丝吐出,雌穗受精不良,形成空秆、秃尖或粒行不齐的果穗。在籽粒灌浆期,磷对养分的运输和转化起重要作用,充足的磷能加快籽粒养分的积累,增加粒重。

（3）钾　钾促进碳水化合物的合成运转,增强叶片的光合作用,增加果穗粒数,减少秃尖,增强抗病、抗旱和抗寒力。钾能使植株机械组织发达,茎秆坚韧。钾元素对氮素的代谢有良好的促进作用;钾素充足时,促进蛋白质合成;缺钾时,幼苗生长缓慢,叶片呈黄绿色,叶片尖端及叶缘干枯呈灼伤状。严重缺钾时,生长停滞,节间缩短,植株矮小,果穗发育不良或秃尖。

2. 玉米对养分的需要量

玉米对氮、磷、钾的吸收量,除随产量水平提高而增加外,还因土壤、肥料、气候条件以及施肥方法不同而有差异。据报道,玉米每公顷施氮素（N）$201\sim258$ kg,磷素（P_2O_5）$63\sim87$ kg,钾素（K_2O）$142.5\sim199.5$ kg,每 100 kg 籽粒需吸收氮素 $1.76\sim2.13$（平均 1.92）kg,磷素 $0.67\sim1.14$（平均 0.83）kg,钾素 $1.13\sim2.66$（平均 1.90）kg。按其平均数计算,高产玉米吸收氮、磷、钾的比例大致为 $1:0.43:0.99$。

生产上,施肥总量一般按每生产 100 kg 玉米籽粒需 N 3 kg、P_2O_5 1.5 kg 和 K_2O 3 kg 的比例计算。实现玉米 12000 kg/hm^2 的产量目标则每公顷需施 N 360 kg、P_2O_5 180 kg、K_2O 360 kg,约折合每公顷施尿素 780 kg、过磷酸钙 1200 kg、硫酸钾 720 kg。如施用复合肥和专用肥,可按以上数量和比例进行折算。另外,高产栽培中一般每公顷再增施硫酸锌 15 kg。

3. 玉米不同生育阶段对养分的吸收

玉米吸收养分与干物质积累进程一致。据研究,春玉米、夏玉米吸收氮、磷、钾的数量占同期干物质重的百分率,均是前期高、后期逐渐减少。玉米在不同生育阶段对氮、磷、钾的吸收量不同。春玉米幼苗期对氮的吸收量较少,只占总吸氮量的 2.1%;拔节孕穗期对氮的吸收量较多,占总量的 32.2%;抽穗开花期对氮的吸收量占总量的 18.9%;籽粒灌浆成熟阶段对氮的吸收量占总量的 46.7%,这表明春玉米从出苗到抽穗吐丝期吸氮量只占氮素总量的一半。夏播玉米由于生育期较短,吸收氮素的时间早,吸收速度较快;幼苗期吸收量占总量的 7.5%;拔节至孕穗期吸收增多,此时的吸收量已占总量的 44.8%;到灌浆高峰期吸收积累达 91.2%。所以春玉米追施氮肥应分次进行,而夏玉米在苗期一次追肥,后期缓施。玉米对磷素的吸收时期也较早,幼苗期吸收 4.9%,拔节孕穗期吸收 30.9%,至抽穗受精期吸收 45.9%,灌浆高峰期吸收积累已达 88.1%。对钾素的吸收,春玉米和夏玉米基本相似,抽穗受精期已吸收 50% 左右,钾肥要在玉米播种前一次施入至灌浆高峰时吸收全部的钾。

4. 需肥诊断指标

玉米何时施用肥料最为适宜,可用不同的诊断指标进行诊断分析,常用的有植株形态指标、组织养分诊断指标、土壤养分诊断指标、综合诊断指标等。一般用组织养分诊断指标和土壤养分诊断指标比较可靠准确。

(1)养分含量临界值(CNL) 玉米植株各器官的养分含量不同。国内外学者将产量达到最高产量的90%～95%时的植株养分含量称为养分含量临界值(CNL)。在 CNL 时,增施肥料,则产量有所提高或不变;若测定值低于 CNL,则增施肥料显著增产。根据全国紧凑型玉米研究协作组(1992)报道,春玉米每公顷11250～13500 籽粒与夏秋玉米每公顷9000～11250 籽粒条件下,不同时期的 N、P_2O_5、K_2O 含量的临界值见表 4-4。玉米的微量元素状况也可以根据叶片含量进行诊断(表 4-5)。

表 4-4 高产玉米植株养分临界含量(%)

玉米品种	时期	测定部位	N	P_2O_5	K_2O
春玉米	5 叶展	第 5 叶片	2.584	0.466	2.330
	12 叶展	第 12 叶片	2.873	0.352	1.895
	抽雄期	穗位叶片	2.670	0.527	2.597
秋玉米	5 叶展	第 5 叶片	3.565	0.502	3.555
	12 叶展	第 12 叶片	2.455	0.435	3.098
	抽雄期	穗位叶片	2.773	0.458	2.735

表 4-5 玉米成熟叶片中微量元素含量(mg/kg)

微量元素	缺乏指标	适宜范围	过量或毒害浓度
B	<15	20～100	>200
Cu	<4	5～20	>20
Fe	<50	50～250	不了解
Mn	<20	20～500	>500
Mo	<0.1	0.5～?	不了解
Zn	<20	25～150	>400

(2)土壤养分诊断指标 土壤养分含量是决定玉米生产潜力的重要因素。土壤养分诊断就是检查土壤速效养分储存的供应状况。据全国肥料试验网资料,土壤速效磷含量低于15 mg/kg、速效钾含量低于 100 mg/kg 时,施用磷钾肥增产效果显著;土壤速效钾低于70 mg/kg时施钾肥增产效果显著,70～100 mg/kg 时施钾肥有一定增产效果。

(二)施肥原则及高产施肥技术

根据玉米的需肥规律,在施肥技术上应掌握"适施基肥,紧施苗肥,重施穗肥,巧施粒肥"的原则。

1. 基肥和种肥

土壤深耕,结合施基肥,能为培育壮苗创造良好的环境条件,同时也为玉米中后期生长提供一定的养分。施用基肥应根据实际情况灵活掌握,要做到深施匀施、集中施;肥土少施、瘦土多施;精肥少施、粗肥多施;向阳地升温快多施迟效肥,背阴地升温慢多施速效肥;黏土多施焦泥灰,沃土多施泥肥、厩肥,使各类土壤均能平衡增产。我国南方气候温和多雨,特别是夏、秋玉米生育前期处于高温条件下,肥料分解快,如果基肥施用过多苗期容易秆长,肥料常易流失,造成后期脱肥。因此要注意适量施用,一般占总用肥量的30%~40%。基肥应做到迟效与速效配合,氮肥与磷、钾肥配合。有机肥与磷肥宜堆沤腐熟后施用。

2. 种肥

种肥对壮苗有良好效果。一般以每公顷施硫酸铵或硝酸铵75~105 kg为宜,并配施一定量的钾素。一般集中条施或穴施,且应尽量把种肥与种子隔开,以防烧种影响出苗。

3. 追肥

追肥根据不同生育时期进行,可分为:

(1)苗肥　主要是促进发根壮苗,奠定良好的生育基础。苗肥一般是在4~5叶期,结合间苗、定苗和中耕除草施用。苗肥一般早施、轻施和偏施,即补基肥之不足,促小苗赶大苗,保弱苗变壮苗,达到苗齐、苗壮的目的。苗肥一般占总追肥量的10%左右。

(2)拔节肥　是拔节前后约7~9叶期的追肥,生产上又称攻秆肥。这次施肥是为了满足拔节期植株生长快,对营养需要日益增多的要求,达到茎秆粗壮的目的。但又要注意不使营养生长过旺,基部节间过分伸长,否则易造成倒伏。所以要稳施拔节肥。施肥量一般占总追肥量的20%~30%。

(3)穗肥　是指雄穗发育至四分体期,正值雌穗进入小花分化期的追肥。这一时期是决定雌穗粒数的关键时期,距抽雄约10~15 d。一般中熟品种展开叶数约9~12叶,可见叶数约14叶,此时植株出叶呈大喇叭形状。因此,这次追肥是为了达到促进雌穗小花分化,达到穗大、粒多、增产的目的。所以生产上也称攻穗肥。穗肥一般应重施,施肥量约占总追肥量的60%,且以速效肥为宜。

(4)粒肥　粒肥的作用是养根保叶,防止后期脱肥早衰,以延长后期绿叶功能期,提高粒重。一般在吐丝初期追施。粒肥应轻施、巧施,即应根据当时植株的生长状况而定,如果穗肥不足,发生脱肥,果穗节以上叶色黄绿,下部叶早枯的,粒肥可适当多施;反之,则少施或不施,施肥量约占总追肥量的10%。

三、玉米播种与育苗

(一)良种选用与种子处理

1. 良种选用

目前栽培的玉米品种有常规种与杂交种之分。常规种大多为地方品种,适应性好,种子繁殖简便,但产量较低。一般而言,在同等条件下,杂交种比常规种增产。因此选用和推广优良玉米杂交种是提高玉米产量的重要途径。玉米杂交种有单交种、三交种、双交种、顶交种及综合杂交种等,目前生产上以推广单交种为主。

选用良种要根据当地的光热水肥条件和种植制度综合考虑。就种植制度而言,长江中游地区春玉米应选用中迟熟高产抗病品种;秋玉米应选用苗期生长旺,后期灌浆快,丰产性好的中早熟品种;套种玉米应选用紧凑型、苗期耐阴性强、中后期生长旺盛、丰产性好的品种。就水肥条件而言,肥水条件好的地区或田块,应选用耐肥抗病的高产品种;肥水条件差的地区或田块,应选用适应性强的稳产品种。丘陵地区或自然灾害频繁的地区,宜选用抗逆性强的品种。

2. 种子处理

(1)精选种子　常规品种留种时应选留具有该品种典型特征的穗大、排列整齐、籽粒饱满的果穗中部的籽粒作种用。杂交种果穗首尾两头的籽粒仍可留作种用,但应按籽粒大小分级留存和播种。播种前应对所留种子进行精选,去掉虫蛀、霉变、破裂、籽粒小的种子,一般要求发芽率在90%以上。

(2)种子处理　播种前晒种1~2 d,可促进种子后熟作用,提高种子发芽率,并有提早出苗、保证全苗的效果。浸种能促进玉米种子萌动,提高发芽率,避免因低温高湿造成霉种和烂种,有利于争取全苗。在土壤水分充足的情况下,可浸种播种,一般随浸随用,晾干后播种。可用冷水浸24 h,也可用"两开兑一凉"的温水浸6~8 h,具有消毒杀菌和促进发芽的作用;或用尿、水各半浸6~8 h,也可用500~800倍磷酸二氢钾浸种6~8 h。在天气干旱、土壤水分不足的情况下,不宜浸种催芽,以免产生"炕种、烧芽",造成缺苗。在土壤水分适中或晚播、补播的情况下,为抢季节,加速出苗,可在浸种后再进行催芽。一般当种子浸种达到胚部略隆起时即可进行催芽。催芽时温度应保持在25~30℃,注意经常翻动,并适当加湿喷少量温水,以保持种子湿润,经过35~38 h,当种子破胸露白即可播种。播种前可用药剂拌种,如用40%乐果(dimethoate)乳剂0.5 kg加水3 kg拌种100 kg,可防治各类地下害虫;用相当于种子重量0.05%的碳酸铜拌种,可防治玉米黑粉病(smut)。已拌过药的种子决不可再浸种,以免发生药害。

(二)播种技术

玉米种植,目前主要有直播和育苗移栽两种方法。

1. 直播

由于各地的气候、土质不同,直播又可分为垄作、平作和分厢种植等多种形式。播种方式有开沟条播和挖穴点播两种。播种深浅要一致,覆土要均匀、细碎,最好用土杂肥盖种,以利出苗整齐。适宜播种深度为5~6 cm,覆土3~4 cm。如土质黏重,含水量高,地势低,宜浅播、浅覆土;相反,宜适当深播。

适宜的播种量应根据种子大小、发芽率高低、播种方式和播种密度不同而定,一般点播每穴3~5粒,每公顷用种量30~45 kg,条播45~60 kg,育苗移栽15~30 kg,青贮玉米条播约90 kg。

适宜播种期主要根据当地的温度、季节、栽培制度和品种特性等条件决定。适时早播不仅能充分利用生长季节,而且有利于提高播种质量,早成熟,早收获,有利下茬作物播种。

春玉米播种一般以 5～10 cm 表土温度稳定在 10～12 ℃时开始。旱地三熟制套种的春玉米,还应考虑春花收获迟早、预留行的宽窄和玉米品种生育期长短。春花收获早的,预留空行宽的,生育期长的品种宜早套,相反则宜迟套。一般掌握前作的收获期约为玉米的拔节期,最迟不宜超过玉米雌穗开始分化期。套种过早,两种作物共生期太长,影响雌穗发育,穗小粒少,产量不高。浙江省春玉米一般在清明前后播种或套种,浙东沿海和浙南可适当提早,高山、气温低的地区可适当迟播。

夏玉米适宜播种期,决定于前作收获的迟早,在有可能的条件下,应争取早播。一年两熟制夏玉米,在前作小麦收后芒种前后播种。一年三熟制的夏玉米在 7 月上中旬播种或套种。山区、半山区部分山坡旱地夏玉米,由于易受干旱影响,保苗困难,所以要在适期范围内抓住雨后良机,突击抢潮播种或套种,争取一播全苗。

秋玉米一般配合三熟期,季节很紧,必须掌握在 9 月中旬前开花授粉,9 月下旬前结实灌浆。过迟播种,要注意避免后期遭遇低温为害,影响产量和品质。秋玉米的播种期,迟熟品种应在 7 月中旬播种,中熟品种在 7 月下旬播种,早熟品种可在 7 月下旬到 8 月初播种,最迟不宜超过立秋关。浙北地区低温来临早,高山地区气温较低,还应提早 2～3 d;浙南地区可适当推迟 2～3 d。

2. 育苗移栽

育苗移栽有利于争取季节,解决多熟制的茬口矛盾,达到晚栽早播的目的;有利于保证苗全、苗壮;同时,移栽的玉米地上部有一个生长停顿阶段,可使根系发达,植株矮壮,抗倒力强,表现穗大、粒多、粒粗、增产。此外,育苗移栽玉米比直播省种。

移栽玉米必须掌握适宜的苗龄。育苗过早,苗龄过长,幼苗老化,根系过深,用普通育苗法起苗时伤根多,移栽后成活慢,同时成活后没有足够的营养生长,养分积累不够,往往造成减产;反之,育苗过迟,则对争取季节的作用不大。秋玉米的苗龄取决于品种特性和前作收获期。一般早熟种幼穗分化时间早,苗龄宜短,以 4～6 d 有 2 叶 1 心或 3 叶为宜。中迟熟品种幼穗分化时间稍迟,苗龄可略长,但也以 7～10 d 有 4～5 叶为限。如移栽期过迟,则须根据品种特性掌握适期播种,但可适当延长苗龄,以保证适时成熟。春玉米如用育苗移栽,由于春季温度低,生长慢,苗龄可适当延长,一般在清明前后育苗,4 月下旬移栽,苗龄 15～20 d。

常用的育苗方法有普通育苗法、营养钵育苗法等。

(1)普通育苗法 利用专用苗地或选择杂草少、较平整的空闲地进行育苗。苗床以离水源近,阳光充足,沙壤土为好。育苗前将苗床浅锄 3～7 cm,精细整地,并轻轻踏实床底,落子均匀,一般粒距 3～5 cm,苗龄长的比苗龄短的稀些,播种后略加镇压,使种子与土壤紧密接触,盖上细泥或焦泥灰,以盖没种子为宜,做到上松下实。覆土不宜过厚,否则容易形成二层根,起苗时容易折断。其上再盖薄草一层,秋玉米要浇透水。以后根据天气情况及时浇水,到芽尖顶出土面时,在傍晚及时除去盖草,否则容易产生高脚苗或弱苗,揭草后如发现露子,要补盖焦泥灰或细土,以免枯苗。出苗后根据天气及苗的生长速度适当浇水。

起苗时先浇水湿润土壤,然后用锄或铲从 10～13 cm 处铲起,避免用手拔而引起伤根过多。移栽时要进行选苗,淘汰有二层的、种子脱落的、细弱有病的苗。春玉米可全天移栽,秋玉米移栽宜在傍晚进行。移栽时要开得深,要边开孔、边施肥、边移栽,防止爆孔移栽。如用大苗移栽或在天晴土干时,栽后要带肥浇水或灌水保苗。

(2)营养钵育苗法　与普通育苗法相比,营养钵育苗可适当延长苗龄;可在干旱高温季节全天移栽,移栽成活率高;可提早成熟3～5 d,并有利增产。一般用30%左右的腐熟有机肥与70%左右的肥土并按每100 kg加过磷酸钙1 kg后充分混合压碎过筛,再加适当的水,直到手捏成团落地即散为止,用制钵器制成钵后,将钵整齐地摆在苗床上,钵与钵间的空隙用细沙填补,再播种。播种用种子最好经过催芽,以提高营养钵的利用率,每钵播1粒,种胚朝上,然后盖上焦泥灰或肥土,再盖稻草,适当浇水,出苗后及时除去稻草,并注意浇水。短苗龄移栽要勤浇水;长苗龄移栽的要适当控制水分,以防徒长。用营养钵育大苗的,在育苗中期可用移钵方法防止徒长。移栽前将苗床用水淋湿,以利起苗、掰苗。移栽孔开得大一些,以免架空。要先放苗,后施肥,然后覆土揿实即可。

玉米育苗移栽要根据移栽期分批进行。秋玉米苗龄4～6 d的小苗,可用普通育苗法,粒距3～5 cm。苗龄6～10 d的中苗,可用5 cm见方的塘泥或营养土方格育苗。苗龄11 d以上的大苗,宜用6.5 cm见方的方格或营养钵育苗。

3.地膜覆盖栽培

地膜覆盖栽培具有提高温度,增加耕作层土壤含水量,促进土壤微生物活动与养料分解,增加土壤孔隙度,抑制盐碱上升与杂草滋生,促进玉米早熟等作用,因而有良好的增产效果。玉米地膜覆盖栽培可比露地栽培提早7～15 d播种,播种后喷施化学除草剂,然后盖膜。盖膜要拉紧铺平,紧贴地面,并将膜边埋入土中压实。当幼苗第一叶展开时,即用小刀破膜放苗出膜,然后用湿土把膜口盖严,以便保湿保温。地膜玉米发根多,根系分布浅,中期要注意高培土,以防倒伏。追肥的重点是穗肥,不揭膜的可以在窄行中间隔株破膜追肥。目前也有采用覆膜前一次性施入缓释肥料,而后不再追肥的轻型技术。

四、玉米田间管理技术

根据玉米生长发育特点和需肥规律,玉米田间管理总的要求是"促苗、控秆、攻穗"。通过施肥及其他管理措施,使玉米前期清秀矮壮不落黄,中期叶色浓绿,茎秆粗壮有力,后期穗大粒饱,青秆黄熟不早衰。

1. 幼苗期主攻群体整齐度

玉米幼苗期主要是以根系、茎叶生长为主的营养生长时期,根系生长速度比茎叶快。在苗期要求玉米群体达到壮苗的要求,即要求茎基扁宽,叶片宽厚。叶色深绿,心叶重叠。根系发达,植株呈正方形。从群体生理指标看,亩产500 kg夏玉米幼苗期指标是,叶面积指数0.4～0.5,群体干物质每公顷重225～450 kg。此期的田间管理措施主要有:

(1)间苗、定苗、补苗　适时间苗、定苗可避免幼苗拥挤和互相遮光,有利幼苗生长。一般可在3～4叶时间苗、定苗;地下害虫较严重的地区可推迟1个叶龄定苗。间苗时注意去弱留壮,去病留健。双株留苗的应大小一致,苗间保持6～10 cm距离。玉米出苗和移栽成活后,要及时检查出苗和成活情况。如有缺苗要及时带土补栽,移后浇稀薄人粪尿,以利成活和促进生长。

(2)中耕除草　中耕疏松土壤,利于消灭杂草,减少地力消耗,促进土壤微生物活动和有机质分解,增加土壤有效养分,还起到防旱保墒的作用;当土壤水分过多时,中耕又起到蒸发散墒的作用。玉米幼苗期一般中耕 2~3 次,移栽的要求"头遍深,促发根;二遍浅,不伤根"。头遍在移栽后 7 d 左右进行,深 10 cm 左右,株边较浅,以促使土壤风化,促进新根发生。直播的头遍宜浅,二遍宜深,最后一次在施穗肥时进行,这时植株已封行,须根布满表土,中耕宜浅,并结合施肥进行培土。

(3)施用苗肥 苗肥的主要作用是促进发根壮苗。一般结合第一次深中耕,追施苗肥一次,以速效肥为主,每公顷施人、猪粪尿 5250~6000 kg,硫酸铵 525~600 kg。对生育期较长的杂交种或土质差、基肥不足的田块,在第一次追肥后 7~10 d 还要看苗追肥一次,每公顷用硫酸铵 75 kg,以防脱肥落黄。苗肥占总用肥量的 20%左右。套种的玉米,由于长期荫蔽,生长细弱,应在前作收前及时施用或前作收后抓紧施用壮秆肥,以培育壮苗。此外,若发现某一营养元素含量偏低,应及时施肥。如发现叶片出现白色边缘,植株体内含锌量低于15~20 mg/kg 时表示缺锌,可用 0.1%~0.2%硫酸锌溶液喷施叶面。

(4)防治虫害 玉米苗期的主要地下害虫有地老虎(cutworm)、蝼蛄(mcle cricket)、黏虫(army worm)、金针虫(wireworm)等,为害最大的是地老虎,三龄前多集中在玉米心叶里危害,三龄后白天钻入土中,夜间出来危害,咬断幼苗基部。近年不少地区鼠害也相当严重,扒食播种在土中的玉米种子。这两者均是实现全苗的大敌,必须认真防治。药剂拌土对防治地下害虫有一定效果。防治地老虎的方法有:玉米出苗后若有地老虎为害的小孔时,用90%敌百虫(trichlorphon)800~1000 倍液或 50%地亚农(diazinon)1000 倍液喷雾;防治三龄以后的幼虫用 50%敌敌畏(dichlorvos)或 50%地亚农或 50%辛硫磷(phoxim)1600~2000倍液灌穴,或 1000 倍液喷洒地面。防鼠的方法主要是在田块四周撒上毒饵。

2. 孕穗期主攻株壮穗大粒多

玉米从拔节至雌穗吐丝受精,是雌雄穗发育和形成的主要时期,此期茎叶繁茂生长,雌雄穗迅速分化,营养生长和生殖生长同时进行,是玉米一生中生长发育最旺盛的时期,也是玉米田间管理的最关键时期。孕穗期管理的中心是促叶、壮秆、攻穗、增粒,使植株叶片迅速封行,叶面积指数稳定地达到最大值,并相对稳定地延续较长的时间,使群体达到植株粗壮,叶色深绿,根系发达,气生根多,上部叶片集中,挺拔有力,穗位三叶甩出,叶面积指数和叶粒比以及群体干物质重均达最适宜值。高产玉米理想型群体叶面积动态发展要求:拔节期0.6~0.8,孕穗期 3.5~4.0,抽雄期 4.5~5.0,抽雄受精后的 40~50 d 叶面积系数须保持在3.0~3.5 或更高。主要调控措施如下:

(1)重施穗肥 穗肥是玉米生长发育中最重要的一次追肥。重施穗肥能足进果穗发育,增加每穗粒数,减少秃顶程度,对增产有显著的效果,并能增加籽粒饱满度和蛋白质含量,提高品质。穗肥施用以雌穗分化小穗和小花时为宜,这时基部茎节长度已稳定。据研究,玉米小穗分化时,早熟品种有 3~4 个节间,中熟品种有 5~6 个节间,晚熟品种有 7 个节间已定长,重施穗肥不致引起倒伏。穗肥以速效性氮肥为主,施用量约占总追肥量的 60%。施用的具体时间因品种、土壤湿度、肥料种类而不同,一般早熟品种比中、迟熟品种早施,天旱地燥比多雨地湿的早施,未腐熟的有机肥料要适当早施,有缺肥现象的也要提早施用。施用穗肥的适期,以可见叶为主要依据,参考播种后的天数确定,较为准确。一般秋播的中熟品种以见 15 叶,约在播种后 30~32 施;迟熟品种以见 16 叶,约在播种后 35 d 施月。迟效肥料应提早 3~5 d。春玉米比秋玉米提早 1 片叶施用。

此外,还可用田间捏雄法确定穗肥施用期。由于玉米雌、雄穗分化存在稳定的对应关系,当雄穗进入性器官形成初期,雌穗正处于小穗分化期。在田间条件下,生长较好的个别植株,在喇叭口深处能捏到雄穗的尖端时,雌穗正处于小穗分化期,这一田块多数植株雌穗即将进入小穗分化期,即为施穗肥的适期,用此法确定穗肥施用期较为简便。

穗肥用量通常每公顷施饼肥 375～450 kg 或栏肥 15000 kg,碳酸氢铵 300～375 kg 或硫酸铵 105～150 kg。然后要结合培土,如施栏肥应提前施用,并尽可能抢在雨前施,使之更快地发挥肥效。穗肥不论是有机肥料还是化肥都深施,防止肥料挥发和流失。

(2)中耕培土　　培土能加厚植株基部土层,促进生根,有利于支持根发育入土,增强玉米吸收能力,防止倒伏;追肥时结合培土可以提高肥效,还能提高土温和减轻草害。培土在拔节前后至大喇叭口期,结合中耕分次进行。中耕培土一般两次,第一次在拔节到小喇叭口期,结合施攻秆肥进行深中耕(6～8 cm)小培土;第二次在大喇叭口期,玉米封行前,结合施攻穗肥进行培土,以培高至 10～13 cm 为宜。在干旱而无灌溉条件的地区,不宜培土,以免增加土壤水分蒸发。

(3)灌溉与排水　　玉米各生育阶段对水分的要求不同。苗期抗旱力较强,水分过多会使根系发育不良,幼苗生长细弱黄瘦,严重时,幼苗呈紫红色。因此,玉米在苗期应进行抗旱锻炼,促进根系发育。遇多雨、土壤过湿时,要做好开沟排水工作。拔节后,随着植株的迅速生长,需水量逐渐增多。孕穗期是需水量最大的时期,对水分极为敏感。从拔节到籽粒开始灌浆的需水量,约占全生育期总需水量的 50%;籽粒灌浆到蜡熟期需水量占总量的 20%～30%;从蜡熟期到收获期需水量则仅占总量的 10%左右。从雌穗小穗分化期到抽雄后 20 d 是玉米需水的"临界期",这时如遇长期干旱,影响开花授粉,造成秃顶、缺粒和灌浆不良,产量降低,甚至使雌穗发育受阻或萎缩不能抽出,出现"卡脖"现象,造成空秆。一般抽穗前后发现有卷叶现象,就要及时灌水。灌水宜在早晚进行,以半沟水为宜,到畦面湿润立刻排水,保持土壤水分在田间最大持水量的 70%～80%,切忌灌水过满过久,灌水后要进行浅中耕。有条件的地区可采用喷灌,一次灌透,效果更好。山地无灌溉条件的可盖青草抗旱。春玉米拔节孕穗期雨水较多,应注意排水。

(4)防治病虫　　玉米孕穗期主要虫害有大螟、玉米螟(maize borer)及黏虫等;主要病害有大斑病(Northern corn leaf blight)(*Helminthosporium turcicum*)、小斑病(Southern leaf blight)(*Helminthosporium mayids*)等。三龄前的大螟和玉米螟尚未蛀入茎内,可用 3%呋喃丹撒入心叶中防治,每公顷约需 500g,或用 90%敌百虫晶体或 50%敌敌畏乳剂 800～1000 倍液灌心叶进行防治。大、小斑病的防治方法是先摘除植株下部病叶,然后用 50%退菌特(tuzet)800 倍液或 50%多菌灵(carbendazim)500 倍液喷雾,每隔 7～10 d 施 1 次,连续2～3 次。

(5)去蘖(detillering)　　目前推广的玉米杂交种,在拔节前茎秆上可长出分蘖,分蘖通常不结实,徒耗养分。为避免养分的浪费应及时去蘖,去蘖最好在晴天进行,以利伤口愈合,去蘖时要避免松动主茎根系或将主茎拔起。若作为制种田的父本分蘖和青饲玉米苗分蘖,则可保留。

3. 灌浆期主攻延长群体叶片功能期

灌浆期是玉米籽粒形成期,是提高结实率和粒重的关键期。据研究,玉米籽粒干物质的80%是灌浆成熟期光合作用积累的,20%是从茎叶中转运而来的,在转运的营养物质中,叶占 60%，茎占 25%，穗轴占 12%左右。因此，必须重视后期的田间管理，养根保叶，延长群体叶片的有效功能期，保持植株青枝绿叶，活株成熟，防止贪青或早衰，使光合产物最大限度地运往籽粒中去，达到粒多、粒重、丰产的目的。

（1）巧施粒肥　在玉米开花授粉前后，施用少量氮肥，有增加粒重、提高籽粒品质的作用。特别是在后期有脱肥现象时，及时施用粒肥，对防止早衰、提高产量有一定效果。粒肥以速效性氮肥为主，一般每公顷可施碳酸氢铵 75～112.5 kg，或硫酸铵 52.5～60 kg。也可用 1%～2%尿素与 0.2%磷酸二氢钾混合液或 2.5%过磷酸钙溶液或 500～800 倍磷酸二氢钾液喷施叶面。施肥量过多、过迟，会造成贪青迟熟。若土壤肥沃，植株生长嫩绿，则不必施用粒肥。

（2）去雄　玉米的雄穗分枝多，花粉量足，植株抽雄散粉要消耗一定的养分和水分，去雄后，可将用于雄穗开花散粉的养分转而供应雌穗，能缩短雌、雄穗开花间隔期，减少秃顶、缺粒，增加粒重。玉米弱株去雄后，果穗营养物质得到改善，能使部分无效穗发育成有效穗。去雄还能改善光照条件，促进早熟，减轻玉米螟和蚜虫为害。拔下的雄穗又可作青饲料。

去雄应在雄穗刚抽出 1/2～2/3 尚未散粉之前进行，过早易拔掉顶叶，过迟失去去雄的意义。去雄应在晴天上午 9:00 以后到下午 3:00—4:00 之前进行，以利伤口愈合，并注意防止拔掉顶叶。一般采取隔行或隔株去雄，去弱留强，全田不超过 1/2。为了不影响授粉，靠近地边或山地迎风面 3～4 行不去雄，玉米与其他作物间作的不去雄，去雄要分批进行，隔天进行一次，共 3～4 次。去雄后结合人工辅助授粉，增产效果更显著。留雄散粉的植株在全田花丝枯萎变褐时再去雄穗，仍有一定的增产效果。

（3）人工辅助授粉　玉米是风媒的异花授粉作物。由于雌雄穗开花和吐丝时间不一致，抽穗开花时又常因风雨、高温干旱等不良的气候条件影响授粉，造成秃顶和缺粒。在这种情况下，进行人工辅助授粉，能提高结实率，增加产量。在杂交玉米制种日，采用人工辅助授粉，对提高制种田种子产量，效果显著。

人工辅助授粉在大部分雌穗花丝开始抽出时，选择晴朗无风的上午，在露水已干、高温来临以前（上午 8:00—11:00）进行。先分散采集适当数量健壮植株的新鲜花粉，充分混合，均匀授在果穗花丝上。在进行人工辅助授粉时，要边采边授，防止花粉吸水成块。为使每个果穗都能充分授粉，应隔天授粉一次，连续进行 2～3 次。

（4）灌水排涝　此期应保持土壤水分在田间最大持水量的 70%～80%，相对湿度应为 65%～90%，才有利于开花受精，若天旱应及时灌水；若田间持水量超过 80%，应注意排水。

五、收获与储藏

（一）收获

食用玉米一般在抽雄后 6 周左右，当苞叶花散、干枯变白，籽粒变硬、表面具有鲜明光泽，靠近胚的基部出现黑层，整个植株呈现黄色时，即为成熟的标志，可以收获。若收获过早，则茎叶中尚存有部分养分未转运入籽粒，籽粒不饱满，影响产量；若收获过迟，则茎秆易折断，果穗遇雨易发霉。玉米收获后籽粒成熟的生理生化反应并未结束，有些物质的转化过程还在进行，因此一般收获的玉米果穗待晾干后再进行脱粒，以利籽粒后熟。饲用青贮玉米宜在乳熟末期至蜡熟期收获。此时收获不仅青饲产量高，且饲用品质好。

（二）储藏

玉米籽粒胚大，胚部脂肪含量高，吸湿性强，耐贮性差。玉米籽粒进库储藏前，应经干燥，含水量在13％以下，粮温不超过30 ℃。仓库应干燥、防潮隔热性能好，通风散热条件好；入库前应对仓库进行清理和防虫处理；籽粒在仓库内应按品种、质量等分类进行堆放，若发现籽粒在仓内受潮发热，应及时翻仓晾晒。玉米果穗搭架储藏，胚部隐蔽，籽粒的顶部有角质层和果皮层掩盖，不易受微生物侵染，可以减轻玉米的发热霉变，储藏性能好。种用玉米采用果穗储藏，可提高发芽率。

六、特用玉米栽培技术

特用玉米主要包括食用型特用玉米、工业特用型玉米及饲用特用型玉米三大类。食用型特用玉米（餐桌特用型玉米）有甜玉米、笋玉米、糯玉米、爆裂玉米等；工业特用型玉米有高油玉米、高赖氨酸玉米、高蛋白玉米等；饲用特用型玉米有青饲玉米和青贮玉米等。

（一）鲜食玉米栽培技术（甜玉米、糯玉米）

以收获青果穗经蒸煮直接食用的玉米称鲜食玉米。鲜食玉米的品质要求不同于饲料玉米，目前生产上大面积推广应用的品种（如丹玉13）均是以作饲料为主的马齿型高产良种，由于皮厚、粉质和适口性差，不适宜作鲜食。鲜食玉米主要有3类：①中间型（或硬粒型）的杂交玉米。具有产量高、熟期早和适应性广的特点，既可作鲜食也可收老籽作饲料，但适口性较差。②糯质型玉米。目前选用的单交种比地方种产量高、熟期早、适应性好、鲜食适口性好，既可鲜食也可收老籽作加工原辅料用。糯玉米分黄粒糯玉米和白粒糯玉米2种，黄粒糯玉米富含胡萝卜素，水解成维生素 A。白粒糯玉米不含胡萝卜素，营养价值低于黄粒糯玉米，但由于黄粒糯玉米与普通饲料玉米作鲜食时外观难于区分，市场售价以白糯玉米为高。③甜玉米。鲜食适口性好，但口感皮质较厚，采收期和保鲜期较短，只能作鲜食用。甜玉米有普通甜玉米与超甜玉米之分，普通甜玉米一般乳熟期籽粒含糖量为10％左右，蔗糖和还原糖各占一半，同时还有约24％的水溶性多糖，淀粉含量占35％左右。超甜玉米乳熟期籽粒含糖量达20％左右，水溶性多糖较少，仅占5％左右，淀粉含量仅为18％～20％。

鲜食玉米的栽培技术与收籽粒的玉米相似，但要注意：

1. 错开播期，延长供应期

按照前作茬口，错开播期，合理间套作，可延长摘青买鲜供应期。冬作预留空幅或冬闲田，早春地膜覆盖栽培，一般2月中、下旬播种，6月上、中旬可采收。地膜覆盖育苗，露地栽培，一般在3月中、下旬播种，6月底到7月上、中旬采收。在大麦、油菜等茬口后移栽，一般在4月下旬5月初播种，7月下旬采收。在西瓜、青毛豆、嫩玉米等茬口后移栽或直播，一般在7月播种，9月中旬到10月中旬采收。

2. 育苗移栽，保证密度

春播提倡地膜覆盖保温育苗移栽，育苗可采用塘泥方格育苗或营养钵育苗，既可节约用种量,又能壮苗早发、保证密度。一般每公顷以 60000～67500 株为宜,栽培技术水平高的,可增加到每公顷 75000 株。

3. 重施穗肥,增施磷、钾肥

一般每公顷施有机肥 10500～12000 kg,化肥施用量为氮(N)每公顷 225 kg,磷(P_2O_5)105 kg 和钾(K_2O)75～150 kg。有机肥和磷、钾肥作基肥为主,基肥中适当配施化学氮肥。移栽后用稀人粪尿浇施活棵,苗肥要早施、勤施。重施攻穗肥,一般占化肥总量的 50% 以上,根据不同品种特性适时使用,如苏玉糯 1 号可在见 13～14 叶时施用。

4. 安全用药,防病治虫

摘青穗的,防病治虫严禁在喇叭口期和穗期用剧毒或残效期长的农药。防治玉米螟的方法有:每公顷可用 2250 mL B. t. 乳剂加拌细土 225 kg 配制成颗粒剂,每株 3～4 g;也可采用 90% 晶体敌百虫或 50% 敌敌畏乳油的 800～1000 倍液灌雄穗,每株 10 mL。

5. 避免不同类型鲜食玉米相邻混种

为防止相互串粉,造成甜变不甜,糯变不糯,或黄白籽粒相间,不同类型玉米不能相邻混种。食用青果穗一般掌握在乳熟后期采收,采后尽快上市,采收至上市的时间不宜超过24 h。食用时以隔水蒸煮为好。

(二)玉米笋栽培技术

玉米笋是指尚未授粉的幼嫩玉米果穗,因玉米幼穗下粗上细形如竹笋而得名。这种食品清脆可口,别具风味,是一种高档蔬菜。根据消费者的不同需要,可添加不同佐料,制成不同风味的罐头,在国际市场上很有竞争力。种植加工玉米笋,要以当地罐头食品加工厂为依托,签订产销合同,实行连片种植,建立商品基地。

玉米笋的品种较多,目前栽培面积较大的有冀特 3 号,甜 101 等。冀特 3 号株高 180～200 cm,单株产笋 3～4 枚,抗病性较好,但笋形长短、粗细不一致。符合加工要求的 1 级笋比率低,按株论价的种植效益较好。甜笋 101 单株产笋一般在 3 枚以下,但笋形美观一致,符合加工要求的 1 级笋比率高,品质上乘。

玉米笋的栽培技术与其他玉米有所不同,在栽培技术上要注意以下几点:

1. 适时播种

一般春季种植,可在 3 月底至 4 月初采用地膜覆盖育苗移栽,6 月中旬即可采收;秋播在7 月底前后进行,9 月上旬开始采收。

2. 合理密植

一般每公顷栽 75000～105000 株为宜,每公顷用种量 18～30 kg,可收鲜笋 24 万～30 万支。分带留行的空带中可套种 3 行玉米笋,株距 15～18 cm,净作最好每隔 3～4 行留 60～80 cm 空行,以利采收。

3. 合理施肥

施肥掌握"少吃多餐、早施勤施"的原则。在施足基肥的基础上,分别在出苗前或移栽成活后施 1 次苗肥,可见叶 10～11 叶时施 1 次壮秆肥,抽穗前视苗情施 1 次促穗肥。总用量一般掌握在每公顷施氮(N)210 kg,磷(P_2O_5)60 kg,钾(K_2O)90 kg 左右。

4. 精细管理,及时采收

做到一次全苗,抽雄时搞好去雄,在采收前 1 个月禁止施长效剧毒农药。一般春播 70 d,秋播 60 d 即可采收,采收标准掌握玉米笋未经授粉,甜笋 101 在吐丝当天采收,冀特 3 号则在吐丝次日花丝长 4～6 cm 时采收。同一单株自上而下采收,成熟一批,采收一批,一块田分 4～5 次采收。采回的果穗应当天用小刀纵向划开,剥去苞叶,将笋慢慢取出,去净花丝,按大小规格放入竹篮或木箱中,盖上纱巾,防暴晒、失水、变质。要求当天采摘,当天剥笋,当天投售。

(三)高赖氨酸玉米的栽培

赖氨酸、色氨酸等是人体必需氨基酸,一般玉米的蛋白质中一半是醇溶蛋白质,其赖氨酸、色氨酸非常少,因此玉米蛋白质品质远不如小麦和水稻。高赖氨酸玉米的醇溶蛋白质含量比一般玉米减少大约一半,而蛋白质的总量变化不大,使玉米营养品质明显提高,其蛋白质的品质接近于鸡蛋,与牛奶相同,赖氨酸的含量比小麦还高。高赖氨酸玉米的籽粒为软质、不透明,重量较轻。高赖氨酸玉米既可提供优质价廉的食品原料,又可作为优质畜禽饲料。高赖氨酸玉米不仅营养价值高,而且口感好,具有鲜、甜、香的特点。用高赖氨酸玉米加工制作的饼干酥脆香甜;加工制作的蛋糕,体积大且松软可口,不易变硬;加工生产的饴糖,拉伸长度长。利用天然玉米籽粒中的赖氨酸作为食品加工制作中的添加剂,不带来任何副作用,且成本低。用高赖氨酸玉米饲喂仔猪一般比用普通玉米饲喂的增产 30％以上,每千克体重的增加可节省饲料 0.35～2.13 kg。因此,发展高赖氨酸玉米具有广阔的前景。在栽培上要注意以下技术要点:

1. 加强隔离,防止与其他类型玉米串粉

在生产中,高赖氨酸玉米需要与其他玉米有一定的隔离区,一般要在 20 m 以上,或利用时间隔离,避免串花而影响质量。

2. 加强肥水管理

目前生产上推广的高赖氨酸玉米灌浆期较短,粒重低,要保证基肥的施用,增施磷肥(每公顷施过磷酸钙 750 kg),巧施穗肥,在抽雄前追施粒肥,可防止早衰,增加粒重。

3. 适时收获,及时晾晒

收获期不宜太迟,一般苞叶变黄即成熟。要选晴天抓紧收获,及时晾晒,必须达到 13％的标准水分时方可入库储存,并要采取措施预防仓库害虫的危害。

(四)青饲和青贮饲料玉米栽培技术

玉米的茎叶从幼苗到乳熟均可饲喂家畜。玉米的幼苗柔嫩多汁,粗纤维含量少,消化率高,特别适合饲喂幼畜。但直接利用鲜嫩的植株作为饲料,不仅浪费,而且经济收益较低。生产中广泛采用青贮饲喂家畜。玉米秸秆在青贮时,经过微生物的作用,可产生多种脂肪酸,增加了玉米秸秆的营养;青贮可长期保持茎叶鲜嫩多汁,减少营养物质的损失,提高玉米植株的利用率。一般青贮玉米的养分损失低于10%,而且茎叶保持柔软多汁,较易于消化的维生素、蛋白质、脂肪等含量比干玉米秸秆高 2～4 倍,饲用价值每 3 kg 相当于 1 kg 左右的豆类干草,约 5 kg 相当于 1 kg 精饲料;同时经微生物发酵,具有酸香味,消化率高,适口性好,可以增加家畜的食欲,保证家畜健壮生长;此外,经过青贮,玉米秸秆处于缺氧和高酸条件下,能有效杀灭玉米茎秆中的害虫,并通过结合青贮青草,可控制杂草的滋生,消除杂草危害。

青饲和青贮玉米的栽培技术与粒用玉米基本相同,但也有其不同的特点和要求,主要要注意以下几个方面:

1. 良种选择

青饲和青贮用的玉米品种,首先要生物产量高,抗病抗倒,同时在成熟后茎叶青绿。可以选择植株高大、茎叶繁茂的品种,如中单号;也可选择植株较矮、耐密植的品种,如掖单号。

2. 调整播种期

青饲和青贮玉米要连续适时收获,以延长青饲和青贮供应时间。因此,要根据各地情况,因地制宜,灵活确定播种期。同时要早中晚熟品种搭配,也可分期播种(每 20 d 左右为一期、分 3～4 期)。

3. 间、混作种植

青饲和青贮玉米植物体内含有大量的碳水化合物,但是蛋白质的数量却不足,每个饲料单位一般仅 60～70 g,远不能满足家畜的需要。为增加蛋白质含量,可采用与其他作物间、混作的方法,不但可以提高青饲和青贮的营养价值,而且能充分利用土地和光热资源,提高饲料产量。特别是与豆类作物间作、混作,饲料的总产量不低于单作玉米,而且营养价值也提高很多。间、混作首先要正确选择搭配作物品种和熟期,一般多搭配熟期大致相同或相近的豆类作物。如果搭配作物熟期早于玉米的乳熟—蜡熟期,搭配作物的茎叶和荚果过早变黄,将降低青饲和青贮的产量和营养价值;反之,在青饲和青贮玉米成熟时,搭配作物的绿色体生长量少,同样会造成产量和营养价值的降低。

4. 增加密度,加强管理

青饲和青贮玉米的采收以绿色体为主,群体大小直接影响产量的高低,因此适当增加种植密度,显得尤为重要,一般要比收获籽粒的玉米增加 40%～50% 的密度。中早熟、矮秆、紧凑型品种以每公顷 90000～105000 株为宜;中晚熟、植株高大、披散型品种以每公顷 67500～75000 株为宜。由于饲用玉米种植密度大,对水分、养分的要求很高,为保证其生长发育的需要,要适当增加肥料与水分的施用量,一般在玉米的全生育期要浇水 2～3 次,避免干旱影响,同时适当增加肥料的施用,至少要比常规施肥多 20%。

5. 适期收获,确保饲料质量

玉米在开花前,主要积累蛋白质,开花后,则以积累淀粉和粗纤维为主。玉米从蜡熟开始到完熟,其干物质、蛋白质、脂肪等含量均较高,但到玉米完熟时,其叶片大部分已枯黄,直接影响到玉米的饲用价值。因此,青贮玉米的收获以蜡熟期前后较为适宜。不同的玉米品种和不同的播种期,适宜的收获期也不同。一般播种较早,玉米生育期延长,收获时期要相应推迟;播种期较晚,则由于气温较高,植株生长快,玉米的生育期缩短,其收获期相应提前。

6. 青贮技术

选择地势较高、干燥、地下水位较深的场所,修建青贮窖。青贮窖可建在地上,也可建成地下或半地下式的,窖的大小要根据青贮的数量、日收获量和日用量确定,一般每立方米的青贮料约为 340 kg。青贮窖除砖石窖外,还可利用塑料薄膜制成口袋或用塑料薄膜在青贮料上覆盖的方式代替砖瓦窖,但必须将袋内的空气排除,并严格密封,防止漏气。青贮玉米应在晴天无风天气进行收获,收获后,要立即铡碎,并保证原料清洁,无杂物。要求当天装填入窖,入窖前,首先将窖内清扫干净,铺 20 cm 干草,然后将铡碎的原料层层铺严、压实,每10 cm 左右均匀洒水一次,洒水量以握紧后手掌可完全沾湿、但无汁液滴下为宜。一般茎叶全部青绿,可不加水;一半青绿的,每 100 kg 原料加水 5 kg;一半干枯的则可加水 10 kg。原料装填到距窖口约 20 cm 时,停止装料,铺一层干草或青草,压实然后用湿润的泥土一层层地填封并压实,填封厚度在 70 cm 左右,并随时检查和修补裂缝,防止漏气。

第四节　玉米栽培科学现状与发展前景

一、玉米栽培科学的现状

新中国成立以来,我国玉米栽培科研发展经历了 4 个阶段:①以总结农民丰产经验、推广实用技术为主的阶段;②开展玉米栽培理论研究,探索玉米高产规律及农业措施对玉米生长发育进程的影响,并提出新理论、新方法和新观点的阶段(20 世纪 80 年代);③结合农业区域综合治理进行玉米高产开发和综合栽培技术研究的阶段(20 世纪 90 年代);④围绕玉米高产光合机理、源库关系、籽粒建成以及集成栽培技术措施进行研究,对传统的群体结构观念和理论有所突破,并提出高产、优质、高效及绿色无公害栽培,形成较为完善的栽培技术体系阶段(现阶段)。

在高产栽培技术上,近十多年来,围绕高产攻关与高产创建,我国的玉米高产栽培取得了突破性进展。以"一换、二增、三改"(即更换品种,推广高产、抗病杂交种;增加物质投入,增加种植密度;改进施肥和灌溉技术,改变栽培方式、扩大覆膜栽培,改革耕作制度)为核心的综合高产栽培技术,充分发挥了玉米的增产潜力和栽培措施的综合效应。

(一)选用高产、抗病、耐密的杂交种

自 20 世纪 90 年代开始,随着肥水条件的改善,耐密抗倒的紧凑型玉米逐步代替了一部分平展型玉米。紧凑型玉米表现为株型紧凑,叶片上冲,茎基坚韧,适宜密植,具有群体透光性好、最适叶面积指数高、生物学产量高、经济系数高的特点。紧凑型玉米在生产上的大面积推广应用,为玉米高产创造了条件,同时给玉米栽培理论和生产技术带来了新的变化。目前全国紧凑型玉米种植面积已占玉米总面积的 1/3 以上。

(二)增加种植密度,提高光能利用率

适当增加种植密度是发挥玉米杂交种增产潜力的重要环节,特别是随着紧凑型玉米的推广,增加种植密度既必要,又可能。紧凑型玉米一般可比平展型玉米每公顷多种 15000～22500 株,增加 1～2 个叶面积系数。因而,群体能更多、更充分地利用光能,较大幅度地提高单产。

(三)改进施肥技术,提高养分利用率

改变传统施肥技术,采用"三攻"追肥技术,充分提高养分利用率及肥料的增产作用。"三攻"技术即在施足基肥的基础上,拔节期施肥攻秆,孕穗期施肥攻穗,灌浆期施肥攻粒。同时合理分配施肥比例,原则上是高肥地宜采用"前轻后重"施肥方案,低肥地宜采用"前重后轻"施肥方案。"前"指的是拔节期,"后"指的是孕穗期。

(四)重视科学灌溉,提高水分利用率

旱作玉米约占我国玉米种植总面积的 1/2。纳蓄天上水,保住土中墒,经济合理用水是旱作玉米增产的关键。在采用现代科学技术与传统精细农艺相结合,研究总结旱作玉米综合配套技术,其中包括建立耕耙保墒制度、选用耐旱品种、适期播种、以肥调水、秸秆覆盖以及化学保水剂等的基础上,积极研究开发新的灌溉技术,如膜上灌、皿灌等新技术,大大提高了水分利用效率,充分发挥了综合措施的增产效果。在灌溉区,改变传统的地面灌溉方式,采用水平畦(沟)灌、波涌灌、长畦分段灌等高效灌溉技术,同时在有条件的灌区采用喷灌、滴灌等先进技术,节水效果大大提高。此外,从 20 世纪 90 年代以来,随着可利用灌溉水资源的日益减少,传统的高产丰水灌溉逐渐转向节水优产灌溉、非充分灌溉成为研究重点。在研究应用以调亏灌溉、控制性分根交替灌溉等为主的高水分利用效率的灌溉新技术方面取得了可喜的成果;同时在水分管理方式上,根据玉米生育和需水规律,研究适宜的灌水指标和节水灌溉制度,优化灌溉管理模型,实行科学灌溉,大大提高了水分利用效率。

(五)扩大覆膜栽培面积,争取农时季节

玉米覆膜栽培一般增产 30%～60%,高的在 1 倍以上。覆膜栽培的总体功能是增温、保墒、肥地、抑草,协调土壤耕层的水、热、气、养分和改善土壤物理性状,创造一个相对稳定的适于玉米生长发育的环境。还研究探索出不同海拔高度覆膜玉米的适应范围,在海拔 800～2500 m 范围内,玉米覆膜栽培产量随海拔高度增高而提高;在积温不能满足品种生育期的

条件下,同一海拔高度,覆膜玉米均比露地玉米显著增产。在覆膜栽培技术上,改常规的小垄(宽 65～70 cm)为大垄(宽 97.5～105 cm),改小垄单行种植为大垄双行种植,同时实行与矮秆作物间作,从而进一步提高了覆膜栽培的效益。此外,利用塑料大棚进行鲜食果蔬玉米生产的新型高效种植方式,正成为发展效益农业的一条途径。

(六)发展间套复种,实现全年高产

玉米与其他作物间套复种占我国玉米种植总面积的 2/3 以上,占各类农作物间套种面积的近 1/2。从 20 世纪 90 年代以来,各地出现了许多高产、高效的新型种植制度,如春小麦春玉米带田套种、冬小麦夏玉米套种或复种、麦玉薯旱三熟间套种等,均可实现全年亩产吨粮或吨半粮。

围绕玉米高产高效的要求,在采用现代紧凑型玉米杂交种的基础上,对合理构建高质量的高产高效群体展开了细致的研究,提出了衡量高产高效群体的一系列质量指标,在此基础上形成了以"足、壮、高"为核心内容的高产高效高质量群体的调控技术体系,即以足苗足株保足穗,以壮苗壮株,充分发挥个体的生产潜力;提高花后光合生产与物质积累夺取高产。在生产中围绕高产群体质量指标建立高光效群体,首先以安排最佳抽雄吐丝期,为玉米灌浆结实争取最佳的气候条件为前提;以控制最适叶面积、增加总粒数、提高花后物质生产能力为目标;从播种建立群体为起点,通过足苗匀苗去弱株确保足穗壮株提高整齐度,按叶龄进程调控群体发展、改善叶系组成、增加粒叶比、主攻大穗,使群体随生育进程按预期的目标发展。

(七)推广机械化收获技术,提高玉米种植效益

玉米收获机械化技术是在玉米成熟时,根据其种植方式、农艺要求,用机械来完成对玉米的茎秆切割、摘穗、剥皮、脱粒、秸秆处理等生产环节的作业技术。经过近十年的示范、推广,我国玉米收获机械化技术发展迅速,在减轻劳动强度、缓解劳动力紧张、提高玉米种植效益等方面具有明显的作用。

在我国大部分地区,玉米收获时的籽粒含水率一般在 25％～35％,甚至更高,收获时不能直接脱粒,所以一般采取分段收获的方法。第一段收获是指摘穗后直接收集带苞皮或剥皮的玉米果穗和秸秆处理;第二段是指将玉米果穗在地里或场上晾晒风干后脱粒。玉米机械化收获大致可分为以下几种形式:

(1)联合收获 用玉米联合收获机,一次完成摘穗、剥皮、集穗(或摘穗、剥皮、脱粒,但此时籽粒湿度应为 23％以下),同时进行茎秆处理(切段青贮或粉碎还田)等作业,然后将不带苞叶的果穗运到场上,经晾晒后进行脱粒。其工艺流程为:摘穗—剥皮—秸秆处理等三个连续的环节。

(2)半机械化收获 用割晒机将玉米割倒、放铺,经几天晾晒后,籽粒湿度降到 20％～22％,用机械或人工摘穗、剥皮,然后运至场上经晾晒后脱粒;秸秆处理(切段青贮或粉碎还田)。用摘穗机在玉米生长状态下进行摘穗(称为站秆摘穗),然后将果穗运到场上,用剥皮机进行剥皮,经晾晒后脱粒;秸秆处理(切段青贮或粉碎还田)。其工艺流程为:摘穗—剥皮—秸秆处理(三个环节分段进行)。

二、我国玉米栽培科学的发展前景

根据今后对玉米的需求和现在的生产规模与水平,预计 2020 年我国玉米种植面积将达到 2900 万 hm²,单产 6000 kg/hm²,总产 1.74 亿 t;2030 年玉米种植面积将达到 3000 万 hm²,单产 7000 kg/hm²,总产 2.1 亿 t。我国玉米生产发展空间巨大。

我国玉米栽培科学的研究,也已发生了较大的转变,主要体现在:研究对象已经从单一玉米的研究扩展到两作与多作复合群体,乃至连作、轮作等栽培技术;研究目标已经从单纯地追求产量发展到着眼于高产、优质、高效、安全、生态;研究领域从单纯地研究农田的自然性、生物性、生产性延伸到产前、产中、产后等整个产业体系。

在发展策略上,把玉米逐步转变为粮食、饲料和经济作物,确立玉米在饲料中的主导地位;由单纯的产量型生产转变为质量型生产;由单纯的原料型生产转变为种、养、加综合型生产;重视玉米的深层次开发利用,开拓国内外市场,把玉米生产优势转化为经济优势。

在发展措施上,加速优质高效的玉米生产基地建设,分区建立优质高效的玉米生产基地;依靠科技进步,降低玉米生产成本,保证玉米高产稳产,拓宽国内外市场;统筹玉米生产发展,合理规划玉米生产布局,因地制宜制定发展规划;重视现代科学技术与传统精细耕作技术相结合,达到良种、良田、良法配套,实现玉米生产的高产量、高品质和高效益;因地制宜,大力发展专用玉米生产,提高玉米的经济价值、营养价值和加工价值;建立玉米工业体系,促进玉米的初加工和深加工,实现加工增值。

主要参考文献

[1]山东农业科学院.中国玉米栽培学[M].上海:上海科学技术出版社,1986.
[2]浙江农业大学作物栽培教研室.作物栽培学[M].上海:上海科学技术出版社,1994.
[3]佟屏亚,罗振锋,矫树凯.现代玉米生产[M].北京:中国农业科学技术出版社,1998.
[4]杨文钰,屠乃美.作物栽培学各论(南方本)[M].2 版.北京:中国农业出版社,2011.
[5]赵久然,赵明,董树亭,等.中国玉米栽培发展三十年[M].北京:中国农业科学技术出版社,2011.

复习思考题

1. 谈谈我国玉米生产的现状与特点。
2. 根据玉米籽粒的形态与结构,比较各类型玉米的特点。
3. 请分析玉米产量的构成因素及产量的形成过程。
4. 比较玉米雌、雄穗的结构及其幼穗分化过程的特点。
5. 分析玉米各生长发育时期的特点及田间管理的主攻目标。
6. 谈谈玉米的需肥规律及施肥原则。
7. 特用玉米主要有哪几类? 谈谈各类特用玉米的前景及栽培管理要点。

第五章 棉 花

第一节 概 述

一、棉花生产在国民经济中的意义

棉花(cotton)是我国重要的经济作物,在国民经济和人民生活中占有重要的地位。栽培棉花的主要产品是籽棉(seed cotton),籽棉经加工后,约有 $36\%\sim40\%$ 长纤维(皮棉,lint)和 $58\%\sim61\%$ 棉籽。棉花既是纺织工业的主要原料作物,又是重要的油料作物。发展棉花生产,搞好棉花主副产品的综合利用,对于发展经济,增加国家财富和农民收入,扩大对外贸易,具有十分重要的意义。

棉纤维(cotton fiber)是纺织工业的主要原料,纺织上的利用价值取决于纤维品质。长度是纤维品质中一项首要的指标,纤维愈长,纺织支数愈高。同时,纤维需要具有较好的强力和细度。根据纺织工艺要求,世界棉花生产按纤维长度可分为 5 类:①短绒棉(20.6 mm以下);②中短绒棉(20.6~26.1 mm);③中长绒棉(26.2~28.5 mm);④长绒棉(28.6~34.8 mm);⑤超级长绒棉(34.9 mm 以上)。棉纺织工业中需要量最大的是中长绒棉和长绒棉;超级长绒棉主要用于纺织优质细纱;短绒棉和中短绒棉主要用于纺织粗纱,或作絮棉用。虽然化纤的发展可以部分地代替棉花,但由于棉纤维具有许多化纤所不具备的优良特性,如吸湿性强、透气性好、保暖、手感柔软、穿着舒适、染色牢固,而且棉纤维是通过栽培天然形成的,资源供应永不枯竭,所以化纤终究不能完全取代棉花。近年来,随着回归自然和可持续农业的兴起,对纯棉织物的需求必将成为人类新的消费热点。

陆地棉的棉籽(cotton seed)包括短绒(short fiber,fuzzy)、种壳和种仁三部分,是食品和饲料工业中油料和蛋白质的重要资源。短绒,一般每 100 kg 棉籽可剥 8~10 kg,可制作棉毯、高级纸张、无烟火药、人造纤维等产品;种壳,约占棉籽重的 40%,干棉籽壳含 $29\%\sim42\%$ 木质素、$37\%\sim48\%$ 纤维素和 $22\%\sim25\%$ 多缩戊糖等,可制造活性炭和树脂胶合板,经化工处理可生产糠醛、丙酮、酒精等产品,也可作为食用菌和药用菌的天然培养基;种仁,约占棉籽重的 50%,其含 $30\%\sim35\%$ 蛋白质,含油率高达 $35\%\sim46\%$,具有较多的不饱和脂肪酸,处理后的清棉油可供食用,也可制肥皂、油漆等化工原料。榨油后的棉仁饼,蛋白质含量高达 $43\%\sim50\%$,其赖氨酸含量在氨基酸组成中约占 6%,远超过稻、麦、玉米的含量,并富含维生素 A、D 和相当数量的维生素 E;但也含有 $0.2\%\sim2\%$ 棉酚($C_{30}H_{30}O_8$,Gossypol),对人和单胃动物有毒,所以在我国目前棉仁饼主要用作肥料和牛的饲料。培育低酚棉(glandless cotton)或经脱毒处理的棉仁饼,可制作各种高蛋白食品或作饲料。

棉秆过去主要用作燃料,如果剥下棉秆皮加工,可作麻纤维的代用品,制人造纤维;剥皮后棉秆可制纤维胶合板。棉根和棉籽含有的棉酚,可提取杀虫、防腐和抗氧化的化学产品,也可制作男性节育、镇咳等药剂。此外,棉花的花朵内外和叶片背面主脉上具有能分泌蜜汁的蜜腺,且其开花期长,所以也是一种蜜源作物。

由此可见,棉花除棉纤维外,它的副产品棉仁、棉籽壳、短绒、棉秆、棉根等都有重要的经济利用价值。棉花产品综合利用是提高植棉产值和经济效益的一个极为重要的方面。

二、棉花生产概况

(一)世界棉花生产概况

棉花是喜温作物,但由于新品种的育成和栽培技术的改进,现在棉花广泛分布在 $47°N \sim 32°S$,且集中分布在 $20°N \sim 40°N$ 地区,占世界棉花总产的 70% 以上。据 FAO 统计资料,20 世纪 50 年代以来世界棉花面积相对稳定在 3300 万 hm^2 左右,约占世界大田作物总收获面积的 5%。2000—2009 年,世界年均棉花种植面积 3285 万 hm^2,籽棉总产 6362 万 t、单产 1935 kg/hm^2,皮棉总产 2198 万 t、单产 669 kg/hm^2;2010—2013 年,世界年均棉田面积 3343 万 hm^2,籽棉总产 7501 万 t、单产 2138 kg/hm^2,皮棉总产 2520 万 t、单产 754 kg/hm^2。

据 FAO 统计资料,目前全球大约有 96 个国家和地区种植棉花。在 20 世纪初世界三大产棉国(中国、印度、美国)中,最大产棉国是美国。但自 1982 年以来,美国失去了领先地位,中国已跃居世界首位,如 2013 年,美国棉花总产仅占世界的 13%,而中国所占比重已提高到 25%;无论棉田面积还是产量,中国都在亚洲或世界上占举足轻重的地位。由此同时,亚洲已取代美洲成为最大产棉洲,如 2013 年,亚洲种植面积和皮棉产量分别占世界棉田面积和总产的 73% 和 66%。

棉花单产,不同地区和产棉国之间差别甚为显著。五大洲中常年单产最高的是大洋洲,近年来籽棉单产在 4500 kg/hm^2 以上;其次为欧洲和美洲;中亚、中美、中东地区产棉国约在 $2000 \sim 2500$ kg/hm^2;大多数非洲国家单产低于世界平均水平。

(二)中国棉花生产概况

我国是世界最大产棉国和原棉消费国。棉花也是我国最重要的经济作物。自 20 世纪 70 年代以来,棉田面积、单产、总产见表 5-1 所示。早在 1973 年,我国棉花总产量仅次于美国,居世界第二;1982 年开始居世界首位。自 20 世纪 80 年代以来,全国棉花总产占世界总产的 1/4 以上。从 2011 年起,我国实行棉花临时收储制度,维持较高的国产棉价,保护棉农利益。但从 2014 年起,国家取消棉花临时收储政策,在新疆试行目标价格补贴,棉花流通转向市场调节。2013 年,全国棉花种植面积仅 434.6 万 hm^2,比 20 世纪 80 和 90 年代分别减少了 105 万 hm^2 和 88 万 hm^2。据中棉所 2015/2016 年中国棉花景气报告,2014 年全国植棉面积约 422 万 hm^2,较上年减少 2.9%。

我国棉花单产在 1966 年以前低于世界平均水平,20 世纪 80 年代高于世界平均单产的 48%,90 年代为世界平均单产的 1.5 倍;2012 和 2013 年,我国棉花单产分别为世界平均单产的 1.9 倍和 1.8 倍,居世界第四位。但与世界高产国家相比,差距较大,说明提高我国单产还有很大潜力。

表 5-1　20 世纪 70 年代以来中国棉花种植面积和产量

年　份	种植面积（万 hm²）	皮棉总产（万 t）	皮棉单产（kg/hm²）
1970—1979	488.8	222.2	455
1980—1989	539.6	400.4	742
1990—1999	523.0	446.7	854
2000—2009	513.5	605.8	1180
2010	484.9	596.1	1229
2011	503.8	659.8	1310
2012	468.8	683.6	1458
2013	434.6	629.9	1449

注:引自 2014 年《中国统计年鉴》

三、中国棉花种植区划

　　我国植棉地域辽阔,东起辽河流域及长江三角洲,西至塔里木盆地西缘,南自海南省三亚市,北抵玛纳斯河流域,在北纬 18°～46°、东经 76°～124°。在这宽广的地区里,各地的宜棉程度差别很大,棉田的集中程度也颇悬殊。1940 年,冯泽芳根据气候、土壤、农情、棉作区域和棉种适应性研究,把全国分为三大棉区:黄河流域棉区、长江流域棉区和西南棉区。十多年后,又进一步划分为五大棉区:华南棉区、长江流域棉区、黄河流域棉区、北部特早熟棉区和西北内陆棉区(表 5-2)。五大棉区的划分,一直沿用至今,对棉花育种、耕作制度、栽培技术等起到了重要的指导作用。1980 年以来,中国农业科学院棉花研究所等单位,根据各地的生态条件、棉花品种生育特点及生产布局的演变,在黄河和长江流域棉区又划分为若干亚区,将黄河流域分为华北平原、黄淮平原、黑龙港、黄土高原及京津唐 5 个亚区,将长江流域分为长江上游、长江中游沿江、长江中游丘陵、长江下游及南襄盆地 5 个亚区,将西北内陆棉区划分为东疆、南疆、北疆—河西走廊 3 个亚区。目前,我国的主要棉区为黄河流域棉区、长江流域棉区和西北内陆棉区。

表 5-2　我国各棉区的基本情况

棉区名称	南方棉区		北方棉区		
	长江流域棉区	华南棉区	黄河流域棉区	北部特早熟棉区	西北内陆棉区
包括省(区、市)	四川,湖北,湖南,江西,上海,浙江及江苏、安徽的淮河以南,陕西汉中,河南西南部,福建、贵州的北部	广东,广西,台湾,云南大部分,四川西昌地区,福建、贵州的南部	河南大部,河北大部,山东,北京,天津,陕西关中,山西南部,江苏、安徽的淮河以北地区	辽宁,吉林,河北承德地区,山西中部及北部,陕北、宁夏及甘肃东部	新疆及甘肃河西走廊地区
主要土壤类型	无石灰冲积土,丘陵黄壤土和沿海盐渍土	红壤,黄壤	石灰性冲积土,少部分盐碱土	石灰性冲积土,少部分盐碱土及棕壤	灰钙土和部分盐碱土
无霜期(d)	230～280	300 d 以上至全年无霜	180～230	150～170	130～160

续表

棉区名称	南方棉区		北方棉区		
	长江流域棉区	华南棉区	黄河流域棉区	北部特早熟棉区	西北内陆棉区
雨量(mm)	800～1600	1600～2000	500～800	400～800	200以下
4～10月平均温度(℃)	21～24	24～28	19～22	17～18	16～25
≥15℃积温	4000～5000	5500～9200	3500～4100	2500～3100	2500～4900
≥10℃持续天数	220～270	270～365	195～220	165～180	160～215
适宜品种类型	中熟陆地棉为主,少量中早熟、早熟陆地棉	多年生木棉、一年生海岛棉、中熟陆地棉,适合(半)野生棉种质保存,南繁基地	中熟陆地棉,早熟陆地棉(套种夏棉)	特早熟陆地棉	特早熟陆地棉(北疆)、中熟陆地棉、早熟海岛棉(南疆、东疆)
耕作制度	主要为一年两熟	一年两熟或三熟	原以一年一熟为主,20世纪80年代以来麦棉两熟套种已成为主要种植方式	主要为一年一熟	一年一熟

1. 黄河流域棉区

包括河南(除南阳和信阳)、河北(除长城以北)、山东、山西南部、陕西关中、甘肃陇南、江苏和安徽两省的淮河以北地区,以及北京和天津两市的郊区。该区地处南温带的亚湿润东部季风气候区,气候特点为:全年无霜期180～230 d,年平均温度11～14 ℃,棉花生育期4—10月份平均温度19～22 ℃,≥10 ℃活动积温4000～4600 ℃,年降水量500～800 mm,但降水分布不均匀,且年际变幅也大,常易发生旱涝灾害。全年日照2200～3000 h,较为充足。本区棉田大多平作,原以一年一熟为主,20世纪80年代以来,在水肥条件较好的地区大力发展麦棉两熟套种。栽培上采用地膜覆盖,以利增温保墒。适宜于种植中熟及中早熟的中绒陆地棉品种。

2. 长江流域棉区

包括江苏(沿海、沿江棉区)及安徽淮河以南地区(沿江棉区)、江西(鄱阳湖棉区)、湖南(洞庭湖棉区)、湖北(江汉平原棉区)、四川、上海、浙江、福建北部等。该棉区在北纬26°～33°、东经103°～122°。无霜期227～278 d,年平均气温15～18 ℃。棉花生育期4—10月份平均温度22.5℃,≥10 ℃活动积温4000～4500 ℃,年降水量1000～1600 mm,全年日照2000 h左右。棉花主要生长在沿海、沿江、沿湖等冲积平原,部分生长在丘陵坡地。棉田种植制度为一年两熟,大多为畦作。品种属中熟陆地棉中绒类型。

3. 西北内陆棉区

地处亚洲内陆腹地,宜棉区位于北纬36°5′～44°5′、东经76°～98°,东西1600 km,南北

900 km 以上。包括吐鲁番盆地、塔里木盆地和准噶尔盆地西南以及甘肃河西走廊的西端。本区范围广阔,不仅纬度相差悬殊,而且海拔相差达 1500 m。无霜期 170～230 d,年平均温度 11～12 ℃。棉花生育期 4—10 月份平均温度 16～25 ℃,≥10 ℃活动积温 3100～5649 ℃,降雨稀少,年降水量在 200 mm 以下;气候干旱,年平均相对湿度为 41%～64%,年蒸发量约 1600～3100 mm;日照充足,年日照 2700～3300 h;昼夜温差大,一般为 12～16 ℃;春季气温回升不稳,秋季气温下降急速。棉区大都分布在河流两岸的冲积平原和三角洲地带,均为土层深厚而又土质疏松的冲积土和洪积土。土壤普遍积盐,全疆现有耕地土壤均有不同程度的次生盐渍化。棉区水源多靠山地降水和高山雪水供给,在灌溉农业条件下,天然条件非常有利于棉花生产。东疆亚区是世界上同纬度光热资源最丰富的地区,具备种植中熟海岛棉的热量条件,成为我国优质长绒棉的生产基地。南疆亚区的光、热、水资源比较丰富,为发展棉花生产提供了优越的生态条件,适合种植中熟陆地棉品种。北疆亚区的热量不足,秋季降温早,易造成棉花成熟差,霜前花比例低,因此应选择耐低温冷害、早熟丰产的棉花品种。自 20 世纪 90 年代以来,新疆平均亩产皮棉已经超过 100 kg,且在中国植棉史上创造出三个第一,即棉花单产第一、植棉面积第一和棉花总产第一。

第二节　棉花栽培的生物学基础

一、棉花栽培种的起源及其类型

棉花在植物分类学上属被子植物,锦葵科(Malvaceae)、棉属(Gossypium),唯一由种子生产纤维的农作物。根据棉花的形态学、细胞遗传学和植物地理学的研究(Fryxell,1992),棉属分为 4 个亚属、50 个种,其中栽培种 4 个,即草棉(G. herbaceum)、亚洲棉(G. arboreum)、陆地棉(G. hirsutum)和海岛棉(G. barbadense),其余为野生种。栽培最广泛的是陆地棉,其产量约占世界棉花总产量的 90%,其次是海岛棉,约占 5%～8%,亚洲棉约占 2%～5%,草棉已很少栽培。各棉种的染色体基数 X＝13,可分为二倍体(2n＝2X＝26)和四倍体(2n＝4X＝52)两大类群。二倍体类群有 44 个棉种,它们分布在非洲、亚洲、大洋洲和中美洲;根据其染色体形态结构、亲缘关系,以及地理分布,可划分为 A、B、C、D、E、F、G 等 7 个染色体组;草棉和亚洲棉属于 A 染色体组。四倍体类群有 6 个棉种,分布在中南美洲,均是由二倍体棉种 A 染色体组和 D 染色体组组成的异源四倍体,即双二倍体 2(AD);陆地棉和海岛棉属于 AD 异源四倍体。普遍认为 D 染色体组是棉属进化中最原始的祖先;异源四倍体是在白垩纪后期或第三纪初期,由 D 染色体组的美洲野生棉与 A 染色体组的非洲野生棉天然杂交和染色体数目加倍而形成的。四个栽培棉种的形态特征区别见图 5-1 和表 5-3。

(一)草棉(herbaceous cotton)

草棉原产于非洲南部,是非洲大陆栽培和传播较早的棉种,故又称非洲棉(African cotton)。栽培的草棉为一年生,植株矮小,叶小,生长期短。单铃籽棉重仅 2 g 左右,种子小,衣分约 30%,产量低、纤维短、品质差;但耐旱性强。中国西北地区曾种植的草棉属于库尔加棉种系。

图 5-1 四个栽培棉种形态区别

表 5-3 四个棉种的主要性状比较

项目	陆地棉	海岛棉	亚洲棉	非洲棉
染色体数	26 对	26 对	13 对	13 对
植株	较大	高大	较小	矮小
叶	叶大,3～5 裂,裂片宽,三角形	叶大,5～7 裂,裂片长而渐尖	叶小,长大于宽,5～7裂,裂片矛头形,有副裂	叶小,宽大于长,3～5(或 7)裂,裂片短,矛头形
花	花大,花瓣乳白色,多数基部无红斑	花大,花瓣黄色,基部红斑	花小,花瓣黄、白、红色,基部常有红斑	花小,花瓣黄色,基部常有红斑
铃	圆至卵圆形,铃面平滑,铃大	铃较尖长,铃面有大凹点,铃中等大小	铃较尖长,有肩,铃面有小凹点,铃小	铃圆或偏圆,有肩,铃面平滑,铃小
棉籽	大,毛子	大,光子或端毛子	小,毛子或光子	小,毛子或光子
纤维长度(mm)	21～33	33～45	15～25	17～23

（二）亚洲棉（Asiatic cotton）

因原产于印度次大陆，由亚洲人最早栽培和传播，故称亚洲棉。中国引种亚洲棉的历史久远，种植地区广泛，在长期的栽培过程中，产生了许多优良品种和不同的变异类型，从而形成了著名的中棉种系，所以中国成为亚洲棉的一个次级起源中心。在陆地棉传入推广以前，亚洲棉曾是我国栽培的主要棉种，但目前已被陆地棉代替。亚洲棉的棉铃较小，单铃籽棉重约 3 g，种子较小，衣分为 36%～39%，产量不高；但其抗旱、抗病虫能力较强，在多雨地区种植烂铃少，产量稳定；纤维虽短，但粗而强大、弹性好，适于手工加工或机纺 20 支以下的低支纱，还可作絮棉用，在印度、巴基斯坦有一定种植面积。

（三）海岛棉（sea island cotton）

海岛棉原产于南美洲、中美洲和加勒比地区。因曾广泛分布于美国东南沿海及其附近岛屿，故称海岛棉。海岛棉的棉铃较小，单铃籽棉重约 3g，衣分为 30%～35%，皮棉产量大多低于陆地棉。但纤维细长强力高，是品质最优的栽培种，商业上称长绒棉（long staple cotton），能纺 100 支以上的细纱，适应特殊需要。目前主要种植地区有埃及、苏丹、秘鲁、美国等国。我国新疆和西南几个省、区有一定种植面积。

（四）陆地棉（upland cotton）

陆地棉原产于中美洲墨西哥南部的高地及加勒比地区，也称高原棉。自欧洲人移居美国后，大量种植陆地棉，在栽培过程中逐步形成了多种类型的栽培种，适于在广大的亚热带、温带地区种植。陆地棉的棉铃大，一般单铃籽棉重 5 g 左右，衣分高（37% 以上），适应性强，产量高，品质好，适合棉纺工业的大量需要，因此，是世界上种植最广泛的棉种，其产量约占世界棉花总产量的 90% 以上。在我国约占全国棉田面积的 98% 以上。

二、棉花的形态与生长发育

（一）棉花的生育阶段

棉花从播种到收花结束一般约 200 d。棉花一生根据其生长发育过程、器官形成的不同阶段可划分为播种出苗期、苗期、蕾期、花铃期和吐絮期五个生育阶段（表 5-4）。

表 5-4　棉花的生育阶段

生育阶段	起讫时间（月/旬）	经历天数
播种出苗期（播种～出苗）	4/中—4/下	10～15
苗期（出苗～现蕾）	4/下—6/中	45～50
蕾期（现蕾～开花）	6/中—7/上	25～30
花铃期（开花～吐絮）	7/上—8/下	45～50
吐絮期（吐絮～收花完）	8/下—11/上	75 左右

1. 播种出苗期

指从播种到出苗这段时间。浙江省麦套棉地区，一般在 4 月中旬播种，在温度、水分、氧气等条件适宜时，经 10 d 左右，在 4 月底（或 5 月初）出苗。

2. 苗期

从出苗到现蕾。一般从 4 月底到 6 月上、中旬，需 45～50 d。苗期是以营养生长为主的时期，生长速度较慢，但在 3 叶期后开始花芽分化，所积累的干物质占一生总干物重的 1.5%～2%，在产量构成因素中，苗期是决定每亩株数的时期。

3. 蕾期

从现蕾到开花。一般从 6 月上、中旬至 7 月上、中旬，需 25 d 左右。蕾期积累的干物质占一生总干物重的 15%。蕾期是营养生长和生殖生长的并进时期，是增果枝、增蕾数、搭丰产架子的时期。

4. 花铃期

从开花到吐絮。一般在 7 月上、中旬到 8 月下旬或 9 月初，需 50 d 左右。花铃期是营养生长和生殖生长两旺时期，所积累的干物质占一生总干物重的 60% 甚至 65% 以上。花铃期是决定铃数和铃重的重要时期，是决定产量的关键时期。

5. 吐絮期

从吐絮到全田收花基本结束。一般在 8 月下旬或 9 月上旬到 11 月中旬，需 75 d 左右。棉铃大量积累光合产物，棉铃陆续吐絮，营养生长趋于停止。吐絮期积累的干物质占一生总干物重的 20%～30%，其中棉铃积累的干物质占这个时期积累量的 60% 甚至 70% 以上。吐絮期是决定铃重和纤维品质的时期。

(二)棉籽发芽和出苗

1. 棉籽形态构造

棉籽为圆锥形，基部圆钝、顶端尖，基部有合点，顶端有珠孔，旁有种子柄。种子外部有短绒的叫毛籽，没有短绒的叫光籽。陆地棉一般为毛籽。种皮（种子壳）内有一层乳白色薄膜，为胚乳的遗迹，内部为胚，由子叶、胚根、胚轴、胚芽 4 部分组成。子叶 2 片，肾形，奶油色。失去生活力的棉籽，子叶呈灰白色，油腺黑褐色。棉籽含有 21.7% 粗蛋白、45.6% 碳水化合物（其中 19.7% 为纤维）和 21.4% 脂肪，其余为水分和灰分。此外，棉籽含有棉毒素，又称棉酚（$C_{30}H_{30}O_8$），对人、畜有毒。

2. 棉籽发芽出苗的条件

棉籽在一定条件下开始萌动，当胚根萌动从珠孔处突破种皮长出幼根称为发芽。棉籽发芽后，如果条件适宜，胚轴生长成幼茎，子叶出土平展时称为出苗（图 5-2）。棉籽发芽除种子必须成熟、具有强的生活力外，必须有适宜的温度、足够的水分和氧气。

(1)温度　种子发芽的最低临界温度为 10.5～12 ℃,最高临界温度为 40～45 ℃,最适温度为 28～30 ℃。在一定的温度范围内,温度越高,发芽越快。棉籽出苗的温度比发芽为高。据研究,胚根维管束开始分化需要 12～14 ℃,胚轴伸长形成导管时需要 16 ℃以上。温度在 16～32 ℃,胚轴与胚根生长随温度升高而加快。出苗速度在一定范围内随温度升高而加速。如在 15 ℃时,从播种到出苗约需 14 d,在 20 ℃时需 7～10 d;当25 ℃时只需要 5～6 d 就可出苗。

(2)水分　棉籽发芽必须吸收相当于本身重量的 60% 的水分,土壤水分为田间最大持水量的 70%～80%。

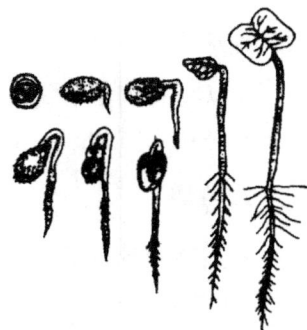

图 5-2　棉花发芽出苗过程

(3)氧气　棉仁中含有较多的脂肪和丰富的蛋白质,因此,需要较多氧气才能使这些物质氧化、分解和利用。棉籽萌发时土壤中的含氧量以 7.5%～21% 较为适宜。播种过深,覆盖过厚,雨后土壤板结,明涝暗渍等都会降低土壤中氧的含量,影响发芽出苗。

(三)根、茎、叶的生长

1. 根系的生长

棉根属直根系,由主根、侧根、支根组成,呈一个圆锥形的根系网。棉籽萌发后,胚根生长很快形成主根,从子叶出土到 3 片真叶时,每天向下伸长 1.5 cm,较地上部快 4～5 倍,在表土 5 cm 以下的耕作层内发生大量侧根。

根系生长健壮与否,与土壤水分、养分、温度及土壤质地等关系密切。

(1)水分　适于根系生长的土壤含水量为最大持水量的 55%～70%。地下水位在 1.5 m 以下,棉花根系扎得深,生长良好。

(2)温度　据研究,地温 24～27 ℃是根系生长最适宜的温度,高至 33 ℃以上对根系生长不利。

(3)养分　土壤中养分适当,根系生长良好;土壤贫瘠,则根系发育差。磷、钾元素有利于促进根系生长。

(4)土质与氧气　土质疏松,通气良好,温度上升快,有利于根系的生长。土壤空气中氧含量为 7.5%～10% 时,最适于根系生长,如降到 1% 以下,根系生长即受到抑制。

(5)土壤酸碱度与盐分　土壤 pH 值为 7～8 时,根系生长良好;土壤 pH 值为 4 时,幼根肿胀,甚至破裂。棉花比较耐盐,土壤含盐量在 0.2% 以下时仍能生长良好。当土壤含盐量超过 0.25% 时,根系生长不良,植株矮小,甚至死亡。

2. 主茎的生长

棉籽发芽出苗后,2 片子叶间的顶芽不断分化节和节间,形成主茎。依靠节间的伸长,主茎不断增高,主茎生长苗期缓慢,日增长量为 0.3～0.5 cm;现蕾后加快,日增长量为 1～1.5 cm;盛蕾初花期生长最快,日增长量为 2～2.5 cm;盛花期减慢,打顶后停止,呈单峰生长曲线。

高产棉花主茎生长特征:生长速度宜缓慢上升,初花期出现生长高峰,以后缓慢下降。

主茎粗壮,茎节间短,生长稳健。

主茎生长速度在一定程度上反映营养生长和肥水供应状况。主茎生长高度应与种植密度和棉田群体相协调。在肥水过多时,主茎生长过快,棉花徒长(excessive vegetative growth),植株高大,蕾铃脱落多而减产。

棉花新生的茎秆尚处于幼嫩状态,因近体表组织的细胞内含有较多的叶绿素而呈现绿色,随着棉株的生长,下部茎秆逐渐老熟木质化,近体表组织细胞内叶绿素含量逐渐减少,在强光、高温下,花青素大量形成,茎秆自下而上逐渐变红。因此,红茎比例(主茎红色部分占主茎整个高度的百分比)多少,可以反映棉株生长的老嫩、旺弱的程度以及水肥供应的状况。红茎比例,苗期以红绿各半,即 5∶5 或 6∶4 为宜;蕾期约占 2/3(60%～65%),如不足 2/3 则为旺长,多于 2/3 则为弱苗;初花期为 60%～70%,盛花以后接近 90%,如全部呈红色,也是早衰的象征;绿色部分过多,则可能晚熟。

3. 叶的生长

棉花的真叶是由生长点分化的叶原基发育而成的。主茎叶的出叶速度随温度升高而加快,从出苗到第 1 片真叶出现所需的时间,随温度高低而不同,当温度为 14 ℃时需 20 d;当温度为 16～18 ℃时需 10～12 d;当温度为 25 ℃时只需 5～7 d。据在杭州观察,4 月中旬播种的棉花,一般棉苗出土至第 1 片真叶出现需 10～12 d,第 1 片真叶到第 2 片、第 3 片真叶各需 5～7 d,第 3 片至第 4 片,间隔天数为 4 d 左右,5 叶期后,每隔 3 d 左右长出一叶。主茎的叶数,因气候、播种期、营养条件和打顶时间及留果枝的数目不同而异,一株棉花留果枝 12 个左右时,主茎叶在 20 片左右。

主茎叶片大小因生育期而不同。幼苗期较小,蕾期以后一片比一片增大,到开花期达到最大,盛花以后逐渐缩小。叶片过大、过小都是生长不正常的表现。

棉株叶面积的增长速度,现蕾以前较慢,从现蕾到开花增长最快,开花以后到开花结铃盛期叶面积已达到最高峰,以后由于下部老叶的衰老和脱落,叶面积逐渐降低。据研究,单产皮棉 1500 kg/hm² 的群体叶面积指数,现蕾期为 0.2～0.3,开花初期为 1.5～2.0,盛花期为 3.5～4.0,吐絮期为 2.5～3.0。若叶面积指数过大,则棉田荫蔽,通风透光差,光合效率低;若叶面积指数过小,则光合面积小,光合产物少,两者都会影响产量。

叶片的有效功能期一般为叶片展开后的 42～56 d,以后功能逐渐转弱,约经 75 d 脱落。叶片通过饲喂放射性 $^{14}CO_2$ 试验证明:日龄 14 d 叶片输出同化产物比日龄 8 d 的多得多;日龄 21～28 d 的叶片光合强度最强,输出的标记同化产物达 65%,可以一直维持到 42 d 日龄,以后逐渐减低。

棉叶对肥水的反应敏感,它的色泽、形态(大小、厚薄等)常被用来作为诊断肥水供应丰缺的指标。其中顶部以下第 3～4 叶(打顶后为顶叶)常作为营养诊断的主要部位。一般施氮肥越多,叶色越深,叶片大而厚;氮肥不足,叶色浅,发黄,叶片小而薄。缺磷时,叶色呈暗绿色或紫红色。缺钾时,初期症状为叶肉缺绿,出现黄白色斑块,呈花斑黄叶,严重时,叶片发黄,出现褐色枯焦斑,叶尖和叶边缘枯焦卷曲,最后叶片皱缩隆起,手捏发脆而干枯提早脱落,使棉株出现严重早衰。缺硼时,棉株叶片深绿色略肥大,叶脉发白突起,叶片发脆。叶柄上有深绿色环带,环带处的组织肿胀凸起,使叶柄呈竹节状,严重时,主茎顶端生长点分化受抑制,植株矮化,果枝细短丛生,发生"蕾而不花"现象。缺水时,叶片失去光泽,叶色呈暗深绿色,甚至萎蔫。

　　叶色变化是棉株碳、氮营养状况在外部形态上的反映,是观察鉴定不同生育期棉花长相的一项重要指标。上海市农业科学院总结出棉花叶色有"三黄三黑"的变化,深刻反映了叶内碳素代谢过程:苗期从 3 叶期开始出现"第一黑",叶色由 2~2.5 级(用水稻比色卡,观察自上而下第 3~4 叶颜色)到现蕾前达 3~3.5 级,叶色逐渐加深,说明根系吸收和地上部制造的养料增多,有利于壮苗早发。始蕾期出现"第一黄",叶色下降为 3 级,这时棉株正处在由营养生长向营养生长与生殖生长并进的转折阶段,叶片制造的养料既要保证营养生长,又要把积累的养料供给幼蕾发育的需要,叶片内大量营养物质的消耗,使叶色转黄,这样有利于矛盾的转化,促进生殖生长。如这时叶色不降,说明氮肥过多,棉株容易疯长。至盛蕾期根系吸收肥水的能力增强,叶片合成积累的有机养料也增多,叶色又较深,出现"第二黑",叶色达 3.5~4 级,为幼蕾的发育提供物质基础,使营养生长与生殖生长的矛盾得到统一,达到"发中求稳"。初花期功能叶叶色有一个轻度落黄过程(叶色 3 级左右)——"第二黄",对调节营养器官和生殖器官的协调发展是至关重要的。盛花后,当棉株下部坐桃 1~2 个,开花到中部,保证棉花进入盛铃期有充足的肥水,叶色又开始较深到 3.5~4 级,出现"第三黑"。吐絮期,主茎叶片开始衰老,叶片中储藏的营养物质转运到棉铃中再利用,叶色又下降为 3 级——"第三黄",始絮阶段,叶色不落黄,就会造成秋发晚熟,增加烂铃。

(四)分枝形成和现蕾

1. 分枝的形成过程

　　棉花分枝有营养枝(又称叶枝)和果枝两种。营养枝和果枝均由主茎节上的腋芽发育而成。营养枝与果枝的区别见表5-5。中熟陆地棉通常主茎下部的 1~3 节腋芽不发育,第 4~5 节的腋芽发育成营养枝,第 6~7 节的腋芽发育成果枝,发育成营养枝的腋芽称为叶芽,发育成果枝的腋芽称为混合芽。

表 5-5　棉花果枝与营养枝的区别

比较项目	果枝	营养枝
芽源	混合芽	叶芽
主茎上着生部位	发生在主茎中、上部各节	一般发生在主茎下部几节
与主茎的夹角	与主茎所成角度大,近直角	与主茎所成角度小,呈锐角
枝条外形	弯曲,称合轴分枝	斜直而上,单轴分枝
真叶腋芽	已转化为花芽	多为混合芽
蕾铃着生方式	直接现蕾、开花、结铃	间接结铃,由叶枝的叶腋生出果枝,再由果枝结铃
叶的着生方式	左右对生	呈螺旋形互生

　　(1)营养枝(vegetative branch)的分化形成过程　　叶芽原基分化 1 片先出叶、1 个节间和 1 片真叶后,其顶端分生组织继续不断地分化节间和真叶原基,形成营养枝。营养枝的生长与主茎相似,称单轴分枝。在营养枝上不能直接产生花蕾,只能在其上生出的小分枝上形成花蕾,间接结铃(图 5-3)。

　　(2)果枝(fruiting branch)的分化形成过程　　混合芽原基先分化 1 片先出叶、1 个节间和

图 5-3　棉花的叶枝(A)和果枝(B)

1 片真叶后,其顶端分生组织分化成苞片原基,形成一个花蕾,不再向前生长,从而组成果枝第 1 个枝轴,随后第 1 果节叶片的腋芽原基分化而形成第 2 个枝轴(第 2 节段),依次继续不断向前分化形成多轴的果枝,称为多轴分枝[或称假(合)轴分枝]。

　　(3)果枝类型　棉花的果枝分为无限果枝和有限果枝两大类。①无限果枝:又称二式果枝,果枝节数多,在条件适合时,果枝可不断延伸增节。生产上推广的品种基本上都属于无限果枝型。②有限果枝:包括零式果枝和一式果枝。零式果枝型无果节铃柄直接着生在主茎叶腋间。一式果枝型只有 1 个果节,节间很短,棉铃常丛生于果节顶端,这种类型的棉铃常大小不匀。此外,也有少数品种属于混合型,同一棉株不同部位兼有无限和有限两种类型的果枝(图 5-4)。

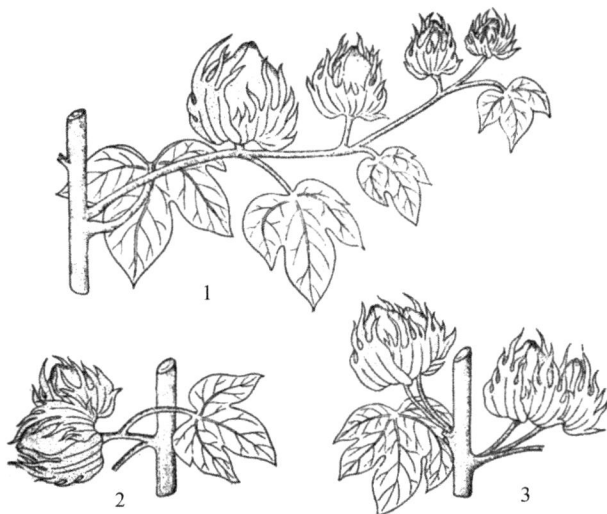

图 5-4　棉花果枝类型
1.二式果枝　2. 一式果枝　3. 零式果枝

2. 现蕾

当棉苗顶部主茎叶的叶腋里长出肉眼可见三角形(约 3 mm 大小)的花蕾时,称为现蕾。

现蕾是棉株由营养生长期进入生殖生长期的标志。中熟棉花品种一般当主茎生长到 8～9 叶时,在第 6～7 叶的叶腋中即可见第 1 果枝的第 1 个花蕾。果枝始节位是相对稳定的,一般早熟品种较低,迟熟品种较高。棉花现蕾的内在条件是营养体达到一定的生长量(真叶数 7～8 叶),生理上通过光照阶段。陆地棉属短日照作物,但对每天光照时数不十分严格,一般在出苗后 20～24 d,即在 2～3 片真叶时即可完成光照阶段。第 1 个花原基开始分化,棉花进入孕蕾期,并需要一定的糖类营养物质供花芽分化。现蕾需要 19～20 ℃以上的日平均温度,低于这个温度就不发生花蕾;高于 30 ℃会抑制腋芽的发育。顶芽生长旺盛会使现蕾推迟;碳氮营养比例过小时,现蕾推迟、叶枝增多。

根据主茎展叶数与果枝、花芽分化进程的相关性研究,中熟陆地棉(岱字 15 号)当主茎叶 2～3 片叶平展时,第 1 花原基开始伸长。现蕾时主茎展叶 8 片,可见果枝 1 个;分化果枝 9 个,可见蕾 1 个,分化花芽数 26 个。每增一叶,花原基递增数,苗期为 5.4 个,蕾期为 6.8 个,开花至有效蕾期为 5.7 个。

现蕾顺序:纵向是由下向上,横向是由内向外,呈螺旋曲线由内围向外围依次发生。一般上下果枝相同节位现蕾间隔的天数较短,约 3 d;同一果枝,相邻的两个果节现蕾间隔的天数约为 6 d。在有效现蕾期内,一般盛蕾初花期为集中现蕾高峰期,现蕾数量最多。在浙江省气候条件下,8 月 20 日后现的蕾多为无效蕾。

(五)开花结铃

棉蕾经过 25 d 左右,花器各部分发育完成,即行开花。开花前一天,花冠急剧伸长露出苞叶外面,一般第二天上午 7—10 时开放,下午 3—4 时逐渐凋萎,花冠由乳白色变成紫红色,到第三天花冠完全枯萎。长江流域地区,一般 7 月上、中旬开花,有效开花期可至 9 月上、中旬终止。花朵开花受精后,子房发育成幼铃,幼铃经 7～8 d 发育成大铃,并继续发育直至成熟吐絮。

棉花开花结铃需要一定的外在条件。

1. 具有适宜授粉、受精的温度、湿度和光照

(1)温度 开花、受精的适宜温度为 25～30 ℃,高于 35 ℃或低于 20 ℃则花粉生活力下降,甚至丧失。

(2)湿度 开花时大气相对湿度小于 25%或大于 95%花药不能开裂,影响受精。开花时下雨,花粉粒吸水膨胀破裂,上午下雨影响更大。因此,喷洒农药应避免在上午进行。

(3)光照 光照强度对提高棉花花粉的生活力有显著影响,需要 15000～75000 lx。弱光降低花粉生活力的原因,主要是有机养料供应不足,影响花粉母细胞的正常发育。

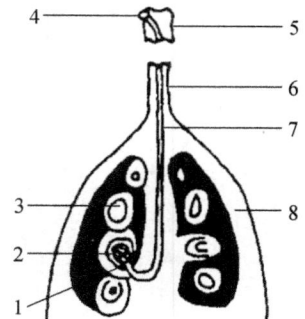

图 5-5 棉花受精过程示意图
1.珠孔 2.胚囊 3.胚珠
4.发芽的花粉粒 5.柱头
6.花柱 7.花粉管 8.子房

此外,开花时要求天气晴朗,风力不超过 4 级,授粉后花粉管伸长到达子房约需 8 h,整个受精过程完成需 24～30 h(图 5-5)。受精后的胚珠发育成种子,但位于子房基

部的胚珠往往受精不良,多为不孕子。花粉粒的生活力以开花当天上午最强,到下午生活力就显著减弱,第二天上午基本丧失。人工授粉的时间以当天上午 9—11 时为最适宜。受精后的子房发育成棉铃。棉花为常异花授粉作物,有 5%～10% 的天然杂交率。

2.充足的有机养料供应幼铃发育

在幼铃阶段如果有机养料供应缺乏,则会在几天内就因养料缺乏而脱落。开花时花朵生命活动旺盛,子房呼吸强度比开花前增加 2 倍以上,大量消耗糖类。如果糖类能源源不断输送到幼铃,使幼铃内含糖量逐渐上升,以满足幼铃发育的需要,则幼铃能继续发育成大铃(图5-6);养料供应不足则幼铃脱落。

棉株的开花动态与现蕾相一致,呈单峰曲线。一般年份小暑前后开花,开花高峰期在 7 月下旬和 8 月上旬,约 20 d,单株开花量要占总开花量的 60%～70%,是结伏桃和早秋桃的集中时期,对产量影响最大。

(六)棉铃、棉籽和纤维的发育

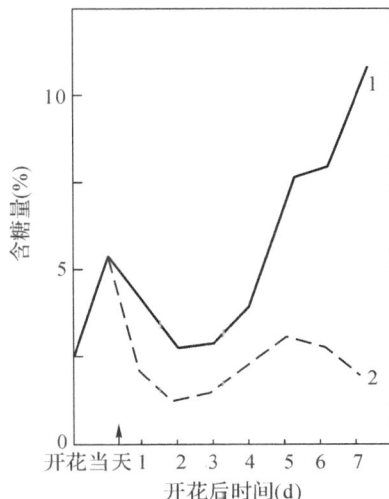

图 5-6　开花后幼铃糖含量的变化
1.不脱落幼铃　2.脱落幼铃

1.棉铃发育

棉铃由受精的子房发育而成。从开花结铃到成熟吐絮棉铃发育可划分为体积增大、内部充实和脱水开裂 3 个阶段。

(1)体积增大阶段　受精后经过 20～30 d,棉铃外形基本定型,长到应有的大小。铃壳呈肉质状,表面绿色,含有较多的可溶性糖、蛋白质及果胶物质,是有机营养物质的暂时储存库。成铃初期含水量一般在 80% 以上,由于整个棉铃柔嫩多汁而富含养分,故青铃易遭棉铃虫、红铃虫的为害,造成脱落和僵瓣。

(2)内部充实阶段　这阶段为 20～30 d。主要是茎叶和铃壳中的营养物质输入种子与纤维,合成脂肪、蛋白质和纤维素,使种子增重,纤维加厚。同时铃壳颜色由绿色变成褐色。

(3)脱水开裂阶段　随着棉铃发育成熟,铃内积累相当数量的乙烯(催熟激素),使棉铃加速脱水,纤维干枯蓬松,铃壳失水收缩,沿着裂缝开裂,露出籽棉。从开裂到吐絮在通风良好的棉田一般约需 5 d,如遇长期阴雨,则会延长,并且由于脱水慢极易烂铃。

从开花到棉铃吐絮所需的天数,称为铃期。铃期的长短与品种、温度、日照、湿度及栽培条件等有关。一般伏期的棉铃为 45～50 d,后期形成的棉铃由于气温降低,铃期可延长至60～70 d。

2.棉籽的发育

棉籽由受精的胚珠发育而成。内外珠被变成棉籽的壳,受精卵发育成胚,即棉仁部分。棉籽发育前期,主要是体积增大和胚的分化发育。这阶段的种子的外形即可长到应有的大小,胚完成组织分化。种子发育后期,随着有机养料的积累,幼胚迅速增重,直至成熟,种皮变厚,呈黑褐色。未成熟的种子,种皮浅黄色。种子大小,用籽指(seed index,g)表示,即百粒棉籽重量。籽指与棉铃在棉株上着生的位置、种子发育时的温度、养分、水分供应状况有关。

3. 棉纤维的发育

棉纤维由胚珠的外表皮细胞延伸发育而成。其发育过程可分为伸长期、加厚期和扭曲期。但是伸长和加厚两期是互相重叠的。

(1)伸长期　开花后胚珠的表皮细胞开始伸长,成为初生纤维细胞。受精后 25～30 d 纤维伸长达应有长度。开花 6 d 后形成的初生纤维细胞,中途停止发育,成为短纤维。纤维长度除品种特性外,受水分的影响最大,当天气干旱、土壤水分不足,长度显著缩短。盐碱地因受土壤盐分影响而发生生理干旱,纤维也较短。磷、钾养分供应差,纤维也会变短。

(2)加厚期　在初生纤维细胞伸长的同时,其内侧逐渐积累纤维素,形成次生细胞壁。加厚一般在开花后 5～10 d 开始,经 30～40 d 完成。纤维素的积累是以结晶态每天向内侧沉积一层(称纤维生长日轮),层次分明。纤维的强度,随着胞壁加厚而增强。纤维素沉积需较高的温度,在 20～30 ℃的温度范围内,温度愈高加厚愈快。如夜间温度低于 20 ℃,则还原糖只能积聚,不能转化成结晶态纤维素,纤维素的沉积就会停滞。15 ℃以下纤维的加厚停止。后期结的棉铃纤维成熟度低、强度差,主要是由于棉纤维发育时低温影响纤维素的沉积、次生细胞壁变薄。温度对纤维加厚的影响比对纤维伸长的影响大。

(3)扭曲期　成熟的纤维细胞在未开铃吐絮前为圆筒形。开裂后纤维暴露于空气中,水分大量蒸发,纤维细胞因脱水失去膨压,呈扁椭圆形,并产生了许多扭曲。形成扭曲的内因是次生细胞壁加厚时,结晶态纤维素的沉积层由许多"小纤维"从纤维细胞基部到尖端以螺旋形的排列组成一管状层,这些小纤维之间有极小的缝隙。当纤维细胞脱水干燥引起表面收缩时,受小纤维引力的影响就形成了许多左旋或右旋的天然扭曲。棉纤维的天然扭曲,在纺纱时可以增加纤维之间的抱合力,从而提高成纱的强度。未成熟的纤维极少扭曲。

三、棉花的蕾铃脱落

在大田种植棉株,每株有花蕾数 40～60 个,甚至更多,却有 60%～70%的脱落,严重的达 80%以上。因此,采取各种有效措施,增加单位面积的蕾花数和减少蕾铃脱落(shedding of bolls and squares),提高结铃率,是提高棉花单位面积产量的重要问题。

(一)蕾铃脱落的一般现象

1. 蕾铃脱落率

棉花蕾铃脱落与土壤、气候和栽培条件的关系很密切,即使同一棉区也不完全相同。正常年份落铃多于落蕾,其比例大致是 6∶4。如蕾期遇到长期低温多雨或前期徒长,则落蕾多于落铃;如花铃期遇到高温、干旱,则落铃就会超过落蕾。

2. 蕾铃脱落的部位

蕾铃脱落一般是上部果枝多于中、下部果枝,远离主茎的外围果节多于主茎的内围果节。据调查,上部 4 档果枝的脱落率平均达 85%左右,中、下部果枝的脱落率平均在 70%左右。第 1 果节平均脱落率在 50%～60%,第 2 果节脱落率平均在 70%～75%,而其余外围果节的脱落率在 80% 以上。但在密度过高、前期徒长或施肥不当的情况下,棉株中、下部果枝上蕾铃脱落率也可能高于上部。

3. 蕾铃脱落的时期

开花之前蕾铃脱落较少。随着蕾铃的增加,营养的供需状况愈来愈紧张,棉田的郁闭程度也愈来愈高,脱落就逐渐增多,花铃盛期便形成脱落的高峰。

4. 蕾铃脱落与日龄的关系

蕾的脱落与它们的发育日龄无明显关系,但在蕾期低温、多雨年份,蕾的脱落量较高。幼铃脱落与其发育的日龄关系密切,一般开花后 2～6 d 内的幼铃脱落最多,常达落铃数的 70%～80%。日龄 8 d 以上的铃很少脱落。

(二)蕾铃脱落的原因

蕾铃脱落的原因是多方面的,一般可分为两大类:一是由于棉花生理原因(内因)造成的生理性脱落;二是由于环境条件(外因)不良,如肥、水、光、温的不利影响,以及病虫为害、风雨摧残和机械损伤等引起的间接或直接脱落。

1. 生理原因

(1)有机养料供应不足和分配失调　棉株现蕾以后,便进入了营养生长和生殖生长并进阶段,对有机养料的需要迅速增加。如果环境条件不良,棉株体内有机营养物质的形成、运输和分配失调,减少了有机养料对蕾铃的供应,导致蕾铃脱落。

棉株开花时需要消耗大量养料,进入花铃期后棉株大量开花结铃,生理活动急剧变化,需要大量的有机养料和能量补给,特别是开花受精时子房呼吸强度增加,需要消耗糖分较多,出现有机养料供应不足的状况,致使开花后 4～5 d 幼铃内含糖量不能迅速地补充回升,幼铃就会因"饥饿"而脱落。据测定,叶和蕾铃中可溶性糖的含量愈多,蕾铃脱落的百分率愈低。

叶片同化产物运输分配的局限性,用 $^{14}CO_2$ 作为光合原料的观察指出,主茎叶的光合产物运输、分配因生育期而异。在蕾期及初花期主要向本叶位的果枝和主茎上部幼嫩的生长部分输送,如幼叶、幼蕾,下部的幼铃和根系也能获得部分养分。纵向输送和分配的范围较广。盛花期主茎上部叶光合产物主要输向上部营养器官及幼蕾生长,主茎下部叶光合产物主要供下部蕾、幼铃发育用。主茎叶的光合产物横向输送和分配局限性更大,基本上只向同侧主茎上的果枝输送,向两侧方向的输送很少,相对方向的果枝基本上不输送。

由于叶片的光合产物在运输和分配上有局限性,如果棉田种植过密、封行过早、下部叶片的受光条件差,下部蕾铃的脱落就增加。

果枝叶片的光合产物只输向本果枝的蕾、花、铃及幼叶,并首先供应第 1 节的蕾铃,而后按顺序逐渐向果枝外围输送。因此,靠近主茎内围果节上的蕾铃,能优先得到养料供应,脱落率低,而远离主茎的外围果节上蕾铃,受养料供应的限制,脱落率较高。

(2)棉株体内有机养料运输与分配失调　在蕾期,徒长棉株有机养料向主茎顶部和营养器官输送的比例远较正常棉株为多,随后由于中下部蕾铃的脱落,减少了中下部养料的消耗,更加剧了光合产物向主茎顶部输送的强度,使下部果枝上蕾铃大量脱落。

(3)棉株体内碳、氮比例失调　在棉株体内碳、氮比较高的情况下,营养生长和生殖生长保持较好的平衡关系,棉株生长稳健,蕾铃脱落较少。碳、氮比较小时,易使棉株徒长、蕾铃脱落增多。在碳、氮含量低的情况下,碳、氮的比例虽大,由于氮素营养缺乏,生长衰弱,同化产物较少,蕾铃的脱落也会增加。因此,协调营养生长和生殖生长,使蕾铃期有适当的碳氮比例,是减少蕾铃脱落的关键。

(4)蕾铃中植物激素平衡失调　现已发现蕾铃中含有5类激素,即生长素、赤霉素、细胞激动素、脱落酸、乙烯。前3类属于促进生长激素,含量高时,蕾(铃)柄基部就不形成离层,蕾铃就不脱落。后2类属于抑制生长激素,含量超过促进生长激素时,导致蕾铃脱落。

2. 蕾铃脱落的外因

(1)环境条件不良　由于肥、水、光、温等外界环境条件不适合棉株正常发育需要而引起蕾铃脱落。

棉田肥力低,施肥量少,棉株生长差,使蕾铃脱落增多。棉田土肥,密度过大,施肥不当,棉株疯长,更易造成蕾铃大量脱落。在花铃期常出现高温干旱,土壤水分缺乏,叶片萎蔫,造成蕾铃的大量脱落。雨水过多,也会造成根系呼吸困难,降低肥水的吸收能力,降低叶片光合效率,增加脱落。

当气温低于19~20 ℃或超过32 ℃时由于影响授粉而均能增加蕾铃脱落;达到36 ℃以上时光合作用趋向停止,蕾铃便大量脱落。

光照不足,棉株的光合产物减少,使蕾铃养料不足,便会引起蕾铃的大量脱落。

(2)病虫为害　病虫破坏了棉株的正常生理机能,使营养供应和水分运输以及同化能力等严重减弱,产生生理失调而造成蕾铃脱落,如枯萎病、黄萎病、黄叶茎枯病、红叶茎枯病等。

有的害虫直接伤害蕾铃,咬坏或刺伤子房,使蕾铃的生理机能被破坏,造成脱落;有的为害茎叶等营养器官,影响对蕾铃的养分供应而引起脱落。对蕾铃为害最大的害虫是棉铃虫、红铃虫、金刚钻。

(3)机械损伤　主要是田间操作不慎,碰撞或损伤果枝和蕾铃而造成脱落。蕾铃期遇大风暴雨或台风侵袭,常使棉株倒伏,造成严重的机械损伤而脱落。

(三)防止蕾铃脱落的途径

棉花的蕾铃脱落,既受棉株内部矛盾的支配,又受外界环境条件的影响。因此,防止蕾铃脱落,必须采取一整套综合栽培措施才能增蕾保铃。应根据棉花的生长发育规律与外界客观条件的变化,采取合理的栽培措施,保证光、温、水、肥等因素经常维持合适状态,使棉株生理活动正常进行,适当调节体内有机养料的制造、运输和分配,及时满足蕾铃生长的需要,才是解决棉花蕾铃脱落的基本途径。

此外,选用株型结构好、结铃率高、抗病力强、脱落率低的丰产品种和利用杂种优势,采取合理的密度,适当安排行株距配置方式,合理运用肥水和中耕等措施,使用生长调节剂,棉田放养蜜蜂帮助传粉,以及加强防治病虫等措施,都可取得减少脱落和增加产量的效果。各地一些小面积高产试验田的蕾铃脱落率已降低到40%,就是例证。

蕾铃脱落的生理机制还没有完全研究清楚,因此,还需要进一步探讨脱落的实质,找出新的防止脱落的有效途径,这对挖掘棉花的增产潜力、提高单位面积产量,具有重大意义。

四、棉花产量构成与形成过程

棉花高产的物质基础是光合作用形成积累干物质的多少,即生物学产量的高低。但栽培棉花的主要目的是籽棉(或皮棉),所以还有一个光合产物的分配利用问题,即经济系数的高低问题。经济系数是指籽棉重量占总干物质的比例。因此,棉花产量的构成可用下式表示:

棉花产量＝生物学产量(总干物重)×经济系数

从上式可见,增加干物重或提高经济系数均可增加棉花产量。但是,徒长的棉田其棉株"高、大、空",生物学产量可能很高,但经济系数低,籽棉产量也低。缺肥的棉田,生物学产量很低,即使经济系数高,也不可能获得高产。因此提高籽棉产量,既要增加总干物重,即增加光合产物的总量,又要提高经济系数。当前棉花高产田的一般生物学产量约为 11250 kg/hm²(不包括根和脱落的地上部分),经济系数为 30%～40%(籽棉)。

棉花产量(皮棉)的构成因素是每公顷总铃数、铃重和衣分。

(一)每公顷总铃数

每公顷总铃数是每公顷株数与单株结铃数的乘积,是棉花产量构成的主导因素。它的变化较大,常因每公顷株数和单株结铃数的变化而增减。两者存在着对立统一的关系,一般每公顷株数少,单株结铃数多;每公顷株数多,则单株结铃数少。这是个体与群体矛盾的反映,这个矛盾的统一主要是通过合理密植、控制肥水等措施来获得每公顷最高的总铃数,即应在提高单位面积总铃数的原则下发挥单株的生产潜力,从而提高群体的生产力。如果脱离总铃数片面追求单株结铃数,高产是难以实现的,即使实现生产成本也将会成倍增加。

但是,争总铃数要以争"三桃"为基础,争"三桃"要以争伏桃为前提,在提高单位面积总铃数的原则下力争伏桃,这是高产优质的关键。如果片面地降低密度,达到"三桃"齐结,往往总铃数不多,难获高产;反之,如果争不到"三桃"齐结,即使总铃数不少,但是伏桃不多,产量和质量也得不到保证。所谓"三桃",除了以植株部位分上、中、下"三桃"外,主要是以结铃时间来划分的。为了统一起见,伏前桃系指 7 月 15 日前的成桃(长江下游为 7 月 20 日),伏桃系指 7 月 16 日(长江下游为 7 月 21 日)—8 月 15 日期间的成桃,秋桃系指 8 月 16 日以后到有效开花期的成桃。秋桃又可分为早秋桃(8 月 16 日至 8 月 30 日结的大桃)和晚秋桃(8 月 31 日至 9 月 10 日或 15 日结的大桃)。

伏前桃在"三桃"中所占铃数的比例虽较小(约占 10%),但对提高棉花产量和品质有积极作用。它是早发稳长的标志,除了直接构成产量外,结住伏前桃能协调营养生长与生殖生长的关系,有利于防疯长、抓伏前桃,遇到灾害也比较主动。因此,生产上要求"带桃入伏"。

伏桃在"三桃"中的比例最大,通常占铃数的 40%～60%,而产量约占总产量的 55%～70%。伏期棉花处于一生的青壮期,也是开花结铃盛期,此时外界条件又是高温、强光,制造有机养料多,有利于满足成桃的需要。所以,在结住伏前桃的基础上多坐伏桃,是高产优质的关键,因此伏桃又称"主体桃"。

秋桃在"三桃"中的比例约占 30%,在迟发田和前期遭受自然灾害的棉田早秋桃比重更大,产量约占总产量的 30%。因为早秋气温还比较高,昼夜温差比较大,植株上部光照条件又好,有的品种(如岱字棉 15 号)又易结秋桃,所以只要肥水跟上成铃率较高,铃重较大,品质尚好。因此,早秋桃在高产棉田是不可忽视的组成部分。晚秋桃,铃重很轻,成熟不够,单纤维强度很弱,衣分也低,产量既少,质量又差。过去单纯追求产量时,尽量延长开花结铃期,常要求"三桃"齐结。现在从优质高产要求出发,晚秋桃多为霜后花,经济价值低,因此要考虑断花期不能过晚,开花结铃期并不是愈长愈好;另一方面,由于伏前桃容易霉烂,质劣经济价值也很低。因此,实现棉花优质高产的途径之一,就是在最佳开花结铃期内集中多结伏桃和早秋桃,尽量减少或不要伏前桃和晚秋桃,亦即尽量增加霜前好花,减少僵烂花和霜后花。这一要求主要是指黄河流域和长江流域棉区,至于西北内陆棉区和北部特早熟棉区,由于最佳开花结铃期较短而早,特别是新疆棉区极少烂桃,应主要依靠伏前桃和早伏桃获得高产。

(二)铃重

棉铃的大小,通常以每个棉铃籽棉重量(g)来表示,也可以用 500 g 籽棉所需的铃数来表示。铃的大小因品种、结铃部位、结铃迟早和栽培措施不同而异。棉花品种有大铃、中铃和小铃之分。铃重在 5 g 以下的为小铃,5～7 g 的为中铃,7 g 以上的为大铃。铃重除受遗传性影响外,在同一品种内同一植株的不同部位,棉铃的大小有显著差异,越靠内围的铃越重,外围的铃越轻,中部近主茎的铃重量大;不同成熟时期的棉铃,大小差别也很大,伏桃比秋桃大;棉株中部及内围铃比上部及外围铃大。在正常情况下,岱字棉 15 号伏桃的铃重可达 5 g 以上,晚秋桃只有 0.4～1.5 g,霜后花纤维都未成熟,单纤维强度很差,完全不能纺纱,较好的最多也只能供制胎絮用。总之,影响铃重的主要因素是气温、日照、栽培条件、肥水及病虫害。生育正常的棉株比脱力早衰的棉株所结的棉铃大,增施有机肥和磷、钾肥的比偏施氮肥的棉铃大。

土壤肥力水平低,棉花中后期缺水缺肥,造成棉花早衰,也会导致铃重大幅度下降。山西省棉花研究所在旱地基点多年研究证明,土壤肥力高低对铃重有很大影响。同一品种在土壤全氮量为 0.073% 的高肥田,铃重 4.06 g;在全氮量为 0.059% 的中肥田,铃重为 3.70 g;在全氮量为 0.053% 的低肥田,铃重只有 2.36 g。此外,铃重下降与每铃室数、每室棉籽数、病虫害等也有直接关系。铃重不仅影响产量,而且影响纤维的质量。

(三)衣分(lint percent)

衣分的高低与种子表面单位面积上纤维的根数、长短和粗细成正比,与种子重量成反比。衣分主要受品种遗传性的影响,也与温、光、水、肥等条件有关,但变化的幅度较小,相对来说比较稳定。所以选用高衣分的良种并注意栽培技术,有利于获得皮棉高产。

(四)高产棉花的产量结构

皮棉产量是由每公顷铃数、单铃籽棉重和衣分三个因素所构成的。据河南省农业科学院研究,将铃数、铃重、衣分三者分别对产量的影响,通过多元回归、通径系数、偏相关测定结果表明,每公顷铃数对产量起着首要作用,其次是单铃籽棉重,衣分对产量的直接作用较小。因此,提高产量的主攻目标是在增加总铃数的前提下,主攻铃重,提高衣指和籽指。

一般地,每公顷产皮棉 750 kg,每公顷铃数约为 52 万～60 万个,平均单铃重约为 4 g,衣分约为 38%～40%;每公顷产皮棉 1125 kg,每公顷铃数约需 75 万个;每公顷产皮棉

1500 kg,每公顷铃数约需 90 万~105 万个。如果单铃重在 4 g 以上,衣分在 40%以上,那么需要的每公顷铃数就少些。有的每公顷铃数不足 90 万个就可达到 150C kg 反棉;如单铃重低于 4 g,衣分在 38%以下,需要的每公顷铃数就要多些。铃数、铃重和衣分能相互补偿和协调。据河北农业大学等调查,每公顷铃数为 95.3 万~105.4 万个,单铃重为 4.03~4.76 g,衣分为 36.84%~38.75%时,每公顷皮棉产量可达 1567.5~1644.3 kg,主要是增加了每公顷铃数,同时铃重也有所提高。总之,只要在增加每公顷铃数的同时(尤其是伏桃和早秋桃),把铃重和衣分一起抓,高产是可以达到的。

第三节 棉花栽培技术

一、播种与育苗移栽

(一)播种前的准备

1. 种子准备

选用适合当地生长的良种,留足种子。棉籽处理包括晒种、粒选和种子消毒。力求种子纯度高,充实饱满,生活力强,发芽率和发芽势高,以达到一播全苗。为防治种子携带的病害,如炭疽病、黑斑病和红腐病等,可用棉籽重量 0.5%~1%的多菌灵或拌种灵拌种,也可用70%福美·拌种灵可湿性粉剂,或用 20%甲基立枯磷以及唑醚·代森锰锌、三唑酮混合剂等进行种子处理。也可用 16%吡·多·萎、63%吡·萎·福种衣剂处理棉种。

2. 整地及施基肥

棉花适于耕作层深厚的土壤。深耕可以加深耕作层,改善土壤理化性质,有利于棉花的生长发育。翻耕深度因具体情况而定。浙江省大部分棉区为两熟间套作棉区,春季套种棉花。一般在播种前结合施好基肥进行深翻,精细整地后再播种。整地要求达到“深、平、细、匀、伏”。满畦春花地,要深中耕整地后套种棉花。海涂棉区翻耕前施过磷酸钙 450~750 kg/hm²;地膜覆盖的棉田,畦中槽施普通复合肥 150~225 kg/hm²。

(二)露地直播技术

1. 播种期

当日平均气温稳定在 14 ℃时(5 cm 深的土温在 15~16 ℃)即可开始播种。实践证明,在适期播种范围内,争取早播才能达到“早苗、全苗、壮苗”并获得高产。1983 年由中国农业科学院棉花研究所主编的《中国棉花栽培学》中,对我国三大棉区直播棉田的棉花播种适期作了总结。①黄河流域棉区。根据河北省邯郸地区农业科学研究所资料,河北省各个地区的播种适期:邯郸、邢台、石家庄地区为 4 月 10—20 日,保定、沧州、廊坊地区南部为 4 月

15—25 日,唐山、廊坊地区北部为 4 月 20 日至 4 月底。根据河南省农业科学院资料,河南省以 4 月中下旬播种为宜。②长江流域棉区。上游地区春季气温回升早,播种期应比中下游早些,如四川省 3 月中下旬可以播种;长江中游地区,根据湖北省农业科学院的试验结果,播种期以 4 月上中旬为宜;长江下游棉区根据原中国农业科学院江苏分院(现江苏省农业科学院)、江苏省南通地区农业科学研究所试验结果,播种期以 4 月下旬至 5 月上旬为宜。③西北内陆棉区。新疆北部玛纳斯河流域和甘肃河西走廊地区,播种期以在 4 月 15 日以后,日平均气温稳定在 14 ℃为宜。

浙江省适宜的棉花播种期在 4 月 10—20 日(清明后谷雨前)。由于各地春季气温回升快慢不同,播种有先有后,如金华、黄岩等地春季气温回升早而快,播种可以提早,舟山地区气温回升较慢,播种应适当延迟。播种时,要注意天气和气温的变化,掌握"冷尾暖头"的气候变化规律,雨后抢晴天,抢墒口,突击播种。海涂地春季土温回升慢,一般比内地低 1~2 ℃,因此播种期应在正常播期内适当推迟,以 4 月下旬为宜。

2. 播种方式

播种方式通常以条播为主,点播次之。在两熟套种棉田,要求"开沟匀直,浅沟毛底,带肥下种,落子均匀,细土薄盖"。一般在套作畦面,按一定的行距开 2 行匀直而浅的播种沟,深不过 1.5 cm,以不露子为宜。在播种沟内施少量氮肥或磷、钾肥。一般施普通复合肥 225 kg/hm² 。施肥后要与土混合后再播种,以免种子与肥料直接接触而引起伤芽。薄盖细土,以勿露子为度,干旱年份播种镇压后再盖土,以利种子吸水,有利出苗。盖土后在播种行上撒施草木灰以防土壤板结。

3. 播种量

播种量应根据棉籽大小、发芽率高低、留苗密度、播种方式、土壤、气候、病虫害等情况决定。播种量不应片面追求以多求全,而应着重抓种子质量和播种质量,这样播量虽少亦能达到"五苗"。一般每亩播种粒数不少于留苗数的 8~10 倍。种子质量和播种质量都高,病虫害很少,又是适期点播时,粒数只需为留苗数的 2 倍上下。若在发芽率较低、土壤黏重、病虫害较多或提早播种等情况下,应适当增加播量,以保全苗;但不应增加过多,一般增加 10%~15%即可,否则播种量过大,既浪费种子,又使幼苗过于拥挤,生长细弱,易形成高脚弱苗,且间苗花工较多。国外大都采用定量点播机播种,每穴 3~4 粒,每公顷播种 22.5~30 kg,可节省种子和间苗劳力。机播最好用硫酸脱绒种子,以保证机播质量。机播,能做到开沟、下籽、覆土、镇压一次完成,因而可减少跑墒,并且播种行直,下子均匀,深浅一致。所以机播的最大特点是工效高、质量好,能抓住有利时机,在较短的时间内完成播种任务。采用机播的棉田,要求地块较大,墒情好,地面平整,没有根茬。新疆棉区多年来已大面积实行机播,主要经验是:普遍冬灌,整地保墒好,棉种普遍进行硫酸脱绒,重视试播,按质量要求调整机具,播种过程严格质量检查。此外,江苏、湖北农垦农场的大部分麦(油)后直播棉,由于播期比麦套短季棉晚了 15~20 d,为了抢时间均采用机播,麦收后抓"五随"(随耕、随耙、随施基肥、随开沟分畦整地、随播种)抢种,也可进行板茬干籽播种,同时进行施肥复式作业,播后再进行灭茬中耕。干旱时播种后要随即浇水。

(三)地膜覆盖植棉

地膜覆盖植棉增产机理在于：由于盖膜改善了棉花生长的土壤生态环境，提高根区土壤温度 2~4 ℃，保持土壤水分相对稳定，土壤疏松不板结，有利于土壤微生物活动，使土壤有机质分解转化为可结合态养分。通过地积温对气积温的补偿效应，加快了棉花生育进程，从而达到增温促早发。地膜覆盖棉花根系活力强，吸收养分多，出叶快，开花前叶面积增加快，光合面积大，光合产物积累多，促使早现蕾、早开花结铃，有效结铃期延长，单株结铃数增加，铃重提高。

地膜覆盖植棉，除翻耕整地、施基肥同露地直播棉一样外，播种期可比露地直播提早 5 d 左右，宜在 4 月 10 日前后播种，谷雨齐苗。播种时按预定密度定穴点播，每穴播 4~5 粒，然后用细土薄盖，每公顷用 60％丁草胺乳剂 1.2 kg 兑水 750 L，或用 50％乙草胺微乳剂或乳油 4.5~6 kg 加水 750 L，或用精异丙甲草胺乳油 1.5 kg 兑水 750 L 等酰胺类为主的除草剂；对单、双子叶混生棉田，每公顷用 25％除草醚可湿粉 3.75 kg 加 5％扑草净可湿粉 1.5 kg，或用 60％丁草胺 750 mL 加 25％绿麦隆可湿粉 1.5 kg，兑水 750 L 均匀喷洒防除，效果更佳。然后盖膜，膜边嵌入畦边土中，密封以利增温保温。盖膜时间按棉田墒情而定，土壤湿度适宜的，可边播边盖；雨水多、湿度大，宜在天气转晴、土壤湿度适宜时覆盖；土壤干燥，宜等雨后再盖膜。

播种出苗后，当 70％~80％子叶由黄转绿时应及时剪孔放苗。中午不剪，避免膜内高温烧苗，如遇阴雨天，推迟到天晴后进行。放苗后用细土封口护苗，提高盖膜保温保湿的效果，同时，加强地膜棉管理，防旺长，防早衰。

(四)营养钵育苗移栽

一般地，棉花育苗移栽比直播增产 10％~20％。育苗移栽棉花增产机理是：有利于棉花育壮苗，争早发，延长有效结铃期；根系粗壮发达，生育前期根系活力强；光合叶面积增长迅速，叶片光合作用强度大，棉株供应蕾铃有机养料增多；生长稳健，结铃率高；生物学产量和经济系数高。

在薄膜覆盖保温育苗的条件下，播种期可提早到 3 月下旬至 4 月上旬。棉苗移栽大田后，现蕾、开花显著提早。在 6 月下旬或 7 月初开花，延长结铃期 10~15 d，可充分利用 7、8 月份的光能和热能，有利于增加伏前桃、伏桃，增加铃重。塑膜育苗便于集中管理，培育壮苗。移栽时可选用生长一致的壮苗，匀株密植，棉株生长平衡。移栽时断了主根，侧根增多，根系发达，吸肥力强；地上部生长慢，长势稳健，株型紧凑。结铃率高，总铃数多，成熟早，可避免或减轻台风、秋雨、低温等造成的损失。薄膜覆盖营养钵育苗移栽，必须抓好育苗、移栽和缩短缓苗期等技术环节。

1. 做好苗床准备

选择土质好、排水好的棉地作苗床，苗床与大田面积以 1∶10 为宜。钵土要求肥沃，每公顷苗床可施过磷酸钙 750~900 kg，氯化钾或硫酸钾 75~150 kg。床土要熟化，冬翻风化，春捣晒土，达到土细土熟。制钵前 3~4 d，施腐有机肥和磷钾肥，拌入床土，充分拌匀，制钵前 1 d 浇水，使钵土含水量达 25％~30％，以手捏成团，齐胸落地即散为宜。制钵大小，早茬

(绿肥)苗龄短,钵径 6 cm;麦(油)茬苗龄长,钵径 8 cm。排钵要紧靠错开排列,钵面平整,以利播后盖土深浅一致,出苗整齐。棉籽必须晒种、选粒,播前再用温汤浸种或用 0.5% 多菌灵拌种或硫酸脱绒方法进行种子消毒,以提高出苗率,预防苗病。

根据各地气候和前作收获期,分批播种育苗。当气温稳定在 8 ℃(膜内床温可达 18 ℃)为安全播种期。春花作物行间套栽的棉花,3 月 25 日以后可开始育苗。大麦(油菜)收后移栽的,4 月上旬育苗,最迟不过 4 月 15 日。播种前,钵内应浇透水,保证齐苗前不浇水。每钵播棉籽 2 粒,盖细土 0.5 cm 左右,播种后立即搭棚架盖膜,周围用细土压好。

苗床管理原则是,出苗前增温,齐苗后控制床温,炼苗开始防止低温。具体要求:出苗前不要揭膜,采用高温高湿催苗出土。出苗后到出真叶前,苗床温度控制在 25～30 ℃。1 片真叶后床温控制在 20 ℃左右,当气温升高时,要注意揭膜通风,防止高温烧苗。随着苗龄增大,应及时揭膜炼苗,先日揭夜盖。移栽前,日夜揭膜炼苗 3～5 d。当气温稳定在 16 ℃以上时,晴天可以日夜揭膜,如遇低温阴雨天气,要及时覆盖护苗,既要防止高温烧苗,又要防止低温冻苗。为防治苗病,要保持床土干燥,控制浇水,齐苗后及时喷药防病,苗床一般不施追肥。为控制晚茬迟栽长苗龄(50 d 左右)棉苗的徒长,移栽前 15～20 d 进行 1 次搬钵蹲苗,以培育矮壮大苗,使移栽后缩短缓苗期,达到早发。搬钵蹲苗后,要注意护好泥,促使根系在钵内生长,移栽前 4～5 d,每公顷苗床施 60～75 kg 尿素作"起身肥"。

2. 适期移栽

适期移栽、一栽就活,是育苗移栽争早发的增产关键。移栽期,麦行套栽的一般在 5 月初开始,苗龄以 4～5 叶为宜。麦(油)后移栽的,应随收随栽,结束期不过 5 月。移栽方法:打洞或开沟,施好"安家肥",栽后覆土,浇足活棵水,以缩短缓苗期。要力求栽时伤根轻,栽后不萎蔫,子叶不凋萎,红茎不过高,叶色不落黄,3 d 发新根,5～7 d 展新叶,栽一棵活一棵。

3. 移栽后管理

活棵后及时中耕除草,蕾期深中耕,高培土,深沟高畦,促进根系发达。另一方面,中后期肥料适当早施,并及时补施"长铃肥",以防早衰,增结秋桃。

二、棉花需肥特性与施肥原则

(一)碳、氮营养特点

棉花体内有机营养物质种类很多,主要是碳水化合物和含氮化合物两大类,这两类营养物质供给整个棉株生长发育和各种生命活动的需要。营养物质在棉株体内的多少及碳氮代谢是随着棉株生长发育进程而呈规律性变化的。

1. 苗期

苗期是营养生长阶段,以氮素代谢为主,是棉株一生中含氮率最高的时期,碳代谢较弱,碳氮比小,故在苗期不宜多施氮肥,否则氮营养过多,使茎叶生长过旺,造成"胖苗"而使生殖器官幼蕾分化所需的糖类营养不足,现蕾推迟,叶枝增多。

2. 现蕾至初花期

现蕾至初花期是营养生长与生殖生长并进时期,但仍以营养生长占优势,氮素代谢较旺盛,随着绿色叶面积的增加,碳素代谢也逐渐增强,棉株体内碳氮比较大。这一时期要掌握好氮肥的施用,充分供给磷、钾肥,以使碳氮比协调,棉株营养生长和生殖生长协调发展,防止营养体徒长,达到稳长多现蕾。

3. 盛花结铃至吐絮期

盛花结铃至吐絮期是生殖生长占优势的阶段,以旺盛的碳素代谢为主,氮素代谢逐渐减弱,是碳氮比最大的时期。这阶段既要保持一定的氮营养水平,延长叶片有效功能期,防早衰,使棉株长势较旺,又要维持较高的碳素营养水平,有利于增加光合产物的积累和提高经济产量。因此,这阶段要重施花铃肥,确保多结伏桃,增结秋桃,增加铃重。

(二)需肥规律

棉花是需肥较多的作物。每公顷产皮棉 1500 kg,需纯氮 195~270 kg,五氧化二磷82.5 kg,氧化钾 172.5~195 kg。棉花对养分的吸收量随产量的提高而递增,但不成正比例增加(表 5-6)。棉花各生育阶段吸收氮、磷、钾的数量和比例有很大的差异。在苗期由于气温较低,棉株生长缓慢,植株又小,吸收养分较少。现蕾以后,气温增高,棉株生长迅速,营养生长和生殖生长同时并进,对养分的吸收量增多,至开花结铃期达到最高峰。吐絮以后,气温下降,营养生长逐渐停止,蕾铃的形成减少,对养分的需要又趋减少(表 5-7)。从表 5-7 可知,钾素在蕾期吸收量较多,N∶P∶K 为 1∶0.15∶1.2,蕾期土壤钾素不足,就易出现缺钾症。在吐絮期钾的吸收很少。因此,钾肥应作种肥(基肥)或蕾肥施用。

表 5-6　棉花产量与氮磷钾吸收的关系

皮棉产量 (kg/hm²)	氮(纯 N) (kg/hm²)	磷(P_2O_5) (kg/hm²)	钾(K_2O) (kg/hm²)
1123.50	145.05	60.75	141.75
1274.55	181.80	72.00	177.00
1396.50	260.85	80.25	213.00

表 5-7　棉花各生育阶段吸收氮、磷、钾百分率和比例

生育阶段(月/日)	天数	N	P	K	N∶P∶K
苗期(4/25—6/11)	48~51	3	2	3~5	1∶0.13∶1
蕾期(6/11—7/7)	23~26	20~25	16~18	35~40	1∶0.15∶1.2
有效花铃期(7/7—9/10)	65	60	55~65	50~60	1∶0.18∶0.8
成熟吐絮期(9/10—11/20)	70	12~17	15~25	2~5	1∶0.25∶0.15

(三)合理施肥原则

1. 有机肥料为主,无机肥料为辅,有机无机相结合

有机肥料属完全肥料,含有较完全的营养元素,能够较完全地满足棉花对营养元素的需

要。其分解缓慢,肥效长而稳,使棉花生长稳健。有机肥料能增加土壤耕作层有机质,促进微生物活动,改善土壤结构,增强土壤保肥供肥能力。无机肥料的肥效快,对促进和控制棉花生长有较大的灵活性。有机肥料与无机肥料配合使用,能做到迟效与速效相结合,完全肥料与单一肥料相结合,发挥各种肥料的优点,有利于高产。

2. 施好基肥,分期合理追肥,基肥追肥相结合

一般地,基肥约占总用肥量的 1/4,可用饼肥、堆肥和栏肥等。棉花生育期长,除基肥外必须根据各生育阶段的营养特性和栽培要求,分期追施,做到"早施、轻施苗肥,稳施蕾肥,重施花铃肥,补施长铃肥(盖顶肥)"。

3. 根据土壤肥力情况,合理搭配氮、磷、钾肥和硼肥

浙江省棉区土壤有机质和氮素含量一般较低,有机质大多在 1%～1.5%,全氮含量 0.05%～0.11%,速效磷在 10 mg/L 以下,60% 的棉田速效钾在 100 mg/L 以下;增施氮肥必须配合增施磷、钾肥,才能满足棉花的需要,使之增产。在土壤缺硼(含有效硼 0.4 mg/L 以下)的棉田,还需追施硼肥,增产效果显著。

4. "看天、看土、看苗、看肥"相结合,进行合理追肥

棉花施肥,还要根据天气情况、土壤、肥料特性和当时棉花生长状况全面考虑,要做到"四看"施肥。如蕾期雨水多应控制肥料,遇到伏旱应结合灌溉以水调肥。如沙土和盐碱土壤,有机质缺乏应多施有机肥。滨海咸涂地,钾素丰富可不施钾肥;沙土缺少钾,应增施钾肥。肥料不同,施肥方法也不同。速效氮肥施后 3～5 d 即可发挥作用,移动性大,又易挥发和流失,不宜在棉花需肥前过早施下,应开沟覆土或穴施,以减少损失。磷肥在土壤中的移动性慢,范围也小。在蕾期施用磷肥,应开沟深施,以供蕾期和花铃期吸收利用。根据棉花的生育进程、长相长势,确定施肥时间和种类、数量,特别要注意蕾期施肥,应掌握蕾期施肥供花铃用,使所施肥料的肥效高峰避开营养生长的高峰,而与开花结铃需肥高峰期相遇,避免带铃徒长,能坐住下部桃,多结中部桃,达到"三桃满坐"获高产。

三、棉花田间管理技术

(一)苗期管理

苗期管理要求达到全苗、匀苗、壮苗、早发。浙江棉区,棉花苗期(5—6 月)常多春雨和梅雨,日照少,气温低,湿度大,容易引起棉苗发病、死苗和迟发。苗期管理目标要达到壮苗早发。壮苗早发的长势长相是:棉苗 6 月中旬普遍现蕾,根系健旺白根多,棉高约 20 cm,叶片 8～9 张,叶色油绿稍带黄,叶片大小适中,茎秆粗壮、顶端齐平。对于两熟套种直播棉花,在苗期要抓好以下技术措施:

1. 扶理春花,抢收春花

两熟套种棉花,春花行间棉苗荫蔽。对有倒伏趋势的春花作物,需进行扶理,以改善棉行通风透光条件,促进棉苗健壮生长。春花成熟要及时抢收,做到熟一块收一块,使棉苗及早露光。

2. 清沟排水防渍

浙江棉区苗期多雨,苗期要经常注意清沟,使直沟、横沟和四周的排水沟畅通无阻,做到深沟高畦,雨停沟干,防止积水。

3. 中耕除草,及时灭茬

棉花苗期生长缓慢,杂草的繁殖和生长很快,与棉苗争光、争肥。阻碍棉苗生长,应及时进行中耕除草。播种以后如遇天下雨,应在出苗以后浅松土。在多雨、多草、土质黏重、地势低的棉田应多中耕除草,做到雨后抢晴及时中耕。中耕深度应掌握"先浅后深,行边浅、行间深、株间浅"的原则。苗期根系分布较浅,前期中耕以 1.5 cm 左右为宜。春花收后,结合灭茬应进行 1 次全面的中耕除草、培土和清沟排水,以促进棉苗生长。棉田应用除草剂除草可以减少劳力,降低成本,提高效率。播种后至出苗前,除草剂施用同地膜覆盖直播棉覆土盖膜前一样,但棉苗出土后,只能用选择性除草剂,如苗期早熟禾等单子叶杂草正处于 3～5 叶期,每亩可用精喹禾灵乳油 70～80 g,或用高效氟吡甲禾灵乳油 30～50 g,或用 15% 精吡氟禾草灵乳油 75～100 g 兑水 30 L 喷雾茎叶。

4. 追施苗肥

苗肥要掌握"早施、轻施、苗施苗用"的原则,一般应在棉苗 3 叶期以前施好。第 1 次苗肥在齐苗期施用,用尿素 30～37.5 kg/hm^2 冲水浇施,以促进幼苗及早转青、健壮生长和增强抗逆力,早出真叶。在基肥足、土壤肥、棉苗长势好的棉田可以少施或不施;而对黄苗、弱苗重点补施。在春花收割前后,除了棉苗长势较好、基肥较充足的棉田之外,施 1 次"提苗肥",每公顷用 60～75 kg 硫铵,对促进壮苗早发,增强抗病虫害能力均有显著效果。但施肥不能过迟、过多,避免蕾期徒长。

5. 查苗、补苗、间苗和定苗

棉苗出土后应及时查苗,如发现缺株断行应及时移苗补缺。在 1～2 片真叶后缺苗,要用大苗补栽。移栽时,要多带土少伤根,在傍晚或阴天进行。栽后立即浇稀水粪,以利成活。同时移补的苗应比它两旁的苗稍大些,使之平衡生长。苗出齐后应及时间苗,培育壮苗。间苗应分次进行。第 1 次在齐苗后进行删苗,以不挤苗、不搭叶为宜。第 2 次在棉苗出第 1 片真叶时进行,株距以定苗的一半为宜。第 3 次在苗已有 3～4 片真叶时,按密植要求定苗。选留的苗要求高矮适中,健壮清秀。间苗和定苗要做到及时、留匀、留壮、拔除病苗。

6. 病虫害防治

苗期主要病害有立枯病、炭疽病、红腐病、茎枯病、褐斑病、黑斑病等,有的年份还有疫病和角斑病。主要的虫害有地老虎、蜗牛、野蛞蝓、棉蚜,部分棉田还有小卷叶虫、蓟马等。这些病虫害严重地威胁着棉花的全苗和壮苗。应采用综合防治措施,确保壮苗早发。

(1)苗病防治 棉苗出土后要抓紧喷 0.5% 波尔多液,以后每隔 7 d 喷 1 次,共喷 2～3 次,可以防治多种苗病;或用 25% 多菌灵可湿性粉剂 300～1000 倍液,也有较好的效果。选用 65% 代森锰锌可湿性粉剂 250～500 倍液、50% 克菌丹可湿性粉剂 200～500 倍液、1000

倍的多菌灵药液浇根,可防治棉苗根病。

(2)虫害防治 地老虎、蜗牛、野蛞蝓等害虫,除了人工捕捉外,还可用堆草诱杀或毒饵诱杀。毒饵诱杀可采用 90％精制敌百虫农药 100 g 加热水 1 L 溶解,喷在炒香的 5 kg 棉仁饼或菜籽饼上,拌匀,在傍晚撒在棉行中进行诱杀。也可用 40％辛硫磷乳油 1500 倍液,或用 20％氰戊菊酯乳油 1500～2000 倍液防治地老虎。红蜘蛛点片发生时采取点片挑治;连片发生时可选药剂:73％炔螨特乳油 1000～1500 倍液,或用 1.8％阿维菌素乳油 3000～4000 倍液,或用 10％浏阳霉素乳油 1000 倍液,或用 15％哒螨灵可湿性粉剂 2500 倍液喷雾于叶片背面。防治野蛞蝓在傍晚或清晨向虫体喷 100 倍的氨水,或在上午 7 时前和下午 4 时后用生石灰直接撒施在虫体上面,防治效果可达 95％。或用 6％四聚乙醛颗粒剂或 6％甲萘·四聚毒饵撒施诱杀。防治苗期蚜虫兼治棉蓟马,防治出现"公棉花"、"多头花",每亩用 20％丁硫克百威乳油 30～45 g、10％吡虫啉可湿性粉剂 10～20 g 或用 20％啶虫脒 2～3 g 兑水 30～50 kg 喷雾。

7. 合理密植

合理密植是指与本地区气候条件、耕作制度、土壤肥力以及品种类型等相适应且能达到优质高产早熟目的的单位面积上的棉株种植数目。合理密植应根据当地气候、土壤、肥、水、品种、耕作制度和栽培条件而定。确定合理密植的原则是一项重要的应用基础性研究工作。根据我国众多试验研究结果和生产经验总结,确定合理密植的原则概括为以下 3 方面:

(1)气候条件 气候条件主要是指无霜期长短、温度高低、雨量及日照的多少。凡气温较高,雨水较多,无霜期较长的棉区宜稀;温度较低,雨量较少,无霜期短的棉区宜密一些。长江流域棉区无霜期长,热量资源丰富,雨量较多,日照较少,植株高大,棉田湿度大,容易烂铃,一般密度宜低;近年来长江流域棉区中熟杂交品种种植密度在 24000～39000 株/hm²。黄河流域棉区无霜期较短,温度较低,雨量较少,密度高于长江流域。西北内陆棉区,无霜期短,雨量少,温度低,日照充足,密度一般为 195000～225000 株/hm²。

(2)土壤条件 土壤肥沃、施肥水平较高、灌溉条件较好的棉田,棉花生长枝叶繁茂,棉株所占空间较大,密度宜稍低;施肥水平较低、灌溉条件差、耕层较浅的田块,密度宜高些。一熟棉田密度宜低,两熟棉田密度宜大些,地膜棉可比同等条件下套播棉密度降低 10％～15％。麦(油)后直播棉建议适当增加密度"以密争早"。

(3)品种类型 棉株矮小、株型紧凑、叶片较小的品种以及早熟品种,密度宜大些;株型松散的品种和中/迟熟品种,密度宜低;杂交棉生长势旺,为充分发挥其个体优势,密度应低。其他栽培管理的水平与密度也有一定关系。

浙江省常规棉花种植密度,一般为 60000～75000 株/hm²,但近年来因发展杂交棉大多减少至 22500～30000 株/hm²。多采用宽、窄行种植。由于宽行封行较迟,对减少中下部蕾铃的脱落有良好效果。在金衢棉区常规棉花多为 45000 株/hm²,有等行种植和宽窄行种植两种方式;但新垦黄土丘陵地移栽密度,可适当增至 60000 株/hm²,金衢棉区杂交棉大多采用大个子小群体结构,即采用宽行等行距种植,种植密度在 22500 株/hm²。彩色棉多采用宽行窄株,适当增加行距,改善通风透光条件,增加边行优势,有利于增加结铃与减少烂铃。麦后直播棉可适当提高到 75000～105000 株/hm²(肥力水平较低棉田甚至可达 120000～135000 株/hm²),等行距(40 cm)种植。江苏一些农垦农场在机械作业条件下,采用在两轮印中间种 3 行棉花,行距 35～45 cm,跨轮印行距 50 cm,每畦 3.4 cm,种 7 行,如需机械下田管理,跨轮印行距可放宽到 70 cm。

(二)蕾期管理

蕾期管理一般以控为主,主攻稳长,增档增蕾,搭好丰产架子。

1. 及时去叶枝

叶枝应及时摘去,以减少养料消耗。一般在第 1 果枝出现,可以辨别果芟与叶枝时进行。去叶枝要反复进行,把棉株上的叶枝全部去掉。

2. 中耕除草和清沟培土

蕾期中耕应根据苗情、气候和土质等灵活掌握。对长势较弱的棉花,应采取中耕松土促发苗,蕾期中耕深度,行间深、株间浅,逐步加深,促使根系深孔,增强棉根的吸收范围和吸收能力。在多雨季节,中耕不宜过多,以免土壤积水过多。

蕾期清沟培土,一般培土高 10~15 cm 形成土垄,这样有利提高土温,便于排水,防止土壤中肥料的流失,促使棉株发生新根,吸收更多的养分和水分。培土还能防止棉株倒伏。

棉花蕾期杂草防除:每公顷用 10％草甘膦水剂 6000~7500 mL,加水 750~900 kg,顺棉行定向针对性喷雾,避免将药液喷到棉花茎叶上发生药害。

3. 稳施蕾肥,施好当家肥

蕾期是棉花最易徒长的时期,要掌握稳施蕾肥。

蕾期正值梅雨季节,雨水多,温度较高,对施过基肥和苗肥且生育正常的棉花,应严格控制使用氮肥,不施速效氮肥,仅施些磷钾肥,做到“控氮、增磷钾”。多雨年份,棉株生长不良,或土质差棉苗发不起的棉田,应巧施“接力肥”,施尿素 37.5 kg/hm² 左右,促使发棵。

“当家肥”主要是有机肥,如饼肥、厩肥、堆肥、夏绿肥。“当家肥”的作用是满足开花结铃时对养分的需要。施肥时间因具体情况不同而异。旱年肥料分解慢,或基肥、苗肥不足,长势较差的棉花,可适当早施。雨年肥料分解快,或基肥、苗肥多,长势较旺的棉花,应适当推迟施。一般在盛蕾末期或始花期,由霉转伏时,棉株叶色褪淡落“黄”,施用较适宜,可使“当家肥”的养分释放高峰和开花结铃高峰期相遇,利于初花期稳长,结住下部桃,多结中部桃。“当家肥”的施用量:一般施饼肥 450~750 kg/hm²,并可搭配磷钾肥、过磷酸钙 150~225 kg/hm²;或施进口复合肥 150~225 kg/hm²(或国产普通复合肥 450~525 kg/hm²)。缺钾棉田(土壤速效钾含量在 100 mg/L 以下),每公顷应增施硫酸钾或氯化钾 150~225 kg,或草木灰 1500~2250 kg。施用方法:在小行开沟深施,将肥料施在根群大量分布的土层中,便于根系吸收,结合培土覆盖肥料,减少损失,充分发挥肥料的作用。

4. 防治病虫害

常规棉蕾期害虫主要有棉铃虫、棉蚜、玉米螟、绿盲蝽、棉蓟马等。在不同年份虫情发生情况不同,应根据病虫测报信息及时防治。棉蚜等的防治见前节。对于其他害虫可以根据测报,及时采取诱杀、捕捉、喷药等措施。蕾期棉铃虫常用的农药为 Bt 生物农药或卵孵化高峰期用 2.5％氟啶脲、氟虫脲乳油 1000 倍液,幼虫高峰期喷施灭多威、辛硫磷和多杀霉素 1000~1500 倍液。另外,应注意到推广种植抗虫棉后第二代棉铃虫一般年份因 Bt 毒蛋白能有效控制,但棉盲蝽已成为蕾期的重要害虫之一。防治盲蝽的常用农药主要有:45%马拉硫磷乳油 70～80 mL、10%联苯菊酯 30～40 mL,或用 35%硫丹乳油 60～80 mL、40%灭多威可溶性粉剂 35～50 g、40%毒死蜱乳油 60～80 mL 兑水 50 L 喷雾。防治蓟马的常用农药有:10%吡虫啉可湿性粉剂 2000 倍液、1.8%阿维菌素乳油 3000～4000 倍液喷雾。在蕾期,有枯萎病发生的地区应进行普查,并采取控制措施。同时选用抗病品种,实行稻棉轮作。

5. 控制徒长

对徒长棉花,可以采用下列措施:

(1)控制地上部生长,在小行深中耕 10～15 cm,开沟暴晒,或在行间切断部分侧根,使根系吸收能力减弱,以达到控制地上部的生长。也可摘去第 1 果枝下的主茎叶片,减少供应顶端生长的养料,控制棉株生长。

(2)喷助壮素(又名缩节胺,化学名称为 1,1-二甲基哌啶嗡氯化物),如当棉株初花期出现徒长时,每亩用缩节胺 1～1.5 g,加水 30～50 kg 进行叶面喷施,对控制棉花徒长有较好的效果,并能改变株型,提高棉株结铃率,增加产量。

(三)花铃期管理

花铃期管理要求促进棉花生育旺盛,多现蕾、多结铃,增铃重。控制贪青迟熟以取得高产。花铃期棉株长相长势要求应是长势稳健,初花前后株高增长达高峰,日增长 2～2.5 cm,盛花期保持株高日增长 1～1.5 cm。叶色由初花期绿里透"黄"进入盛花期转深绿色。棉田封行适时,"见花封小行,带硬桃封大行,下封上不封,中间一条缝"。在技术措施上,要狠抓以下几个环节:

1. 重施花铃肥、补施长铃肥

棉株进入盛花期后,营养生长逐渐减弱,而生殖生长加速进行,并逐渐趋向优势。养料输送中心逐渐转向蕾铃,棉株进入需肥高峰期。此时碳、氮营养能否维持较高的水平,对争取多结铃、结大铃关系密切。这时重施速效氮肥,不但不会引起营养器官徒长,而且相对集中供应开花结铃和棉铃发育对养分的需要,有利于伏桃增重,争结秋桃、结大桃和减少蕾铃脱落,增产效果显著。这对于用肥水平较低的棉田尤其重要。

花铃肥的施用时间与用量应根据地力、土质、前期施肥、棉株长势及天气变化等情况而定。一般早发、旱年、地瘦、"当家肥"不足、长势差的棉田,宜在初花期施用。而雨年、地肥、"当家肥"足或长势旺的棉田,宜在棉株下部坐住 2～3 个大铃时施用。通常在棉株下部结住 1～2 个大桃时施用。抗虫棉花铃肥宜见花时重施。从 7 月下旬至 8 月初分 2 次追施速效性氮肥,每次施尿素 150～225 kg/hm²,开沟或打穴深施。天气干旱时,应肥水结合,先抗旱灌水后施肥,使棉株及时吸收利用。

花铃盛期以后,当棉株中下部果枝坐桃多,上部花蕾多而有缺肥早衰趋势的棉田,可适时适量追施长铃肥(或称盖顶肥)。在立秋后至 8 月 15 日之间,追施 105～120 kg/hm² 尿素。若土壤肥力高,花铃肥施后,长势嫩、后劲足的棉田,可不施长铃肥。

花铃后期,棉株根系吸收能力弱。如果 8 月中下旬棉株叶色提早出现转色褪黄(有缺肥趋势),可叶面喷施 1～2 次尿素(浓度 1%～2%),或 2%过磷酸钙浸出液,或 0.2%磷酸二氢钾液,以及"叶面包"、"喷施灵"等复合肥,对提高上部果枝的结铃率和铃重、防止早衰有较好效果。

2. 抗旱灌水

花铃期是棉花一生中需水最多的时期,土壤含水量以 20％左右为宜。出梅入伏后,久晴无雨,土壤含水量降至 17％左右时就需灌水抗旱。一般地,表土 6～20 cm 土壤颜色变浅,表明缺水;中午前后棉株顶部 3～4 叶下垂萎蔫,直到下午 2—3 时,仍不能恢复正常状态,叶片变厚,叶色暗绿,茎顶发硬,失去向阳性,均是严重缺水的象征。这时天气干旱,就需及时灌水抗旱。肥力差、棉株长势弱的棉田,要适当提早抗旱;肥力高、棉株长势旺盛的,可适当推迟一些。为了防止后期烂铃,棉田最后一次抗旱灌水,应在 8 月 15 日左右结束。

抗旱灌水可采取沟灌、隔行沟灌或喷灌等。切忌大水漫灌。灌水宜在早晚进行,这是因为中午温度高,棉株生理活动旺盛,如果中午灌水,会使土温急剧下降,土壤空气大量排出,影响根系呼吸和养分吸收,使棉株体内水分代谢和营养代谢受阻,常使蕾铃脱落增加。灌水后要及时松土保墒,防止地面板结,影响根系生理活动。

3. 适时打顶

适时打顶是控制营养生长,促进生殖生长,控制株型,提高结铃率,促进早熟高产的有效措施。无霜期短、肥力低、密度大、长势弱的宜早打顶,适当少留果枝;无霜期长、地肥、施肥水平高、密度低、长势较旺的棉株或前期徒长、中下部结桃少的,为争取多结上部桃,可以多留果枝,适当推迟打顶。正常生育、常规密度的棉田,一般在大暑后至立秋前打顶。打顶时,不要大把揪,以打去 1 顶 1 叶或 2 叶为宜。

4. 防治病虫害

常规棉花铃期的虫害有棉铃虫、红铃虫、金刚钻、斜纹夜蛾、红蜘蛛和棉蚜等,主要是棉铃虫和红铃虫,重点防治第 3、4 代的棉铃虫(7 月下旬和 8 月中下旬)及狠治第 2 代红铃虫,兼治红蜘蛛、棉蚜等,以增保蕾铃。防治棉铃虫:除采取黑光灯诱蛾、人工灭卵及捕捉幼虫外,农药防治上要做到"打卵不打虫,打在卵高峰",狠抓杀卵和消灭 1～2 龄幼虫。防治红铃虫:弃治 1 代,狠治 2 代,挑治 3 代。对于抗虫棉田,应注意第三、第四代棉铃虫的发生,作补充防治;而红铃虫一般抗虫棉田发生极少。随着保护地的推广应用,现在棉田烟粉虱也成为主要害虫趋势。

卵孵化高峰期可用 2.5％氟啶脲、氟虫脲乳油 1000 倍液,幼虫高峰期可用灭多威、丙溴磷、高氯辛、辛硫磷、35％硫丹乳油 1000～1500 倍液喷雾防治棉铃虫。用 2.5％溴氰菊酯乳油 25～30 mL 加 40％辛硫磷乳油 50 mL 兑水 50 L,或用 2.5％高效氯氟氰菊酯、氯氰菊酯 30～40 mL 加 48％毒死蜱乳油 50 mL 兑水 50 L 治红铃虫。蓟马防治药剂同苗期。烟粉虱防治药剂:1.8％阿维菌素乳油 2000～3000 倍液,或 10％吡虫啉可湿性粉剂 2000 倍液,或 25％噻嗪酮可湿性粉剂 1000～1500 倍液喷雾。

花铃期的病害防治:黄、红叶茎枯病是生理性病害。棉田的耕作管理、排水条件好坏、土壤及施肥状况等均与发病有关。应采取综合防治措施,使棉株发育壮健,提高抗病能力。在连年发病早衰的棉田,增施有机肥及草木灰等钾肥;实行合理的轮作(如稻棉、棉麻轮作)。改良土壤,以减轻和缩小发病的棉田面积;生长前期若发现棉田有黄叶茎枯病发生,可以追施硫酸钾等钾肥防治。

防治棉铃病害：常见的主要棉铃病害有炭疽病、红腐病和疫病，其次是红粉病、曲霉病和黑果病。棉铃成熟阶段，浙江省棉区正值秋雨季节(8月下旬至9月中旬)，气温较高(20～25℃)、湿度大，很适宜棉铃病害发生，易造成烂铃。必须重视棉花烂铃的防治。防治后期虫害，以免虫伤处病菌入侵造成烂铃；合理施肥，增施钾肥，增强棉株抗病能力；改善棉田通风透光，降低棉田湿度。开始吐絮后可采取剪去空档，打老叶(棉株下部主茎叶)，打边心及"开天窗"(去顶部主茎叶和空档)的办法，以减少烂铃。药剂防治，用0.5%波尔多液，或65%代森锌可湿性粉剂500倍液喷雾于青铃；也可用铜皂水(硫酸铜、中性皂和水之比为2∶1∶100)喷2～3次，隔7d喷1次。多雨季节棉铃受病未烂前，及时抢摘"黄壳铃"，以减少损失。

(四)吐絮期管理

吐絮期的棉田管理要求是保叶保桃优质高产，棉株长势要求达到"嫩过8月，老健9月"。

1.防治病虫害

吐絮期主要虫害是第3代红铃虫(9月上旬)，对青铃的威胁最大，其次是棉铃虫、红蜘蛛。可用药剂防治。

2.喷施乙烯利(2-氯乙基磷酸)催熟

对于10月份仍不衰老，贪青迟熟的棉田，可用乙烯利催熟。乙烯利能促使茎、叶养分加速向棉铃转运，提早成熟吐絮，增进品质，提高产量。喷施浓度以有效成分含量800～1000 mg/L为宜(如乙烯利产品的有效成分是40%，则称取100～125 g冲水50 kg)，每公顷喷750 kg，要求铃、叶全部喷到。

喷施乙烯利的效果与喷施时棉田的生长状况、气候条件及喷施时期关系密切。在正常情况下，喷施乙烯利10 d以后，棉桃的吐絮率便迅速上升，棉叶也显著落黄。北方棉区多在霜前20 d开始应用。南方由于始霜期迟，后期有效生长季节长，可推迟在10月上旬开始应用。如喷施过迟，气温降至20℃以下，乙烯利就不能发挥应有作用；相反，如喷施过早，许多棉桃还发育不足，棉叶过早脱落，就不能充分利用后期有效的气候条件和土壤肥水条件，对铃重和产量都会带来损失。正常成熟吐絮的棉田无须喷催熟剂。

3.及时收花、精收细摘

棉花从8月下旬开始吐絮，至11月上、中旬止，收花季节长达60～70 d，采花次数多。为了提高棉花产量和品质，必须及时采收棉花。收花过迟，风吹雨淋会造成棉花落地和纤维失去光泽，品质与售价降低。遇长期阴雨天，应抢摘裂口黄棉铃，可防止烂铃和僵瓣。收花要精细，做到田净、株净、壳净。防止提早带桃拔秆，达到朵朵归仓，丰产丰收。收摘时把正常吐絮的好花与次花分收、分晒、分藏、分售、快售。

4.选留良种，提高种子质量

选留良种是提高棉花产量和品质的一项重要措施，主要方法有片选、株选、铃选。一般要求选择具有该品种特征、位于棉株中部的棉铃(即"腰花")留种。留种的籽棉要单晒、单轧、单存。

四、棉作科学研究进展

(一)特种棉及其栽培技术

1. 低酚棉

低酚棉是通过育种手段排除色素腺体,使棉仁中棉酚含量低于 $0.02\% \sim 0.04\%$,对人畜无毒的棉花。低酚棉的诞生使棉花变成了"棉、油、粮、饲"四位一体的新型作物。

MeMichael 于 1959 年育成世界上第一个陆地棉低酚棉品种 23B,从而揭开了低酚棉育种的序幕。美国、法国、埃及、苏联、印度、叙利亚、伊朗及非洲的乍得等国家相继开展了低酚棉育种工作,每年均有新的低酚棉品种投放市场。1972 年辽宁省农业科学院首先从非洲的马里引进早熟低酚棉种质资源,1974—1975 年我国又先后从美国、法国等引进兰布莱特 GL-5 等品种。此后,国内各育种机构相继开展低酚棉品种的选育及棉籽蛋白的综合利用研究。由于引进的低酚棉种质具有迟熟、叶片大、烂铃多、铃壳厚、吐絮不畅的缺点,给最初的低酚棉育种带来很大的困难。后来又从美国陆地棉品种安通 sp-1 中选出丰产性较好的中早熟品系。1983 年低酚棉育种列入"六五"国家攻关课题,80 年代后期各育种单位相继育成产量水平不低于有腺体品种的优良低酚棉品种,并且低酚棉品种被大量种植,到 1991 年共培育审定了十多个低酚棉品种,1991 年种植面积达 10 万 hm^2。浙江省农业科学院也先后培育出高产优质低酚棉品种浙棉 9 号、10 号,并曾在金衢棉区进行较大面积推广。低酚棉须集中连片种植,防止异花授粉,保持低酚棉品种的纯度,与普通棉田间隔 200 m 连续种植为好,并注意防治病虫和鼠害。

2. 杂种棉

棉花种间、亚种间、品种间杂交有明显的杂种优势,利用杂种优势是提高棉花产量、品质、抗性的有效途径之一。目前世界上杂种棉种子的生产方式主要有两种:第一种方式是以印度为代表的以人工去雄授粉为手段利用 F_1 代杂种优势。印度是世界上利用棉花杂种优势最为成功的国家,杂种棉的栽培面积占印度植棉面积的 28%,而产量却占该国棉花产量的40%。杂种棉组合既有陆地棉×陆地棉品种间杂种,也有陆地棉×海岛棉、非洲棉×亚洲棉种间杂种。这种大规模以杂交种取代常规品种是印度棉花产量大幅度提高、品质显著改善的主要因素之一。我国在 20 世纪 20—30 年代曾开展了亚洲棉品种间杂种优势利用的研究,50 年代曾开展海岛棉与陆地棉间杂种优势利用研究,但未进一步发展。70 年代也开展了大规模陆地棉品种间杂种优势利用的研究,筛选出一些高产、优质的杂交组合应用于生产。1978 年,全国共种植人工去雄配制的杂种棉约 7000 hm^2,其中河南占 50%～60%。但是由于人工去雄、授粉成本高而未能大面积地推广利用。80 年代以来,中国农业科学院棉花研究所在分析配合力的基础上,筛选出中杂 019、中杂 028 杂种棉组合,以人工去雄授粉为制种手段,杂种可利用一代和二代,杂种一代比生产上推广品种增产 20% 以上,杂种二代可增产 10% 以上,直到 1996 年该组合在河南、山西、安徽仍有较大的推广面积,首次开创了 F_2 代杂种棉大规模利用的实例。美国则提出了用杀配子剂为手段杀雄,蜜蜂传粉制种生产 F_1

种子,大规模利用 F₂ 代杂种优势的途径。

第二种方式是以中国四川省为代表的核不育系利用(一系二用法)。1972,年四川省仪陇县农业科学研究所从推广品种洞庭 1 号中发现自然突变产生的核雄性不育株以来,中国在核雄性不育材料的发现、收集、鉴定和转育利用等方面做了大量研究。"洞 A"或它们的衍生不育系已在生产上大规模地加以利用。从 1980 年起推广利用核雄性不育系配制的杂种棉,到 1989 年四川省共计推广该类杂种棉 28 万 hm²,占该省棉田面积的 25%～30%。

利用细胞质雄性不育的"三系法"制种,是当今杂种种子的制种方法。但是,棉花的"三系法"制种产业化在世界上尚未成功。最近,由浙江大学、浙江省农业厅和金华市农科所组成的"三系杂交棉的选育、引种和高产配套技术研究"课题组对此进行了联合攻关,首次育成一个对不育系具有强恢复力的恢复系(浙大强恢),并成功地筛选到一个强优组合"浙杂166"。转基因"三系"杂交棉研究的重大突破,使浙江省有望在国内率先实现"三系"杂交棉种子产业化。

杂种棉的栽培技术要点:①育苗移栽,提高效益。育苗移栽不仅可以精量播种,节省种子成本,同时也可提早播种,争赶季节。②合理稀植。杂种棉的生长势旺盛,杂种棉宜稀植,以充分发挥个体生长优势。苗期行间可以间作其他作物,以提高经济效益。③合理施肥。基本原则应是施足基肥,重施花铃肥,补施盖顶肥。一般 7 月上旬施一次追肥,7 月下旬重施花铃肥,以保证形成大量蕾铃的养分需求;8 月中下旬再补施叶面肥,以缓解和转化后期长势的衰弱。④精心管理。及时去掉营养枝和赘芽,减少养分消耗,改善光照条件。对有徒长趋势的棉花可以采用化控手段轻控,并及时防止害虫、分次培土、壅根防倒,以改善群体结构,提高结铃率,减少烂铃,增加产量。

3. 转基因抗虫棉

1987 年,美国 Agracetus 公司首次报道获得外源标记基因的珂字 312 遗传工程棉花,而后将苏云金芽孢杆菌的 Bt 基因转入棉花,1989 年进行大田试验,但抗虫效果差。美国 Monsanto 公司转 Bt 基因抗虫棉品种 NuCOTN33 和 NuCOTN35 于 20 世纪 90 年代初开始示范试种,1997—1998 年度推广 100 万 hm²,约占全美植棉面积的 20%。澳大利亚自 1995 年开始示范试种转 Bt 基因抗虫棉,1997—1998 年度推广 6 万 hm²,约占全澳植棉总面积的 13%。印度、巴基斯坦、埃及、南非等国已开始示范试种转 Bt 基因抗虫棉。

我国自 20 世纪 80 年代后也开始进行转基因抗虫棉的研究。山西省农业科学院经根癌农杆菌介导将 Bt 基因转入晋棉 7 号成功地获得转基因抗虫棉。中国农业科学院棉花研究所培育成的转基因抗虫棉品种(系)中棉所 13 号、中棉所 30 号、中棉所 29 号等,于 1995 年开始在河南、山东、河北、安徽、山西等五省推广种植。至 1998 年我国已有 4 个转基因抗虫棉品种通过审定。中棉所、国家棉花产业技术体系长势监测组于 2014 年对 15 个产棉省(区、市)、134 个定点县团场、4865 户定点农户进行全程跟踪监测,获得大量当前棉花生产情况,发布《2014 年全国棉花种植品种监测报告》,2014 年全国棉花播种品种(含没有审定的品系、组合、材料、代号和不知名等)428 个,其中 Bt 棉(指通过安全性评价、允许环境释放的、以Bt 棉名义审定的)288 个,占品种数的 67.3%,占播种面积的 24.8%。转 Bt 基因抗虫棉的培育成功为棉花抗虫育种开辟了新的技术途径。它和传统的抗虫育种技术相结合,必将极大地加快抗虫棉品种的培育进程。

抗虫棉主要栽培技术要点如下：

（1）适期播种　营养钵棉花与地膜棉花以 4 月 5 日前后播种为宜。

（2）合理密植　一般行距 110～120 cm 为宜。肥力较好棉田提倡适当稀植，抗虫杂交棉一般亩株数以 1600～2000 株为宜；肥力瘠薄棉田密度适当增加，亩株数一般以 2000～2500 株为宜，这样较易建立合理的群体结构最终确保产量形成。

（3）肥水管理要点　转基因抗虫棉或抗虫杂交棉应增施有机肥和磷钾肥。施足基肥，蕾期在塑造高产株型的同时要防徒长，对迟发棉田、瘦弱棉苗实施稳施蕾肥，以促进棉苗生长，发棵搭架。因此施用蕾肥必须因苗施肥，注意轻施、巧施，根据棉花长势结合天气、地力、苗情施，追小苗促平衡，一般亩用尿素 1～2 kg。花铃肥分两次施入，地膜棉田在 6 月底揭膜并清除棉田外，抗虫棉田见花重施第一次花铃肥，此期氮肥施用量占总量的 35%，一般亩施复合肥 15 kg、饼肥 40 kg、速效肥尿素 5 kg、氯化钾 15 kg，打孔或沟施。7 月底立秋前重施第二次花铃肥，每亩施尿素 10～15 kg。花铃后期或台风过后，可结合治虫用 0.5% 尿素溶液或 0.1% 磷酸二氢钾进行叶面根外追肥 2～3 次。

（4）化控调控株型　6 月中旬，对有旺长趋势棉田每亩用缩节胺 0.5～0.8 g 加水 30 kg 均匀喷洒，控制棉苗旺长。初花期对生长偏旺、叶片偏大、主茎生长过快、土壤肥力较好的棉田每亩用缩节胺 1～1.2 g 加水 30 kg 均匀喷洒。在打顶后一周左右，根据棉花长势每亩用缩节胺 3 g 兑水 50 kg 喷雾。

（5）科学灌水　结铃盛期若遇干旱，有条件田块应灌水，一方面以保证中上部多结铃，另一方面保证中上部棉铃发育饱满，絮朵肥大。

（6）适时打顶　一般留果档 16～17 档。根据档到不等时、时到不等档的原则，打顶时间一般在大暑前后。对于地力较差的棉地应适当早打顶，地力较好的棉地应适当晚一点，打顶以 1 叶 1 心或 2 叶为宜。

（7）病虫害各期防治要点　出苗后及时用多菌灵液喷施防苗病；出苗后若田间湿度较高或多雨天气，应及时用药剂防治蜗牛；天气倒春寒严重，应增加防病次数。移栽棉田或草害较重的棉田要及时用菊酯类农药灌根防治地老虎。真叶期用 77% 可杀得悬浮剂 1000 倍或 77% 冠菌铜 600 倍液防治叶病。同时做好苗期蚜虫、蓟马与红蜘蛛的防治。蕾期病害仍以防炭疽病为主。随着抗虫棉的推广种植，棉铃虫、红铃虫发生较以往轻，但棉盲蝽、蚜虫、蓟马、红蜘蛛等害虫发生逐年加重，特别是近年来棉盲蝽危害必须引起高度重视，6 月下旬棉盲蝽发生世代重叠，若防治不当，会造成大幅度减产。花铃期注意棉铃虫和红铃虫、烟粉虱的防治，后期加强斜纹夜蛾的防治。

4. 彩色棉

天然彩色棉（natural colored cotton）是一种吐絮时纤维就天然具有棕、蓝、灰、黄、红、紫等多种色彩的棉花。由于自然彩色棉的纤维具有自然的色彩，洗涤、风吹、日晒都不会褪色，免去了漂白剂、染料等腐蚀，对人体健康有利，所以自然彩色棉又称为生态棉。其制品成为国际市场上具有很大潜力的产品。彩色棉育种和研究工作始于 20 世纪 60 年代末，目前已开始彩色棉研究的有俄罗斯、埃及、秘鲁和美国等 18 个国家。美国从 20 世纪 70 年代就开始进行彩色棉的遗传育种研究，现培育出浅蓝、粉红、淡黄、浅褐色等品种。1988 年 Fox 获得了两个可机纺的彩色棉品种“COYOTE”（棕色）和“GREEN”（绿色），1990 年获得专利，并成立了 FOX 公司，1994 年她在农场栽种了 400 hm²，生产的彩色棉比以白棉高出 3 倍的价格向亚洲销售。美国育种家 Campbll 和 Bird 于 1992 年成立了彩色棉"BC"公司,专门从事彩色棉的选育、生产和销售,1992—1994 年累计生产彩色棉 3.737 万 t。我国从 1987 年开始研究培育天然彩色棉品种,与美国科研人员合作于 1995 年培育出了天然彩色棉新品种,有棕、绿 2 种颜色。天然彩色棉纤维品种优良、性能稳定,皮棉单产可达 750～900 kg/hm²。从彩色棉品种(系)的性状稳定性来看,国内还没有通过省级以上审定的彩色棉品种,但有一些表现较好的品系,如浙江省农业厅引进的彩棉 99-1、彩棉 99-2,浙江省农科院选育的彩选 1 号、彩选 2 号、绿絮 3 号,中棉所选育的棕絮 1 号、绿棉花-1,甘肃省农科院选育的绿棉 UG-01 等。

彩色棉的主要栽培技术如下:

(1)选用市场适销、性状比较稳定的品种。

(2)搞好棉田基本建设,实行连片隔离种植。选择土质相对较好,有机质含量较高的田块,同时增施有机肥。实行连片规模种植,与常规棉隔离 50 m 以上,以免造成异花串粉。

(3)适时迟播,培育壮苗。由于彩色棉相对于常规棉种子大,发芽势、活力指数和发芽率高于常规棉,所以播种期可稍晚于常规棉,并采用营养钵育苗培育壮苗。

(4)合理密植,发挥群体增产优势。彩色棉移栽密度应根据棉田肥水条件而定,肥水条件较好的棉田,每公顷 45000 株左右,海涂和黄土丘陵棉田可适当增至每公顷 64500 株。采用宽行窄株,适当增加行距,改善通风透光,增加边行优势,有利于结铃和减少烂铃。

(5)增施有机肥,实行平衡施肥。要增施有机肥,少施无机肥,同时注意大量元素与微量元素相结合;施好"安家肥",以缩短缓苗期,促早发;适施苗蕾肥,促早现蕾少脱落;重施花铃肥,争取多结铃、结大铃;施盖顶肥、适量根外追肥防早衰。对生长过旺的棉田应及时施 25% 助壮素进行调控。

(6)优化病虫害治理。彩色棉的病虫害比常规棉要重,苗期主要有地老虎、棉蚜、红蜘蛛,中后期易发生盲蝽象及二、三代红铃虫和三、四代棉铃虫。为减少彩色棉生产过程中的农药污染,应以生物防治为主,优化治理病虫害。

5. 短季棉

短季棉(short-season cotton)是集品种特性和栽培技术体系于一体的概念。全生育期短(110 d 左右),全生育期所需≥15 ℃积温在 3300～3500 ℃。开花结铃集中、早熟,纤维品质符合纺织工业的需要。其播种期弹性较大,既可作夏棉,也可在晚春或初夏播种。相对中熟棉品种来说,更强调"密、矮、早"的栽培技术,即适当控制单株生产量,增加群体生产量,采取高密、早打顶、适时化调等措施,达到高产、优质、高效的目的。随着生物技术的发展、生产条件的改善、新型农业机械的研制、短季棉新品种和与之相适应的早熟粮(油)作物新品种的育成,以及各种高效复合肥和农药的生产与应用,无疑将不断丰富和完善短季棉生产体系,并使之提高到一个新的水平。

(二)棉花高产栽培理论新进展

棉田种植制度进行了较大的改革。黄河流域棉区以麦棉套种为主的两熟制棉田得到迅速发展。长江流域棉区由两熟套种向两熟套栽、麦(油)后移栽以及套栽加地膜,甚至向多熟高效立体种植发展,增加复种指数,提高光能利用率、土地利用率和劳动生产率,以实现周年全田棉花与其前后作物的高产、优质、高效。20 世纪 80 年代以来,各地棉花科技工作者围绕棉花优质高产问题开展了大量的研究工作。根据对棉铃和纤维发育与外界条件,以及棉铃和纤维品质的时空分布的研究,明确了优质铃的成铃规律,提出了棉花优质高产结铃模式,并研究了棉花高产群体质量指标,为棉花优质高产栽培提供了理论依据。

对于实现棉花高产优质的技术途径,各地进行了许多理论上和技术上的探索。通过源、库关系的研究,建立一个适应当地生态条件的高光效的群体结构,塑造理想的株型,使棉花保持最适宜的群体叶面积,以制造更多的光合产物,使叶面积载铃量增加,从而增加产量。此外,力争在最佳结铃期和优势结铃部位多结优质铃以及同步栽培等也是重要途径。

协调好棉株生育和外界环境条件、营养生长和生殖生长、个体与群体的关系,使棉株有一个适应不同生态特点的合理的生育进程,对实现棉花优质高产至关重要。近年来,有关调控棉株的手段和技术取得了很大进展。促早栽培技术有了重大突破,地膜覆盖和育苗移栽为棉株生育赢得了季节,促进了壮苗早发,推动了棉田种植制度的改革。全生育期系统化学调控,已成为优质高产栽培中必不可少的一项重要技术。合理运筹肥水仍是调控棉株生育的重要手段,已研究制定出相应的平衡施肥和节水灌溉技术。在壮苗早发的基础上,通过综合栽培技术的调控,肥促化控,促控结合,提高群体质量,实现稳长多结铃、早熟不早衰,达到优质高产,建立了不同生态区的棉花优质高产栽培技术体系。

棉花栽培已从凭经验看苗管理为主转向以科学管理为主,从以单项研究为主转向运用多因素的综合栽培技术,从以定性研究为主转向定性与定量研究相结合,注意宏观控制与微观调节相结合,从而使棉花栽培管理进入指标化、数量化、规范化、模式化。

1. 种子处理技术

20 世纪 70 年代以来,国外主要产棉国的棉种加工处理技术发展迅速,并广泛应用于棉花生产。脱绒技术由传统的浓硫酸工艺发展到稀硫酸工艺和泡沫酸工艺;种子处理技术由原来的拌种、浸种等发展到种衣剂包衣。自 1985 年后,我国先后从英国引进了稀硫酸和泡沫酸脱绒工艺,组织科研、教育和推广部门联合进行引进、消化和研制攻关,使我国棉种加工事业的发展进入了一个新阶段。目前全国已有 60 多个优质棉基地县建立了泡沫酸脱绒和种衣剂包衣生产线,其中江苏已建立了 12 套,是全国棉种泡沫酸脱绒技术应用最早、进展最快、加工量最多、示范推广面积最大的省。应用脱绒包衣可提高种子质量,节约用种;有利于一播全苗、壮苗早发、提高棉苗素质;提高药效,减少污染;省工节本,提高植棉效益;加快生长发育,提高棉花产量和质量。

2. 化控技术

水地棉花前期容易营养生长过旺,至开花以后,如不能适时转向以生殖生长为主,就会继续旺长造成棉田荫蔽,使中下部蕾铃脱落增加,难以实现丰产。只有让棉株稳健生长,墩实发棵,才能有利于多结桃,长大桃。20 世纪 60 年代以后,为了防止棉株徒长,开始应用植物生长调节剂矮壮素(CCC),在生产上起过一定的作用,但由于矮壮素对棉花的综合效应不尽如人意,所以未能在生产上大面积稳定地应用,现已被新的植物生长延缓剂缩节胺所代替。由于缩节胺"对症应用"能较好地解决常规栽培技术不能有效克服的难题,能有效地防止徒长,增产效果稳定,且其技术安全、简易,棉农很容易掌握,所以从 1983 年以后,缩节胺化控技术即迅速在各主要棉区大面积推广应用。该项技术被列为新中国成立以来棉花栽培领域三大技术变革之一,其推广速度亦居各种栽培方法的前列。同时,与应用技术同步进行的缩节胺作用机理的研究也取得了新的突破。缩节胺能调节棉株体内生理功能与活性,塑造理想株型和群体结构,促进棉铃发育,增加铃重,达到早熟优质高产。90 年代又发展了棉花化控栽培工程,它是应用植物生长调节剂,通过影响内源激素系统,定向诱导棉株生长发育,并与传统技术相互配合产生的新型栽培技术体系,可以对棉花生长发育进行内部激素系统和外部条件的双重调控。目前我国棉花应用植物生长调节剂的调控技术已演变为"对症应用"、"全生育期系统化控技术"和"化控栽培工程"等技术体系。

3. 规范化栽培

棉花规范化栽培是经过"统一、协调、简化、优选"的、比较完整的试验、示范、推广三结合技术体系。棉花规范化栽培有 4 种形式。

(1)简化　简化栽培是当前农村经济发展的需要,也是今后棉花种植技术的发展方向。综合简化措施包括棉种脱绒包衣、通气膜育苗、药膜除草、少免耕板茬移栽、化除不中耕、推广弥雾机治虫、减少整枝、化学调控、简化施肥、麦后机直播、减少拾花用工及使用小型机械等项内容。因此,简化栽培绝不是粗耕懒作,它是充分综合运用化除、化控、机械化、综合防治等现代农业新技术,协调棉花生育和环境的关系,以集约化生产为目标,是以提高植棉规模效益为前提的更高层次的精耕细作。例如,江苏自 1987 年以来推广棉花六改技术措施,即改传统育苗为规范育苗、改耕翻移栽为板茬移栽、改多次施肥为简化施肥、改反复整枝为少整枝与化控结合、改分户治虫为专业承包、改大株稀植为合理密植,由此棉花单产增长8.7%,平均每公顷节省用工 138 个,增产节本 4.3 亿元。实践证明,棉花简化栽培配套技术,操作方便,容易掌握,省工节本,增产增收,具有较好的经济、生态、社会效益。

(2)指标化　在总结多年大面积丰产经验的基础上,根据丰产棉花的合理生育进程,优选出不同产量水平的植株形态和生理指标,采取有效栽培措施,实现各项指标以获取预期产量。例如,各生育时期的株高日增长量、株高、红茎比例、叶龄指标、叶面积系数、叶色、叶位、自上而下第 4 主茎叶的宽度、果枝数、果节数、节枝比、铃枝比、叶铃比等。

(3)规程化　在总结本地区多年试验研究成果和生产经验的基础上,将在本地区行之有效的、比较成熟的高产优质实用栽培技术,编制成技术规程(有明确的规划和程序要求),通过同行专家审定,由省级标准局批准发布实施。

(4)模式化　根据农业系统工程原理,采用系统模拟的方法,把定性和定量研究结合起来,针对不同生态类型区的特点,将多个主要栽培因素采用多因素多水平二次正交旋转回归设计等方法,进行多因素多水平的栽培试验;借助计算机,建立各项数学模型。对主要栽培措施通过模拟选优,选出优化组合方案,组成模式化栽培体系,有定量化的指标要求。运用这种方法制订的方案,综合性更强、精确度更高。

与此同时,棉花栽培基础理论研究也有了很大进展,如关于种子生理、棉花生长发育与外界环境关系以及营养元素的代谢生理等均做了大量的研究工作,为改进栽培技术提供了理论依据,也提高了棉花栽培科学的理论水平。

4. 机械化栽培

20 世纪 60—70 年代有关单位组织了棉田的机械化试验,促进了棉花生产机械化的发展。70 年代末农村实行家庭联产承包责任制后,实行大面积机械化困难较大,进展较慢。近年来,棉区经济较发达的地方,劳力逐渐向乡镇企业转移,迫切要求棉花生产实行机械化,有些地方正在将土地集中、发展集约化规模经营;有些地方组织了植保队,配备了机动喷雾机,进行统防统治,新疆实行"五统一"种植,这些都为发展棉花生产机械化创造了条件。目前新疆生产建设兵团农垦团场,结合地膜覆盖,研制了多功能地膜覆盖机械,加上其他系列配套机械,使棉田机械化作业水平进一步提高,除收花作业外,已基本上实现了棉花生产全过程的机械化,展示了我国棉花生产从传统农业向现代化农业转化的美好前景。

5.计算机在棉花栽培研究中的应用

当今农业生产管理方式日趋科学化,计算机日益成为农业科研和农业生产管理决策的有力工具。我国计算机农业应用研究起步于20世纪80年代初,部分产棉省在棉花高产优质规范化栽培研究中已开始应用计算机。1990年中国科学院动物所建立了一个中等复杂程度的棉花生长发育的动态模拟模型。1990—1992年中国农业科学院棉花所、北京农业大学、湖北省农业科学院、江苏省农业科学院等单位先后进一步建立了一些棉花生长发育模拟模型。关于棉花生产管理决策系统,有北京农业大学(1990、1991)建立的棉花生产决策系统和中国农业科学院棉花所(1992、1993)结合棉花生长发育模拟模型CGSM建立的棉花生产管理模拟系统CPMSS/CGSM,其可根据当地的气候资源、土地资源、水资源等基本条件,对当地高产棉花生产作出整体决策以及在生育期间作出调控决策,最后可模拟产量结构、预测本年度的皮棉产量。关于棉花害虫模型,有中国科学院动物所(1990)建立的棉蚜种群动态模型和棉花害虫管理专家决策支持系统COPMEDS。上述研究已为今后计算机在棉花科研和生产上应用的发展打下了良好的基础。

6.棉花轻简化育苗

棉花轻简化育苗(基质穴盘育苗)是营养钵育苗的替代技术,具有省肥、省种、省工、省力、省心、省费用、适宜大面积种植的优点,能极大减轻棉农的劳动强度、降低农业生产成本。基质穴盘育苗操作要点:

(1)基质配比 育苗采用基质为基本配比,为东北泥炭:珍珠岩=3:1,再添加1 kg/m³过磷酸钙,以增加P的供应能力。

(2)穴盘选择与做盘 采用50穴穴盘。做盘方法为先在穴盘上加满基质,顿盘后刮平即可。

(3)棉苗培育 在30 ℃的光照培养箱内进行24 h催芽播种,种子芽长0.5 cm左右时播种穴盘中,芽口朝下,播后覆0.5~1 cm基质,再撒一层混有1%霜疫净的珍珠岩,然后覆膜,出苗期保持棚温20 ℃左右,待棉花出苗率达到60%左右后,揭去覆盖物,进行通风透光。喷施100 mg/L多效唑调控下胚轴高度,如出苗后遇连续阴雨天气,3 d后再用50 mg/kg多效唑进行调控以培育壮苗。

(4)浇水与湿度控制 在秧苗出土前以保墒为主,出苗后浇水一次;在真叶抽生之前,应尽量将介质控制在湿润偏干为好,为发根和控制秧苗徒长造创良好条件;当苗的真叶长出时,可以适当增加湿度,做到半干半湿,以利于根系生长。浇水时间一般下午3时至7时为宜,中午11时至下午3时气温高时一般不浇水。

(5)炼苗 子叶平展后进行炼苗。方法是在自然通风条件下适当采取控水进行炼苗。棉花是直根系作物,极易在苗床中扎根,因此隔天要进行移盘处理。

(6)苗床病虫害防治 在棉花齐苗后,应注意预防苗病,可在齐苗后3~4 d开始喷施杀菌剂,可用1000倍的多菌灵防治炭疽病。苗床虫害多以蚜虫为主,用10%吡虫啉可湿性粉剂10~20 g或用20%啶虫脒2~3 g兑水30~50 kg喷雾进行防治。

　　(7)及时带基质移栽　适宜在 1 叶至 1 叶 1 心进行移栽,运输时可以把苗盘直接装在运输架上,注意不要伤苗。栽后及时用溴氰菊酯防治地老虎。

7.棉花膜下滴灌

　　棉花膜下滴灌技术,顾名思义,是在膜下应用滴灌技术。这是一种结合了以色列滴灌技术和国内覆膜技术优点的新型节水技术,即在滴灌带或滴灌毛管上覆盖一层地膜。这种技术是通过可控管道系统供水,将加压的水经过过滤设施滤"清"后,和水溶性肥料充分融合,形成肥水溶液,进入输水干管—支管—毛管(铺设在地膜下方的灌溉带),再由毛管上的滴水器一滴一滴地均匀、定时、定量浸润作物根系发育区,供根系吸收。截至 2013 年底,新疆高效节水灌溉面积达到 3773 万亩,占灌溉面积的 35%,成为世界上最大的农业高效节水灌溉集中区。以滴灌为主的高效节水与传统地面灌溉比较,减少了灌溉水量 30% 至 50%,滴灌施肥的氮肥利用率由地面灌溉施肥的 30% 提高到 70% 至 80%,磷肥由 20% 提高到 30% 至 40%。滴灌既节约了化肥和农药,又有效控制了农业的面源污染。目前新疆棉花种植已基本全部实现膜下滴灌。

主要参考文献

　　[1]何旭平,纪从亮.现代中国棉花育种与栽培概论[M].北京:中国农业科学技术出版社,2007.

　　[2]钱大顺,陈旭升,张香桂,等.棉花杂种优势生理生化研究进展[J].棉花学报,2000,12(1):45-48.

　　[3]石明伦.棉花优质高效栽培技术[M].武汉:湖北科学技术出版社,1999.

　　[4]吴德新,陈德华,杨举善.棉花综合诊断技术[M].南京:江苏科学技术出版社,1996.

　　[5]张天真,靖深蓉.棉花雄性不育杂交种选育的理论与实践[M].北京:中国农业出版社,1998.

　　[6]中国农业科学院棉花研究所.中国棉花栽培学[M].上海:上海科学技术出版社,1983.

　　[7]中国农业科学院棉花研究所.棉花优质高产的理论与技术[M].北京:中国农业出版社,1999.

复习思考题

　　1.简述高产棉花主茎生长规律,各生育期适宜叶面积系数。

　　2.怎样掌握棉花的适期播种、合理密植及株行距配置?

　　3.简述棉花的需肥规律及施肥原则。

　　4.怎样掌握苗床温湿度的调控技术,精细管理苗床培育早苗壮苗?

　　5.试述棉花蕾铃脱落的一般生物学规律、蕾铃脱落的原因及减少脱落的途径。

　　6.在黄河流域和长江流域棉区,棉花高产优质为什么要立足于伏桃和早秋桃?

　　7.怎样防止和控制棉花徒长?

　　8.简述棉花脱绒包衣的作用。

第六章 油 菜

第一节 概 述

一、油菜生产意义

油菜(oilseed rape,rapeseed,canola)是一种适应性强、用途广、经济价值高的油料作物，它是我国四大油料作物之首，占全国油料作物种植总面积的 40％以上，其中菜籽油已占全国油料作物产油量的 55％。

油菜种子含油分占种子干重的 35％～50％。菜籽油含丰富的脂肪酸和多种维生素，营养价值高，是优良的食用油。菜籽油除直接食用外，经过精加工，还可制成色拉油、起酥油、人造奶油和调和油等。我国菜籽油的脂肪酸组成特点是芥酸(erucic acid,$C_{22:1}$)含量高(45％～50％)、亚麻酸(linolenic acid,$C_{18:3}$)含量较高(8％～12％)，而营养价值较高的油酸(oleic acid,$C_{18:1}$)(11％～18％)和亚油酸(linoleic acid,$C_{18:2}$)(12％～18％)含量较低。芥酸有增加油的稳定性的作用。芥酸对人体是否有害尚有争议，但是，降低油菜籽的芥酸含量，可以提高油酸和亚油酸含量，从而提高营养价值。加拿大、西欧等国已育成和推广低芥酸(含量低于 1％)或无芥酸品种，我国也已育成和推广低芥酸或无芥酸品种。但另一方面，高芥酸(＞50％)的菜籽油在工业上的用途很广，可做多种机械的润滑油和脱膜剂、淬火油，加工后可做橡胶的软化剂、增化剂、防水剂、感光剂、人造麝香等。此外，菜籽油可作为汽车燃料(混合)油，如欧盟国家已开始将菜籽油作为生物燃料的重要来源。

菜籽饼(或粉)含氮 4.6％、磷 2.5％、钾 1.4％以及其他多种营养元素，是优质有机肥料。菜籽饼含粗蛋白约 40％(菜籽粗蛋白又由 72％氨基酸、12％酰胺氮和 16％非溶性氮所组成)、粗脂肪约 12％以及卵磷脂和多种维生素，经过理化处理除去硫代葡萄糖苷(glucosinolate,简称硫苷)，或培育低硫苷(含量低于 30 $\mu mol/g$)品种，其菜籽也是良好的家畜精饲料，也很适宜用作配合鱼饲料。常规油菜籽其饼粕的硫苷含量较高(80～120 $\mu mol/g$)，其在芥子酶的作用下易水解产生异硫氰酸盐、硫氰酸盐、恶唑烷硫酮和腈等有害物质，从而限制了其应用范围。

我国各地开展油菜低芥酸和低硫苷("双低")品种育种工作多年，已先后培育出一大批"单低"(低芥酸或低硫苷)或"双低"油菜新品种。目前，全国各地已广泛推广应用"双低"油菜品种。

油菜是唯一的冬季油料作物，可以利用秋冬季及早春的生长季节。种植油菜有利于提高土壤肥力。每生产 100 kg 菜籽，生产干叶约 130 kg，其含氮 2.46 kg；落花约 3 kg，含氮

0.07 kg;菜籽秆 300～350 kg,含氮 1.62～1.88 kg;根系约 240 kg,含氮 2.55 kg;菜籽饼中含氮 4.04 kg,合计含氮 14 kg,约相当于 55 kg 的硫酸铵,或 3000 kg 紫云英鲜草的肥效。同时,油菜根系能分泌多种有机酸,溶解土壤中的磷,增加土壤中速效磷的含量,培肥土壤,有利于后作的增产。所以油菜是很多作物的良好茬口。此外,油菜作为高生物产量作物以及发达的根系吸收作用,在土壤修复及生物整治中也有重要作用。

油菜的花有蜜腺,据研究,1 朵花 24 h 可分泌蜜 0.11 ml,因此是很好的蜜源作物。放养蜜蜂又能增加油菜的结实率和千粒重,使油菜增产。

近年来,油菜花作为景观利用方兴未艾。油菜花的金黄色以及油菜花散发出来的阵阵清香,吸引众多游客前来赏花踏青、观光旅游,各地通过连片种植或创设各种造型的油菜花景,丰富了群众的文化娱乐,生产生活双丰收。

二、油菜生产概况

油菜是世界及我国的主要油料作物。目前,世界油菜种植总面积为 3100 万 hm^2,每公顷产量 1950 kg,总产量 6045 万 t。油菜是一种有较大发展潜力的油料作物,近年来,其增长速度之快,为其他油料作物所不及。世界油菜籽产量在各种油料植物中,仅次于大豆、棕榈而居第三位。

世界主要栽培油菜的国家有中国、印度、加拿大、法国、德国、英国、波兰和澳大利亚等。世界油菜生产尤以加拿大发展最快,1949 年加拿大全国油菜种植面积仅 0.8 万 hm^2,总产 0.8 万 t,目前已达到 610 万 hm^2,总产 1100 万 t,在国际上居领先地位,也成为油菜籽输出最多的国家。我国和印度是世界上两个油菜栽培历史最古老、面积最大的国家,目前油菜种植面积分别为 750 万 hm^2 和 650 万 hm^2,各占世界油菜种植总面积的 24% 和 21%。印度油菜以白菜型油菜和芥菜型油菜为主,管理粗放,产量较低;而我国油菜籽产量远远超过印度,已跃居世界首位,总产量达 1365 万 t。

油菜单位面积产量以欧洲最高,据记载,荷兰 1000 hm^2 油菜田的产量为每公顷 4000 kg,是目前大规模油菜生产的世界最高水平。大面积种植油菜产量以德国、法国和英国为高,每公顷平均产量分别达到 3980 kg、3700 kg 和 3300 kg。欧洲油菜是一年一熟的甘蓝型油菜迟熟高产品种。我国则是一年多熟制的油菜早中熟品种,加拿大为一年一熟的春油菜。由于品种和生态条件等不同,油菜产量有较大差异。

三、中国油菜种植区划与分布

油菜在我国分布很广,过去集中分布于长江流域、云贵高原等地,近年来南迁北移扩展到五岭以南的广东、广西、福建等省(区),以及长城以北的辽宁、河北、新疆等地区。根据我国南北气候的差异可以分为春油菜和冬油菜两大地区,以东起山海关,西经黑龙江上游至雅鲁藏布江下游一带为界,以北及以西为春油菜区,以南及以东为冬油菜区。春油菜区包括内蒙古、河北省北部、宁夏、新疆、青海、甘肃、西藏、辽宁和黑龙江等省(区),该区的油菜每年在 4—5 月播种、7—8 月收获。冬油菜区包括云南、贵州、四川、湖北、湖南、江西、安徽、江苏、浙江、上海、广东、广西和福建等省(区、市)及陕西汉中地区,每年 9—10 月播种,次年 4—6 月收获。

冬油菜区占全国油菜面积的 90% 左右。按其特点又可划分为 6 个亚区：①华北关中亚区，包括安徽、江苏的淮河以北、甘肃、陕西、山西、河北的一部分以及山东、河南等地区。②长江中游亚区，包括湖北、湖南、江西和安徽大部。③长江下游亚区，包括上海、浙江、江苏大部和安徽东部，该亚区是我国油菜分布比较集中、产量稳定、单产较高的区域。④四川盆地亚区，包括四川、陕西汉中盆地及湖北、湖南、贵州等一部分地区，也是我国冬油菜的主要产区。⑤云贵高原亚区，包括云南、贵州和广西、湖南、四川的一部分。⑥华南沿海亚区，包括广西、广东、台湾及福建的一部分地区。

第二节 油菜栽培的生物学基础

一、栽培油菜的起源与类型

(一)油菜的起源

油菜属于十字花科(Cruciferae,现为芸薹科 Brassicaceae)芸薹属(*Brassica*)植物。其栽培种由十字花科芸薹属植物若干个种组成。油菜是我国农业生产上沿用的名称，凡是原以采食茎叶为主而后收籽榨油的，统称为油菜。历代农本中记载的名称很多，如蜀芥、寒菜、芥子、菜麻、油菜、胡蔬、诸葛菜、台菜、薹菜、芸薹菜、苦菜、塌科菜、薹芥、菜籽、芸薹子、油芥、油辣菜、油青菜、苦油菜、甜油菜等，都是指油菜。

油菜的起源问题，各国学者看法尚不一致，有的认为是单源发生的，有的认为是多源发生的。一般认为有两个起源中心，一是亚洲，以中国和印度为主，是白菜型油菜(*B. campestris*,现称 *B. rapa*)、芥菜型油菜(*B. juncea*)和黑芥(*B. nigra*)的起源中心；二是欧洲，是甘蓝(*B. oleracea*)、白菜型油菜、黑芥和甘蓝型油菜(*B. napus*)的起源中心。此外，非洲东北部还是芥菜型油菜和埃塞俄比亚芥(*B. carinata*)的起源中心。

关于我国油菜的起源问题，我国学者从大量古文献中记载、考古发现原始种以及对野生种分布的研究，认为我国是白菜型油菜、黑芥和芥菜型油菜的起源地之一。

白菜型油菜在世界范围内分布极为广泛，在欧洲、亚洲、美洲和北非均有分布。目前，世界各国公认我国是白菜型油菜原产地之一。

芥菜型油菜广泛分布于欧亚大陆，尤以中国西部、印度北部、巴基斯坦和俄罗斯中亚部分，是它的集中分布地区。它的两个祖先白菜型油菜和黑芥在这个广大地区重叠分布，因而通过种间杂交产生异源多倍体。叶用芥类在我国古代早已栽培，并形成许多变种。近年来，在我国西北部各地特别是新疆伊犁自治州昭苏地区发现集中分布的野生油菜，细胞学鉴定表明是黑芥，因而我国可能是芥菜型油菜原产地之一。

甘蓝型油菜的起源，与甘蓝密切有关。甘蓝原产于地中海沿岸欧洲部分，至今尚有野生种分布，与白菜型油菜在此地区相遇，通过种间杂交双二倍化进化而来。我国现有的甘蓝型油菜则是从日本和欧洲引进的。

(二)类型

世界各国学者通过对芸薹属植物的种间杂交、细胞学观察、遗传学研究及种的人工合成,认为芸薹属植物的染色体数 n 是以 8(b 染色体组)、9(c 染色体组)和 10(a 染色体组)三个基本种的染色体为基础,通过自然界发生的种间杂交复合构成染色体数为 $n = 17(b+c)$、18($a+b$)、19($a+c$)三个复合种,并把芸薹属植物不同种的染色体数及其同源性分为两大类。

第一类称为基本种(basic species)或原生种(primary species),共有三个种,即黑芥($B.$ $nigra$ Koch.)、甘蓝($B.$ $oleracea$ L.)和白菜型油菜($B.$ $campestris$ L.,现称 $B.$ $rapa$ L.)。

第二类称为复合种(synthetic species)或次生种(secondary species),共有三个种,即甘蓝型油菜($B.$ $napus$ L.)、芥菜型油菜($B.$ $juncea$ Coss.)和埃塞俄比亚芥($B.$ $carinata$ Braun.)。它们的性细胞内包含来源不同的两组染色体,其染色体数为组成它的基本种的染色体数之和,三个种的染色体数 $n = 17$、18 和 19,分别用染色体组型 bc、ab 和 ac 表示(图 6-1)。

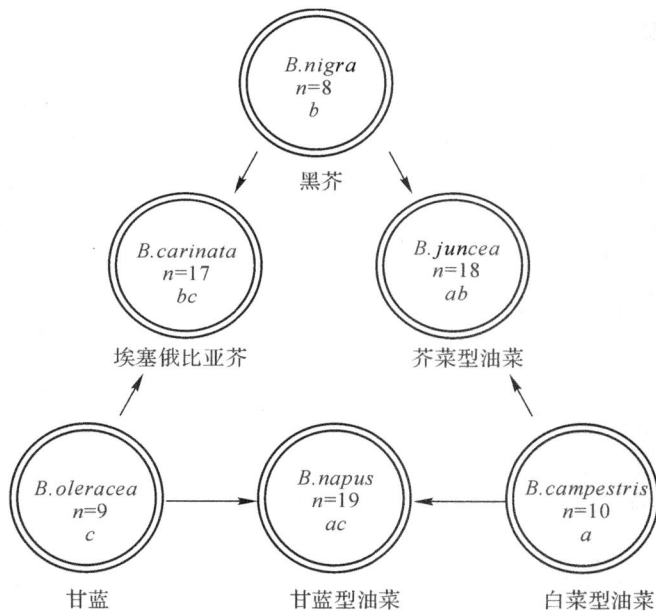

图 6-1　芸薹属基本种和复合种的亲缘关系

我国栽培的油菜,按其形态学、细胞学及生物学特性,可分为三大类型。

1. 白菜型油菜($n = 10$)

白菜型油菜通称矮油菜、甜油菜、小油菜或本地油菜,为白菜的变种,主要分布在长江流域各省,植株较矮。一般株高 50～100 cm,叶片薄,绿色,叶脉淡绿色,中肋显著,绝大多数没有蜡粉。叶片较大,呈卵圆形,长披针形或匙形,通常不分裂,全缘或呈波状,或锯齿,或缺刻。上部薹茎叶狭长,无叶柄,叶片基部耳状明显,全抱茎。花较大,淡黄色或深黄色,开花时花瓣两侧互相重叠。花序中间花蕾位置多半低于周围新开花朵。角果较大,细长,横断面偏圆形。种子有黄、黑、红、黄褐等色,千粒重 3 g 左右。生育期较短,为 150～200 d,早、中熟类型,适合三熟制地区栽培。产量较低,易感病毒病,其菜薹心可供食用。本类型可分两种。①北方小油菜(*B. campestris* L.):株型矮小,分枝较少,茎秆较纤细。基叶不甚发达,匍匐生长。叶片椭圆形,有明显琴状缺刻,且多刺毛。主根膨大,具有较强的抗寒力。②南方油白菜(*B. chinensis* var. *oleifera* Mak.):外形似普通小白菜。株型较高大,叶片椭圆形及卵形,较宽大,中肋宽,柄两旁有附叶(裙边),叶全缘或呈波状,叶色多为浅绿,一般不具琴状缺刻。

2. 芥菜型油菜(*n*＝18)

芥菜型油菜通称高油菜、苦油菜或大油菜,主要分布于我国西北和西南各省。叶薄,密被刺毛,具有长柄,并有明显的羽状缺刻,部分全缘或微现波状叶缘,一般叶缘有明显锯齿,裂片明显。薹茎叶披针状,不抱茎,有明显叶柄。花较小,开花时花瓣分离,角果瘦小而短,种子小,有红、黄、褐、黑等色。千粒重 1~2 g。叶和种子有辣味。生育期 200~250 d,中晚熟。其抗寒性、抗病性、耐肥性一般均较强,产量稳定。其根系具有较强的吸收重金属元素等的能力,减少土壤污染。本类型可分两种。①大叶芥油菜(*B. juncea* Coss.):植株高大,主根发达,分枝位较高,二次分枝多。基叶宽大,叶色浓绿。主花序明显,花色淡黄至深黄。着果较密,种子较圆。②细叶芥油菜(*B. juncea* var. *gracilis* Tsen & Lee):植株较矮,分枝位较低,大分枝常与主茎高度相等,上部分枝纤细。基叶狭小,叶色灰绿或紫色。花淡黄色。着果较稀,种子较扁。

3. 甘蓝型油菜(*n*＝19)

甘蓝型油菜(*B. napus* L.)通称欧洲油菜、胜利油菜或日本油菜。目前我国推广的优良品种大部分属于这一类型。植株高,一般 1~1.7 m。叶厚,色蓝绿、灰绿或浓绿,叶脉具有不同程度紫色或深绿色,大多数基叶呈长椭圆披针形,叶缘有深缺刻,顶端裂片大,叶柄长。薹茎叶稍小,呈狭长披针形,基部有耳状,半抱茎着生。花蕾高于周围新开的花朵。茎、叶、角果均被蜡粉,主根发达,有粗大根颈。花较大,浅黄色,少数呈象牙黄色。开花时花瓣两侧互相重叠。角果细长,常与果轴呈直角着生。种子较大,千粒重 3~4 g。种子圆形,黑色或略带褐色。生育期 210~230 d,中、晚熟。抗病、耐寒、耐湿、耐肥性强,但耐旱性较弱,需肥较多。适宜水源方便、土质较肥沃地区种植,产量较高,随着施肥水平的提高,20 世纪 70 年代以后成为油菜主要品种类型。

我国过去都种植白菜型和芥菜型油菜,新中国成立后引入甘蓝型油菜,开始发展不快,之后 20 余年来发展很快,由于推广甘蓝型良种,促进了油菜大幅度增产,以浙江省为例,20世纪 50 年代很少种植甘蓝型油菜,到 1963—1965 年甘蓝型油菜面积占到全省总面积的 33％左右,1970—1980 年甘蓝型油菜面积迅速扩大,占 80％~90％,因此全省油菜籽平均产量已从每公顷 900 kg,增加到 1980 年后的平均每公顷 1200 kg 以上,2000 年以后甘蓝型油菜面积占 95％以上,平均每公顷产量已达 1800 kg。

(三)品种

全国各地培育的甘蓝型油菜良种较多,不同地区有不同的主栽品种。全国主要甘蓝型油菜品种有中双 11 号、秦优 10 号、中农油 6 号、川油 36、蓉油 18、沣油 737、阳光 2009、沪油 15 号、华油杂 13 号、华油杂 62、宁杂 19 号、青杂 7 号、浙大 619、浙大 622、高油 605、油菜

601、浙油 50、浙双 72、浙油 18 等。浙江省目前推广种植的甘蓝型油菜品种有浙大 619、浙大 622、高油 605、浙油 50、浙双 72、浙油 18、中双 11 号等。

二、油菜阶段发育与器官形成

(一)形态特征

各种类型的油菜具有共同的形态特征。

油菜根系是由圆锥根、多数支根和细根组成的直根系。直播油菜的根系主根深 40～50 cm,在深耕和干旱地区可达 100 cm 以上,最深可达 300 cm。支根和细根大多集中在土表下 20～30 cm 的耕作层内,根系横向分布,一般直径为 40～50 cm,育苗移栽油菜的主根常在拔苗时被拉断而变粗短,但支根和细根发达。

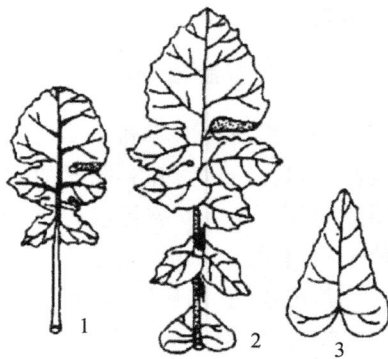

图 6-2　甘蓝型油菜三组叶片的形态
1.长柄叶　2.短柄叶　3.无柄叶

油菜叶的大小、颜色和形状因品种和环境条件不同而异,子叶为肾脏形,真叶的变异较大,在同一植株上随着部位不同而各异。植株下部的叶有柄,缺刻或全缘,上部的叶为全缘或锯齿,无柄或短柄。例如,甘蓝型油菜主茎下部有长柄叶,基部两侧无叶翅,着生在基部的缩茎段上;短柄叶无明显的叶柄,叶片两侧直至基部有明显的叶翅,着生在伸长茎段上;无柄叶的叶片基部两侧向下延伸成耳状、半抱茎状,着生在薹茎段上(图 6-2)。

油菜的茎圆形实心,高 70～200 cm,表面光滑或有稀疏的细毛,有时被以粉状的蜡质,主茎自下而上可分为 3 种茎段(图 6-3)。缩茎段位于主茎基部,节间短而密集,圆滑无棱。伸长茎段位于主茎中部,节间由下而上逐渐增长,棱起渐趋明显。薹茎段位于主茎上部,节间由下而上逐渐缩短,棱起更为显著。

从主茎腋芽发育的第一次分枝又称大分枝,从分枝上再生二次分枝和三次分枝(又称小分枝)。一次分枝在主茎上着生的情况,可分为 3 种类型(图 6-4),下生分枝型:分枝出现早,下部分枝较多,株型丛生状或筒状;匀生分枝型或中生分枝型:自植株基部到主茎花序处都有分枝,分散均匀,株型呈纺锤形;上生分枝型:分枝出现较迟,植株下部分枝少,多生在上部,一次分枝较少,株型呈帚型。

油菜花序为无限总状花序,花常为黄色,花有花萼、花瓣各 4 片,雄蕊 6 个(4 长 2 短),雌蕊 1 个,子房 2 室,在雄蕊和子房之间有绿色蜜腺 4 个(图 6-5)。

果实为长角果,内有种子 10～30 粒,着生于隔膜边缘两侧,成熟时沿果实两侧自下而上开裂(图 6-6)。

种子为球形,千粒重 3～4 g,有黄、褐、红及黑等色。无胚乳,胚弯曲,有 2 片含油分的子叶。

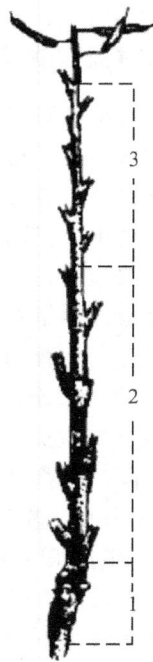

图 6-3　油菜的主茎茎段
1.缩茎段　2.伸长茎段
3.薹茎段

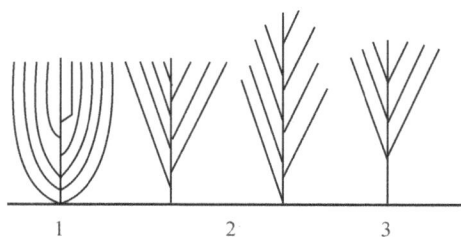

图 6-4　油菜的分枝类型
1.下生分枝型　2.中生分枝型
3.上生分枝型

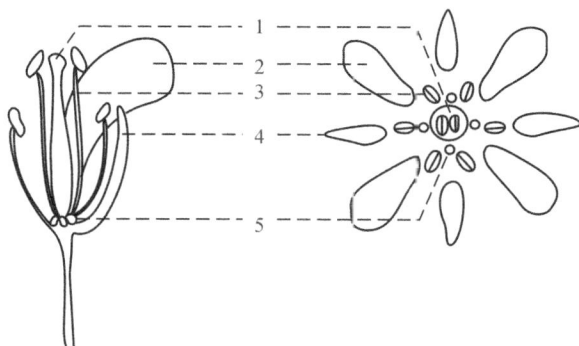

图 6-5　油菜的花器构造
1.雌蕊　2.花冠　3.雄冠　4.花萼　5.蜜腺

(二)阶段发育和生育阶段

1.阶段发育

植物的生长和发育既有联系,又有区别。通常,生长是植物直接产生与其相似器官的现象,其结果是促使体积和重量的增加。发育则是植物通过一系列质变后,才产生与其相似个体的现象,其结果是产生新的器官(花、果实和种子)。植物的发育都是在一定的营养生长后进行的,并且生长和发育既是相互促进,又是相互制约的。

图 6-6　油菜角界外形和
纵切及横切面图

影响油菜发育的外界条件主要是温度和光周期,油菜需要通过一个较低的温度条件才能通过春化阶段、进行花芽分化。因通过春化阶段所需的温度和时间不同,油菜可以分为春性、冬性和半冬性 3 类。

(1)春性　在 5~15 ℃下经过 15~20 d 就可通过春化阶段。这类品种在春季和初夏播种也能正常抽薹、开花、结实。在较高温度下,秋播时常会出现年前抽薹开花现象。西北一带的春油菜和西南、华南的冬油菜均属春性。

(2)冬性　要求 0~10 ℃的低温,经过 15~30 d 以上的时间才能通过春化阶段。如果把冬性油菜提前到春夏季播种,则只长叶,不抽薹,仍要经过秋冬低温,到第二年春才抽薹开花,如甘蓝型油菜的中、迟熟或迟熟品种均属此类。

(3)半冬性　春化阶段需要的温度和时间介于春性和冬性品种之间,长江下游冬播的中熟或早中熟品种属此类。其特点是冬季能忍受一定的低温,有些品种早秋播,也会出现早薹、早花现象。

油菜是长日照作物,只有满足其对长日照的要求才能现蕾。每天 14 h 的光照,即能满足其要求。若延长光照至 14 h 以上,有一定促进现蕾开花的作用。

阶段发育是油菜生长发育的基本特性,其在栽培、引种和育种等方面都有重要意义。充分了解油菜品种的阶段发育特点,才能根据当地生态条件合理布局品种,正确制订适宜的播种期和栽培管理措施,达到培育壮苗、提高产量的目的。

　　在长江流域一年两熟地区可选用冬性和半冬性、生育期较长的油菜品种,并适当早播早栽,有利获得高产。但一年三熟地区要求油菜迟播早收,则宜选用半冬性或偏春性的品种;同时这些品种不宜过早播种,否则会导致年前早薹早花,但播种过迟产量又不高,因此一般要求做到适时早播。

　　春性强的油菜品种发育快,间苗要早,移栽后要早施、勤施苗肥,加强管理,以延长营养生长期。冬性强的品种苗期生长发育慢,应促进冬发,使其在冬前长到一定大小营养体,并且加强春后田间管理,使其不脱肥、不旺长,这样才有利于产量形成。

　　在引种上可防止盲目引入不适宜当地的外来品种,避免提早或延迟开花而造成不必要的损失。就冬油菜而言,北方冬油菜品种冬性强,引到南方种植,发育推迟,因而成熟延迟,有的甚至不能进行花芽分化。相反,南方冬油菜品种春性强,发育快,将其引至北方秋播,则易发生早薹早花现象。因此,冬油菜在温度条件相近地区相互引种,其成功可能性大。

　　在育种上有利于正确制订育种目标和原始材料的选择。可以通过杂交和选择等手段,把适宜于一定地区自然气候条件的基因型选择出来,以培育适应当地的油菜新品种。

2. 生育阶段

　　冬油菜是越冬作物,从出苗到成熟一般需要 $200\sim300$ d。

　　(1)苗期　从种子发芽、出苗到现蕾称为苗期。苗期约占全生育期的 60%。这一时期是生长根、叶等营养器官为主的营养生长阶段,植株形成叶簇。浙江省油菜在 12 月中、下旬主茎顶部开始花芽分化,但在幼苗外表还不易看出来。

　　(2)蕾薹期　开春以后随着气温逐渐上升,花芽分化加快,当主茎顶端出现绿色花蕾时,称为现蕾期。在 2 月中、下旬至 3 月中旬当主茎渐渐伸长达到 10 cm 高时称为抽薹。从主茎上出现的叶称为茎生叶,它与下面的基叶不同,柄短或无柄。在茎生叶中部以上的腋芽能长成分枝,下部的腋芽一般不发育而脱落。蕾薹期的茎叶和花芽增长很快,是营养生长和生殖生长两旺时期,也是争取薹壮、枝多、蕾多的时期。

　　(3)开花结果期　油菜从开始开花到终花为花期,浙江省约在 3 月中、下旬至 4 月中、下旬,是生殖生长为主的时期,也是争取果多、粒多的时期。

　　(4)角果成熟期　从终花到成熟,浙江省约在 4 月中、下旬至 5 月中、下旬,营养生长逐渐停止。角果和种子迅速发育,种子的干物质和油分增加很快,是争取籽粒饱满和提高含油量的时期。

(三)发芽出苗与根的生长

1. 萌发与出苗

　　种子吸水膨胀,胚根突破种皮,露出白色根尖而发芽。幼根伸入土内,幼茎伸出土面,种皮脱落,2 片子叶展开呈绿色,称为出苗。影响萌发与出苗的因素有温度、水分和氧气。

　　在足够的水分和氧气的条件下,种子发芽出苗受温度的影响很大。当平均温度在 $3\sim5$ ℃时就可以萌动,但发芽很慢,需要 20 多天才能出苗,12 ℃ 左右需 $7\sim8$ d;而 $18\sim22$ ℃时,只需 $3\sim5$ d 就出苗。在室内恒温条件下,最适宜的温度是 $20\sim25$ ℃。

　　油菜种子吸水量达到种子重的 60% 时,才可萌发。所以播种时土壤需足够的水分。

　　油菜种子富含脂肪,需充分供应氧气。所以播种时土壤太湿、覆土过深,或秋雨连绵等均会影响出苗。土壤细碎平整,油菜种子小,顶土力弱,所以覆土不能超过 2～3 cm,并且土块要细。

2. 根系的生长

胚根生长成主根。当第 1 片真叶出现时,幼根两侧开始长出侧根。随着植株的长大,主根不断伸长,侧根不断增加,从侧根上又长出很多支根和细根,形成强大的根系。

油菜在苗期根系生长比地上部快。例如,据在杭州观察胜利油菜,12 月 20 日至 1 月 5 日,地上部干重增加 3 倍,而根系则增加 6.1 倍。春季根系向水平方向扩展出大量支根,到盛花期达最大值,盛花后根系逐渐衰老。

3. 根颈的生长

油菜胚茎伸长为幼茎,栽培上常将根之上与幼茎连接处的一小段幼茎称为根颈。根颈是由于次生形成层产生次生木质部和次生韧皮部而加大直径,在越冬前后还由于在次生木质部薄壁细胞群中,有一部分细胞能进行分裂活动,形成额外形成层,并由它产生新的导管和筛管以及大量的薄壁细胞。这些组织称为三生组织,使根颈变粗。在增粗过程中,大约在 4、5 叶期皮层破裂。在根颈下部紧靠根部的组织里,开始向外产生不定根,使根系扩大,如果是弱苗则仍保留着表皮及皮层,不能产生很多不定根。根颈是油菜冬季储藏养分的器官。根颈粗短、根系发达的为壮苗,反之则为弱苗。

(四)主茎与分枝的生长

1. 主茎

在苗期,油菜的主茎紧缩在一起。抽薹以后主茎迅速伸长,自始薹至终薹前的 20 多天内,是茎秆迅速伸长期,每天可伸长 3 cm 左右,快的可达 5～6 cm,至始花期基本停止。此后主花序轴迅速伸长,到花序轴停止伸长后,株高才最后定型。主茎下部的缩茎段,一般不伸长,但在苗床幼苗过密或秧龄过长等条件下,缩茎伸长而形成生长瘦弱的高脚苗。伸长茎段及薹茎段各有一定长短,标志着栽培技术是否恰当。

油菜始薹后,根据薹的高度(薹的顶端部分)与上部短柄叶的相对位置的高低,可分为缩头、平头和冒尖 3 个阶段。抽薹初,薹的高度明显低于上部短柄叶,称缩头状,以后薹继续伸长与上面几张短柄叶平齐,呈平头状,处于平头时,薹的高度称为平头高度;薹再进一步伸长而突出于植株顶部短柄叶之上,称为冒尖(图 6-7)。

弱苗和小苗,由于春发不足,叶片小,缩头时间短,平头高度低,冒尖早,薹高只有 10～20 cm 就冒尖。春发旺的苗,叶片大,缩头时间长,平头高度高,冒尖迟。一般平头高度越高,产量也越高。

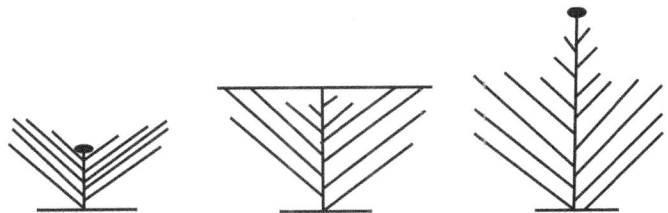

图 6-7　油菜薹伸长动态示意图
1.缩头　2.平头　3.冒尖

2. 分枝

通常主茎下部的腋芽在越冬前已经形成,但极少能长成分枝,即使长出来,也是无效分枝;中部腋芽在越冬期形成,大多数能长成分枝,但只有部分是有效分枝;上部腋芽在开春后才形成,均能长成有效分枝。一次分枝由下而上依次出现,下位分枝较长,而上位分枝较短。始花期为一次分枝向有效、无效分枝两极分化时期,这时有效分枝开始迅速伸长,无效分枝则停止伸长。

分枝的形成与环境条件有密切的关系。稀植时通风透光良好,分枝就多,密植时相互遮阴,光照条件较差,单株有效分枝较少。营养状况良好,分枝就多,反之则少。

(五)叶的生长

油菜出苗时有 2 片肾状形子叶,然后随着油菜的生长,不断出现真叶。油菜主茎总叶片数通常因品种及栽培条件而异,甘蓝型晚熟品种为 30～35 片,早、中熟品种为 20～30 片,还因播种早迟、施肥多少而增加或减少。在苗期都是长柄叶,一般占主茎总叶片数一半以上,现蕾、抽薹以后出现短柄叶和无柄叶,各占四分之一左右。在总叶片数有变化时,三种叶片也有相应的变化,其中以长柄叶数的变化最大。一般认为长出长柄叶时期,是通过春化阶段时期,抗寒性较强,能安全越冬。当出现短柄叶时春化阶段已通过,抗寒性减弱。早播时,在越冬前已出现短柄叶,因而易受冻害。

叶片的功能以长柄叶最大,它直接影响根和根颈的生长,对主茎、分枝、花序、角果和种子也有间接作用。短柄叶是主茎叶面积最大的一组叶片,主要功能期在蕾薹期前后,对主茎、分枝、花序、角果和种子影响较大。它是一组上下兼顾的功能叶,春发稳长,主要是促进或控制这组叶片的生长。短柄叶太少是春发不足,叶片太大是徒长现象。无柄叶的叶面积较小,主要是对茎及分枝的影响较大,对角果和种子也有一定的影响。分枝上的叶片,主要影响本分枝的生长。

(六)花蕾的发育及开花结果

1. 油菜花蕾分化过程

油菜花蕾分化过程如图 6-8 所示。

(1)花蕾原始体期　在生长锥基部周围长出微小突起,略呈圆形,即为花蕾原始体。

(2)花萼形成期　花蕾原始体膨大后,其侧面生出新月形花萼突起,这时花蕾柄也在伸长,在它继续膨大时,花萼突起逐渐增长而分开,整个花蕾切片呈"山"字状。

(3)雌雄蕊形成期　花萼伸至其顶部互相接触而包围分化体时,分化体出现新突起,在雌蕊突起逐渐膨大,雄蕊突起迅速伸长前,其中两雄蕊突起的顶端纵裂为二,形成四长雄蕊。

(4)花瓣形成期　雌雄蕊突起出现不久,或略有伸长时,分化体基部近雄蕊突起下方,生出新的舌状突起,即为花瓣突起。当雌雄蕊迅速生长膨大时,花瓣突起仅略有膨大,以后伸长较明显。

(5)花药胚珠形成期　雌雄蕊继续分化的结果是,子房膨大,形成假隔膜,生出胚珠。花药和花粉粒也逐渐形成。同时花瓣、花萼、花柄都伸长,整个花蕾分化完成。

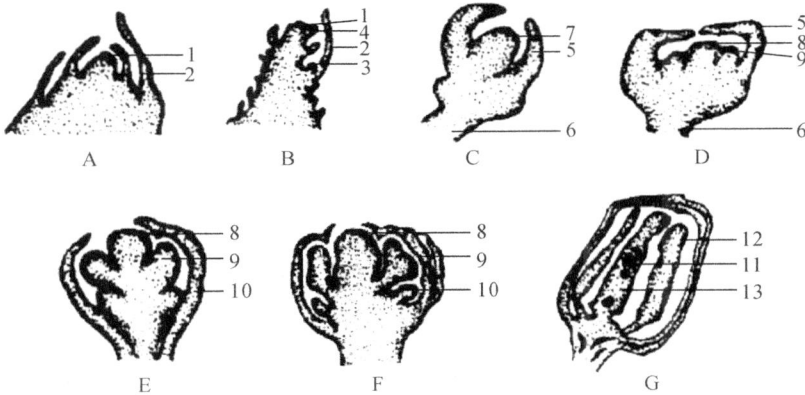

图 6-8　油菜的花蕾分化过程

A.花蕾原始体期　B.花蕾形成期　C.花萼形成期　D.雌雄蕊形成期　E.花瓣形成期
F.雌雄蕊伸长期　G.花药胚珠形成期

1.生长锥　2.叶原始体　3.胚芽　4.花蕾原始体　5.花萼　6.花柄　7.分化原始体
8.雌蕊突起　9.雄蕊突起　10.花瓣突起　11.胚珠　12.花药　13.子房

2.油菜各花序之间分化顺序

主茎花序最先分化,然后一次分枝分化,再是二次分枝分化。通常在年前花序已经开始分化。它的分化时期因品种、播种期、气候条件及生育状况等而有迟早。主花序开始分化时期,早熟品种在出苗后 50～60 d,中熟品种在出苗后 70～80 d,迟熟品种则需 90 d 或更迟些。花序分化随播种期的早迟而提早或延迟。在浙江北部地区油菜中熟品种大约在 12 月中、下旬主花序开始分化,浙江南部地区则要早些。

3.花芽分化速度

花芽分化速度受环境条件的影响较大。肥料足、温度高时分化快;反之则慢。在油菜一生中,花芽分化苗期慢,现蕾抽薹后加快,从始花到盛花达到高峰,以后花器脱落,数目迅速减少。一株上的花蕾只有 50% 左右可以结角。一般在现蕾以前分化的花芽是有效花蕾,后期分化的花蕾多为无效花蕾。开春后气温稳定在 5 ℃ 以上现蕾,现蕾后即可抽薹,气温在 10 ℃ 以上则迅速现蕾,而进入蕾薹期后植株抗寒力下降,此时若遇 0 ℃ 以下低温则严重受冻。

4.开花顺序

以全株来说,主茎花序先开花,然后是一次分枝、二次分枝;以一次分枝来说,上部的一次分枝先开,然后自上而下依次开花。以一个花序来说,下部花先开,然后自下而上依次开花。花在第一天下午花萼顶端露出黄色花冠,第二天上午 8—10 时花瓣全部平展。开化后 3 d左右,花瓣凋萎脱落。若遇阴雨、低温,花瓣保持 10 d 左右才脱落。

5.开花的条件

油菜开花的适宜温度在 12～20 ℃,而以 14～18 ℃ 最为适宜。每天开花数多少,与开花前一两天的温度高低有关,而与当日温度关系较小。温度高,开花多,当气温降到 10 ℃ 以下时,开花数显著减少,至 5 ℃ 以下,则多不开花。开花期如遇 0 ℃ 左右低温则引起大量脱落。当气温高达 30 ℃ 以上虽可开花,但结实不良。

油菜开花的适宜相对湿度为 70%～80%,低于 60% 或高于 94% 都不利于开花,连续阴雨,气温降低,开花数显著减少,并影响蜜蜂等昆虫传粉,对授粉十分不利。

6. 授粉与受精

油菜靠风力与昆虫传粉。芥菜型油菜和甘蓝型油菜花药成熟时大多向内开裂,自交结实率达到 80% 甚至 90% 以上,异交率仅为 5%～10%,属于常异交作物。白菜型油菜花药成熟时大多向外开裂,常自交不实,异交率达到 80% 甚至 90% 以上,属于异花授粉作物。授粉到受精需 18～24 h。

由于油菜有一定的异花授粉率,所以不同品种或其他十字花科作物种在一起时容易"串花",造成生物混杂,因而引起良种退化。油菜优质品种更应注意这一问题,以保持纯度,保证品质。

(七)角果和种子的发育

1. 角果增加速度

油菜角果长度增加快而宽度增加慢。胜利油菜(甘蓝型油菜)开花后第 15 天长度已基本长足,而宽度要到第 21 天才长足。宽度长足以后,体积不再增加。角果发育的顺序与开花顺序相同。先开的花先结果、成熟。但开花早的角果其发育时期比开花迟的长些。

在终花期以后,叶片枯萎脱落,油菜主要靠绿色的角果进行光合作用,角果的光合强度通常为 15.5 mg CO_2/(dm^2·h),与叶的光合强度大致相当。用 ^{32}P 标记测定,角果的光合产物约 68% 转移到种子中,占种子重的 40%。据国外报道,角果对籽粒产量的贡献可达 70%。

2. 种子发育过程

种子发育过程如图 6-9 所示。

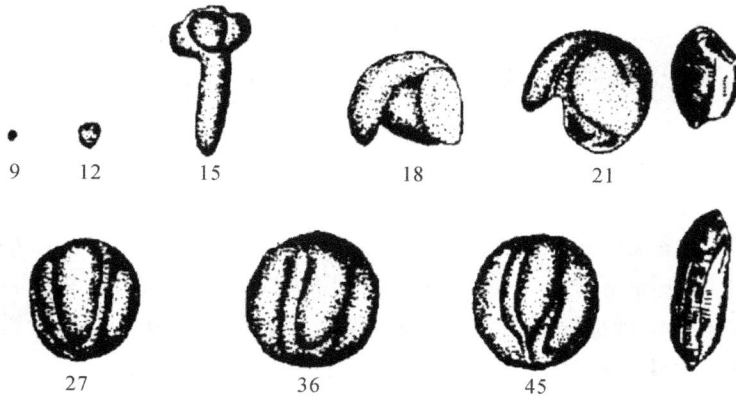

图 6-9　油菜种子的发育过程(图中数字表示天数)

(1)细胞增殖阶段　油菜受精后,结合子开始分裂,到开花后第 9 天已明显地形成一个细胞增殖的球体。

（2）种胚发育阶段　油菜开化后第 12 天,细胞球体开始变长,有子叶和胚根的分化,略呈三角形。再隔 3 d,子叶分化明显,胚根也较长。

（3）种胚充实阶段　当油菜子叶和胚根发育明显时,不再纵向伸长,但子叶转向下方弯曲,逐渐包围胚根,略呈圆形。此后随种胚的增大,种子亦逐渐充实饱满,胚乳则逐渐消失,到油菜开花后第 33 天,子叶和胚根紧密相接,种子内部几乎全为胚占据。

油菜角果的干重在开花后一直增加,到 39 d 起又行下降。角果鲜重则自 27 d 后开始下降。种子的干重在整个成熟期中一直增加,鲜重则在开花 33 d 后开始下降。种子水分含量比角果下降快。当果实的体积在开花后 21 d 基本长足时,种子干重开始急速增加,油分积累也是最高峰时期。随后角果及种子水分下降,果实由青转黄,种子不断充实饱满,种皮由绿色变成黑色而成熟。

3. 油分的形成

胜利油菜开化后第 9 天,种子含油率为 5.76%;以后增加缓慢,到开花后第 21～30 天,油分积累迅速增快,从 17.96% 迅速增加到 43.17%;开花后第 30～35 天,含油率基本稳定,但随粒重的迅速增加,油分也大量积累,为形成油分的最主要时期。

在形成油分时需单糖,若为蔗糖或淀粉等都必须先转化为可溶性的单糖,才可合成脂肪。当油分逐渐形成而增加时,种子含糖量就相对减少。

油菜种子的含油量随品种类型而不同。甘蓝型油菜含油量较高,一般在 35%～50%,高的可达 55% 左右;芥菜型油菜含油量一般在 30%～35%,高的达 50% 左右;白菜型油菜含油量变异范围较大,一般在 35%～45%,高的也可达 50% 左右。一般种皮色泽浅的比种皮深的含油量高,如黄色种皮含油量较高。含油量有由北向南随纬度降低而逐渐递减的趋势。在角果发育阶段,天气晴朗,光照充足,日夜温差大,土壤保持湿润状态,多施磷肥则种子含油量高;反之,土壤多湿,或极端干燥,以及偏施氮肥,则种子含油量就低。

（八）结角率与结籽率

油菜单株形成的花蕾数很多,一般可达数百个,甚至千个以上,但实际结角率很低,单株有效角果一般只有 200～500 个,仅占总蕾数的 40%～70%,阴角占 10%～20%,脱落数占 20%～40%。

阴角即无效角果,只有果皮而无种子,或只含有极少的不饱满种子。脱落是油菜花蕾与角果脱落的总称。花序顶梢部的蕾脱落较多,中、下部的较少。花的脱落,一般在花期遇到低温而脱落,也有在生育后期雌蕊和花粉粒发育不良不能正常受精而脱落。

油菜每角果一般有 20～40 粒胚株,但能结成种子的仅 10～20 粒,结籽率为 50%～60%。一般由于营养不足的秕子占 10%～25%,未受精的占 5%～10%。

影响油菜结角率与结籽率的因素,主要有以下几个方面:①营养条件:花器脱落受营养条件的影响很大,凡先开的花易得到充分的养分,脱落较少,后开的花由于养分不足,脱落、阴角、秕粒增多。花器脱落、阴角数以二次分枝＞一次分枝＞主茎花序。②气候的影响:开花时遇低温、寒潮,受冻花蕾即易脱落。开花时湿度过高或过低,尤其在上午 9—11 时遇雨,对结角率影响较大。③病虫害的为害:引起花角脱落。④密度过大,株间荫蔽,造成花角脱落和阴角秕粒。此外,施肥不当,引起贪青倒伏,也会增加无效角果和花器脱落。

三、油菜产量构成与形成过程

(一)产量构成因素

油菜产量是由角果总数、每角粒数和粒重 3 个因素构成的。在这 3 因素中每角粒数和粒重变化较少,而单位面积田块角果总数的变异很大,与产量的关系最为密切。因此,提高油菜单产的主要途径是争取单位面积田块有较多的角果数,而不使每角粒数、粒重下降较多。单位面积田块总角果数是由单位面积田块株数和每株角果数构成的。通过合理密植、科学施肥等措施,可使全田既有适当的株数,每株又有较多的角果数,才能有较高的总角果数。

在目前生产条件下,如果千粒重是 3 g,则 0.5 kg 菜籽有 16 万粒,每角果以 16 粒计算,即 100 万角果可得 50 kg 菜籽,简称"万角斤籽"。在生产水平较高的条件下,一般能达到较高的角果数时,以争取较多粒数和较高粒重作为夺取更高产量的主攻方向。在每公顷密度 12 万株,每公顷产量 2250 kg 时,平均每株需有 350～380 个角果,每角果 16～18 粒,千粒重 3.2～3.6 g。

(二)单产形成过程

1. 单位面积角果数的形成

单位面积的角果数是株数和单株角果数的乘积。增加单位面积的角果总数可从两个方面来考虑。

(1)提高种植密度,适当增加株数　在肥力较低的地方,个体生长发育得不到充分发展,单株角果较少,增加株数可以弥补单株角数的不足,可以得到最高的总角果数。但在肥力高的地方,个体生长茂盛,密度过大时,容易造成无效分枝、落蕾、阴角等,有效角果率降低,反使总角果数不足。因此,只有合理密植,才能达到最高有效角果数。

(2)增加单株角果数　单株角果数由各花序的角果数所组成。通常在每公顷 12 万～15 万株的种植密度条件下,一次分枝角果数占全株角果数的 70% 左右,二次分枝角果数约占全株角果数的 20%,主花序角果数占 10%。因此,要增加单株角果数主要是增加一次分枝角果数。在栽培上要适时播种,加强苗期管理以增加主茎叶片数,并采取合理密植与科学施肥来提高成枝率和促进花蕾的分化,以增加角果数。一般条件下,以每公顷总茎枝数达 120 万～135 万个较为适宜。

2. 每角粒数的形成

每角粒数是由角果胚珠数×胚珠受精率×结合子发育率构成。每角果的胚珠数除与品种有关外,受胚珠分化期间的长势和栽培条件的影响很大。胚珠是在主花序花芽开始分化后的 45～50 d 之后陆续分化的。整株花的胚珠数的决定期在现蕾期至盛花期。胚珠受精率的多少,与授粉、受精条件有关,天气晴朗,温度适宜,蜜蜂等昆虫活动频繁,可增加授粉机会,有利于提高胚珠受精率。而长期阴雨或寒潮则会影响授粉和受精。每角结合子发育率与油菜后期长势和栽培条件有关。

3. 粒重的形成

粒重从胚珠受精后逐渐增加,至成熟时停止,这是决定粒重的时期,油菜种子的养分主要靠开花后光合作用积累起来的,一部分供给种子发育充实,一部分暂时储存在茎枝器官里,以后再转运到种子中。所以,必须保持开花后叶片、茎枝和角果皮有较旺盛的光合能力和根系的活力,才能使种子获得充足的养分。

(三)大田油菜的长势长相

油菜的长势长相是苗情诊断的中心内容,在大面积生产中,根据营养生长和生殖生长规律及其外在表现,可以分为几种不同的长势长相。

1.“冬壮春发”型

通过培育壮秧,适时移栽,及时进行苗期肥水管理和防治病虫等工作,达到越冬时形成冬壮苗,苗势健壮。冬壮苗的根系发达,根颈粗壮,有 7～8 片大叶,叶簇直径 22～27 cm,塌棵,叶色深绿,无病虫害,越冬后期主茎花芽开始分化。这样的油菜苗,根系吸收力强,叶片光合作用效率高,制造和积累养分较多,含糖量较高,抗寒力也强,有助于安全越冬。腋芽和花芽分化早,数量多,为春后早发打下基础。在“冬壮”的基础上,开春后及早进行施肥、中耕、防治病虫害等措施,促进“春发”,从而获得高产。

2.“冬春双发”型

在适期早播、大壮苗早栽及肥水条件良好的条件下,菜苗充分利用冬前有效生长期(50～60 d)进行营养生长与养分积累。进入越冬期,具有较大的营养体,单株有绿叶 10～12 张,单株叶面积约 1000 cm^2,叶面积指数 1.0～1.5。这种大壮苗耐寒力较强,根颈粗 1.0～1.5 cm,根系发达。叶腋抽生腋芽较多,菜盘较大,行间叶片搭尖或小封行,叶色深绿,叶缘带紫,生长发育健壮,为春发打下良好基础。春后再加强肥水等措施,促使油菜春发,就能花多、角多、粒多、粒重,从而取得高产。

3.“冬养春发”型

在土壤较瘠薄、施肥水平较低、播种移栽较迟的地区,冬季苗较小,花芽分化较迟而少,苗期基础相对较差,主要靠春季旺发。由于油菜生长期较长,春季是形成大量分枝和花芽的关键时期,故适当增加密度,加强早春培育,促春发,也能获得较好的产量。

4.“冬春不发”型

有些油菜田由于冬春两季未及时施肥与管理,既无冬发也无春发,植株生长差,分枝少、角果少,产量很低。

第三节　油菜栽培技术

一、油菜育苗技术与直播栽培

油菜在生产上,有直播和育苗移栽两种方式,在多熟制地区多用育苗移栽法。

(一)油菜育苗技术

培育壮苗、提高秧苗素质,是育苗移栽的重要环节。油菜秧田期一般为 30～40 d(秧龄),秧苗可生出 6～8 片叶。五叶期以前叶片出生快,单叶叶面积逐渐增大,吸收氮素较快,需适当促进。五叶期以后出叶速度减慢,有明显的营养积累,含糖量增加,含氮量降低,叶片变厚,根茎增粗,是壮苗充实期。这时要防止水分过多、秧苗过嫩而成为旺苗;如果苗期培育不好,因缺肥、少水或渍水,未及时间苗等而形成弱苗和僵苗。

研究表明,油菜壮苗总叶数和绿叶数均较多,叶片大小适中,叶柄与叶长比例少于 0.5,缩茎段较短,根颈粗。叶片少,叶柄过长,叶柄与叶长比例大于 0.5,缩茎较长,根茎细,下胚轴长而成曲茎等均是高脚苗、僵苗的表现。叶片过大、叶含水量高、叶片内氮高糖低是嫩旺苗的表现(表 6-1)。

在生产上壮苗特征为:绿叶 6～7 片,苗高 20 cm 左右。根颈短而粗壮,根颈粗 0.6～0.7 cm,根颈长度在 2 cm 以下;叶柄不超过叶片长的 1/2;无红叶、无高脚、曲茎;支根、细根多;苗龄适当。

表 6-1　油菜秧苗期不同苗势的生理指标

苗相	单株干重 (g)	植株含水量 (%)	叶片全糖含量 (占干重%)	叶片全氮含量 (占干重%)	叶绿素含量 (mg/m²)	冠根比
壮苗	3.99	89.49	17.43	3.76	1254	5.66
旺苗	3.58	91.19	14.90	4.33	1090	8.44
弱苗	1.45	89.30	10.75	4.36	1002	7.54
僵苗	0.65	86.34	22.66	3.48	960	6.24

1. 苗床的准备

为培育壮苗,先要选择好苗床。应选择靠近大田、土地平整、肥沃疏松、向阳背风、排灌方便的田地作苗床。种过十字花科作物的田地或靠近村庄的荒坡田地,不宜作苗床,以免病虫、禽、畜为害。苗床秧田面积按每公顷秧田移栽 5～7 hm² 大田的比例留足。

苗床整地要求翻耕不必过深,土壤必须细碎整平。整地与施基肥结合进行,做到土肥混合,第一次整地一般在播前 1 周进行,每公顷施厩肥或人粪肥 1.1 万～1.5 万 kg,撒于土面,翻耕耙碎。第二次在播种前每公顷各施 225～375 kg 过磷酸钙和钾肥后精细整地,做成1.3～1.7 m 宽畦。畦面平整细碎,使油菜籽分布均匀,深浅一致,出苗整齐。如果苗床基肥不足,那么最好在播种后每公顷施厩肥 1.1 万～1.5 万 kg。

2. 种子处理

用当年收获的油菜种子播种。播种前,可晒种 2～3 d,每天晒 3～4 h,以提高发芽势和发芽率。筛选除去部分夹杂物和秕粒。用浓度 8%～10%(比重 1.05～1.08)的盐水选种,可以淘汰菌核和提高种子质量,盐水选种捞起后,立即用清水冲洗数次,然后将种子摊开晾干,以备播种。

3. 苗床播种

播种时期需根据油菜品种的特性、前作收获的迟早和气候条件等因素决定。甘蓝型早中熟品种的秧龄约为 30～35 d,迟熟品种的秧龄约为 40～45 d;白菜型早熟品种,秧龄为 30～35 d。浙江省北部地区的适宜播种期,甘蓝型早中熟品种为 9 月底至 10 月初,白菜型 10 月上、中旬;浙南地区均推迟 7～10 d 播种。为了错开农活,调剂劳力,可分期播种,分期移栽。

播种量按种子大小决定,千粒重 3.2～3.6 g 的种子每公顷苗床用 7.5 kg 左右,千粒重 4 g 以上的用 11.3 kg。为使播种均匀,拌适量的石灰或细土,按畦定量下种。播后如天气干旱,需轻轻镇压一下,使种子与土壤密接,便于吸水萌发和扎根。播后每公顷施冒籽粪 0.8～1.5 kg,利于出苗。

4. 苗床管理

(1)间苗定苗 油菜出苗后,应及早间苗,防止过密而造成弱苗。一般在出现第 1 片真叶时进行第 1 次间苗,间到叶不搭叶,2 片真叶时进行第 2 次间苗,3 片真叶时定苗。留苗密度根据播种早迟、秧龄长短和秧苗生长状况而定,一般保持苗间距 7～10 cm,秧龄长的更稀些。

(2)施肥浇水 油菜幼苗期需肥虽不多,但不能缺水、缺肥。油菜移栽前约 7 d,施少量起身肥,有利于栽后活棵,但嫩苗不宜施用。育苗如遇干燥天气,要及时沟灌或浇水,保持土壤湿润而不板结,以利根的生长。近年来,用 150 mg/kg 可湿性多效唑或 50 mg/kg 可湿性烯效唑粉剂,每公顷 750 kg 药液在油菜三叶期喷施,对防止高脚苗以及培育矮壮秧效果显著。

(3)防治病虫 苗床期主要虫害有蚜虫、菜青虫、黄条跳甲、菜螟等。主要病害有病毒病、白锈病和霜霉病,要及时防治,而且蚜虫还会传播病毒病。在移栽前 3 d,最好用药剂全面彻底防治一次,把各种病虫消灭在苗床以内,不让其带到大田为害。

(二)大田整地和移栽

1. 油菜对土壤的要求

油菜对土壤要求不甚严格,但以土层深厚、土质疏松、保水保肥力强、含有机质丰富的土壤最为适宜。

2. 整地

整地质量好坏与油菜生长好坏关系密切,尤其是油菜作为双季稻的后作更为重要。如果整地粗放,或是湿耕湿栽,不仅栽时花工大,质量差,而且栽后菜苗不发,造成以后培育管理上的被动。

高产单位的经验证明,在栽插晚稻时,留好丰产沟,晚稻收获后及时抓住土壤干湿度适宜时翻耕(深度 16～20 cm),将土耕松耙细,切忌湿耕。水稻田干耕较湿耕能提高土温和有效养分,增加土壤孔隙,降低土壤容量和湿度,减少土壤大僵块的形成。

大田整地以后,接着开沟作畦,畦宽 1.7～2 m、沟深 16～20 cm。在排水不良的田块,田的四周和每隔数畦开 30 cm 以上的深沟,降低地下水位,对促进油菜根系生长有良好的效果。

畦以南北向为好。冬天向阳避风防止冻害,有利油菜冬壮。春后通风透光有利春发稳长。

近年来广泛推广免耕法,采用稻板油菜。免耕能排除田面及近土面的积水,油菜可以提早 7～10 d 移栽,早返青活棵;较肥沃的表土中的养分能为油菜所利用;免耕可减少犁底层的形成,使土壤保持良好结构,油菜根系生长均匀,省工省本,保证密度;利于冬壮冬发,增加产量。免耕的缺点是:在烂冬年份容易导致湿害,烂根缺株多;如果未施除草剂或施用不适当,会造成严重草害;基肥全层深施困难,容易发生早衰现象。

采用免耕法要做好配套技术。抓好"三沟配套",在搁好晚稻田的基础上,加深"丰产沟",以确保田间不积水。做到齐泥割稻,削高垫低,划畦掘沟。加强培育矮壮苗。适当增加密度,提高移栽质量,改变过去打洞栽苗,用铁耙扎出一条沟,然后将油菜苗移栽在堆起泥一边的肥土上,根直苗正,根部朝北,菜心朝南,再用肥泥拥根揿实,可防风保暖,提早活棵。遇到干旱年份移栽困难时,可采取先浅旋耕,后移栽的方法。适当增加施肥次数。免耕油菜一般没有猪牛栏肥等作基肥,加上冬发比较好,消耗养分多,春天往往有早衰现象。因此,除施好塞孔肥和抢施活棵提苗肥外,尤其要施好腊肥和薹肥。免耕油菜土壤易板结,土壤通透性不及翻耕油菜,在活棵后即进行浅松土,早春深松土。应用除草剂,在移栽前 1～2 d 每公顷用 3～3.7 kg 草甘膦兑水 750 kg 喷雾,或在移栽前每公顷喷绿麦隆 4.5 kg 加水 600～750 kg,有较好的除草效果。

3. 移栽

移栽时期应根据苗龄和前作收获期而定,以适时早栽为原则。移栽时气温较高,菜苗容易成活,越冬前能利用有效生长期发根长叶,翌春早发。因此,必须抢季节早栽,在适期内全部移栽结束。浙江省移栽期以 11 月上、中旬为好,不迟于 11 月底。三熟制的晚茬油菜,争取及时移栽更为重要。有些地区采用先移栽部分油菜,然后播大、小麦,最后用大壮苗的菜苗移栽。

油菜移栽最好是随拔随种,尽量不种隔夜苗。露水秧含水率高,种下晒萎后复活很慢,故不宜采用。拔秧时注意大小分级,分批拔分批栽,以保证同一块田内苗株整齐一致。拔秧时尽量带泥,少伤根系和叶片。在移栽前一天或上午苗床浇透水,次日露水干后拔苗,可多带泥块。如用种刀或铁铲起苗更好。种时要求分苗不伤叶,栽种不伤茎,根直叶笃泥土揿实。揿实比不揿实要早 4～5 d 成活,也不致发生因菜苗架空而出现红苗。叶柄要埋入土中约 1.5 cm,冰冻时就不会伤根。高产单位移栽时施用塞根肥,即每公顷用 1.2 万 kg 泥灰、300 kg 过磷酸钙、75 kg 尿素拌和,或用泥灰、饼肥、磷肥、人粪尿拌和堆制发酵。塞根肥具有肥料集中、肥效较快等优点,对稻田油菜发根特别有利。移栽后立即施"活棵肥",一般浇稀人粪尿,使根土密接,发根快,促进成活。

(三)直播油菜的栽培技术要点

油菜直播栽培的历史悠久,我国北方广泛应用。我国南方油菜产区,也有直播油菜。直播油菜的特点是:根系发达,抗逆力强,并且省工省时。直播油菜主根粗长,根系入土深,不易倒伏。直播油菜和移栽油菜相比,其根颈粗度、根系数目和根系总长度均表现较好,有利于吸收土壤深层的水分和养料,因而抗旱、耐瘠、抗倒伏能力强,特别是在土壤黏重的田块,直播油菜较移栽油菜更具优越性。但一般来说,产量不如移栽油菜高。

直播油菜丰产的关键,首先要求精细整地、施足基肥,保证苗全苗壮。播种期可比育苗移栽的迟约 10 d。浙江省在 10 月中旬播种,不迟于 10 月底。播种方法有点播和条播两种,每公顷播种量 3～3.8 kg。适当提高密度,每公顷以 18 万～23 万株为宜。宽行密株,行距 30～40 cm、株距 13～20 cm,有利于通风透光,生长健壮。油菜出苗后 10 d 左右,当出现 1～2 片真叶时,应及时间苗,到出现 4～5 片真叶时定苗。缺苗时要及时补足,并浇施水肥。直播油菜的主根入土较深,吸收下层水肥能力较强,耐干旱,不易倒伏,但其细根量较少,吸收耕作层内的养分能力较弱。要早施苗肥和薹肥,同时在越冬期结合培土壅根施用有机肥,使油菜后期不早衰。此外,要做好除草、排渍和防病等工作,并适时收获。

二、油菜需肥特性与施肥技术

(一)油菜需肥特性

1. 氮素

油菜需氮较多,植株含氮量为 1.2%～4.2%(占干重百分比)。前期含量高,后期含量低。提高氮素营养水平,可相应地提高种子蛋白质含量。施肥时期越晚,种子蛋白质含量越高,而含油量越低。据报道,多施氮肥,菜籽油中的芥酸含量增加,油酸含量下降,油的品质变差。而另有报道,增施氮肥可以降低菜籽中硫代葡萄糖甙含量,改善菜籽饼品质。

油菜吸氮量因品种类型、产量高低、施肥技术等而有不同。甘蓝型油菜每公顷产量 1500～2250 kg菜籽时,每生产 100 kg菜籽需吸收氮素 9～11 kg。白菜型油菜每公顷产量 825 kg菜籽时,每生产 100 kg菜籽需吸氮量为 5.8 kg。同一品种在不同的栽培条件下,吸氮量与产量会有变化。

2. 磷素

油菜对磷素的反应敏感,缺磷时根系发育不良,叶变小,叶肉变厚,叶色深绿而灰暗,缺乏光泽。正常植株体内氮磷比例为 3∶1～5∶1。严重缺磷时叶片呈暗紫色,逐渐枯黄,以致不会抽薹开花。中轻度缺磷,则表现分枝少,角果数少,籽粒不饱满,秕粒多。通常植株体内的含磷量为 0.561%～0.714%,薹期最高,花期以后略有下降。甘蓝型油菜每公顷产量 1500～2250 kg 时,每生产 100 kg菜籽需吸收磷 3～4 kg;白菜型油菜约仅为 2.4 kg。

油菜所吸收的磷,有向代谢旺盛的幼嫩部分集中的趋势。初期在根部积累,再从根部输到叶片,由叶片再至花瓣,最后由花运转到角果中去。

油菜种子的磷素占总吸收量的 60% 甚至 70% 以上,茎秆占 5.9%～11.1%,角壳占 5.2%～8.9%。初期被油菜所吸收的磷,在各生育阶段中可以反复参与新组织的形成和代谢作用,吸收愈早,效率愈大。增施磷肥,有利于油分的积累和粒重的提高。在油菜生长期土壤速效磷含量需保持在 10～15 $\mu g/g$,小于 5 $\mu g/g$ 易出现缺磷症状,要补充磷肥。

3. 钾素

油菜对钾的需要量很大。甘蓝型油菜每公顷产量 1500～2250 kg 时,每生产 100 kg 菜籽需吸收钾素(K_2O)8.5～12.8 kg,近似氮素吸收量。白菜型油菜仅需吸收 4.3 kg 钾素。缺钾的症状首先出现在最下部的叶片上。在 3～4 片真叶缺钾时,叶片和叶柄上有的也呈紫色,随后在叶缘可见"焦边"和淡褐色枯斑,叶肉组织呈明显"烫状症"。植株明显缺钾时,叶片失去膨压而枯萎。叶片上的症状可发展到茎秆表面,呈褐色条斑,病斑连成一片时,使茎枯萎折断,或现蕾开花不正常。严重缺钾时出叶慢,各生育阶段推迟,根系弱小,由白色变黄,活力差,抗寒力弱,菜籽质量和脂肪含量明显降低。

钾素在抽薹期植株含量最高,主要分配在茎秆和果壳中。成熟时种子中含钾占总吸收量的 21.3%～26.0%,茎秆和荚壳中钾达到总吸收量的 36.7%～40.4%。

4. 各生育期三要素吸收的比例

油菜各生育期三要素的吸收量受施肥条件影响较大(表 6-2),油菜苗期为 100 多天,积累干物质虽不多,但吸收三要素量则较多。薹花期是吸肥最多的时期,尤以薹期(50～60 d)为甚,吸收量几乎达到总吸收量的一半,是吸肥强度最大的时期。这时充分供应肥料对提高产量有决定性的意义。结角成熟期是干物质大量积累的时期,植株各部分积累的物质转运到角果和种子里去,吸收营养已不多了。

表 6-2　甘蓝型油菜各生育期三要素吸收比例(%)

分析单位		湖南农科所				中国农科院油料所			
油菜品种		胜利油菜				甘油 3 号			
吸收养分		干物重	N	P_2O_5	K_2O	干物重	N	P_2O_5	K_2O
生育期	苗床期	10	13	14	3	3	7	2	6
	大田苗期	10	11	17	22	19	37	18	18
	薹期	17	33	65	66	21	46	22	54
	花期	63	25	4	9	57	10	58	22

(二)施肥技术

根据土壤特点和油菜品种及其生长发育的规律,因地、因时制宜安排肥料种类、用量和施用时期,以发挥肥料的最大效益。

1. 施肥量

按甘蓝型油菜的氮、磷、钾比例为 1:(0.4～0.5):(0.9～1),每公顷生产 1500～2250 kg

菜籽时,需施用氮素 150～225 kg、磷素 60～75 kg、钾素 150～225 kg。具体施肥量还需根据土壤的肥瘠、产量的要求而增减。

2. 基肥

油菜基肥应以有机肥为主,配施磷、钾肥和适量的速效氮肥。

基肥的比例,一般高产田,施肥量高、有机肥料多,基肥比重宜大些,氮肥可占施肥量的 50%～60%。施肥量中等的(每公顷氮素约 150 kg),基肥比重占 30%～40% 为宜。施肥量较小时,基肥比重宜更小,而适当增加追肥的比重,可以提高肥料的利用率。

磷、钾肥都以作基肥为最好。油菜生长初期对缺磷反应最敏感,磷肥最好作基肥或作苗肥,或基肥与苗肥各半施用。磷在土壤里的移动范围很小,要施在油菜根系附近,用作种肥更为经济有效。钾肥宜用作基肥或追肥。追肥要在抽薹前施下。

基肥中一般每公顷用过磷酸钙 225～375 kg、草木灰 2250 kg 或硫酸钾 75～150 kg。

3. 追肥

根据油菜生长发育的需要,适时、适量施用追肥,以充分发挥其作用。

(1)苗肥和腊肥　油菜苗期是植株一生中含氮量最高、含叶绿素最多的时期。一般叶片含氮量达 4% 甚至 5% 以上,为氮素代谢的高峰,是叶色最深的阶段。苗肥使用得当,可以达到冬壮苗。

除基肥特多、肥力特高者外,苗肥一般每公顷施硫铵 110～150 kg 或更多一些。苗肥要早施,一般不迟于移栽后 7～10 d,使菜苗移栽活棵后及时吸收,促进迅速生长,形成壮苗。在温度下降的过程中,菜苗叶色由绿色变为绿中带红,紫边绿心,达到先旺后壮以安全越冬。

腊肥,是我国长江流域油菜进入越冬期施用的肥料。这时主轴与一次分枝已相继分化,是一次分枝数和花芽数奠定基础的时期,越冬期开始抽出的短柄叶是能否春发稳长的主要叶片。腊肥以有机肥为主,有填塞土缝、壅根保暖防冻和促春发稳长的作用。优质有机肥料则宜在菜行间开沟条施。

(2)薹肥和花肥　油菜蕾薹期是生殖生长与营养生长两旺、搭好丰产架子的关键时期。薹肥,是油菜抽薹前或刚开始抽薹时施的肥料,是促进春发稳长、薹壮枝多,争取角多的一次关键性追肥。

施用薹肥要根据地力肥瘦、前期施肥多少,以及菜苗长相而定。冬发菜苗基础好,返青时叶面有光泽,叶色深绿,叶柄弹性差,长势足,密度较高,估计抽薹时有可能封行,或前期肥料较多,土质天气均使地力易发挥时,薹肥要推迟施用或少施。冬养类型的菜苗基础差,吸肥力弱,在生长尚正常而叶柄微现紫色时,表示已开始脱肥,如前期肥缺,要及时追肥。长势弱的老苗和僵苗,叶片向上伸展无光泽,叶柄硬,或提早抽薹,薹色和外层叶色发红为明显脱肥,要提早在返青时施肥,用量要重些。如全株显紫色,为严重脱肥,这种苗要连续追施速效肥,才能恢复长势,薹肥用量一般每公顷用硫铵 150～225 kg,或配合适量腐熟粪尿。白菜型油菜和甘蓝型油菜的早熟品种生育期短、抽薹早,薹肥要比晚熟品种提早施用。

花肥,是指油菜开花前和初花期施用、主要供花角期吸收利用的肥料。施用花肥要根据苗情、地力等条件而定。中迟熟品种生育期长,可以依苗情施花肥;早中熟品种不宜施用。油菜个体春发较好、群体较大而开花前生长稳健,估计前期肥料已经退劲,可以施用一次肥料,每公顷用 150 kg 左右硫铵。油菜春发不足,个体群体均较小,开花前长势减退,花肥用量要轻些,每公顷用约 75 kg 硫铵,以免造成贪青迟熟。油菜春发较好,初花前长势并未减退,或群体发展过大,均不宜施用花肥。

(三)硼肥的施用

各种微量元素中,芸薹属作物最易发生缺硼,特别是双低优质油菜品种对硼更为敏感。油菜缺硼会发生"萎缩不实"(又称"花而不实"),这是一种生理性机能病害。一般田间如有较多植株呈明显症状时,减产二三成以上,严重时可能无收。在山区、半山区以及山坡地等易发生缺硼现象。

1.油菜缺硼的典型症状

病株根系发育不良,不长须根,表皮褐色,根颈膨大,皮层龟裂。叶色暗绿,叶形小,叶质增厚,易脆,叶缘倒卷;叶片呈紫红色至蓝紫色,继后形成蓝紫斑。变色一般先由靠植株中部叶开始,并向上下发展。花蕾褪绿变黄,萎缩干枯或脱落。开花不正常,花瓣皱缩,色深,角果中胚珠萎缩不结籽或结籽少。茎秆出现裂口或裂斑。角果皮和茎秆表皮变为紫红色或蓝紫色,次生分枝丛生,成熟期尚在陆续开花。

油菜叶片含硼和缺硼症之间的关系很明显。据分析,严重缺硼的油菜叶片含硼量在 5 $\mu g/g$ 以下,有明显缺硼症状的在 5~8 $\mu g/g$,症状消失或正常的叶片含硼量在 10 $\mu g/g$ 以上。因此,叶片含硼量在 8~10 $\mu g/g$,可以作为油菜是否缺硼的临界浓度。

作物体内含硼量与土壤中有效硼含量关系密切。据对浙江省油菜表现缺硼症状地区的土壤进行分析,以 0.4 $\mu g/g$ 作为临界值,从浙江省各种土壤来看,除盐土含硼量较高外,平原地区均在 0.5 $\mu g/g$ 左右,山区、半山区、河谷平原山垄田及山地含硼量最低,大多在 0.1~0.3 $\mu g/g$。其他土壤一般也都在 0.8 $\mu g/g$ 以下。不过有时含硼量虽低,但作物缺硼症状不明显,这是因为影响硼素营养的因素较复杂。

2.缺硼原因及条件

持续干旱,导致土壤有效硼降低,促进发病;偏施氮肥或石灰过量,造成油菜体内氮钙与硼元素之间比例过大,亦会促进发病;晚播晚栽,移栽质量差,个体发育不良,根系发育差的发病重;甘蓝型油菜易发病,白菜型油菜个别品种也有表现。在甘蓝型油菜中品种愈迟熟对硼的需求量愈大,优质"双低"品质需硼量也较多,故应适当增施硼肥。

总之,引起油菜"花而不实"的根本原因是土壤中缺乏有效态硼。一些不良的土壤条件和农业技术措施常会降低土壤有效硼含量、破坏硼与其他营养元素间的平衡关系或影响油菜对硼的吸收机能,从而促进症状的发生和发展。

3.防治方法

(1)农业防治　深耕改土,增施有机肥、草木灰,合理施用化学氮肥,培育壮苗,适时移栽。酸性土壤施用石灰要适量。

(2)施用硼肥　①硼肥作底肥:严重缺硼土壤,每公顷施硼砂 8~15 kg 为宜。由于硼砂(或硼酸)对种子发芽和幼根生长有抑制作用,应避免硼肥与种子直接接触,并同有机肥和氮磷钾结合使用。②苗床喷硼:在移栽前 1~2 d 每公顷苗床用 0.4% 硼砂水溶液 750 kg 喷施。③本田施硼:在苗期防治 1 次或苗、薹期各 1 次,每次每公顷用硼砂 750 g 兑水 750 kg

喷施叶面。④在移栽前沟施硼镁肥或硼镁磷肥也有良好效果。易发生缺硼现象的山区、半山区以及山坡地提倡硼肥作底肥和叶面追施二次施硼。

三、油菜田间管理技术

(一)合理密植

合理密植能充分利用阳光和地力,使单位面积具有适当的绿色面积,尽可能地积累较多同化产物。要求在单位面积上有最适宜的株数,最多的角果数、粒数和最重的籽粒。密度过大或过小均不能达到以上目的,得不到高产。

在土壤肥沃、深厚、土质好、施肥较多的情况下,油菜生长繁茂,种植宜较稀;相反,种植宜较密。

早播早栽的油菜,能充分利用生育前期的光温条件,植株营养体大,积累养料多,密度宜稍低,而迟播的油菜植株,生长慢,营养体小,宜适当增加密度。

甘蓝型油菜比白菜型油菜植株高大,叶片大、分枝多,种植密度宜稍稀。早熟品种、中熟品种比晚熟品种密度应密些。此外,如气温高,雨量多,生长旺盛,密度宜稀;反之宜密。浙江省油菜以每公顷 10 万～13.5 万株为宜。种植方式以适当放宽行距,缩小株距,一般行距33～40 cm,株距 17～25 cm,有利田间通风透光和管理。

(二)田间管理

俗话说:"三分种,七分管",加强田间管理,也是夺取油菜高产的重要环节。

油菜冬前(指 12 月底以前)以营养生长为主,其生长的好坏,直接影响到越冬和春后生育的好坏。据中国农业科学院油料研究所调查分析:油菜越冬期的单株绿叶数、最大叶长、最大叶宽和根颈粗与年后单株产量呈正相关,其相关系数(r)分别为 0.533、0.592、0.716 和0.564(其 t 值均达到极显著水平)。

油菜越冬期长势与年后产量关系极为密切。要求冬前油菜的叶片浓绿而不发红,叶缘略带紫色,行将封行而不抽薹,单株总叶数(叶痕数＋绿叶数)13 片左右,绿叶数 8～10 片;根系发达,根颈粗 1.5 cm 左右。春季的长相长势是茎粗 1.5～2.0 cm,上下粗细均匀,略带紫色,主茎绿叶 15 片以上,盛花期叶面积指数 4～5。油菜田间管理的主要措施是:

1. 清沟排水

油菜需要较多的水分,如果干旱要及时灌水。而水分过多,尤其在春雨较多的水稻茬油菜,土壤空气缺乏,对油菜生长极为不利。据统计分析,杭州市郊冬前苗期和角果发育期的降水量与产量呈显著的负相关(r 分别为－0.5355 和－0.6602)。春季雨水过多,易造成湿害、病害和倒伏。应经常疏通沟渠,使排水通畅。这对保证油菜正常生长有显著作用。

2. 中耕松土

稻田长期浸水,土壤结构较差,耕翻整地达不到充分细碎、疏松结构的要求,必须进行2～3次中耕松土,创造良好的土壤环境,才有利于油菜生长。

3. 防治冻害

油菜在越冬期(冬至至立春)间,常遇低温冻害。油菜的冻害有三种现象:

(1)根部拔断　在播种和移栽过迟,耕作管理粗放,菜苗瘦小,根系入土浅的情况下,当土层冰冻抬起,根系扯断外露而死。

(2)叶部受冻　当气温降低至 $-5 \sim -3$ ℃时,叶片细胞间隙结冰,叶片即受冻害,如果气温突然降至 $-8 \sim -7$ ℃,而后又骤然上升,则叶片组织破坏更严重,叶片呈烫伤状,最后叶片发白枯死。叶部受冻的另一种现象是:叶肉尚能生长,叶背的下表皮生长受阻,与叶肉分离,它的气孔关闭,因此受冻部位叶面凹凸不平,叶背甚至产生小裂缝。氮肥足而磷钾肥少的田块易造成这种冻害。在冬季不太冷,春季多寒潮的年份,偏施氮肥的田块也易受冻。

(3)蕾薹受冻　蕾薹期后,植株抗寒力减弱,遇 0 ℃以下的低温,就易受冻害。蕾受冻后呈黄红色,嫩薹受冻后破裂,严重的折断下垂,以致枯死。

防止冻害,一般应结合施用腊肥进行培土,有防寒保温之效。腊肥中应增加磷钾肥,使细胞机械组织加强,提高细胞液浓度,增强抗寒能力。对出现拔根现象的菜苗应及时培土。为防止叶片受冻,在冻前或在油菜叶片受冻后,应立即摘去冻叶,同时适当追施速效氮肥,促使其恢复生长。

4. 防止早花

栽培措施不当时,油菜在冬前会出现抽薹开花现象。如春性品种和半冬性品种播种过早,加以肥料不足、土壤干燥或苗床播种量过大、苗龄过长、移栽质量差等,更易造成早花现象。防治早花应根据品种特性确定适宜播种期。加强苗床管理,培育壮苗并提高移栽质量。若已出现早花现象,应选晴天进行摘薹。摘薹后必须追施 1 次速效肥料,促使正常生长。

5. 防治病虫害

油菜的主要虫害有蚜虫、菜青虫、黄条跳甲、潜叶蝇等。病害有菌核病、病毒病、霜霉病和白锈病(龙头病)等。菌核病的病菌大部分先侵害叶片与花瓣,再蔓延至茎部和分枝乃至全株。优质双低油菜的抗病性普遍较差,必须及时防治。防治虫害可用 40%乐果 1000～1500 倍液或 25%亚胺硫磷乳油 300～400 倍液喷雾,有良好效果。菌核病应以防为主,采取选用抗病(耐病)良种;水旱轮作;精选种子,淘除菌核;摘黄叶(老病叶)2～3 次,减少传病叶;做好清沟排渍,降低田间湿度,改善田间通风透光条件,摘除的老病叶应带出田外作猪饲料用。其次,采用药剂防治,在初花至盛花期用 40%菌核净可湿性粉剂 1000～1500 倍液,每公顷用量为 1125～1500 kg;25%的赤霉清粉剂,每公顷用量约为 1050 kg;70%甲基托布津 500～1000 倍液;或 50%多菌灵可湿性粉剂 400～500 倍液防治 1～2 次,有较好效果。防治病毒病主要是在苗期用呋喃丹、乐果等防治蚜虫,以防病毒病传播蔓延。

(三)收获与储藏

1. 收获

油菜开花的延续时间可达 30 d 之久,角果成熟很不一致。收获过早、过迟,产量和含油量均较低。油菜收获的适期一般在终花后 25～30 d,有三分之二的角果呈现黄色时进行。

这时主花序基部角果开始转现黄色,种皮呈现固有色泽,而分枝上部尚有三分之一的角果呈现绿色。

油菜收获的方法有割收和拔收两种。割收比较省力,干燥快,脱粒时泥土不会混入种子。拔收的用工较多,干燥慢,泥土容易混入种子,降低种子品质和出油率。但拔收有利于油菜种子的后熟作用,比割收可提早 5 d 收获,而产量和含油量不会降低,还有增高的趋势。在轻质沙土,劳力充足,须争取季节情况下,可采用拔株的方法。脱粒时应先将泥土清除,不使其混入种子。

油菜可以就地收割、就地摊晒脱粒,也可收割后堆积,再翻晒脱粒。采用堆积翻晒脱粒,其堆积场所应尽量用晒场场面和场周进行堆积,以便翻晒。堆积的堆形可因地制宜,但须注意,油菜植株应稍晾干,堆底要防水防潮,堆内要通风透气。堆时植株是一层茎梢朝内,一层茎梢朝外,交叉堆积成中空的堆。堆积三四天后,堆内温度逐渐上升,应注意检查。一般堆积时间不超过 7 d,如果堆温过高,堆内出现水滴或黏液,就必须翻晒脱粒,以免霉烂损失。

近年来,油菜收割机械的引进与自主研发以及适合机械化、轻简化栽培的油菜品种培育和栽培技术配套集成,油菜生产上机收面积逐渐扩大,显著提高了劳动生产率,降低种植成本,因而促进了油菜产业的健康发展。

脱粒后的油菜籽,含水量一般为 15%～30%,不宜立即装袋堆积。如逢阴雨天气,也必须放置室内风干,并勤加翻动,防止菜籽发热。天晴后,立即翻晒。菜籽的干燥程度,按规定的含水量标准不能超过 10%。

2. 留种

油菜留种应在建立留种田的基础上,采取以下几种方法留种:

(1)株选　在油菜开花期间选择具有本品种特征、长相一致、健壮无病的优良单株,做好记号,在收获前再复选 1 次(也可结合收获进行),淘汰不良或有病单株。收获后选留花序中部角果混合脱粒,晒干后作种用。这种方法简单易行,在一般情况下,每 50 株可收 500 g 种子,有提高种子纯度和增产的效果。

(2)主轴留种　在油菜成熟后,选择具有本品种特征、经济性状好、长势一致的植株,剪下主轴(主花序)去掉末梢,留取中部最好的角果。因为油菜开花是从主轴开始的,故主轴开花最早,优先得到养料,角果长,籽粒大,是全株最好的种子。生产实践证明,主轴种子出苗整齐,生长一致,植株健壮,抗逆性强,一般比原品种增产,而且早熟。选 50～70 个主轴就能供 666.7 m^2(1 亩)大田用种。

3. 种子的储藏

经过脱粒、晒干和扬净的油菜籽便可入仓储藏。由于油菜籽的油分主要由不饱和脂肪酸组成,故在储藏过程中遇到不适宜的储藏条件,脂肪容易氧化和水解。尤其在含水量大、温度高的情况下,通过酶、氧和光的作用,脂肪常被氧化而释放大量的热和水,发生"走油"和霉变,使含油量减少,发芽率降低。因此,油菜籽安全储藏的关键在于对其水分的严格控制,通常油菜籽含水量必须控制在 9% 以下才能安全储藏。含水量超过 10% 时,在高温季节籽粒开始黏结,超过 12% 时便容易产生霉变。

储藏方法依具体情况而定,储藏量大的须用粮仓或库房等大型设备;储藏量小的可在室内储于竹编圆囤或装入麻袋堆放。油菜籽的低温储藏对保持品质和发芽力均有良好效果。

在仓囤储藏过程中,应按季节变化控制种子温度,使之夏季不超过 28～30 ℃,春秋季不超过 13～15 ℃,冬季不超过 6～8 ℃,若种温与仓温相差 3～5 ℃,就须进行人工调节,采取通风降温。油菜籽的大量储藏须利用特定的仓库,房屋下面装有鼓风机,上面设排风口,通过人工调节进行种子干燥。潮湿种子入仓后应打开鼓风机进行通风,排除水分;当种子含水量下降到一定程度时即可暂停鼓风;待相对湿度升高再行鼓风,使种子进一步达到干燥。

生产用种子一般应保持高于 90％的发芽率才能达到高精度的播种要求。在一般室内仓囤储藏条件下,播种用种子应以储藏 2～3 年为限,尤其是南方潮湿地区种子寿命较短。因此,为达到一播全苗,保证出苗质量,以选用当年收获的种子最为稳妥。

四、油菜优质高产栽培进展

(一)优质油菜的高产栽培

优质油菜就是油菜产品(菜籽油和菜籽饼)的品质性状经过遗传改良,进而使菜籽油和饼粕的品质都较常规油菜优良的油菜。目前,优质油菜基本为"双低"油菜。此外,甘蓝型黄籽或褐籽油菜品种,由于这种油菜籽的含油率很高(比一般品种出油率高 3％～5％),增产增油效益十分显著;同时,其多酚化合物和纤维素含量较低,因而油质清澈透明,故也属于优质油菜的范畴。

优质油菜栽培的目的不仅是要获得高产,而且还要保持产品的优良品质。由于优质油菜的生长发育规律与常规油菜有所不同,所以其高产栽培技术除了采用常规油菜的技术措施外,还应根据优质油菜的生长发育特点,重点做好以下几个方面的工作:

1. 统一供种,集中连片,分区种植

首先,由种子经营部门统一供应生产用的优质油菜种子,以保证种子质量。一般,低芥酸油菜小区种植一年后,芥酸含量上升 5％,但在大面积(7 hm² 以上)种植一年后,芥酸含量只上升 1％。因此,在生产中常规油菜还存在的情况下,为了确保优良品质,优质油菜一定要做到集中连片,分区种植,最好做到一地(一县或一乡镇,或至少一村)一个品种。如果分散种植则应安排隔离区,以避免与含芥酸和硫甙较高的常规油菜品种串粉混杂。此外,在优质品种生产区内,旱地要实行两年以上的轮作,即每种一年油菜,要隔两年才能再种油菜,以免发生自生油菜(volunteer oilseed rape),降低品质。同时,在优质油菜开花以前,要进行一次大检查,清除空隙地上的自生油菜以及与优质油菜同时开花的十字花科蔬菜。

2. 选用适宜品种,进行合理搭配

优质油菜品种适宜与否,是油菜品质改良工作成败的关键。我国优质油菜发展工作起步较晚,优质油菜品种资源还不很充足,选育出的新品种在某些方面还有一定的不足,且对温、光、湿度反应敏感,有些优质油菜品种还不能成为当地真正的当家品种,而从外地引进的品种必须经过试种。实践证明,品种的选择应根据当地的生态条件、耕作制度等而定。在我国春油菜产区的高海拔或积温较少地区,可利用一些从国外引进后通过试验示范,证明确实表现较好的春性中熟品种,而在中海拔或积温较高的地区可利用春性偏迟熟品种。在冬油菜产区的高纬度两熟制地区,宜选用耐寒性较强的冬性或半冬性偏晚熟品种。在长江下游的两熟制地区,可选用冬性偏晚熟品种。在长江中游和上游及西南三省的两熟制地区,可选用冬性偏中熟品种。在长江中游的三熟制地区,则宜选用半冬性中熟品种。

3. 适时早播早栽,培育壮苗,促进秋、冬发

研究证明,播栽期的迟早,是影响优质油菜产量的主要因素。适当早播,植株能利用前期较高的温度,迅速搭好健壮苗架,充分利用所施肥料而获得高产。相反,迟播植株生长缓慢,即使采取高肥措施也难以获得高产。早播不早栽,秧苗素质下降,移栽迟,气温低,返青慢,也不能早发。因此,"双低"油菜适宜的播栽期一定要根据当地的温光条件、品种特性、栽培方法和生产条件而综合考虑,统筹安排,达到适播、适栽、壮苗冬发的目的。我国黄淮流域气温下降较快,一般当气温降到 20 ℃时,则应抢时播种。长江流域及西南地区,则应根据熟制确定适宜的播种期,两熟制比三熟制的可适当早播。春性较强的品种,早播年前易抽薹受冻,故宜迟播,半冬性、冬性品种可适当早播。此外,我国目前大多数优质油菜品种冬前生长缓慢,为了促进高产,一定要采取措施促进秋、冬发。培育壮苗是夺取优质油菜高产的重要措施。

4. 合理密植,充分利用地力与光能

优质油菜冬发性较弱以及近年来油菜机收,需要适当的密植来提高产量,增加密度尤为重要。油菜合理密植,能充分利用地力与光能,是一项经济有效的增产措施。同时,适宜的种植密度要根据品种特性、地力和播栽期的迟早等来确定。在我国黄淮河流域,"双低"油菜在肥力水平较高的土壤中栽培,播种较早的情况下,每公顷种植 22.5 万株左右为宜;反之,地力较差,播种较迟时,每公顷可种到 30 万～52.5 万株。长江流域的移栽油菜,在中等肥力水平下,每公顷栽 12 万～15 万株为宜。近几年来,我国油菜主产区,尤其是长江流域冬油菜区的杂交优质油菜面积迅速上升,这些品种不仅品质优良,而且植株高大,营养生长优势明显,产量很高。在确定其密度时必须根据其品种特性以及土壤肥力等情况适当稀植。

5. 增施肥料,科学施肥,加强栽培管理

优质油菜要取得高产,需增施氮肥,配合施用磷、钾肥,分次施肥。不可偏施氮肥,不施或少施含硫的化肥,以免降低品质。应普遍施用硼肥,尤其是优质杂交油菜更应施用硼肥,以防"花而不实"。同时,结合数学模拟技术与专家系统,加强优质油菜优化配方施肥技术的研究与应用。严格遵守优质油菜生产的技术规程,加强栽培管理,及时中耕松土追肥。结合化学调控技术,防寒防冻。选用优质抗(耐)病品种,运用种子包衣等技术处理,综合防治病虫害。板地(免耕)优质油菜更应加强化学除草及其他高产高效栽培技术。

6. 单独收获,专仓储藏,确保优质

优质油菜成熟时,做到分田块单独收获、单独脱粒,严格防止器具和晒场的机械混杂。收购部门须严格检测种子品质,以确保优质,并进行专仓储藏,单独加工,以更好地发挥优质油菜的经济和社会效益。

(二)油菜田杂草的化学防除

油菜田防除草害是一项系统工程,需要通过农业栽培、人工除草、化学除草等各种措施

的紧密配合,采用综合治理途径才能达到安全、经济、有效地控制草害的目的。

油菜田杂草防除当前多采取化学防除为主,另外还有农作防除、综合防除等手段。根据化学防除处理时间不同可以分为以下几方面:

1. 播前土壤处理

氟乐灵等除草剂一般用于播前土壤处理。氟乐灵对看麦娘、稗草等禾本科杂草和部分阔叶杂草(如牛繁缕、雀舌草等)有较好的防除效果。此类除草剂只对萌发的杂草幼苗有效,对已出土的幼苗防除效果较差,因此不宜在杂草出苗后使用。

2. 播后苗前土壤处理

如乙草胺等除草剂一般用于播后苗前土壤处理。乙草胺主要用于防除油菜田看麦娘、稗草等禾本科杂草,也可防除牛繁缕等部分阔叶杂草。乙草胺为芽前除草剂,对开始萌动的杂草防除效果好,对已经出土的杂草防除效果下降,因此须适期用药,防除看麦娘应在 1 叶之前;一般地,播种后 1~2 d 内,在畦面保持湿润状态时,每公顷用 50%乙草胺乳油1500 mL加 10%草甘膦水剂 7500 mL 兑水 675 kg 细喷雾,喷雾时要求做到匀喷,不重喷、不漏喷。

3. 苗后茎叶处理

防除禾本科杂草的茎叶处理剂。这类药剂有盖草能、稳杀得、禾草克、拿捕净等除草剂,这些药剂对看麦娘等禾本科杂草都有较好的防除效果,但对阔叶杂草无效。长期单一使用此类除草剂后,禾本科杂草受到抑制,而阔叶杂草(猪殃殃、繁缕等)数量上升,危害加重,故应注意与防除阔叶杂草的除草剂搭配或交替使用,或进行中耕除草。

防除阔叶杂草的茎叶处理剂如德国先灵(SCHRING)有限公司生产的高特克(Galtak)除草剂,商品为 10%乳油。高特克可用于防除油菜田的雀舌草、繁缕、牛繁缕、苍耳、猪殃殃等阔叶杂草,但对稻槎菜、荠菜、大巢菜的防除效果较差。当油菜植株长到 4~6 叶、杂草长到 2~3 叶时,如田间杂草仍然较多,可每公顷用 17.5%精喹·草除灵(又名"快刀")乳油1500~2100 mL 兑水 450~600 kg 细喷雾,防除田间成草。

(三)油菜逆境生理与调控

油菜全生育期长,生长期间通常受到渍害与冻害等逆境危害,影响植株生长发育与产量形成。现以渍害为例,简要论述油菜逆境生理及其调控。

1. 油菜渍害的生理特性

油菜在渍水条件下,根系因缺氧而首先受到伤害,一方面由于根量减少,另一方面由于正常的吸收机制遭到一定程度的破坏,离子和水分吸收都会发生不利于植物生长的变化;同时,老根加速衰老并逐渐死亡,因而间接地影响到地上部的生长。油菜受渍后,植株在土表长出一些短而新鲜的白根,但地下部根系活力与根系伤流量显著下降,其单株根含氮量也明显减少,从而影响了根系的干物质合成与积累。但因渍害发生的生育时期不同,对根系生长的影响也有差异。油菜苗期和角果形成期渍水的根系活力和干物质积累下降幅度较大,蕾薹期渍水的下降幅度较苗期渍水小,而花期渍水对根系活力和干物质积累无显著影响。

油菜渍害的另一生理途径是叶片乙烯释放量增加。在土壤渍水条件下植物出现的一系列症状,如叶柄偏上生长、不定根增生、气腔形成、生长减慢、器官脱落、衰老加速等渍水综合征,都与逆境下乙烯的产生有关。在水分过多时植物体内乙烯水平增大,是由于乙烯的本身合成能力加强、体内合成的乙烯在水中逸出到空气中的数量减少,以及有机物的无氧降解等结果。乙烯具有加速衰老的作用,渍害最明显的表现就是加速衰老。研究表明,油菜各生长期渍水处理均产生乙烯。乙烯释放量的增加是油菜渍水初期最显著的一种生理反应,其在植株出现渍害症状之前就已发生,加速了植株衰老的作用,从而使受渍油菜产生一系列生理代谢及形态结构的变化。

油菜受渍后,植株体内赤霉素、生长素、细胞分裂素和脱落酸含量也发生一定变化。根尖是合成赤霉素和细胞分裂素的主要部位,根系缺氧,影响根系生长,使根尖赤霉素和细胞分裂素的合成和运输受阻;同时,根尖渍水也间接影响地上部赤霉素和细胞分裂素的生物合成,因而使叶片内源赤霉素和细胞分裂素含量显著下降。相反,油菜渍水后其叶片内源脱落酸和生长素含量明显升高。渍水处理后,根部脱落酸经木质部运往地上部,根中脱落酸增加可能是导致地上部脱落酸增加的主要原因。脱落酸是叶片衰老的重要内因,叶片衰老往往与内源脱落酸上升有关。脱落酸诱导衰老的效应可归因于细胞器各分室间膜透性的变化,也可能是通过影响乙烯等其他激素的水平或作用而实现的。油菜渍水后内源吲哚乙酸含量增加可能是通过诱导乙烯而起作用的;植物渍水后,地上部乙烯含量增加,抑制生长素向茎部转移,从而减慢了生长素由地上部运往根部,因而生长素在地上部积累。

加速衰老是油菜渍害的主要表现,可以叶绿素含量和抗氧化酶活性的下降,以及膜脂过氧化产物丙二醛含量和相对电导率的增加作为指标。土壤渍水对油菜叶片叶绿素含量影响显著,随着渍水持续期延长,不同叶位之间叶绿素降解动态有很大差别,叶龄愈大,受渍水的影响愈烈;而且植株渍水会影响植物体内活性氧代谢系统的平衡,即增加植物体内的活性氧,如超氧化物阴离子自由基、单线态氧、羟基自由基和过氧化氢等的产量,降低活性氧清除剂如超氧化物歧化酶、过氧化氢酶和过氧化物酶等的活性。活性氧很容易使膜脂发生过氧化作用或膜脂脱脂作用,从而破坏膜结构。膜损伤后,电解质大量泄漏,故相对电导率是反映结构与功能完整性的又一重要指标。油菜渍水后叶片丙二醛含量与相对电导率显著增大,即膜透性增加。此外,油菜渍水引起植株含氮量下降、光合同化率降低,也是导致植株早衰的重要生理原因。植物渍水时超氧化物歧化酶与过氧化氢酶等内源保护酶活性的下降比过氧化产物丙二醛的积累更早更快,而丙二醛的积累又先于膜透性的损伤。由此推断,植物渍害的重要原因之一,就是削弱了体内某些保护酶的活性,从而也削弱了抗御自由基毒害的能力,使膜脂过氧化作用增强,并导致植株不可逆的伤害。

2. 油菜不同时期渍害的生理反应

渍害是油菜苗期的主要生理障碍,油菜苗期对渍害最敏感。油菜苗期不仅是生长根、叶等营养器官为主的营养生长阶段,也是主花序和上部大分枝开始花芽分化的重要时期。苗期渍水显著影响根系生长,使根系活力与根系伤流量显著下降,其单株根含氮量也明显降低,从而影响了根系的干物质合成和积累。苗期渍水对油菜地上部生长的不利影响也最大,使植株内源激素平衡紊乱,叶片叶绿素含量和抗氧化酶活性显著下降,叶片乙烯释放量、相对电导率与膜脂过氧化产物丙二醛积累大幅提高,叶片含氮量与光合同化率也明显下降。渍害外部形态症状是植株萎缩、绿叶数少、叶面积小,这在苗期表现最明显;地上部干物重也显著减少。苗期渍水不仅影响当时植株的正常生长,而且在渍水处理后对植株仍有很大的持续不利影响,造成株高与茎粗下降,影响油菜花角形成与产量构成,造成有效分枝数减少,单株角果数和每角粒数下降,从而显著影响籽粒产量与产油量。苗期渍水处理的籽粒产量与产油量在油菜各生育期渍水处理中均最低。

油菜蕾薹期渍水和角果形成期渍水也有较大影响,而花期则较耐渍害。油菜进入蕾薹期以后,植株的茎叶和花芽增长很快,是营养生长和生殖生长并进的时期,也是营养器官大量形成的最重要时期。因而蕾薹期渍水对植株各部分的生长发育有较大的影响,但对渍水以后植株各部分的不利影响相对较小,不如苗期渍水这么大,因此其减产程度要小于苗期渍水处理。在花期植株生长更为繁茂,油菜开花期营养生长和生殖生长都很旺盛,其单株叶面积和蒸腾强度达到油菜一生中最大值。开花期耗水强度最高,为油菜一生中的需水临界期。此时渍水对油菜的生理影响相对较小,其渍害指数和减产程度均较小,因而表现比较耐渍。油菜盛花以后根系逐渐衰弱,至角果形成期根系本身生长较弱,故此时渍水对其影响较大。但是,角果形成期渍水由于渍水处理前生长条件较好,植株生长发育正常,植株各部分具有较好的物质积累基础,所以其受渍程度要小于苗期渍水和蕾薹期渍水处理。

另一方面,油菜开花期与角果形成期降水过多,对植株生长发育与产量形成有较大影响,降水过多的影响略不同于土壤渍水,土壤渍水处理主要是通过根部淹水,同时对光照强度也无大的影响。当花期连续阴雨时,造成相对湿度高、日照时数少,影响开花授粉以及叶片与角果皮的光合作用功能,使油菜开花数与结实率明显下降,同化物质积累减少,影响籽粒发育与产量形成,导致油菜减产。

通过油菜渍害及其敏感时期的试验研究,我们可以对油菜不同类型品种进行抗(耐)渍性的筛选分析,并为油菜的育种工作提供科学依据。油菜苗期对渍害最敏感,由于苗期处在植株生长发育的前期,此时苗本身又较小,根据有关生理性状及形态特征,对其进行不同类型品种的抗(耐)渍性筛选较为方便。同时,从油菜抗(耐)渍性品种选育来看,在苗期就可进行有效的选育,以培养出适合本地生态条件的抗(耐)渍优良品种。

3. 油菜渍害的调控研究

对油菜幼苗进行烯效唑处理能明显减轻油菜渍害,改善油菜植株的生长发育。烯效唑的生理作用类似多效唑,它抑制贝壳杉烯氧化酶活性,从而抑制了贝壳杉烯到异贝壳杉烯酸的连续三步氧化过程,阻碍了植物体内赤霉素的生物合成;外施赤霉酸能逆转其对生长的抑制作用,表明烯效唑对油菜的作用机理与赤霉素有关。生长素在植物体内不仅协同赤霉素起促进细胞伸长的作用,而且也是控制顶端优势的内源激素。吲哚乙酸的分解主要由吲哚乙酸氧化酶和过氧化物酶调节,烯效唑影响吲哚乙酸氧化酶活性以及过氧化物酶活性,促进吲哚乙酸的氧化降解过程,使内源吲哚乙酸水平下降;同时增加玉米素等细胞分裂素含量,从而减弱植株顶端生长优势,促进侧芽发生和生长,使油菜根颈横向增粗,一次分枝和二次分枝数目显著增加。

喷施烯效唑后油菜体内脱落酸含量明显增加,说明烯效唑对油菜生长的调控作用也与脱落酸含量有关。同时,脱落酸在调控植物抗逆性方面有重要作用,它具有稳定膜脂脂肪酸的作用,可以减少或减缓膜的伤害;能提高超氧化物歧化酶和过氧化氢酶等细胞内保护酶系统活性,降低膜脂过氧化产物丙二醛的积累,减少自由基对膜的破坏,使逆境下的植株体内代谢发生变化,可溶性糖与蛋白质含量及脯氨酸含量增加,有利于植株维持一定的渗透调节。脱落酸在植物交叉适应中有特殊作用,即不仅具有抵抗一种逆境的能力,也具有抵抗其他逆境的能力。这表明施用烯效唑后内源脱落酸含量增加,除调节油菜生长外,还能增强植株对渍害等的抗逆性。

油菜苗期进行烯效唑处理能提高受渍油菜叶片超氧化物歧化酶、过氧化氢酶与过氧化物酶的活性,而这些抗氧化酶能在逆境胁迫和衰老过程中协同作用,可防御活性氧或其他过氧化物自由基对细胞膜系统的伤害,从而使植物在一定程度上忍耐、抵抗逆境胁迫,减慢或延缓植物器官的衰老过程。不饱和脂肪酸是膜脂脂肪酸的主要成分,氧是不饱和脂肪酸生物合成的必要条件,缺氧可改变膜脂的脂肪酸配比。因为去饱和酶的去饱和作用取决于还原剂(NADH 或 NADPH)中的电子传递给氧的一系列电子传递过程。油菜渍水后其叶片脂肪酸不饱和度下降;不饱和脂肪酸含量下降,使线粒体内膜透性增加,膜结合酶活性下降,氧化磷酸化作用解偶联,从而影响植物生长。烯效唑处理有改变受渍油菜膜脂脂肪酸配比和提高膜脂不饱和脂肪酸含量的作用。而膜脂脂肪酸不饱和度的提高,有利于增强生物膜的流动性,从而缓解乙醇对膜流动性降低的效应,并保护膜蛋白质免受自由基的破坏,增加膜的稳定性。烯效唑处理的油菜叶片丙二醛含量和相对电导率显著下降,且具有持续效应,表明烯效唑能有效地减少叶片细胞的膜脂过氧化作用及细胞膜透性,减轻膜和原生质体伤害。此外,叶面喷施烯效唑能缓解叶片叶绿素含量的下降,提高根系活力,促进根系生长,增加根颈粗、绿叶数和干物重,因而改善油菜的经济性状,提高产量;而对油菜籽的品质无不良影响。

(四)油菜机收技术规程

油菜是我国及世界的主要油料作物,其适应性强、用途广、经济价值高,也是农作物茬口好、利于改良土壤以提高土地产出率的主要农作物。但由于人工劳动强度大、收获困难,极大地影响了油菜生产的大面积推广种植。近年来,在油菜机直播、工厂化育苗与机械移栽,特别是油菜机械化收获方面取得了显著突破,使得油菜生产的机收面积逐渐扩大,显著提高了劳动生产率,降低成本,因而促进了油菜产业的健康发展。

1. 对油菜品种与农艺的要求

适合机械化、轻简化栽培的理想油菜品种,要求具有抗倒、抗病、抗裂、抗除草剂、花期集中、株型紧凑适于密植、耐迟播早熟(特别是晚稻迟熟及三熟制地区)等特性。

在油菜的种植时间和品种上应合理安排(以利于分期收获),并注重肥水管理。机收油菜应适当密植,特别是对于延迟播种,应以密补迟,以密省肥,以密控草,以密适机,以密增产。为便于机收,油菜种植厢面宽度应与割台宽度相适应,且田头应有两厢宽的横厢,作为收割机的转弯地带。在机收前 10 d 左右,可按厢沟将油菜分好厢,以减少机收时分禾器对油菜的撞击损失。同时,在油菜角果成熟后期,可喷施化学催熟剂使油菜成熟一致,以减少收获时青黄不一致而造成的浪费。此外,为解决油菜后期成熟时间集中而机械力量不足的问题,部分油菜可提前用人工割倒,横排铺放或放成一定宽度的禾铺,经 3 d 左右晾晒后用收割机捡拾脱粒,用这种方法可提前一周左右收获。

2. 油菜机收的适宜时间

用联合收割机收获油菜,掌握好油菜的收获时间尤为重要。过早收获影响产量与品质;油菜成熟过度,作业中拔禾轮的割台推运器的转动会将油菜角果碰落,造成浪费。一般地,油菜上部角果能用手指捏开、下部角果气温高时一碰即落时收获为最好。同时,油菜的最佳机收时间是早上、傍晚或阴天,在成熟后期应尽量避开中午气温高时进行收割。

3. 油菜机收的作业流程与技术要求

油菜机械收获分联合收获和分段收获两种。油菜机械联合收获采用联合收割机一次完成油菜的收割、脱粒、茎秆分离、菜籽清选等作业。油菜机械分段收获在油菜黄熟前期,用割晒机或人工将油菜割倒、铺放田间,放置约一周,待油菜后熟干燥后,再用联合收割机进行捡拾收获、脱粒、茎秆分离、菜籽清选等作业。

油菜机械联合收获作业流程是:机组准备、田块准备,试割,正常作业,机组保养,机车入库。技术要求是:油菜籽的成熟度达到85%～90%时进行机械收获;收获时应收割干净、不漏割,割茬高度符合当地农艺要求,收割茎秆应打碎后均匀撒在田中。

油菜机械分段收获作业流程是:机组准备、田块准备,切割或人工收割,铺放、自然晾晒,捡拾、脱粒、清选,菜籽收集。技术要求是:油菜籽的成熟度达到80%左右进行切割或人工收割,放置田间露晒5 d左右,油菜籽的成熟度达到90%以上时采用联合收割机进行捡拾脱粒,茎秆应打碎后均匀撒在田中。

4. 油菜机收对联合收割机的操作要求

要求收割机的技术性能好,各连接及输送部位要求封闭严密,工作中不允许有漏粒发生。收获时机车的行驶速度不能过快,选择中、低挡速度工作。拔禾轮的转速要调至最低,以减少对油菜的撞击次数;前后位置要调到最后,并根据油菜的长势和倒伏情况合理调整高低。依油菜的成熟度和脱粒效果合理调整滚筒转速,成熟较好或高温天气可降低转速,在保证脱净率的前提下减少菜籽的破碎率。根据机车工作时的清选和损失情况合理调整风量,茎秆潮湿时风量应调大,茎秆干燥时应适当调小;其风向应调至清选筛的中前方。清选上筛、尾筛的开度应适当调大,使部分未脱净的青角进入杂余升运器进行再次脱粒;下筛的开度应调小或换用细孔筛。机车的各项调整应以收获时的损失最小为依据。

联合收割机应由专业人员或经过专业培训的熟练机手进行操作,并按说明书安全操作规程正确操作,及时对收割机进行保养和调整。正式收割前选择有代表性的地块进行试割,检查试运转中未发现的问题。作业中要定期检查机车运转情况和作业质量,找出问题及时调整,质量检查包括割茬高度、收割损失、清洁度和破碎率等。机手要熟练掌握机车跨越障碍物、转弯、收割、行走(多用向心回转法)、卸货等操作要领,要特别注意行人和障碍物以防止发生意外事故。在收割倒伏油菜时,将割台降至适宜高度,将拔禾轮轴前移,并正确选择收割方向(逆倒伏方向或横倒伏方向)。作业完毕,先将机车清洗干净,特别是滚筒、清选、输送部分的杂草、尘土等须清洗干净。同时,卸下所有皮带,涂防锈油或漆,停在干燥通风处保管。

主要参考文献

[1] 浙江农业大学作物栽培教研室.作物栽培学[M].上海:上海科学技术出版社,1994.
[2] 中国农业科学院油料作物研究所.中国油菜栽培学[M].北京:农业出版社,1990.
[3] 刘后利.实用油菜栽培学[M].上海:上海科学技术出版社,1987.

［4］刘后利.油菜的遗传和育种［M］.上海：上海科学技术出版社，1985.

［5］李庆生，夏维富，周日明.优质油菜高产栽培技术［M］.北京：中国农业出版社，1999.

［6］张毅.优质油菜新品种及配套高产栽培技术［M］.北京：中国农业出版社，1997.

［7］张国平，周伟军.作物栽培学［M］.杭州：浙江大学出版社，2001.

［8］官春云.优质油菜生理生态和现代栽培技术［M］.北京：中国农业出版社，2013.

［9］Naeem M S，Liu D，Raziuddin R，et al. Seed dormancy and viability［M］//Gupta S K（ed.）. Biology and Breeding of Crucifers. London：Taylor & Francis Group，2009：151-176.

复习思考题

1. 简述油菜品质特点与双低油菜的含义。
2. 简述油菜各个种的亲缘关系及主要栽培类型的特点。
3. 简述油菜阶段发育特性及其应用。
4. 简述油菜生长发育阶段与器官形成及产量构成的主要特点。
5. 简述油菜育苗移栽与直播栽培的主要技术。
6. 简述油菜优质高产栽培技术与田间管理措施。
7. 简述油菜机收技术规程。

第七章　大　豆

第一节　概　述

一、大豆生产的意义

大豆是世界上少见的高蛋白和高脂肪含量的作物,营养价值和经济价值都很高。大豆在农作物中是粮食兼油料作物,又是家畜饲料和轻工业的重要原料,这在其他作物中也是罕见的。大豆根系的根瘤菌有固定氮素(nitrogen fixation)的能力,每公顷大豆1年中固定空气中的氮素相当于262.5~487.5 kg硫铵,所以大豆又成为轮作复种中提高并维持土壤肥力的天然供氮作物。在中国几千年的传统农业中,大豆以其高质量的植物蛋白质和稻、麦等淀粉为主的热能作物组成优良的膳食结构,以补充动物性蛋白质之不足,同样为人类的健康作出了贡献。现代化农业由于过多地施用化学氮肥造成的种种弊端,引起人们对大豆(以及其他豆类)作物的重新评价,在今后的农业中大豆将会有更大的发展。

食用豆类营养丰富,而大豆又是食用豆类中的佼佼者,被称之为"植物肉"。大豆籽粒含40%左右的蛋白质,比禾谷类作物小麦、稻米、玉米高2~3倍,也高于肉类、蛋类和奶类(表7-1)。大豆蛋白质大部分溶于水,易被人体吸收利用,吸收利用率达85%以上。大豆蛋白质不仅含量高,而且质量好,氨基酸种类齐全,尤其是必需氨基酸含量丰富,如赖氨酸比禾谷类作物高6~7倍。

表 7-1　大豆种子与其他食物成分比较(每 100g 中含量)

组成成分	大豆	稻米(粳米)	小麦粉	玉米(黄粒)	牛肉(瘦)	猪肉(瘦)	鸡蛋	牛奶
水分(g)	10.2	13.0	12.0	12.0	70.7	52.6	71.6	87.0
蛋白质(g)	36.3	7.3	9.9	8.5	20.3	16.7	14.7	3.3
脂肪(g)	18.4	1.4	1.8	4.3	6.2	28.4	11.6	4.0
碳水化合物(g)	25.3	77.2	74.6	72.2	1.7	1.0	1.6	5.0
热量(kJ)	1722	1467	1480	1513	602	1379	711	255
粗纤维(g)	4.8	0.3	0.6	1.3	0	0	0	0
灰分(g)	5.0	0.8	1.1	1.7	1.1	0.9	1.1	0.7
钙(mg)	367	16	38	22	6.0	11.0	55.0	120
磷(mg)	571	183	268	210	233	177	210	93
铁(mg)	11.0	2.3	4.2	1.6	3.2	2.4	2.7	0.2
维生素 A(国际单位)	0.40	0	0	0.10	—	—	1440	140
硫胺素(mg)	0.79	0.23	0.46	0.34	—	—	0.16	0.04
核黄素(mg)	0.25	0.06	0.06	0.10	—	—	0.31	0.31
烟酸(mg)	2.1	2.7	2.5	2.3	—	—	0.1	0.2
抗坏血酸(mg)	0	0	0	0	0	0	0	1

　　大豆也是重要的油料作物,种子含油量 18%～20%,为优质食用油,其中油酸占脂肪酸总量的 20.5%,亚油酸占 52%～65%,亚麻酸占 10.6%,而饱和脂肪酸占的比例很小。不饱和脂肪酸能降低血液中的胆固醇含量。大豆中的卵磷脂含量与鸡蛋相近(约 2%),为人体心、肝及神经系统的主要成分。以大豆制成的卵磷脂制品,可阻止肝脏油脂的积存,促进维生素和胡萝卜素的吸收和利用。整粒大豆皂甙含量为 5.6%,脱脂大豆中含量为 2.2%,豆腐中含 2.1%;皂甙具有降低血清胆固醇、恢复肝功能、改善高脂血症的作用。因此,大豆是糖尿病和心、肝疾病患者及老年人的营养食物。

　　大豆籽粒的矿物含量也极为丰富,如钙比其他谷类或动物食品高得多。铁、磷含量也较高。大豆种子也含有多种维生素,如胡萝卜素、硫胺素、核黄素、维生素 E 等。

　　大豆植株和秸秆营养也很丰富,鲜株每 100g 干物质含蛋白质 12.6%、脂肪 2.2%、无氮浸出物 52.1%、纤维素 23.7%、CaO 1.9%、P_2O_5 0.57%、MgO 1.4%、K_2O 2.4%。大豆秸秆(茎和分枝)含蛋白质 7.4%、脂肪 2.0%、无氮浸出物 28.3%;大豆荚皮含蛋白质 9.3%、脂肪 2.1%、无氮浸出物 43.0%;大豆落叶含蛋白质 16.6%、脂肪 5.0%、无氮浸出物 43.9%。大豆各部分都是禽畜的优质精饲料。

　　大豆营养成分丰富,但籽粒组织坚固,具独特的腥味,含有生理有害物质,且还存在着一个利用率的问题。因此,食用前必须进行加工。大豆整粒煮炒食用,蛋白质消化率仅为 50%～60%,但加工成豆腐或其他豆制品,则消化率可达 97%。又如将大豆加工成豆浆或豆奶,其成分与牛奶很接近,可作牛奶的替代品。大豆通过加工,不仅风味变好,而且营养价值提高、易消化吸收。我国大豆栽培历史悠久,加工和利用的历史也源远流长。现在世界上单是大豆蛋白食品就有 130 万种。我国传统大豆制品也不下 200 种。目前,大豆加工工业兴旺发达。大豆食品越来越受到人们的喜爱,传统的加工工艺与现代加工技术结合,大豆的加工和综合利用方兴未艾。大豆的加工利用如图 7-1 所示。

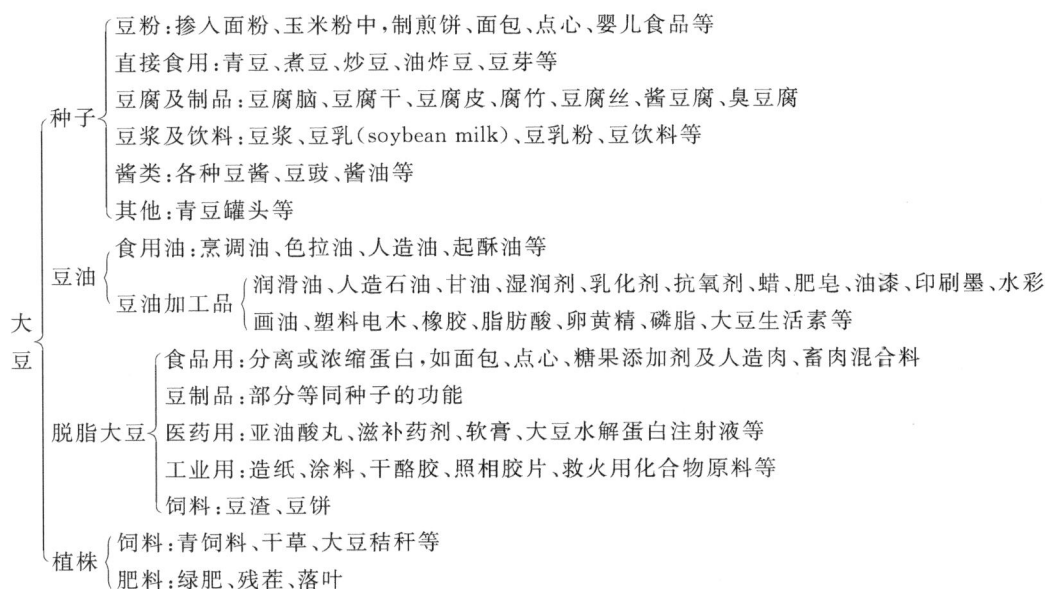

图 7-1　大豆的加工利用

二、大豆生产概况

大豆是原产于我国的古老作物,列为五谷之一。早在 5000 年前,我国先民就开始种植大豆,之后传入朝鲜、日本,近百年来在美洲、欧洲和世界其他地区广泛种植,成为全球重要的农作物之一。20 世纪 40 年代以前,大豆的产区主要在亚洲。1953 年以前,中国的生产和出口一直居世界首位,然而 50 多年来,世界大豆生产迅猛发展,特别是 20 世纪 70 年代发展最快,当今大豆已成为世界性的新兴作物了。第二次世界大战以后,大豆在北美和南美洲的播种面积迅速扩大,单产不断提高,总产持续增加,成为国际贸易中最重要的农产品。1950 年,世界大豆面积仅有 1507 万 hm²,总产 1800 万 t;而 1990 年达 5633.9 万 hm²,总产 10776.7 万 t,该时期内,面积扩大了 2.74 倍,产量增长近 5 倍。2013 年,全球大豆种植面积为 9198 万 hm²,大豆单产 2.48 t/hm²,总达 2.28 亿 t。目前,面积和总产量最高的 5 个国家分别是美国、巴西、阿根廷、中国和印度。这 5 个国家大豆种植面积约占世界大豆种植面积的 91%。

近 10 年来,国外大豆生产的一个重大革新是转基因大豆的推广应用。自 1994 年抗草甘膦转基因大豆获准推广以来,转基因大豆的种植面积迅速扩大。2012 年,转基因大豆种植面积达 8086 万 hm²,生产国包括美国、阿根廷、巴西、加拿大、墨西哥、乌拉圭、南非和罗马尼亚等 8 个。

我国是世界上第四大大豆生产国,大豆作为我国第一个放开进口的大宗农产品,现已成为中国进口量最大的农产品。1999 年,我国进口大豆 432 万 t,2000 年猛增至 1042 万 t,2001 年则达到了 1394 万 t,接近国内大豆年产量。2003 年和 2007 年,我国大豆进口分别突破 2000 万 t 和 3000 万 t,2010—2012 年进口量分别为 5480 万 t、5250 万 t、5838 万 t,连续 3 年超 5000 万 t。而 2013 年进口量继续猛增,达 6338 万 t,2014 年则更是达 7140 万 t。

中国是传统的大豆种植国家,历史上我国大豆种植面积和产量长期居世界第一。1936 年我国大豆面积 893 万 hm²,总产 1130 万 t,占当时世界总产的 91.2%。1957 年种植面积达 1274.8 万 hm²,为历史上种植面积最大时期,以后曾下降至 667 万 hm² 左右,近年有所回升,但未达历史最大面积。1990 年大豆面积为 762.4 万 hm²,总产 1150.8 万 t,单产 1514.25 kg/hm²。随着进口量的逐年增加,国内大豆产量已经由峰值时的 1740 万 t 萎缩至 1200 万 t,2014 年我国大豆播种面积为 700 万 hm²,大豆平均单产为 1830 kg/hm²,大豆总产量为 1280 万 t。

我国大豆的主产地在东北、黄淮流域中下游和长江中下游各省(区、市),其中北方春大豆区包括黑龙江、吉林、辽宁、内蒙古、宁夏、新疆、甘肃及河北、山西、陕西北部,20 世纪 90 年代仅东北三省的面积就占全国的 39.4%,产量占总产的 36.82%。黄淮春、夏大豆区包括山东、河南大部、河北、山西的中南部、关中平原、甘肃南部及江苏和安徽北部,为我国第二个大豆产区。20 世纪 90 年代大豆种植面积 33.3 万 hm² 以上的省份为河北、河南、安徽、山东,其中河南省面积最大,达 66.7 万 hm²。第三个大豆产区为南方大豆区,主要是秦岭、淮河以南广大地区,较集中的产区有长江三角洲、江汉平原以及湖南、藏南、闽北等地。

浙江省大豆栽培面积 20 世纪 50 年代为 13.3 万 hm² 左右,60—70 年代有较大的下降,近年由于菜用大豆的发展,面积略有增加,1999 年为 10.92 万 hm²,单产为 2145 kg/hm²,总产 23.40 万 t,2013 年全省大豆种植面积 8.83 万 hm²,总产 22.64 万 t。

第二节　大豆栽培的生物学基础

一、栽培大豆的起源和类型

(一)起源和发展

自从 1935 年瓦维洛夫(Vavilov)提出世界农作物起源的八大中心,其中以中国为第一中心(包括大豆)以来,直至 20 世纪 80 年代,瓦维洛夫的八大中心学说虽后经许多学者的修改补充,但对于大豆起源于中国这一点始终是公认的。

大豆在秦汉以前称菽,秦汉以后称大豆。菽字最早见于金文,作"尗"状,后人分析,左边的"尗"字,上部代表地面的豆苗,下面的竖代表根,两侧的圆点代表根瘤,右边的"又"是古代手的象形文,表明古代人民已经觉察大豆根系和其他作物的不同(禾麦的根系在古文字中都作小状)。最早记载大豆的文献是《诗经》(公元前六世纪):"中原有菽,庶民采之"。在考古发掘方面,1980 年吉林省永吉县扬屯出土了战国前期炭化的秣食豆种子,长沙马王堆西汉早期汉墓出土文物中有大豆黑色酱状物;河南烧沟汉墓中出土的陶仓上写有"大豆万石"字样,这些例证说明我国大豆栽培有着悠久的历史。

野生大豆(*Glycine soja*)在我国有广泛的分布,虽然分布区域波及朝鲜、日本和俄罗斯的远东部分地区,但以我国分布最广,类型最多,栽培最早。据报道,目前我国已保存野生大豆资源 7130 份、栽培大豆种质资源 24314 份,从 23 个国家和地区引进大豆种质资源 2500份,是世界上拥有大豆资源最多的国家。

中国是世界上栽培大豆最早的国家,是大豆的起源地。英语的 soybean,俄语的 coR。法语的 soya 等都是"菽"的译音。但大豆作为一个栽培作物起源于中国的何地,还有不同的看法,如认为起源于东北(稻田,1933),起源于华南(王金陵,1958),多中心(吕世霖,1978),起源于华北东半部(Hymowitz,1970),起源于两河源头(李璠,1980),起源于黄河中下游(王书恩,1985),也有长江流域以南起源说(王金陵,1947)。李福山(1987)通过总结前人的资料,根据考古发掘有关大豆的遗物、古代文献中有关大豆的记载、野生大豆的分布及实地考察等方面的证据,认为栽培大豆可能是公元前 11 世纪左右首先出现于河北省的东北部到东北的中南部地区;盖均镒(2000)通过分析野生和栽培大豆的形态性状、等位酶性状和细胞器RFLP 性状的变异,认为南方原始野生大豆是各地栽培大豆的共同祖先,因此栽培大豆起源于南方地区。

现今其他国家栽培的大豆,大都是直接或间接从我国传播去的。约 2500 年前,朝鲜首先从中国引种大豆,随后日本从我国中部和朝鲜引入大豆。中国大豆向南传至印度尼西亚、越南等国。大豆在欧洲的出现较迟,1740 年在法国巴黎种植,1790 年在英国试种。美国在19 世纪才开始引种大豆,1882 年作为饲料种植;而南美国家引种栽培才只有 80 余年的历史。20 世纪大豆传入非洲。目前,全球有 50 多个国家和地区生产大豆。

大豆属豆科(*Leguminosae*)、蝶形花亚科(*Papilionoideae*)、大豆属(*Glycine*)。根据最近的分类,该属可分为两个亚属,即 *Glycine* 和 *Soja*。前者绝大多数种都是多年生植物,其染色体大多为 2n＝40 或 2n＝80,在集约农业中似乎没有价值。大豆栽培种与野生种归入 *Soja* 亚属。对于大豆"种"的划分,曾有 3 个种的划分之说,即野生大豆[*Glycine soja*(L.)或 G. *ussuriensis* Regel and Maack]、半栽培大豆(G. *gracilis* Skvortzow)(半野生大豆)和栽培大豆[G. *Max*(L.)Merrill]。现在认为只有两个种,即把半栽培大豆归入栽培种,其主要依据为:①野生种和栽培种之间存在的不同大豆品种类型,只是进化程度的差异,而没有种间隔绝性的差别和截然的分界;②半栽培大豆只是一种进化程度较低的大豆类型,并早已进行栽培,在我国南北方都有,如东北的小粒杂色秣食豆、浙江金华泥豆;③野生种大豆未经过人的创造、选择,也未进行过栽培,应单独列为一个种。大豆栽培种和野生种的染色体数皆为 2n＝40,两者杂交可获正常种子。

野生大豆在我国长江流域、华北和东北各省均有分布,在朝鲜和日本也有发现。野生大豆为一年生攀缘性植物,茎高可达 3 m,较耐涝,种子含油分 9%～10%,含蛋白质 37%～48%,最高可达 54%～55%,碘价 142～149。野生大豆经长期自然选择和人工选择后,形成了各种各样栽培大豆类型。野生大豆和栽培大豆的性状差异见表 7-2。

表 7-2　野生大豆和栽培大豆性状比较

性　　状	野生种大豆	栽培种大豆
种粒大小	百粒重 1～3 g	百粒重 12～25 g
种粒形状	长圆形	椭圆至球形
种皮色	黑色,有个别淡褐色	以黄色为主或其他色
种皮上泥膜	多数有泥膜	无
种皮健全度	健全	个别种皮不健全而破裂
种皮透水性	不易透水	易透水
茸毛色	棕色(个别灰毛)	棕或灰色
茸毛顶端形状	尖	尖或钝
花色	紫色为主(有个别白色)	紫或白色
荚的大小	小而长	大而宽
荚色	黑色	黄及淡褐色为主
荚的炸裂性	极易炸裂	不易炸裂
叶形	披针、线形和卵圆	卵圆至椭圆为主
叶的大小	小叶为主,个别大叶	大至小
茎秆粗细	细	粗
结荚习性	无限结荚习性	有限或亚有限结荚习性为主
生长习性	极度蔓生	直立为主
主茎明显程度	不明显	明显
光照阶段	短光性强	短光性弱
抗不良环境	强	较弱
抗旱力	较弱	有些类型较强
耐涝力	强	较弱
耐碱力	较强	较弱

(二)大豆的生态类型

大豆品种繁多,分布广泛,在一定的地理纬度、自然条件、耕作和栽培条件下以及根据人们对大豆产量的利用与要求,经定向选择,形成了不同的大豆生态类型(ecotype of soybean)。

1. 生育期生态型

大豆生育期主要受光、温及耕作栽培制度的影响,其地理分布也较有规律性。

美国和加拿大的大豆科学工作者,通过大量的品种试种、区域试验,根据所有品种在生育期方面的差别,将北起加拿大南部的极早熟类型到南至赤道附近的哥伦比亚的极迟熟类型,划分为 13 个成熟期组(maturity groups)。这种生育期类型的分类标准,已逐渐为国际通用。

中国各大豆生产区地理纬度相差较大,栽培和耕作制度大不相同,特别是我国中部及南部地区,复种指数高,播种期各异,因而中国大豆生育期类型和地理分布较为复杂。王金陵等(1957 年)将全国略分为 7 个大豆成熟期类型地带。

从我国栽培区域和播种期划分,有 3 大栽培区域,7 个播种期型。在不同的耕作栽培制度下,不同的播期使大豆在不同的光照长度与不同温度条件下生长发育。长江流域及其以南地区,4 月初春播时,大豆真叶出现后光照日渐延长,因而只有短光照性较弱的大豆才能既生长良好,又能适期早熟。5 月中下旬播种的夏大豆属中晚熟类型,但在生育期间为夏季高温,且光照已渐趋缩短,因而生育期只有 110~115 d。至于 7 月中下旬播种的秋大豆,属短光照性极强的极迟熟类型,但实际生育期只有 100~110 d。若把以上 3 种类型同时春播,则各生育期为:春大豆(spring soybean)90~100 d,夏大豆(summer soybean)140~150 d,秋大豆(autumn soybean)仍至少到 10 月底成熟,生育期 180~200 d。因此,不同的耕作栽培制度下的大豆品种生态型是完全不同的。

2. 结荚习性生态型

大豆的结荚习性是大豆的综合生长性状,与分枝性、株高、生长姿态、繁茂性及粒茎比等有密切的关系,而这些性状又与生态环境条件密切相关,因此大豆结荚习性有较明显的地理分布。根据大豆主茎和分枝的生长习性,可把大豆品种分为有限结荚习性、无限结荚习性和亚有限结荚习性 3 种类型。

(1)有限结荚习性(determinate growth type)　开花后茎停止生长,一般主茎较发达,上下粗细相差不大,节间较短,主茎和分枝顶端形成发达的顶花序。其特点是花期短、花荚集中,豆荚多分布在主茎的中上部,顶部叶片大,冠层封闭较严,结荚和成熟较一致。株较矮,多为直立,肥水良好时生长粗壮,不易倒伏,产量较高。长江流域、黄淮平原、辽宁东南部大豆以此为主。

(2)无限结荚习性(indeterminate growth type)　主茎和分枝的顶芽不转变成顶花序,在结荚期间仍继续生长,营养生长和生殖生长重叠的时间长。一般茎秆从下至上由粗变细,叶片越往上越小。始花早,花期长,开花后营养生长仍维持相当长的一段时间,结荚分散,成熟不一致。株较高,多属丛生或蔓生型。但抗逆性较强,在干旱、缺肥的条件下,仍有一定的产量。吉林以北、内蒙古山区、山西、陕西关中地区以此为主。黄淮平原部分大豆也属此类。

(3)亚有限结荚习性(semi-determinate growth type)　植株性状和特性介于上述两者之间,形成顶花序的时间迟。除主茎和分枝顶端有较多的花和荚之外,其他性状更接近于无限结荚习性类型。

不同结荚习性类型品种的选用,在生产上有重要的意义。在土壤较瘠薄、雨量稀少的干旱地区,宜采用亚有限或无限结荚习性类型的品种,而在土壤较肥沃或施肥水平较高,雨水较充足或其排灌条件、机械化程度较高的地区,应选用有限结荚习性类型的品种。

3.籽粒大小和种皮色生态型

栽培大豆是从百粒重小于 2 g 的野生大豆经人类的定向选择,逐步积累变异而演化来的。栽培大豆按种子百粒重可分为大粒型(>20 g 以上)、中粒型(12~19.9 g)和小粒型(<12 g)。

籽粒较大的品种,在自然条件优越、土壤肥沃、水分供应较充分的地区生长较好,而籽粒较小的大豆品种较能适应不良的环境条件,其适应力主要表现在:①发芽时吸水较少,在土壤较干旱的情况下仍能很快正常发芽,且出苗时阻力小,易出苗;②分枝多、繁茂性较好,多为无限结荚习性,在较瘠薄及盐碱土上仍生长较正常;③成熟期较早,小粒大豆自开花至成熟的日数较少,因而花期相同的品种,小粒大豆表现早熟,生育日数相同的品种,小粒大豆的营养生长期长,繁茂性较大;④每株的荚数与粒数较多。

大豆的种皮色可分为 4 类:①黄大豆,种皮为黄色;②青大豆,种皮为青色,按其子叶色又可分为青皮青仁和青皮黄仁大豆两种;③黑大豆,种皮黑色,按子叶色可分为乌皮青仁和乌皮黄仁两种;④其他色大豆,种皮为褐、茶、赤及杂花色等。从其进化程度看,一般深色大豆进化程度低,适应能力较强,抗逆性较好。

4.蛋白质和油分生态型

大豆的蛋白质和油分品种间具明显的差异,且极易受环境条件的影响,因而出现较有规律的生态地理分布。我国大豆主产区蛋白质和油分类型及分布为:①东北大豆主产区:蛋白质 37%~41%,油分 19%~22%;②黄淮平原产区,蛋白质 40%~42%,油分 17%~18%;③长江流域产区:蛋白质 44%~45%,油分 16%~17%。

(三)品种类型和品种

我国栽培大豆的地区极为辽阔,各地都有适合于当地生态条件的品种类型,选用良种是大豆增产的主要环节之一。大豆优良品种应有较多的主茎节数、分枝数、每节结荚数和每荚粒数,同时具有瘪子少等优点。但不同的用途,有不同的品种要求,菜用大豆,应适于早播,且具有结荚早、荚大粒壮、白毛或少毛、百粒重大于 20 g、易煮烂的特点;制豆芽,则应选每荚粒多、荚多、粒小、种皮薄而金黄、脐色淡、发芽能力强的品种;油用大豆应选籽粒圆、种皮光亮、子叶深黄者。同时,根据栽培及间套作等条件,间套品种要求株型紧凑、花期短、生育期适中。在不同的生态条件下,大豆良种要具有不同的适应机能,干旱地区或干旱季节栽培的大豆应选叶面积小、根系发达的品种。若要选耐寒性、抗逆性较强的品种,以褐色或黑皮类型为好。

浙江省大豆品种资源丰富,有春、夏、秋大豆各种类型。春大豆有浙春 1 号、浙春 2 号、浙春 3 号、矮脚早、华春 14 等,春大豆中作为菜用大豆栽培的有台湾 75、矮脚毛豆、华春 18、8901 等;夏大豆以地方品种为主,如平湖粗黄豆、元青(乌皮青仁)等;秋大豆有兰溪大青豆、早熟毛蓬青、九月黄等。这些大豆品种,生育期多在 100~200 d。由于受各生长期光、温的影响,从出苗到开花的天数春大豆比秋大豆长,而从开花到成熟的天数,秋大豆比春大豆长。

夏大豆的播种期较宽,从立夏到夏至都可播,品种间的生育期也差异较大,但多在 135～150 d。对光周期的敏感程度,以秋大豆最敏感,夏大豆次之,春大豆较迟钝。

浙江春大豆在高温干旱季节成熟,成熟快,豆荚生长一致,以有限结荚习性的品种为主;夏大豆在浙江地区的品种,以有限结荚习性的品种为多;秋大豆以无限结荚习性的品种为多。

二、大豆生长发育与器官建成

大豆的一生包括种子的萌发、出苗、发根、分枝、现蕾、开花、结荚、鼓粒至成熟等过程。大豆的生长发育过程可分为 6 个时期:发芽出苗期、幼苗生长期、花芽分化期、开花期、结荚鼓粒期、成熟期。前 3 个时期是以发根、长叶、发生分枝为主的营养生长期,第 4 个时期是营养生长和生殖生长的并进时期,后两个时期是以荚实形成为主的生殖生长期。

(一)发芽出苗期

1. 种子发芽和出苗过程

大豆为双子叶植物,种子无胚乳,有 2 片肥大的子叶,发芽时子叶出土。大豆种子在适宜的条件下萌发,首先胚根穿过珠孔、突破种皮而扎入土中,以后形成主根;其次下胚轴迅速伸长,其弯曲部分逐渐上升,把胚芽连同子叶一起顶出土面,以后长成主茎和枝叶。子叶出土,种皮脱落时,即为出苗(图 7-2)。子叶出土后,变成绿色。春大豆播种时气温较低,露地播出苗所需时间较长,一般为 10～15 d;夏秋大豆一般播后 4～6 d 即可出苗。出苗时,一般子叶离开种皮而使种皮留在土内,但如果种子活力不强或发芽条件不适,则出土的子叶仍黏附有种皮,使子叶不能及时展开或展开不畅,影响幼苗的生长,严重者还可能引起幼苗发病死亡。

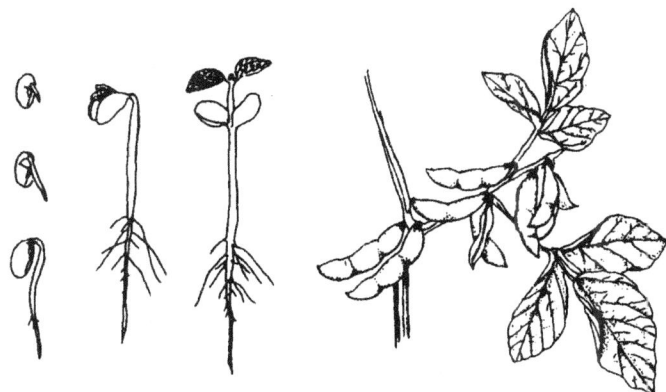

图 7-2　大豆发芽出苗过程及植株部分图

2. 发芽对外界条件的要求

大豆种子在适宜的温度、水分和空气条件下才能发芽。其他条件具备时,日均温在 5 ℃以下,则种子仍呈休眠状态;温度达 6～8 ℃,种子即可萌动,但速度极为缓慢;10 ℃以上时,播后 10 d 才只有部分发芽。18~20 ℃时,种子发芽快而整齐,播后 6 d 即达齐苗。30 ℃与 20 ℃下出苗速度差异不大。大田条件下,土壤温度须稳定在 10 ℃以上才可播种。

大豆种子富含蛋白质和油分,发芽时需吸收足够的水分。一般要求土壤田间持水量为 70%~80%,需吸收种子本身重的 1.2~1.5 倍水分才可发芽;适宜的空气有利于种子的呼吸,促进种子内养分的转化。因此,大豆播种时要求整地质量高,土壤平坦疏松,同时播种不宜过深,以利于大豆的顶土出苗。

(二)幼苗生长期

1. 幼苗生长的过程

幼苗生长期主要表现为发根、出叶及主茎的生长。大豆的叶片分为子叶、单叶和复叶。出苗后,子叶展开变绿并进行光合作用,这对促进幼苗的生育有重要的作用。随着幼茎的生长,单叶展开,此时苗高 3~6 cm,称为单叶期。随后,茎顶端分化出复叶,在苗期,复叶的出叶间隔为 5~6 d。

大豆为主根系,出苗后胚根伸长为主根,发芽后 5~7 d 在其周围形成 4 排侧根,向水平方向扩展和向下延伸。主根长度相差不大,但侧根数有随着播种加深而减少的趋势。大豆播种深度一般以 4 cm 产量最高,多雨年份播种深度以 3 cm 为好,干旱年份则以 5 cm 为好。下胚轴的颜色分为绿色和紫色两种,绿色的开白花,紫色的开紫花,间苗时可作为品种去杂的特征之一。下胚轴的长度因种子播种深度而异。播种越深,下胚轴越长。

在培土或土壤水分充足时,大豆胚轴和茎基部均可发生不定根。若进行人工断根处理,断根的最佳部位应在胚轴与主根交界处。随着根的逐渐伸长和根毛区的更迭,一级侧根产生的部位逐渐下移,数量也增多。经过 13~18 d,一级侧根的数量可达 17~20 条。一级侧根上还可长出二级侧根,二级侧根再长出三级侧根。

大豆根系集中于地表至 20 cm 表土耕层之内。主根可深达 1 m 或更深的土层;侧根从地表以下 5~8 cm 主根上分生后,先向四方平行扩展,远可达 50 cm,然后急转向下。整个根系形如钟罩。从横向分布看,根重的 78%~83%集中在 0~5 cm 的表土层内。

根瘤在出苗后 5~6 d 开始形成。根瘤菌由侵染丝通过根毛进入内皮层细胞;内皮层细胞因受根瘤菌分泌物的刺激在根上形成根瘤。固氮却在出苗后 2~3 周进行,以后固氮能力逐渐增强。

大豆幼苗出土至花芽分化需 20~25 d,约占整个生育期的 1/5。在苗期,大豆的生长较为缓慢,其中地上部分又比地下部分生长缓慢。在此期内茎粗达成长茎的 1/4,根系长达总根长的 1/3~1/2。春大豆在幼苗生长期气温低,生长速度又比夏、秋大豆缓慢。

大豆种子播后第 21 天,在显微镜下可以看到茎端已有发育程度不同的 10 个三出复叶原基。种子萌发后,第 2 个三出复叶发生需 3~3.5 d,以后的各个复叶发生大约需 2~3 d。以后大豆植株约每隔 3~4 d 出现一片复叶。复叶出生的快慢主要受温度影响,气温较低出叶间隔时间相对较长。一般主茎上的叶子,开始时每隔 3~5 d 出现一叶,从第 5 叶开始每隔 3 d 出现一叶,即越往上(随生育进程)出叶间隔时间越短。鼓粒期营养生长已经停止,不再有叶子发生。

大豆的叶形是多种多样的,习惯上概分为长叶形(即披针形)和圆叶形(宽叶形)两大类。长叶形中又因叶长叶宽比不同而有各种类型。圆叶形又可分为卵圆形、圆形等不同类型。

有的品种(如东农 4 号、丰收 10 号),同一植株基部叶为卵圆形,越往上越趋近于披叶形,这种现象叫异形叶性。一般认为,披针形叶特别是异形叶有利于透光和通风。

叶形与荚粒数有密切的关系。长叶形品种,每荚粒数多为 3～4 个,圆叶形品种,每荚粒数多为 2～3 个。

2. 幼苗生长对环境条件的要求

最适合幼苗生长的日平均温度为 20 ℃,但此期幼苗能耐低温和干旱。在 0.5～5 ℃且持续时间不长的情况下,只有少量植株出现受害症状。此期由于幼苗叶面积较小、耗水量低,所以较能忍受干旱,幼苗生长最适宜的土壤水分为 19％～22％。

幼苗生长期叶面积小,叶面积指数仅为 0.2 左右,但根系吸收氮、磷的速度较快,而且虽然根瘤形成,但固氮能力不强,因此,苗期还需补充一定的营养。

大豆属短日照植物,光周期影响大豆的发育。出苗后 1 周对光照条件有反应。出苗后约 16 d,在一定的短日照条件下处理 10 d,即能通过光照阶段。从形态上看,大豆第 1 复叶出现至花萼原始体出现为完成光照阶段。但最近的研究表明,大豆出苗后 3 d 内即有明显的光周期效应。在 8 h 短日照条件下,光照阶段的长度栽培大豆为 3～6 d,即在子叶出土到单叶(真叶)期间完成光照阶段。另外,光周期效应不仅制约开花,也影响开花以后的关键发育时期(如结荚期、成熟期)。

(三)花芽分化期

出苗后 20～30 d 即开始花芽分化,从花芽分化至始花为花芽分化期。此期是大豆分枝发生和生长的主要时期,其特点是花芽相继分化,分枝不断发生,营养生长速度日渐加快,是大豆生长发育的旺盛时期。

1. 花芽分化过程

当植株完成一定的营养生长以后,茎尖的分生组织开始发生花或花序原基。首先出现球状花芽原始体,接着在原始体的前端、后面及两侧发生萼片而形成萼筒,然后是花冠原始体成环状顺次分化,雄蕊中间出现雄蕊原基,于是花器官基本形成;随后进入胚珠及花药原始体的分化。当雄蕊和雌蕊生殖细胞分裂完成,雄雌蕊形成,花粉粒成熟时,该花的花芽分化结束。从花原基出现到花开放一般为 25～30 d。大豆花芽分化的早晚,因品种和环境条件而异。早熟品种、无限结荚习性品种,花芽分化较早;晚熟品种、有限结荚习性品种,花芽分化较晚。北部品种南移,或者播种期推迟,花芽分化提前;反之,则延后。大豆的花芽分化过程(及其经历的天数)如下:花芽分化期(开花前 30～20 d)、雌蕊心皮分化期(开花前 20～15 d)、胚珠及花药原始体分化期(开花前 10 d)、雄性生殖细胞分裂期(开花前 7～5 d)、雌性生殖细胞分裂期(开花前 4 d)。

花芽分化期间,分枝也在生长。分枝的发生与出叶有一定的关系。通常出叶节位与分枝节位相差 4 个节。然而,子叶和单叶上的分枝常常延迟或不萌发。复叶以上的茎节,随着主茎的发育,依次由下而上陆续发生分枝,当植株的花芽分化结束时,分枝的发生随之停止。

2. 花的形成

大豆花芽分化的后期,花器官完全建成。大豆的花包括苞片、花萼、花冠、雄蕊和雌蕊等几个部分。苞片是在花基部的 2 个绿色的小叶片。花萼在苞片内侧,由 5 个萼片组成,基部合成筒状,顶部分成 5 个裂片。花冠由 5 枚花瓣组成,即旗瓣 1 枚、翼瓣 2 枚、龙骨瓣 2 枚。花冠有白、紫二色,5 瓣合拢。花冠内有雄蕊 10 枚,雌蕊 1 枚。

大豆花极小,在叶腋中呈总状花序着生。根据花序轴的长度和花的数目,可将花序分为三种类型,即:①长轴型,花序轴长 10 cm 以上,每个花序上着生 10~40 朵花。②中轴型,花序轴长 3~10 cm,每个花序着生 8~10 朵花。有限结荚习性品种多属此种类型。③短轴型,花序轴较短,在 3 cm 以下,每个花序上花数较少,一般 3~8 朵花。无限、亚有限结荚习性品种多属此种类型。

大豆植株分化形成的花虽然很多,但花和蕾的脱落率很高,一般在 30%~50%,多的高达 70%。

3. 主茎和分枝的生长

主茎的生长开始较慢,当第 3 复叶展开时加快,至花芽分化期最快,以后又渐趋缓慢。苗期主茎生长可达 5 个节。通常基部 3~6 个节间长度较短;越往上越长,顶部 1~2 个节间又渐变短。

大豆茎上的节是由茎尖分生组织细胞不断分生而产生的。主茎节数与生育期有关,生育期长,节多,生育期短,节少。在同一地区,一般有限结荚习性品种节数少,无限结荚习性品种节数多。不同品种和不同栽培条件下的主茎节数差异很大,少的 6~7 个节,多的 30 余个节。

大豆的分枝是由主茎节上的腋芽发育而成的,无论子叶、单叶或复叶,其叶腋都可能产生分枝。植株下部各节上的腋芽常发育成分枝。分枝的多少和长短受遗传性的制约,同时与环境因素有关,空间大、肥力高,形成分枝多,空间小、肥力低,形成分枝少。不同品种的分枝数差异很大,独秆型的无分枝,分枝型多的达 10 余个分枝。在土壤肥沃、稀植条件下,单株分枝多达 20 个或更多。

4. 花芽分化对外界条件的要求

花芽的分化受日照长短的影响,短日照促进花芽的分化,长日照延缓花芽的分化。若短日照得不到满足,植株便中止进行花芽分化而不能开花并继续营养生长,只长枝叶。

花芽分化还受温度的影响,在 15~25 ℃ 的温度下,有利花芽形成,超过 25 ℃ 则延缓分化。花芽分化期要求的最低温度是 11 ℃,低于这个温度,大豆的花芽分化即受阻,始花期延迟。在各生育期中,该阶段对低温最敏感,是大豆生理上低温冷害的关键时期。

这一时期的外界条件是否满足大豆生育的要求,不仅明显地表现在植株的花芽数、分枝数的多少以及根系生长的优劣,同时也对以后的生长发育和开花数多少有显著的影响。在条件有利时,叶原始体可转变为花芽,反之,花原始体会转变为叶芽。

大豆花芽分化与否或迟早,依品种原产地的地理纬度、品种的生育期类型及播种期的不同而有较大的差异。花芽分化期是大豆生长发育的旺盛时期,植株生长量较大。这一时期与幼苗生长期比较,矿质养分日平均积累速度增加 4 倍,叶片数增加 1.5 倍,叶面积增加约 4 倍。当植株达总株高的一半时,茎粗增长 70%。此期植株营养物质的输送,地上部分主要集中于主茎生长点和腋芽。若养分不足,首先影响腋芽。因此,此时需要良好的环境条件,满足植株旺盛生长和花芽不断分化的需要,达到株壮、枝多、花芽多的目的。

(四)开花期

1. 开花过程和时间

花芽分化完成后开始膨大,但花萼仍紧闭,包住花冠;接着花萼略开,可见花瓣。继之雄蕊伸长,花萼逐步开放,花瓣与花萼齐平,雄蕊继续伸长,与雌蕊高度接近,不久花瓣稍高于花萼,雄蕊与雌蕊高度相同,同时花粉囊裂开,花粉粒落于柱头,开始授粉受精过程。随后花冠展开,称为开花,但也有些品种花冠不展开或展开不畅。大豆自然杂交率很低,为自花授粉作物。

一个花蕾从形成到完全开放一般需 3~7 d,开花只需 1 d 即完成。始花后 1~11 d 开花最盛。每天的开花数量以早上为多,占 70%~80%。早展 6 时开花,8—10 时盛开,下午 4时后基本停止。一天中各阶段的开花数量随品种、各地温度与湿度等条件而不同。

大豆的开花时期为始花到终花的日期。开花时期的长短也因品种和环境条件而有变化,一般为 18~40 d,据在杭州观察,开花时期短的只有 14 d,长的可达 58 d。

大豆开花的次序因结荚习性不同而有差异,无限结荚类型的花靠近主茎先开,逐渐向外、向上开放,开花时期长;有限结荚类型的花在主茎的中、上部先开,然后由内向外,由中间向上、下两头开放,开花期相对较集中。

2. 开花对外界条件的要求

大豆开花的最适昼夜温度分别为 22~29 ℃ 和 18~24 ℃,最低温度为 16~18 ℃。过高或过低都会抑制开花。当气温低于 20 ℃,开花数明显减少;若气温降至 13 ℃ 以下,则开花停止。空气湿度过大或土壤水分供应不足,也不利开花,空气相对湿度在 70%~80%、土壤最大持水量在 70%~80% 时对开花最为适宜。如果遭遇过度干旱,那么所开的花即行凋萎,甚至引起大量落花。

开花期是营养生长和生殖生长的两旺时期,这一时期的外界条件对大豆茎粗细、叶面积、节数、开花数及花荚脱落等都有很大的影响。开花期要求天气晴朗,光照充足,不仅植株上层叶片而且中下部各层叶片都要求有充足的光照。由于每个叶片的光合产物主要供给本叶腋的生殖器官,所以当光照不足时,其叶腋中的生殖器官将处于饥饿状态。开花期连日阴雨、植株密度过大,会造成叶片相互遮阴,增加下层花、荚的脱落。

不同的品种和播期,从出苗到开花的日数不同。一般生育期长的品种,从出苗到开花的日数较多,生育期短的品种,从出苗到开花的日数较少。春大豆品种早播或迟播,其出苗到开花的日数相差不大;夏、秋大豆品种早播或迟播,出苗到开花的日数相差甚大。

大豆开花期间是一生中生命活动最旺盛的时期,表现在植株含糖、含氮量的增高,如始花期的净光合生产率在全生育期最高,全株含糖绝对值比花芽分化期增加约 15 倍之多;各器官糖、氮代谢作用旺盛,呼吸强度增高,根系伤流量加大,茎叶的营养物质开始流向生殖器官。此期根瘤数和固氮量也随着生育进程而达最高值。因此,在这个时期应改善大豆的生长发育条件,增加通风透光,适当灌溉和追施磷、钾肥,达到增花保荚的目的。

(五)结荚鼓粒期

1. 受精和胚珠发育过程

大豆是自花授粉、闭花受精的作物。花冠未开放前,花药已裂药散粉,延续达 2~3 h,花粉的可育率为 80%~95%。花粉萌发后穿入珠孔,与胚珠进行双受精。大豆的成熟花粉粒具有一个营养细胞和一个生殖细胞。自花授粉后,落到柱头上的花粉随即萌发,从 3 个萌发孔中的任何一个长出一条花粉管,生殖细胞很快进入其中。花粉管通过柱头进入花柱的花柱道,沿着花柱道的表面向子房方向生长。

受精前的成熟胚囊中有一个卵细胞、两个助细胞和具次生核的中央细胞。花粉发芽 15~20 min 后花冠开放。开花后 7~10 d 分化种皮各组织,15~20 d 分化子叶,随后分化初生叶,开花后 30 d 分化第 1 复叶。

2. 豆荚的形成

开花受精后,子房随之膨大,接着出现软而小的青色豆荚。开花后 10 d,豆荚迅速生长;开花后 20 d,豆荚长度达全长的 90%;开花后 25~30 d 才达最大宽度。厚度的增加,在豆荚伸长结束时才开始。荚果由通过背缝线和腹缝线相互连接的两半个单心皮组成。背缝线构成前心皮的主脉,腹缝线有两个主要的维管束。豆荚出现时,叶片的同化产物大部分分配到同一叶腋的豆荚,一部分分输给生长点上正在生长中的幼叶。种子干物质的积累,其重量的增加比体积的增加稍迟。荚长在开花后 10 d 内增加缓慢,在 1.3 cm 左右,以后的 1 周增加很快,每天平均增长 0.4 cm。绝大多数品种的豆荚在成熟时荚皮是不开裂的;但是个别品种的豆荚在成熟时如遇干旱即"炸荚"。荚的两半炸裂,是由于背、腹缝线上的薄壁组织出现裂缝所致。当空气干燥,荚果失水时,荚的内生厚壁组织层细胞的张力不同,将连接背、腹缝线的薄壁组织拉断,荚皮开裂。

3. 种子的发育及干物质积累

大豆的子房单室,内具 2~4 个胚珠,一般以 3 个为多,也有 5 个的。胚珠以珠柄着生在腹缝线上,弯生,珠孔向上,开口于腹缝一侧。在授粉后 12 d 可以看到胚根、胚轴和子叶正分化形成。在子叶和胚发育过程中,自身渐渐旋转大约 90°,固定在成熟种子应有的位置。随着胚根、胚轴和子叶的形成,胚囊也变得更长、更宽。直到受精后 14 d,胚乳及胚组织的相对比例仍然相同。随着子叶的迅速生长,胚乳很快被吸收,在受精后 18~20 d,只剩下胚乳的残余,而在成熟的种子中,只有薄薄的一层糊粉层了。在胚的发育过程中,胚珠的珠被形成了种皮,珠孔变为种孔,种脐即为胚珠珠柄成熟断落后的痕迹。一个胚珠即成为一粒种子。

种子极大部分的干物质是在开花后 30 d 左右积累的。种子发育过程中,随着种子的增大,粗脂肪、蛋白质等逐渐增加,淀粉与还原糖则逐渐减少,灰分中的磷也逐渐增加。大豆种子蛋白质和油分的积累比较迟,开花后 30~45 d 才达总量的 1/2 左右。开花后 20~40 d 粒重的增长占总粒重的 70%~80%,单粒重的最大日增长量为 7.51 mg。多数品种在开花后 35~45 d 籽粒增重最快。品种间籽粒的灌浆强度有很大的差别。开花后 15~18 d,子叶中形成质体、线粒体、一些类脂及蛋白质球。开花后 26 d 前后,当子叶达到最大时,细胞含有很多线粒体、一些类脂粒及少量蛋白质球。成熟的最后阶段,当鲜重开始下降时,淀粉也开始减少。成熟时淀粉粒消失。60 d时,类脂占子叶干重的 22%,蛋白质约占子叶干重的40%。研究表明,脂肪含量在开花后 33 d 达到高峰,以后稍有下降,个别品种下降后又稍有回升,最后维持在 20.16%~22.77%。蛋白质含量在达到最高值(44%~46%)之后呈下降趋势,最后维持在 39.8%~43.33%。

4.结荚鼓粒期对环境条件的要求

结荚鼓粒期生殖生长占主导地位,植株体内的营养物质开始再分配和再利用,籽粒和荚成为这一时期唯一的养分聚集中心。此期的环境条件,对结荚率、每荚粒数、粒重以及产量有很大的影响。同时,鼓粒期根系逐渐衰老,吸收减弱,根瘤的固氮能力也因光合产物供应不足而显著下降。此期应防止根系早衰,保持根系的吸收能力,保证植株体内有足够的水分和氮磷营养,促进鼓粒增重。

大豆结荚鼓粒期喜凉爽的天气,但结荚期温度至少要在 15 ℃以上,至鼓粒阶段则能耐9 ℃的低温。进入鼓粒后,温度稍低有利于物质的积累。

鼓粒期的温度及肥水条件与种子的蛋白质及油分含量关系密切。在同一品种中,种子的蛋白质含量与油分常为负相关。由于蛋白质和油分皆由糖分转化合成而来,转化油分多了,转化蛋白质就相对减少,反之亦然。一般在南方气温高、湿度大的条件下,种子含油量较低,但蛋白质含量较高;而在北方气温低、湿度小的条件下则刚好相反。鼓粒期如气候凉爽,昼夜温差大,土壤水分适宜,不但有利于籽粒充实,粒重提高,还可以增加油分。土壤中氮素水平有利于提高蛋白质含量,而磷素充足能提高油分含量。

(六)成熟期

随着豆荚的形成,光合产物全部输送给豆荚。豆荚在成熟前保持绿色,并能进行光合作用。种子内养分充实以后,水分逐渐减少,有机物质积累达最高峰,最后种子变硬而呈品种固有的形状、大小和色泽,荚也呈固有颜色,此时称为成熟期。

大豆开花后 40 d 所形成的种子即具有发芽力,经 55 d 的种子发芽健壮、整齐。进化程度低的种子开花后 30 d 即有发芽力,56 d 的种子发芽健壮、整齐。不同成熟度与种子品质和产量有很大的关系,成熟期间的温度、水分状况对种子的活力也有较大的影响。在南方春大豆成熟期间,由于高温、多湿,会造成所收获的春大豆种子活力下降,导致来年春播发芽率低,影响田间出苗率。

第三节　大豆栽培技术

一、大豆产量形成与合理密植

(一)产量构成因子

大豆产量由单位面积株数、每株节数、每节荚数、每荚粒数、百粒重等因素构成,简言之,大豆产量为单位面积上的有效荚数、每荚粒数和粒重三因素构成。大豆的单位面积产量有时也用单位面积株数和单株粒重的乘积估算。

要使单位面积产量达到最高值，就必须使单位面积株数、每株荚数、每荚粒数、粒重这4个因素同时增长。然而，这实际上是不可能的。在以上产量构成因素中，不论哪个因素改变都会引起产量的变化。对每一个品种来说，单位面积株数在一定的土壤肥力和栽培管理条件下有适宜的幅度，伸缩性不大，每荚粒数在遗传上是比较稳定的。粒重是品种特性之一，同时又受籽粒形体大小的限制，受环境条件的影响较小。而每株荚数和每荚粒数是较为可变的因子，易受环境的影响。各产量构成因子在逆境条件下，每株荚数更易受环境的影响而产生变化，它受有效节数、分枝数、每节荚数的制约，在花芽分化期、开花期、结荚期如遇不良环境条件，都会对有效荚数产生影响。

（二）产量形成和库源关系

大豆根系从土壤中吸收矿物质，而植株地上部的绿色部分进行光合作用。这两部分分别占植株总干物积累量的8%和92%，其对产量的作用同等重要，但从占总干物量的比例看，光合作用的积累远远大于根系的吸收作用。

从大豆干物质同化积累的角度分析，可将大豆的各器官划分为同化物的源与库。起吸收作用的根系和进行光合作用的叶片为同化物的源器官；绿色的叶柄、茎秆、荚皮也能合成有机物质，是同化物的次要源，同时，同化物可在这些次要源器官中暂时储存，当籽粒灌浆时才有部分同化产物输出。因此，它们又可看作中间库和过渡库。籽粒则是同化物的最终库。

大豆的高产有赖于源的潜势大和库的容量大，两者需协调发展。当大豆贪青徒长，株茂叶盛时，源的同化能力大于库的储存能力，同化物会囤积在茎叶之中。相反，当库的容量大于源的供给能力时，则同化物供不应求，往往出现大量的秕荚和秕粒。

大豆源与库器官建成的早晚及其在空间的分布、功能期的长短等对产量的影响很大；大豆一生中所积累的同化产物最终在各器官中的分配比例也是不同的。据研究，在高肥条件下春播，晚熟大豆品种叶片和茎秆所占的比例大于早熟品种，而籽粒所占比例小于早熟品种，若在中肥条件下种植，则比高肥条件下种植在叶、茎秆等营养体建成上所消耗的同化产物少，因而籽粒所占比例较大。

大豆的籽粒产量（经济产量）是生物产量的一部分。大豆籽粒产量的高低决定于生物产量及其在各器官中的分配，即生物产量和经济系数的乘积。从生物产量看，高肥条件高于低、中肥条件的生物产量，晚熟品种往往高于早熟品种。研究表明，在高纬度地区大豆生育期的长短与生物产量的高低呈正相关，相关系数为0.9403，与经济产量的相关系数为0.8851，均达极显著水平。品种的生育期与经济系数也有一定的关系，中、早熟品种的经济系数高，晚熟品种则较低，呈明显的负相关。早熟品种的经济系数为0.46～0.54，而中、晚熟品种为0.37～0.46。

要获得较高的大豆产量，须有较大的生物产量，但随着大豆生物产量的提高，经济系数有下降的趋势。因此，必须采取适当的种植密度和栽培措施，使较高的生物产量与较高的经济系数相协调。

（三）限制大豆产量的因素

研究表明，在最佳生产状态下，大豆的产量潜力接近11000 kg/hm²。在美国及其他国家已获得了 6000 kg/hm² 的产量。日本农民在高产竞赛中也曾获得 5650 kg/hm² 的产量。我国东北有大面积 4050 kg/hm² 的报道,这说明大豆具有一定的高产潜力。但我国大豆单产仍然较低,未达 1500 kg/hm²,低于禾谷类作物,这虽与品种、栽培管理水平有关,但与大豆本身的特性有很大的关系。

1. 大豆种子的成分特点

大豆种子蛋白质较一般禾谷类高 3 倍左右,脂肪高 4～5 倍。这些物质都属高热能化学成分,种子贮热量高,在形成籽粒的生化过程中耗热量也大。据研究,生产 1 g 脂肪需消耗相当于 3 g 的光合产物(葡萄糖),生产 1 g 蛋白质消耗 2.5 g 光合产物,而生产 1 g 糖类只消耗 1.2 g 光合产物。在相同面积上,每输入 4184 kJ 能量可增产 2.69 kg 玉米,用同样的能量供给大豆,仅增产 1.43 kg,若以蛋白质的产量计,在玉米中可生产蛋白质为 215 g,而大豆中可产蛋白质为 572 g,即在相同的热能条件下,大豆的蛋白质产量虽高,但籽粒产量要比玉米低。所以,如果要生产同量的籽粒,大豆消耗的热量要比禾谷类高得多,这是大豆籽粒产量较低的原因之一。

2. 大豆的生长发育特点

禾谷类作物(如稻、麦)有明显的营养生长期,积累的有机物较多,开花前干物质的积累可达总干重的 70%,而且花期集中,营养生长和生殖生长比较协调。而大豆出苗后 20～30 d 就可开始分化生殖器官,开花也较早,且花期占整个生育期的 1/4～1/3。大豆开花时干物质积累量约占 25%,至结荚期才达高峰。大豆的营养生长和生殖生长重叠期较长,花荚的发育得不到充足的养料,因而影响了产量。

3. 大豆的落花落荚现象

大豆单株开花 100～200 朵,但有 40%～70% 脱落;脱落包括落蕾、落花、落荚。大豆现蕾、开花和结荚是一个连续的生长发育过程,一般自花蕾形成至开花以前的脱落称为落蕾;花朵开放至子房膨大前的脱落称为落花;子房膨大至豆荚成熟前的脱落称为落荚;通常所说的花荚脱落即为三者脱落的总称。

从一个植株看,落蕾、落花和落荚是交错发生的,一般花脱落最多,落荚其次,而蕾脱落较少。有限结荚习性品种脱落早,且以中、下部脱落多;无限结荚习性品种脱落迟,并以上部为多。对一个植株来说,分枝的脱落多于主茎。从发育的迟早看,早期发育的花脱落较少,后期发育的花脱落较多。花荚脱落的高峰多在盛花期后至结荚初期出现。

造成花荚脱落的原因很多,如机械损伤、病虫害及不良气候条件等影响养分制造和分配运转的生理因素最为重要。如由于养料供应不足或其他生理因素,使花柄的外围逐渐到里面形成离层,导致蕾、花或荚的脱落。从大豆的植株形态看,花荚一般散生于主茎和分枝各个节上,叶片互相遮阴,通风透光条件不好,尤其在密植的条件下,株间中下部光照不足,也改变了植株小气候,如湿度,对开花结荚都是不利的。实践表明,在开花结荚期,若植株体内生理活性低,营养物质不足,同化物含量低,运输系统在生育某一个时期,尤其在盛花期至结荚期间受阻,花荚生长发育所需的养分种类和数量比例失调,因而有机养料不能及时地、充分地供给生殖器官,尤其是糖的供应不足,是发生脱落的主要原因。

4. 大豆对施肥的反应

一些禾谷类作物对肥料反应敏感,施用肥料在很大程度上可获得高产。而大豆对肥料的反应不很敏感,施肥增产幅度小,施肥不当反而引起减产,尤其是氮肥。国内外对大豆施氮肥增产效果看法极不一致,美国 133 例施氮肥试验中增产的只有 3 例,其增产幅度低于 10%;日本渡边岩整理了 1979—1981 年 102 例施氮肥试验,有增产效果的占 2/3,全国平均增产 3.7%。据调查,每公顷施纯氮 35.5 kg 以下的,大豆增产和减产的各占一半,每公顷施氮 55.5 kg 的,有 80% 以上增产。我国东北大豆产区,在肥沃的草甸黑土上增施氮肥增产效果不明显。虽然氮素对大豆生长发育及在产量形成上有极为重要的意义,但如何满足大豆对氮素的需求却是一个复杂的问题。此外,施氮和固氮之间有一定的矛盾。这些因素限制了大豆产量的提高。

5. 大豆群体光能利用及其干物质生产特点

大豆产量较低的原因,首先是光能利用问题。在相同条件下,大豆的光能利用仅及水稻的 1/3。一般认为,作为 C_3 植物的大豆,其光饱和点比 C_4 植物的玉米低,而同时又具有较高的光呼吸作用。尤其是在低 CO_2 浓度条件下,大豆所固定碳素的一部分(约 20%～50%)要被光呼吸所消耗,据测定,大豆的光呼吸速率在 4～7mg CO_2/(dm^2 • h),约占饱和光下净光合速率的 1/3。其次,大豆的 CO_2 光合同化的生化途径是 C_3 途径,由于该途径中的关键性酶(Rubisco)对 CO_2 的亲和力较低,所以大豆的 CO_2 补偿点高,一般为 40×10^{-6} ～50×10^{-6},而玉米为 5×10^{-6} 以内。

此外,大豆干重的增加,籽粒产量并不随之提高,有时干物重在较低阶段反而获得较高的籽实产量,这表明光合产物向籽实分配的比率低,这是大豆产量停滞的又一原因。

大豆光合产物的运转和分配,在营养生长期主要供给生长旺盛的部位。下位叶的光合产物供应茎下部和根,上部叶的光合产物供应茎生长点和幼嫩叶片;中部叶片向上、下两个方向运输光合产物。花芽分化期主要集中于主茎生长点和腋芽两个生长中心。在花荚期,主要是由其同一节上的叶片向本节上的豆荚运送光合产物,即存在着定向局部利用,若光合产物不充足,特别是当节上的叶片脱落或损伤时,幼花、幼荚的有机养分供应不足,即出现花荚脱落或秕粒,从而影响大豆的产量。

总之,大豆的产量较低受诸多因素的影响。在栽培上,应充分挖掘大豆的增产潜力,改善光照条件,协调生长发育,防止落花、落荚,为大豆高产创造有利的条件。

(四)提高大豆产量的途径

要提高大豆籽粒产量,须提高大豆的生物产量和提高经济系数。据研究,当大豆每公顷产量在 750～3600 kg 范围内时,生物产量与经济产量呈强正相关,相关系数 $r=0.95^{**}$,当大豆每公顷产量在 1875～3600 kg 范围内时,生物产量与经济产量呈弱正相关,$r=0.47^{*}$;可见,大豆无论是从低产变高产,还是高产更高产,都有一个提高生物产量的问题;但高产再高产不如低产变高产显著,这与经济系数有关。

大豆产量每公顷在 1500～3600 kg 范围内,产量与经济系数呈强正相关,$r=0.86^{**}$,在

注:**——极显著;*——显著。

每公顷产量 2475～3600 kg 范围内,$r=0.65^*$。因此,通过提高经济系数来提高大豆产量的效果很明显,尤其是在高产栽培条件下,提高经济系数比提高生物产量效果显著。

生物产量与相应的叶面积指数有关。据研究,每公顷产量 1950～3300 kg 的大豆,其适宜的叶面积指数为:苗期 0.5,花芽分化期(分枝期)1.0,始花期 2.5～3.0,盛花期 5.0～6.0,鼓粒期 4.0 左右。

大豆产量构成因素的单位面积有效荚数、每荚粒数和粒重中,有效荚数对产量的贡献最大,也最易受环境条件的影响。研究表明,大豆产量与结荚数为高度相关,$r=0.814$～0.916。确保荚数是大豆高产的一个重要措施;增加荚数可直接提高大豆产量。结荚数取决于结荚节数和结荚率。其中,表示结荚节数的总结荚数取决于开花前的生物量;而结荚率则随幼荚期每一节的碳水化合物量的增加而提高。

综上所述,在适宜的叶面积基础上,提高净光合生产率,从而提高干物质生产能力,增加干物质积累总量——生物产量,协调营养生长和生殖生长的关系,提高经济系数,是实现大豆高产稳产的主要途径。

二、大豆的需肥特点与施肥原则

(一)大豆的需肥规律

大豆的蛋白质和油分含量高,形成单位蛋白质和油分所需的光合产物较多,故大豆是需肥较多的作物。与生产同量的稻、麦、玉米籽粒相比,需氮高 2 倍,需磷高 1 倍,需钾高 1～2 倍。每 667 m^2 产大豆 224 kg,需氮 20.9 kg、磷 2.3 kg、钾 6.5 kg、钙 5.2 kg、镁 2.3 kg、硫 1.5 kg、铁 0.11 kg、锰 37.5g、锌 15g、铜 7.5g、硼 7.5g、钼 7.5g。董钻等(1982)测定了 667 m^2 生产 221.2 kg 籽粒的条件下,收获时各器官的干重、各元素的含量,并计算了三种主要元素的总摄取量(表 7-3)。

表 7-3 大豆成熟期各器官的 N、P、K 摄取量

器 官	收获干重 (kg/667m^2)	元素含量,占干重的百分比(%)			从土壤中总摄取量(kg)		
		N	P*	K*	N	P	K
叶片	165.9	2.32	0.18	0.25	3.85	0.30	0.41
叶柄	85.3	0.59	0.10	0.32	0.50	0.08	0.27
茎秆	124.6	0.49	0.06	0.47	0.61	0.07	0.58
荚皮	72.2	0.85	0.12	2.34	0.61	0.09	1.70
籽粒	207.9	6.14	0.51	1.86	12.77	1.06	3.87
合计	655.9				18.34	1.60	6.83

* 化验时所测得的是 P_2O_5 和 K_2O 的含量,换算成纯 P、K 元素需分别乘以系数 0.4364 和 0.8301

大豆除根系直接从土壤中吸收硝态氮和铵态氮外,其根瘤菌从空气中固定的氮素可满足其最高产量所需氮的 40%～60%。

(二)对肥料的吸收利用和合理施肥

1. 氮

大豆缺氮影响营养生长,最终早衰而导致减产;若氮素过多则抑制根瘤菌生长,并引起倒伏、贪青迟熟。据研究,若不施氮肥,有效结瘤的大豆每公顷积累 247.5 kg 氮,而不结瘤的大豆施氮 262.5 kg/hm²,其植株仅积累氮素 13.2 kg。

在苗期,根瘤尚未形成或固氮能力较弱时,应适量施用氮肥。大豆花芽分化期较苗期需肥多,供氮可促进茎叶和分枝生长及腋芽分化。大豆开花结荚期追施氮肥对增产具有重要的作用,可补基肥及苗肥之不足,以满足开花后对养分的大量需求。氮肥的种类以尿素为好,它对根瘤菌固氮活性影响较小。

2. 磷

大豆发育早期可利用种子中的磷,从胚根形成开始,就可从土壤获得磷元素。种子发育后期,磷从营养体各部分转移到种子。收获时,大豆植株吸收磷的 60% 储存于种子中。充足的磷素不仅提高大豆产量,而且也可改善品质。当 100 g 土壤中有效磷含量小于 15 mg 时,要施用磷肥。施磷肥会促进镁、铁、硫等元素的吸收。但过量施磷会使植株的锌浓度和吸收降低。磷肥一般作为种肥或基肥,根外追肥也有一定的增产效果。

3. 钾

钾的吸收开始时较慢,播种后 87～94 d,钾的吸收速度最快,后又降低。钾在体内极易流动。大豆种植后第 15 天,子叶中的钾约有 60% 输入到幼苗中去,成熟时约 50% 的钾储存于种子中,占籽粒干物质含量的 1.3%～2.2%。

钾在苗期可促进幼苗生长,使壮秆不倒,旺长期可使组织充实,鼓粒成熟期可促进物质转运及蛋白质的形成。钾肥以用作基肥为好,在生长期若缺钾,可施速效钾或叶面喷施。每 100 g 土壤中速效钾含量小于 5 mg,为大田施钾肥的指标。当土壤中有效钾浓度为 25 mg/kg时,大豆产量约为最大产量的一半。当土壤中有效钾浓度为 100 mg/kg 时,大豆产量接近最大产量。

4. 钙、镁、硫

钙对种子的形成和发育起了重要的作用。酸性土壤施用石灰对改土和土壤团粒结构的形成有利;但在碱性土上,过量钙会降低锌、铁的有效性。大豆中钙、镁的浓度,皆在播种后 73～80 d 达最大吸收量;硫是氨基酸的组成成分,在高蛋白质的大豆中较易缺硫,缺硫会抑制大豆的生长并降低非可溶性氮的浓度。

成熟时,钙主要存在于叶片和叶柄中;镁在荚壳和叶柄中积累较多。钙、镁和钾在吸收和营养器官中的分布上,有拮抗或者相辅相成的关系,缺钾时,钙镁吸收多;缺钙时钾吸收多;缺镁时,钙的吸收量大;钙丰时,镁、钾的吸收受抑制。因此,施肥时应注意这些要素的相互平衡,它们一般作种肥和基肥用。

5. 微量元素

微量元素在大豆体内含量虽少,但生理功能却非常重要。通常大豆所需的微量元素有铁、钼、锰、锌、硼、铜等。特别是钼,它能促进根瘤的形成和发育,增强固氮作用,提高种子的蛋白质含量等。其他微量元素对大豆的生长发育、产量和品质方面均有良好的影响。

钼有助于豆类作物的固氮;随着土壤 pH 值的上升,钼的有效性提高,共生固氮和硝酸盐还原都需要钼。已有施钼 200 g/hm² ,产量增加 30%～55% 的报道。钼一般积累在种子中,并且植株下部的种子比上部的种子钼的含量高,因而钼作种肥或在生育期间施用都是有益的。

在大豆中最严重的缺锌症出现于老叶,在成熟叶片和植株顶部中锌≤20 mg/kg,就易出现缺锌症。缺锌时根瘤和固氮量都减少,严重时植株未成熟即落叶,不结荚。锌在各器官中的含量大小:根＞叶＞种子＞茎＞荚。

大豆对硼的需求比小麦、玉米大,其地上部含硼量须达 21.7 mg/kg。虽然缺硼与不缺硼之间不存在明显的界限,但可以把株体中硼含量为 16～20 mg/kg 看作是过渡区域。

大豆光合作用和呼吸作用都需要铁元素。缺铁则引起失绿症,防止失绿的最有效方法,是在播种后 3～6 周内每公顷施用 10 kg 铁螯合物。

微量元素的施用方法主要为浸种或拌种。钼酸铵、硫酸锰、硫酸锌皆可用 0.05%～0.1% 的浓度浸种,硼砂 0.01%～0.1% 的浓度浸种。拌种时每千克种子用锰肥 4～6 g、硫酸锌 2～4 g 等。

三、大豆田间管理技术

(一)种植制度

1. 轮作制度

轮作制中安排种植大豆,是我国农民长期以来合理种植农作物,用养结合,提高轮作周期中作物总产量的传统经验。在北方一年一季的旱作区,大豆常与玉米、高粱或粟等轮作,也有春大豆与春小麦的轮作。夏大豆区则有冬小麦—夏大豆与冬小麦—夏旱粮或春旱粮或棉花的轮作。在稻区,大豆可与水稻轮作,大豆最好的前作是有深耕和施肥基础的禾谷类作物。

浙江省处于长江中下游流域,栽培的大豆有春、夏、秋大豆。轮作复种方式有:春粮—春大豆—秋粮;春大豆—杂交水稻;春花(麦、油菜)—早稻—秋大豆等。

大豆不耐连作,连作导致减产 10%～20%。研究表明,连作大豆土壤中线虫卵、噬菌体、噬菌素及土壤酸度增加,抑制了大豆根瘤的形成和固氮,因此,在轮作复种体系中,合理安排种植大豆,不仅保证大豆高产优质,而且对轮作中的其他作物也有良好的作用。据测定,大豆地留下的根茬落叶,每公顷为 2955 kg,折合氮素 55.5 kg,磷素(P₂O₅)9.75 kg。大豆茬速效氮含量较玉米等作物茬高,大豆根系分泌物能活化土壤中的磷、改良土壤结构。此外,大豆的病虫害很少危害其他农作物,与豆类轮作的农作物可减轻病虫害的危害程度。江苏麦豆稻研究协作组从 1979 年起在太湖地区连续 4 年进行了麦豆稻和麦稻稻的比较试验,结果表明,麦豆稻单产成品粮比麦稻稻增产 6.8%,蛋白质增产 48.2%,脂肪增产 21.3%,糖类减产 11.8%。因此,在现有耕作制度中,适当安排大豆轮作,不但可以促进大豆生产,还能提高全年粮食产量和质量,这是今后发展大豆生产的一个有效途径。

2. 大豆与其他作物的间、套、混作

大豆很适合与其他作物间作套种,如蔗地套种早熟春大豆,薯地间作早熟夏大豆,玉米和大豆间作等。在一般不影响主要作物产量的情况下,还可多收一熟大豆。如玉米大豆间作时,其单位面积总产量高于玉米、大豆单作时的平均总产量。

玉米大豆间作增产的原因为:①利用两种作物株高、株型、叶形的不同,组成田间复合群体结构,改善田间通风透光条件,增加单位面积的光合叶面积,提高光能利用率;②利用两种作物根系形态、分布和需要的营养元素的种类、数量和时间不同,充分利用土壤水分、养分,互利互补,提高土地利用率。

3. 田埂豆

我国水稻面积大,可以充分利用水田田埂来发展田埂豆。此外,一般山区、半山区田埂较宽,种植田埂豆其产量相当可观。我国南方的江浙地区,耕作制度复杂,水稻种植可分为单季稻和连作稻。因此,田埂豆也有几种不同的种植类型:①单季稻区的单季田埂豆,多处于丘陵山区,其特点为田埂多、高、宽,田埂豆产量可达 75～375 kg/hm²;②双季稻区的单季田埂豆,品种多为夏大豆类型,生长期长,产量较高;③双季稻区双季田埂豆,生育期与早、晚稻相近,用春、秋大豆品种,产量可超单季田埂豆。

(二)适期播种,保证全苗

1. 翻耕、整地与施基肥

土壤耕作的目的是,通过对耕作土层的机械加工,创造适宜的土壤紧实度,为大豆种子的发芽乃至整个生长发育过程提供良好的土壤环境。同时,提高耕层中土壤水分、空气和各种营养元素的有效程度,翻埋杂草和前茬作物残茬,以满足大豆及其根瘤菌的生长发育的需要。适宜大豆生长发育的土壤紧实度为 1.0～1.4 g/cm³(容重),翻耕深度 20～24 cm 为宜。

一般经翻耕后,土壤含水量增加,通气条件好、疏松,大豆种子吸水发芽正常,出苗整齐,根系健壮,通常较不翻耕增产。然而,近年来我国东北地区在一些干旱区或干旱年份,采用不翻耕,而在冬季和早春耙茬和耢地,保住表层墒情,提高了地温,使大豆生长发育快,成熟早,产量高,比耕翻增产 10% 以上。我国南方稻区的秋大豆有时也采用免耕播种。马料豆、泥豆、撒豆在早、中稻收获前撒播于稻田内;有时利用稻桩富集水分的作用,而把种子播入稻桩中,利于发芽出苗。

在合理耕作的基础上,精细整地,达到土壤细碎平整,上松下实,土壤水分充足,通气适宜,以便蓄水保肥,为大豆播种出苗创造良好的土壤环境。

播种前施用基肥可以满足大豆幼苗发根、长叶的需要。但若施用氮肥过多,会抑制根瘤的生长和发生。据研究,当每公顷施纯氮 60 kg 以上时,植株根瘤的大小和重量都降低。基肥应以有机肥为主,一般每公顷施质量较好的土粪 37500 kg,混施过磷酸钙 225～300 kg。

2. 播种

(1)种子准备　所选用品种的种子须有代表性,籽粒饱满,大小均匀,除去破碎粒、病虫粒、秕粒及杂物等,并按粒形、粒色和脐色等品种性状去掉杂豆,以提高品种纯度。据研究,不同的品种间,小粒种比大粒种发芽力强,同一品种,则应选粒大者,大粒种子比未经粒选的种子可提高产量达 10% 以上。

(2)种子处理　种子播前处理,有利于大豆的发芽顶土,促进大豆植株和根瘤的生长发育,杀灭病虫,提高大豆产量和品质。

晒种:在播前晒种 1～2 d 可增强种子活力,提高出苗率。

灭菌剂拌种:用福美双或克菌丹(50% 可湿性粉剂),使用量为种子重量的 0.8%,可防灰斑病、霜霉病、紫斑病等多种真菌性病害,提高保苗率 8%～29.5%。

根瘤菌接种:接种的大豆,植株增高,节、荚数增加,秕粒减少,可增产 5%～15%。在较长时间不种大豆和新垦土壤上种植大豆,其接种效果更为显著。

根瘤菌接种的方法有泥浆粘种法、菌水喷种法、土壤接种法等。在大豆灌溉地区,还可灌水接种。在无市售菌种的情况下,大豆植株上的根瘤,可保存至下季利用。

根瘤菌接种后,应避免使用杀菌剂,保持土壤湿润,以利于根瘤菌的侵染和发育。在有机质丰富的土壤中,根瘤菌接种效果较佳。

微量元素拌种或浸种:用 1% 钼酸铵液 0.5 kg 与 7.5 kg 大豆种子拌和,或用 1.5% 钼酸铵溶液 0.5 kg 和 15 kg 大豆种子拌和。其他微量元素可用 0.001 mol/L 硼酸或硫酸盐、硫酸锌溶液,在 22 ℃温度下浸种 1 h 即可。应指出的是,用作种子处理的钼盐对根瘤菌是有害的,并有可能减少根瘤形成的机会。所以,当用根瘤菌接种种子时,钼肥应叶面喷或施入土壤;或采用钼肥拌种,用根瘤菌接种土壤等综合处理方法。

(3)适期播种　播种期因品种类型而不同。当土温升至 12 ℃以上时,即可播种。浙江省春大豆在 3 月底、4 月初播种,夏大豆一般在 5 月中旬至 6 月下旬播,主要决定于前茬收获期和使夏大豆开花结荚期避开高温干旱季节。秋大豆适宜播种期在 7 月下旬至 8 月上旬,一般在早稻收获前后播种。夏、秋大豆播种,应防止土壤过分干燥。若土壤过干,则应在雨后或灌水湿润后播种,以利出苗。

(4)种植密度和播种量　种植密度和播种量决定于品种的结荚习性类型、播种期、生育期以及土壤肥力状况等性状。当品种的生育期较短、有限结荚习性、分枝少而紧凑、植株矮秆不倒或土壤较瘠薄时,可适当密植;反之,则可稀些。浙江省一般每 667 m² 大豆密度,春大豆为 2 万～3 万株,夏大豆为 1.5 万～2.5 万株,秋大豆为 3 万株左右。单位面积播种量则以应播种粒数、发芽率、种子净度以及每千克种子数换算。

(5)种植方式和播种深度　生产上多用单行条播和穴播。条播一般行距 25～30 cm,株距 10 cm 左右。为了截获较多阳光,增加单位面积的干物质生产量,目前国内外都趋向于缩小行距,增大株距。其大小以开花期能覆盖地面为最适宜的行距。在 15～50 cm 行距范围内皆比 60 cm 以上行距增产。春大豆穴播 23 cm×27 cm,秋大豆 20 cm×23 cm。每穴播 3～4 粒,留苗 2 株。

大豆子叶大,出土较难,在顶土过程中常受损伤。大豆的播种深度以 3 cm 为宜。在土壤质地较差、土壤较粗糙时,深度以 4 cm 为好。播种太深,出苗所需的时间长、苗弱,也会降低出苗率。播后应精细覆土,以利出苗。

(6)育苗移栽　在初春温度较低或季节较紧时,可采用育苗移栽,育苗时要注意床面平整,土粒细,床土湿润,播后塌种、覆土要浅等。有时也采用纸钵育苗等。育苗移栽的要点是:①防止幼苗徒长,在子叶展开至单叶伸展期移栽;②种植密度须比直播大,特别是迟播时应增加30%;③移栽时应注意深度,子叶下都应培土。大豆育苗移栽一般可比直播早7～10 d,成熟期早2～5 d。

3. 春大豆和秋大豆的全苗对策

(1)春大豆的全苗对策　春大豆的烂种缺苗在生产上较为常见,主要原因是种子的生活力差、顶土力弱及播种期间受环境条件的影响。春大豆种子鼓粒和成熟期间正遇高温高湿天气,影响种子生活力,若不及时收、脱、晒、藏,则使种子生活力严重丧失。此外,长江中下游地区,春播期间低温寒潮天气较多,土温低于12 ℃或水分太多、土壤闭塞皆造成烂种、缺苗。春大豆的全苗对策是:①春大豆成熟时,在晴天收获,快脱粒,快干燥,避免过早或过迟收获,更应避免带叶堆蓬,保持种子的生活力。②防止储藏期间受潮,种子干燥后,应立即收藏,一般采用石灰坛藏法,种子上面放草木灰,坛口密封。③采用翻秋(off-season soybean)留种法,春大豆收后立即翻秋,翻秋种子即为"二青子",作为第 2 年的播种材料。翻秋种子在秋季凉爽气候条件下成熟,种子发芽出苗率可达95%以上,质量好。春大豆翻秋时,植株发育快,株体小,单株生产力低,应增加密度,每 667 m² 宜有 5 万～6 万株,并应足水、足肥、早管。④改善春大豆的播种条件,主要有抢晴播种、地膜覆盖、育苗移栽等方法,另外辅之以焦泥灰盖种、清沟排水等措施。

(2)秋大豆的全苗对策　秋大豆播种期为 7 月底 8 月初,此时正值高温干旱天气,易发芽但又易因缺水而产生烧芽;此期又是雷阵雨频繁的时期,若播后遇雷阵雨,土壤板结,空气不足,种子会闷死腐烂。秋大豆的全苗对策有:①稻桩豆法,利用稻桩的集水和覆盖作用来保证出苗;②抢墒套种法,利用前作的遮阴挡雨作用,把秋豆在雨后播入前作行间;③覆盖法,播后采用稻草或其他秸秆覆盖,但忌用地膜或尼龙薄膜,以防温度过高。

(三)田间管理

1. 查苗、间苗、补苗

大豆出苗后,如有缺苗断垄,应及时查苗,随时补苗;苗密的要间苗,以达到应有的密度。播种后,应在行间播些备用苗,以供移栽补缺用。

2. 中耕除草及施苗肥

大豆苗期应抓紧中耕除草,防止杂草发生,促进根群发展。中耕除草一般进行 3 次,应早而勤,第 1 次在子叶展开后进行,以后再进行 2 次,中耕要先浅后深,在封行前结束;播种出苗前用四氯苯、利谷隆、除草醚、氟灭灵、苯胺灵或莠可净等除草剂防除杂草都有一定效果。苗期可视生长情况,在第 1 片复叶出现期施适量肥料,特别是磷、钾肥,以利于根系的发展。

3. 灌溉和排水

大豆发芽时需要湿润的土壤,苗期土壤可稍干,花芽分化和开花结荚期需分别保持土壤最大持水量的 65%～70%和 74%～80%。若在播种期及苗期雨水太多,应注意排水,防止因渍水而烂种。苗期适当控水,可蹲苗壮株。花芽分化和开花结荚期遇伏旱或秋旱应及时灌水。

4. 摘心

大豆摘心(topping)是控制大豆徒长的一项措施,特别是在植株较繁茂时,摘心效果更为显著,可加大、加厚叶片,增加叶绿素含量,减少下部叶的早黄或早脱落,从而增加花荚数。早期摘心,则可增加分枝或更多的结荚部位。一般摘心可提早成熟,增加粒重。摘心应根据品种的结荚习性和植株的生育状况区别对待。无限结荚习性类型、多肥的土壤、迟熟品种、生长繁茂的,可在盛花期进行摘心。

5. 生长调节剂

近年来,应用生长调节物质来调控大豆的生长发育已取得了较大进展,显示了良好的增产效益和经济效益。

(1)TIBA(2,3,5-三碘苯甲酸)　据东北大豆产区试验,施用 TIBA 可增产 5%～23%。TIBA 可使植株矮壮,增枝叶、保荚,其效果与摘心相似。在初花期,每公顷用 100～200 mg/kg TIBA稀释液 525～750 kg 喷雾。

(2)亚硫酸氢钠　可降低大豆的光呼吸强度,增加荚数和百粒重,增产 5%～17%,并早熟 2～5 d。一般在开花期至结荚期用 100 mg/kg 亚硫酸氢钠溶液喷洒 1～2 次。

(3)多效唑　为生长抑制剂,可使植株明显矮化,叶色变浓,叶片加厚,根系发达,根瘤数增加,防早衰但延迟成熟。对无限生长或亚有限生长习性的品种,或密度大、高肥、生长茂盛的情况下施用多效唑有良好的增产效果。一般在花期或花期以后施用,浓度为 100～200 mg/kg。

(4)增产灵(4-碘苯甲酸)　具有促进生长发育、防止落花落荚而增加产量的作用。据吉林省试验,施用增产灵可增产 11.5%。一般在盛花期和结荚期两次喷施(间隔 7～10 d),浓度为 10～30 mg/kg,药液量为 750 kg/hm^2。

6. 防治病虫害

大豆主要害虫有豆荚螟、大豆食心虫、豆秆蝇、蚜虫、地老虎等。病害有毒素病、霜霉病、锈病等。

(1)蚜虫　常群集于植株生长点和幼嫩茎叶,是大豆前期的主要害虫,并诱发毒素病。蚜虫应早防,用高效内吸性农药拌种,可防治早期潜入豆苗上的大豆蚜,或采用生物防治。

(2)豆秆蝇　在苗期或生长中期豆秆蝇都可蛀入豆秆,造成死苗或枯梢而减产。一般在成虫发生盛期至产卵盛期前,用药剂进行防治。

(3)豆荚螟和食心虫　主要危害豆荚,浙江一年中可发生 5～6 代。一般在成虫发生盛期至产卵盛期前,用药剂进行防治。

(4)毒素病　感染越早,受害越重。表现为生长矮小,荚小或不结荚,苗期出现畸形叶,有时籽粒出现斑驳或褐斑粒。防治对策为选用抗病品种,采用无病种子及防治蚜虫和加强肥水管理。

(5)霜霉病　在湿热条件下易发生霜霉病,能感染整个植株及种子,品种间差异明显。

防治方法以农业防治为主,采用抗病品种及波尔多液药剂防治。

(6)锈病 秋大豆发生多,使粒重降低而减产。防治方法为选用抗病品种,改善田间小气候,增施磷钾肥及杀菌剂防治。

7. 收获、留种、储藏

(1)适期收获 以收获新鲜豆荚为目的的大豆,应在籽粒丰满、豆荚鲜绿时收获为宜。若过早收获,则种子瘪,产量低;若过迟收获,则豆荚发黄,籽粒坚硬,品质差。一般早晚采荚,及时上市或暂放荫蔽处,以免太阳暴晒。以收获干种为目的的大豆,在种子达生理成熟时的籽粒质量最好。此时叶片变黄脱落,豆荚和种子呈现品种固有色。豆荚摇之有声,即为收获适期。

有限结荚习性类型的品种荚成熟较一致,较易掌握收获期;亚有限和无限结荚习性的品种,下部豆荚成熟早,故应在整个植株约有 2/3 的豆荚成熟时收获。

大豆种子的抗压力,只有水稻的 1/7～1/6。脱粒时不要损坏种皮或子叶,否则要影响种子的生活力。

(2)留种 留种的植株必须在种子完全成熟且未裂荚前及时采收,晒 2～3 d,然后干藏。收藏时,注意选择晴朗天气,快收,晒干后即藏。若种子在高温、多湿的环境下发育成熟,发芽率低,不宜留种。浙江省的春大豆有时用"二青子"代替"头青子"留种,秋大豆成熟时气候凉爽,种子生活力强。

(3)储藏 大豆不耐高温,暴晒会使大豆蛋白质和油分变性,出现走油,影响发芽和种子品质。大豆种子皮薄,蛋白质、油分丰富,吸湿能力很强。因此,大豆储藏前,一定要晒干种子,含水量应小于 12%,短期储藏大豆的水分也应小于 13%,且保存于相对较低的温度下。

第四节 大豆栽培科学现状与发展前景

一、大豆高产潜力研究

大豆的产量受多种因素的制约,当光、热、水、肥、气等诸因素均得到满足时,可获得大豆的潜在的最大产量。辽宁省农业科技工作者根据当地自然资源条件,推算出辽宁省的大豆光能生产潜力约为 4950～6450 kg/hm²,从历年的平均值看,一般为 5250 kg/hm² 左右。而辽宁省当前推广的大豆品种一般产量为 2625 kg/hm²,这一产量恰恰是光能生产潜力的一半,即使在高产(3750 kg/hm²)条件下,也仅为当地光能生产潜力的 71.5%。研究表明,在黑龙江省的三江平原地区,大豆生长季内的太阳辐射能总量为 193.6 kJ/cm²,在每公顷耕地上收获大豆 3750 kg、经济系数为 30% 时,大豆群体的光能利用效率为 1.5%,如果通过各种农艺措施将光能利用效率提高到 2%,则每公顷可获得 5000 kg 的产量。

在影响大豆籽粒产量的各个因素中,肥的问题可以通过配方施肥、合理施肥得以解决,气(CO_2)可以通过增施能释放 CO_2 的有机肥、控制大豆的种植密度和调节植株的田间配置方式等加以改善。光、热两因素相互关联,水分则是以上两因素的制约因子。在光能生产潜力高的地区或年份,往往干旱少雨,水分为产量的主要制约因素;水分充裕的地区或年份,常常太阳辐射量较少，导致光能生产潜力的低下。

不同地区对大豆高产攻关提出了不同的要求，即东北地区、黄淮海地区和长江流域及其以南地区大豆每公顷产量要分别突破 4875 kg、4500 kg 和 3750 kg，其主要途径为提高大豆品种自身生产潜力和通过栽培措施保证品种生产潜力的实现。

如何才能提高大豆自身的生产潜力？一般认为，显著地增加光合作用速率的可能性不大，增产的最好途径是增加叶面积指数。Kramer（1979）曾设想通过遗传工程的方法把 C_4 途径转移到 C_3 植物如大豆体内去。近些年来，创造高产特异株型或高产理想型，借以提高群体光能利用率的观点越来越引起人们的关注。国外曾有人主张培育半矮秆有限结荚习性、适于高度密植的材料，结果未能实现产量的突破。最近国外学者对"曲茎短节间"大豆寄予了希望。

我国大豆科学工作者从提高光能利用率的角度，结合大豆育种思路的创新，对大豆高产理想型或高产特异株型提出了多种设想。盖钧镒等（1990）指出，大豆高产理想型群体生理性状模式应当是：①成熟时的静态株型：高生物产量和收获指数，有限或亚有限结荚习性，均匀并重型的产量空间分布。②生育过程的动态生理模型：营养生长与生殖生长重叠期短；叶面积前期扩展快达峰值所需的时间短，后期叶面积下降缓慢，鼓粒期中上位叶片功能期长，叶片光合效率高。东北大豆产区提出了高产量特异株型生育期间的生理指标：①开花早，出苗后 30 d 即进入始花期；花期长，持续 40～50 d。②耐肥抗倒，适于密植，在高肥大水条件下，每公顷种植 19.5 万株不至于倒伏。③器官平衡合理，叶片约占总干重的 28%，叶柄约占总干重的 12%，茎秆约占总干重的 20%，荚皮约占总干重的 10%，籽粒约占总干重的 30%。

要创造 4875 kg/hm² 的大豆产量，可以从 3 种株型上攻关，即：①无限或亚有限结荚习性、披针形叶，通过稀植（10 株/m²），充分发挥单株的生产潜力。②亚有限结荚习性，秆强不倒，中小叶，中等密度（19～20 株/m²），发挥单株和群体双重的增产潜力。③亚有限或有限结荚习性，中矮秆类型，披针形叶，高度密植（34 株/m²），充分发挥群体的增产潜力。苗以农（1994）提出了株型结构和生理性状相结合的高产大豆类型设想。株型具体要求是有限结荚习性，长顶端总状花序或顶端穗状花序，株高中等，不分枝或少分枝，茎中上部节间短，叶面积小；生理性状的具体要求为营养生长和生殖生长重叠期短，100 cm² 叶面积可形成 1 g 干籽粒，生育后期，根瘤仍具有良好的固氮功能。

二、大豆栽培生理与窄行密植栽培技术

大豆窄行密植栽培技术是国家科技攻关项目重点研究内容之一，已取得了较为明显的增产效果。在引进美国大豆窄行密植栽培技术的基础上，形成了适合我国不同生态条件、不同生产力水平的"大垄窄行密植"、"小垄窄行密植"和"平作窄行密植"三种不同的模式。该技术是提高大豆单产水平、实现大豆均衡增产的有效途径，已累计在东北三省推广 31.3 万 hm²，共增产大豆 1.2 亿 kg，节支 9400 万元。所谓大垄窄行密植栽培技术，就是改 0.67 m 小垄为 1.34 m 大垄，大垄苗带 80 cm，垄上三条，每条两穴，条间距离为 22 cm，穴间距为 12 cm，大垄与大垄边行间距为 54 cm，其依据主要是设计兼有垄作和平作的优点，克服两种播法的弊端，既适应密植又便于中耕管理，且地面植株分布合理，取得了较好效果。其主要增产机理为：

（1）合理增加株数，一般每公顷可增加 8.10 万株。叶面积指数比常规垄（0.67 m）增加

1.6,光能利用率提高 0.12 个百分点。

(2)利用边际效应,改善通风透光条件。

(3)提高地温,促苗早发。由于宽窄行种植方式改变原来的垄型,扩大垄距,提高了土壤温度,特别是早春大垄与常规垄地温变化极为明显。据测定,耕层 0~25 cm,1.34 m 大垄较常规垄可提高地温 0.1~0.7 ℃,苗期发育快,小苗长势好于常规垄。

(4)抗旱抗涝,防灾能力增强。具有保持土壤水分和抗涝的作用。1997 年 8 月份连降暴雨,降雨量达到 70~80 mm,大垄地块排水良好,田间没有积水。1998 年大豆播种后,长达 20 多天干旱无雨,0~20 cm 土壤含水量为 12.9%,比常规垄含水量高 0.5 个百分点,表现出明显的抗旱作用。

21 世纪以来,我国大豆模式化栽培技术研究与生产应用取得较大进展,东北大豆产区以"二密一膜"为核心技术的规模化、标准化大豆生产技术体系不断成熟,推广面积不断扩大,形成了一条高寒旱作地区大豆高产的新路子,达到同纬度地区大豆栽培技术领先水平。新疆建设兵团 148 团引进"中黄 35"大豆品种,采用地膜覆盖和膜下滴灌技术,在小面积(973.4 m²)上创造了 6037.5 kg/hm²(折合亩产 402.5 kg)的全国大豆单产新纪录。华南农业大学陈娜等建立了南方部分省大豆主产区土壤理化性质数据库,明确了南方酸性土壤种植大豆的主要限制因素,构建了大豆主要养分缺素症状图片库,并针对不同土壤肥力水平,制定了南方大豆施肥指南。针对南方高温多雨、土著根瘤菌密度较低的实际情况,该研究小组还开发出一系列耐酸铝、抗高温的高效大豆根瘤菌,通过根瘤菌接种,在不施氮肥的条件下获得 3450 kg/hm²(亩产 230 kg)的高产效果。

三、大豆连作障碍生理研究

1. 大豆茬口的概念

从作物种植的衔接方式上说,茬口有正茬、重茬、迎茬之分。一般地,正茬是指同一地块上,在种植其他作物至少 2 年之后再种植此种作物的倒茬方式。东北大豆产区,一年只种一季农作物,此种大豆的"正茬"指年度间的轮作,南方则为复种轮作。重茬是指同一地块上,连续 2 年或数年种植同一种作物,如大豆—大豆—大豆。迎茬则是同一地块,第 1 年种植一种作物,第 2 年更换种植另一种作物,第 3 年所种植的作物与第 1 年相同。这样,第 3 年即种了迎茬。换言之,迎茬是只间隔 1 年又种植同一种作物的倒茬方式,如大豆—小麦—大豆。

2. 大豆主产区的轮作换茬方式

在作物构成中,大豆的种植面积一般控制在 1/3,这样可以使所有的耕地每隔 2 年种一茬大豆。但是,有的大豆主产区大豆种植面积过大,以至重茬、迎茬面积增加,造成大豆产量和品质下降。据黑龙江省统计,20 世纪 70 年代该省大豆种植面积为 133.3 万 hm²,进入 80 年代以后增加到 200 万 hm²,1993 年播种面积已达到 297.7 万 hm²。全省大豆重迎茬面积达 43%(重茬 20%、迎茬 23%)。在南方大豆产区,耕作制度复杂,总体上大豆种植面积不大,同时大多采用轮作复种方式,大豆的连作并不普遍。较为常见的是在南方水田田埂上夏大豆的连作现象,但由于田埂每年的削草、培土,减缓了连作的负效应。

3. 大豆连作障碍机理

（1）土壤微生物区系发生较大的变化　连作大豆土壤真菌的数量明显多于轮作大豆的土壤,其真菌的优势种为可侵染大豆根的镰刀菌。连作促进了真菌的富集,使大豆致病的可能性增大。

（2）根系分泌物的作用　通过利用经灭菌的和未经灭菌的连作土壤种植玉米、大豆、向日葵和草木樨等4种作物,结果发现,连作土壤灭菌基本上解除了玉米和向日葵的连作障碍;而大豆和草木樨的连作障碍虽然有所减轻,但并未完全解除。这表明除了微生物区系的变化之外,还可能有其他的障碍因子,如根系分泌物的毒害作用。研究表明,经大豆残茬浸提液处理的大豆芽长显著变短,单株鲜重降低,根系短并呈黄褐色(对照根系长并呈白色)。在大豆生育中后期,植株体内及相应的土壤内可能存在萌发抑制物质。结果证实,生育后期大豆根体的主要内源抑制物之一是脱落酸(ABA)。

（3）植株体内酶和土壤酶活性的变化　与其他逆境胁迫一样,连作对于大豆也是一种胁迫。在连作胁迫下,大豆植株体内酶和土壤酶的活性发生较大的变化。超氧化物歧化酶(SOD)是防御活性氧或其他过氧化物自由基对细胞膜伤害的保护酶,具有保护膜结构的功能。迎茬大豆根部细胞内SOD活性有所提高,表明保护膜免受伤害的能力有所增强;但是,重茬1年特别是重茬5年的大豆根部细胞内的SOD活性却明显降低,即重茬加快了大豆根部细胞的衰老。

4. 克服大豆连作障碍的措施

（1）建立合理的轮作制度　要坚持正茬,减少迎茬,避免重茬。

（2）增施有机肥,保证肥水供应　土壤有机质含量高,则重茬大豆减产幅度小。增施有机肥或由收割机将前茬小麦、玉米的秸秆粉碎还田,可以培肥地力,减缓重茬带来的危害。大豆连作使土壤全量氮、磷、钾含量下降,速效氮、磷、钾含量也呈下降趋势。同时,随着重茬年限的延长,土壤中微量元素钼、硼、锌的含量均会减少,这些元素的有效性也明显降低。故应实行配方施肥。

（3）选育推广抗病品种　大豆连作减产的重要原因是一些病菌的传播和危害,应用抗病品种是防治病害的最经济、最安全的措施。

四、大豆栽培科技发展展望

未来十年及今后更长的一段时间内,大豆栽培生理学科将围绕影响大豆产量、品质和效益的施肥、水分管理、栽培生理、逆境生理及其调控、植物保护等关键技术进行研究,并将这些技术进行集成、组装、配套,形成适用于不同生态类型、不同区域的大豆高产、优质、高效生产技术体系,实现良种、良法、良地的结合,为实现优质专用大豆大面积连片种植、专收、专贮,提高大豆种植效益和提升我国大豆在国际市场上的竞争力提供技术支撑。从长远看,我国在培育对环境友好、稳产、优质、多抗、适应性广大豆品种的基础上,逐步建立以转基因品种为载体的节本高效生产技术体系,通过以精准农业为核心的大豆生产技术装备水平的不断提高,提升我国大豆生产的现代化水平。

主要参考文献

[1] 浙江农业大学作物栽培教研室.作物栽培学[M].上海:上海科学技术出版社,1994:201-217.

[2] 吉林省农业科学院.中国大豆育种与栽培[M].北京:农业出版社,1987:45-214.

[3] 汪自强.豆类作物的矿质营养及其对生长的影响[J].国外农学·大豆,1987(3):43-47.

[4] 中国科学技术协会,中国作物学会.作物学学科发展报告(2009—2010)[M].北京:中国科学技术出版社,2010:66-71.

[5] 龙静宜,林黎奋,候修身,等.食用豆类作物[M].北京:科学出版社,1989:42-82.

[6] 张国平,周伟军.作物栽培学[M].杭州:浙江大学出版社,2001:179-203.

[7] 董钻.大豆栽培生理[M].北京:中国农业出版社,1997:53-79.

[8] Duke J A. Handbook of Legumes of World Economic Importance[M]. New York:Plenum Press,1981:1-5.

复习思考题

1. 大豆生产在耕作制度、食物营养和国民经济中有哪些意义?

2. 什么是大豆生态型? 它包括哪几类? 不同的生态型对环境条件有何要求?

3. 大豆的生长发育包括哪几个阶段,大豆的根系发育有何特点?

4. 大豆的产量构成因子有哪些? 为何大豆的籽粒产量要低于禾谷类作物? 如何提高大豆的产量?

5. 与其他作物相比,大豆对肥料的反应有何不同? 大豆如何施好氮肥?

6. 为何大豆不耐连作,连作障碍机理有哪些? 如何克服?

第八章 甘 薯

第一节 概 述

一、甘薯生产在国民经济中的意义

甘薯(*Ipomoea batatas* Lam. ,sweet potato 或 sweetpotato)属旋花科(Convolvulaceae)甘薯属(*Ipomoea*)多年生蔓生草本植物,但通常作一年生作物栽培。因其根部具有发达的块根(storage root),在我国又有番薯、红苕、红薯、白薯、山芋、红芋、地瓜等十几个俗名。甘薯是我国的主要粮食作物,也是重要的饲料和工业原料作物,这与其具有以下特点有关。

(一)产量高而稳

鲜甘薯产量(fresh root yield)可高达 75 t/hm² 以上。即使在干旱、瘠薄或生育期短等不利栽培条件下仍能有一定收成。甘薯的高产原因在于薯块膨大(swelling)不受株龄和发育阶段的限制,整个形成期长,可占全生育期的 3/4 以上,又以含碳水化合物为主,其生物质形成过程生化代谢比较简单,需要能量较少。经济系数高达 70%~85%,为一般禾谷类作物所不及。

(二)营养丰富,用途广泛

甘薯块根是一种营养全面而平衡的健康食物,可制成各种主、副食品。与禾谷类作物相比,甘薯块根胡萝卜素,维生素 C、B₁、B₂ 和钙含量高。橘红心品种的胡萝卜素可高达 200 mg/kg(鲜薯)。块根所含蛋白质虽低(约 2.3%),但其所含赖氨酸和苏氨酸高,氨基酸比例平衡,生物价高,品质优。若与米、面及豆类等搭配食用,则有益于人体健康。甘薯富含钾、钙等矿物质,是一种难得的生理碱性食物,而米面和肉类等为生理酸性食物,适当食用甘薯有利于调节人体酸碱微平衡,减轻人体代谢负担。甘薯还富含可消化纤维,所含脂肪虽少,但含亚油酸比例较高,有助于减少或清除血液中的胆固醇,防止高血压和心脏病。纤维还可促进肠胃蠕动,防便秘。此外,甘薯还含一些特殊生理活性物质。所含黏液蛋白是一种多醣体与蛋白的混合物,对消化道、呼吸道等有保护作用,可防止动脉粥样硬化和肝脏器官结缔组织的萎缩,从而延缓人体器官衰老。所含类似雌性激素物质有保护人体皮肤和延缓衰老作用。所含去氢表雄酮能抑制多种癌细胞的生长。所以,甘薯又被称为"长寿食品"、"防癌抗癌食品"。因此,甘薯作为一种天然保健食品越来越受到人们的重视,新鲜、味美、营养齐全的甘薯新产品开发将是今后的发展重点。

甘薯茎叶是一种营养丰富的优质蔬菜。据报道,甘薯 15 cm 鲜茎尖含蛋白质 2.74%,胡萝卜素 55.8 U/g,维生素 B_2 3.5 mg/kg,维生素 C 41.07 mg/kg,其蛋白质、胡萝卜素和维生素 B_2 均超过蕹菜、绿苋菜、莴苣和芥菜等,维生素 C 则超过绿苋菜和莴苣等。此外,甘薯叶柄也富含维生素和矿物质,且松脆可口,因此,菜用甘薯也有着很大发展潜力。

甘薯的茎叶、薯块以及薯渣等工业加工副产品都是良好的饲料。其块根味甜多汁,适口性好,用于喂猪,饲料换肉率高,增重快;茎叶营养丰富,柔嫩多汁,饲用价值高。

甘薯是我国重要而廉价的工业原料,具有很高的综合利用价值,可加工生产许多轻化工产品,广泛用于制粉、制糖、酿造、食品、生化、医药等工业。经不同加工途径,甘薯可制成淀粉、粉丝、薯脯、蒸薯干、炸薯片、罐头、饮料、精制淀粉及淀粉衍生物(可溶性淀粉、磷酸淀粉、阳离子淀粉、醋酸淀粉等)、酒精、乳酸、丁醇、丙酮、柠檬酸、氨基酸、味精、抗生素、食醋、饴糖、糊精、葡萄糖、果葡糖等众多产品。甘薯酿酒成本低,设备简单,出酒率高,所以甘薯除作为食物源和糖源外,还是廉价的再生能源。

甘薯还有药用价值。据我国古代文献记载,甘薯有补虚、益气、健脾、强肾等功能。近年来,随着巴西药用甘薯"西蒙一号"的引进和研究,我国对甘薯药用价值有了更深入的认识。现已确定该品种具有防治白血病、糖尿病、紫癜等多种疾病的疗效和抗衰老、长寿等功能。随着经济社会的快速发展以及人们食品消费观念的转变,甘薯以其突出的保健和药用功能备受现代人青睐。

(三)抗逆性强,适应性广

除对温度条件要求较高外,甘薯的适应性和抗逆性均很强,耐旱耐瘠,再生性强,受灾后恢复生长快,稳产性好。同时,甘薯也是重要的低投入、高产出、多用途的粮食、饲料和工业原料作物和新型的生物能源作物。因此,甘薯常被当作"救荒救灾作物"、"抗饥荒的杂粮作物"。甘薯又是新开垦和未改良瘠薄土地上的"先锋作物"。因其茎叶匍匐生长,是新辟茶园、果园、桐林中的良好覆盖作物,并便于与其他作物实行间作和套种。甘薯栽插期与收获期不如其他作物严格,故能充分利用生长季节,在长江流域春、夏、秋季均可栽植,华南南部地区则一年四季均可种植。由于甘薯对环境条件要求低,且全身可食,被美国宇航局选为太空作物,成为太空食品。可以预见,在未来粮食构成中,甘薯将是最具竞争力的作物之一。因此,充分利用丰富的甘薯资源,发展甘薯产业具有重要的战略意义。

二、甘薯生产概况

甘薯广泛分布于热带、亚热带和温带地区的 110 多个国家(地区),是世界五大粮食作物之一。目前,世界甘薯收获总面积约为 900 万 hm^2,主要分布在亚洲、非洲,其次为美洲,欧洲、大洋洲种植面积较少。世界甘薯总产量接近 1.3 亿 t,其中亚洲产量最高,占世界总产量的 80%。全球甘薯平均产量为 14.5 t/hm^2,其中亚洲最高,达 19.5 t/hm^2,其次是欧洲,为 11.8 t/hm^2。尽管非洲甘薯收获面积较大,但生产水平较低,单产最低。甘薯主产国有中国、乌干达、尼日利亚、印度尼西亚、坦桑尼亚、越南、印度、安哥拉、肯尼亚、马达加斯加、菲律宾等。

甘薯进口量前 10 位的国家分别是英国、加拿大、荷兰、阿尔巴尼亚、日本、意大利、美国、泰国、法国和新加坡。甘薯出口量较多的国家是美国、中国、多米尼加、埃及、阿拉伯联合酋长国、印度尼西亚、意大利、巴西等。

发达国家与发展中国家的甘薯消费形式有较大不同。美国、日本、韩国等发达国家甘薯主要用来加工方便食品和鲜食,也较强调甘薯的保健作用,如开发利用甘薯地上部茎叶、紫色薯粉和天然色素、研发保健食品等新用途、新功能。印度、越南等经济相对落后国家的甘薯主要消费形式为直接食用或用作饲料,也有少部分作为方便食品。而非洲国家几乎将甘薯全部作为食物,甚至作为主要食物之一。

目前,全球甘薯工业用约占 30%,主要用于加工淀粉、酒精业;饲料用占 35%,主要用于养猪等;食用约占 28%。基本上工业、饲料和食用比例各占 1/3。

目前,我国甘薯消费已转向加工为主阶段,淀粉所占比例最大,优质鲜薯食用、菜用市场正在开发,我国甘薯消费比例大致为:工业加工约占 45%、饲用占 35%、食用占 20%。

三、中国甘薯种植区划与分布

中国是世界最大的甘薯生产国家,其种植面积和总产量均居世界首位。目前我国甘薯种植面积接近 450 万 hm^2,单产为 21.5 t/hm^2,总产量约 9600 万 t。中国甘薯主产区在黄淮海平原、长江流域及东南沿海各省,主要集中在四川、山东、重庆、广东、安徽、河南、湖南、福建、湖北等地,内蒙古和甘肃等省(区)则有发展趋势。由于中国甘薯分布广泛,按栽培区划可分为北方春薯区、黄淮流域春夏薯区、长江流域夏薯区、南方夏秋薯区和南方秋冬薯区五个生态种植区。

甘薯是浙江最主要旱粮作物,在夏秋粮中栽培面积和产量均居首位。浙江位于长江流域夏薯区。甘薯栽培以夏薯为主,但也有秋薯。甘薯产量大小依次为温州、台州、杭州、丽水、金华和舟山等市。主要栽培制度有:①油菜(麦)—夏甘薯一年两熟;②淮菜(麦)—春玉米—夏甘薯一年三熟;③油菜(麦)—春大豆—夏甘薯一年三熟;④油菜(麦)—薯两熟,薯地间作绿豆、芝麻、大豆等作物;⑤油菜(麦)—早稻—秋甘薯水田一年三熟。

自 20 世纪 40 年代末到 80 年代,我国甘薯面积从猛升到下降(其中 1963 年曾高达 964 万 hm^2),变幅很大。面积下降的主要原因在于我国经济发展,人民生活水平提高,膳食结构发生了变化,用甘薯作主食的比例减少;同时,玉米配合饲料的迅速发展一定程度上减少了对甘薯的需求。进入 20 世纪 90 年代,由于甘薯产后加工利用得到加强,对其需求有所增加,其面积开始趋向稳定。同时,由于单产的提高,使其总产并没有因为面积的下降而减少。而单产的提高则与我国甘薯新技术、新成果的推广应用有关。

近 50 年来,我国在甘薯遗传育种、耕作栽培、区划布局、病虫害防治、储藏与综合利用等方面的研究和应用取得了诸多成就,有力地促进了甘薯生产的发展。迄今,育成推广面积在 7 万 hm^2 以上的品种就有近 20 个;研究出了高温大屋窖等安全储藏的方法;创造了塑料薄膜温床育苗(plastic film bedding)等多种育苗方法;建立了地膜覆盖栽培(plastic film mulching)、切块直播栽培(direct sowing of root pieces)和脱毒(virus elimination)苗培育与生产等技术体系;提出了高产甘薯的长势长相指标以及相应的综合栽培技术。此外,甘薯产后综合利用的研究及其成果应用,提高了经济效益和应用价值,也促进了甘薯生产。

近期,我国甘薯生产发展趋势,一是随着畜牧业和工业的发展,甘薯总需求量将会逐渐增加。二是在相对稳定现有种植面积情况下,增加总产主要仍依靠单产的提高。为此,要重视农田生产条件的改善,要研究和推广不同生态条件下甘薯高产、优质、低耗的栽培模式。三是随着甘薯消费结构的变化,需要研究选育适应不同用途的专用型(specialized)优质品种及其相应的配套技术。随着甘薯食用比重下降,饲用和工业原料用比重上升,甘薯用途的多样性日益明显,对专用型品种的需求也日益迫切。

第二节　甘薯栽培的生物学基础

一、栽培甘薯种的起源与品种类型

(一)甘薯的起源

一般认为,甘薯起源于美洲的秘鲁、厄瓜多尔和墨西哥一带。明朝万历年间(16世纪中叶)由东南亚传入我国,最初在福建、广东一带栽培,以后传播到长江流域、黄河流域。在我国,至今已有400余年的甘薯栽培历史。

(二)甘薯的品种类型

甘薯品种类型较多,根据结薯早迟、薯块膨大的快慢,可分早熟型、中熟型和迟熟型。根据茎蔓的长短可分短蔓型、中蔓型和长蔓型。根据淀粉含量的高低,可分高干型(high dry matter)、中干型(moderate dry matter)和低干型(low dry matter)。此外,还可根据外观形态、萌芽性、耐贮性、对某些逆境的抗性等特性进行分类。生产上可根据栽培地的不同环境条件和不同利用目的,选择合适类型的品种栽培。

(三)甘薯优良品种的特性

1. 产量高而稳

丰产性和稳产性好是良种最主要特性。高产品种一般块根形成和肥大开始早,肥大快,其茎叶与块根的重量比值较小,茎与叶的比率也小。

2. 品质好

优质性与其用途密切相关,不同利用目的,对品质的要求不同。食用品种,包括微波烘烤的、蒸煮的和水果型的品种,要求食味好,纤维素少,易煮烂,薯形整齐,薯皮光滑,薯沟浅,不开裂,干率适中,糖化快;薯脯等甜味食品用甘薯要求淀粉糖化快,含糖量高,酶活性强,褐变低;制粉用甘薯要求淀粉含量高,质量好,糖分和蛋白质含量低,褐变低;炸薯片用品种要求含糖量低,无 β-淀粉酶,薯形规则;茎尖或叶柄菜用的品种要求营养丰富、嫩脆、口感好、无异味等。块根做布丁或拔丝时,要求干率适中,糖化快;薯酱用品种要求糖化快,含糖高,褐变低;制薯汁用品种要求色素含量高,干率低等;酿酒或酒精用品种要求出酒率高,淀粉糖化快;饲用甘薯的要求虽与制粉用甘薯的要求相似,但饲用品种还要求消化能和代谢能高,淀粉消化性好,胰蛋白酶抑制剂等抗营养因子含量低,且希望蛋白质和胡萝卜素含量高些;药用品种要求有独特医疗保健作用。

3. 生态适应性强

生态适应性强指对气候、土壤环境的适应性好,抗灾害、抗病虫的能力强等特性。一般长蔓型品种较短蔓型和中蔓型品种抗风力强,较耐瘠、耐旱;短蔓型和中蔓型品种则较耐肥;低干品种较耐旱、耐瘠,但储藏性较差;反之,高干高淀粉品种较耐肥;叶片深缺裂呈鸡爪状的品种,一般较耐旱、耐瘠。

此外,良种还要求萌芽性(sprouting)和储藏性好(storage),耐迟栽等,但任何良种均具有一定的地区适应性,而且由于品质性状间有相关性,如高干品种淀粉多,但蛋白质和纤维往往少;薯肉呈橙黄色或橘红色的品种,则胡萝卜素含量高,但淀粉含量往往低。一个品种不可能同时具备各个优良性状,因此,要因地制宜,根据当地的具体条件、利用目的和产量及品质的主要障碍因素来选择相应的综合经济性状好的品种。

目前,我国甘薯主要推广品种,北方薯区及长江中下游薯区,淀粉加工用品种是商薯19、徐薯22,鲜食品种是苏薯8号、北京553、遗字138,加工紫薯是绫紫(日本引进)、济紫薯1号;南方薯区,淀粉品种是金山57,鲜食品种是广薯87、龙岩7-3。浙江省目前推广种植的甘薯品种还有浙薯75、浙薯13、浙紫薯1号、心香(迷你薯)等。

二、甘薯的形态特征与生长发育

(一)甘薯的形态特征

1. 根

甘薯种子萌发时,由胚根形成主根,以后再在其上生出侧根。甘薯块根、节部、节间、叶柄和叶片各部位均可发不定根,其中,节部最易发根。甘薯幼根具双子叶植物根的一般解剖结构,以后经分化发育成为三种具有不同形态结构和功能的根(图 8-1)。

(1)细根(fibrous root) 细长,有分枝和根毛,具吸收功能。前期生长迅速,分布较浅;后期生长缓慢,并向纵深伸展。

(2)柴根(pencil root) 粗如手指,细长似鞭。通常只消耗养分,利用价值低。这种根主要在不良环境条件下形成,并与品种特性有关。

(3)块根(storage root) 甘薯的储藏器官,大田生产中的无性繁殖器官,也是生产的目的产品。甘薯块根大小和结薯数取决于品种特性与栽培条件。块根形状有纺锤形、圆筒形、椭圆形、球形和块状形等,虽属品种特性,也因土壤及栽

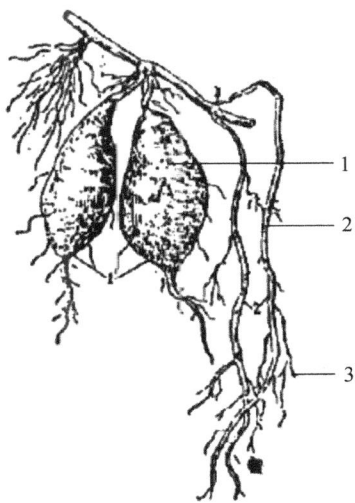

图 8-1 甘薯的根
1.块根 2.柴根 3.细根

培条件而发生变化。块根皮色与肉色是鉴定品种的主要特性。皮色有白、淡黄、黄、淡红、紫等,由周皮中色素决定。薯肉色有白、淡黄、黄、杏黄、橘红和紫,有的还在基本肉色上带紫晕。

2. 茎

甘薯茎为蔓生分枝型,多数品种匍匐生长,少数品种呈半直立或多分枝的丛生型。茎的长度短蔓品种仅 1 m,长蔓品种达 3～4 m。茎和茎节色可分为绿、紫、绿带紫等,甘薯茎中含有糖、甙,切断后流出的汁液为乳白色。甘薯茎节部着生叶片和发生分枝与不定根。成长的甘薯茎节部横断面由外向内为表皮、皮层、内皮层、根原基、维管束和髓部(图8-2)。

不定根原基在适宜的环境条件下发育为不定根,它是薯苗栽插时主要的不定根发生部位。

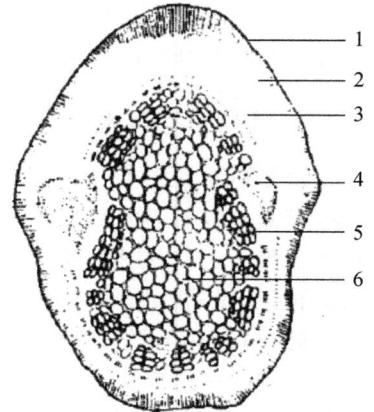

图 8-2　甘薯茎节内部的根原基
1. 表皮　2. 皮层　3. 内皮层
4. 根原基　5. 维管束　6. 髓部

3. 叶

叶有叶柄和叶片,而无托叶,属不完全叶。叶互生,呈螺旋状排列。叶形分掌状形、心脏形、三角形和戟形等。叶缘有全缘、带齿、浅或深单(复)缺刻(图8-3)。甘薯叶形不仅品种间有差异,而且有些品种可在同一植株甚至同一茎上出现两种以上叶形。叶片大小和叶柄大小,因品种及栽培条件有较大变化。叶片色、顶叶色、叶脉色和叶柄基部颜色可分为绿、绿带紫和紫色,也是鉴别品种的形态特征。

甘薯植株一生中出叶数,高产田茎叶盛长期单株绿叶数多至 150～200 片。甘薯叶片寿命(自展开至枯萎天数)差异甚大,并与光照、水肥等条件有关。叶片寿命,生育初期出的叶为40～50 d,中期出的叶为 30～35 d,而后期出的叶为 45～50 d。高温期形成叶片的寿命短于低温期形成的叶片。甘薯生育中期以后,出现老叶死亡与新叶出生的交替现象。叶片既是制造养

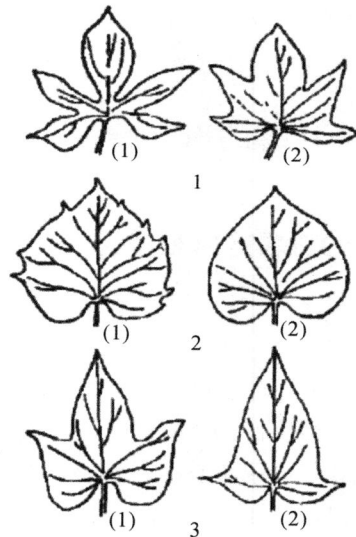

图 8-3　甘薯叶的形状
1. 掌状形:(1)深复缺刻　(2)浅复缺刻
2. 心脏形:(1)带齿　(2)全缘
3. 三角形或戟形:(1)深单缺刻　(2)浅单缺刻

分的器官,又是干物质消耗很多的器官,因而减少生长期新、老叶的更换,防止茎叶徒长、旱涝灾害和不必要的翻动薯蔓,延长叶片寿命等,都是增加植株干物质积累和提高块根产量的重要途径。

4. 花、果实、种子

甘薯花或单生或数十朵丛集成聚伞花序,着生于叶腋或茎顶。花形与牵牛花相似。花

冠由 5 个花瓣联合成漏斗状，一般呈紫红色，也有蓝、淡红和白色，雄蕊 5 枚，花丝长短不一。雌蕊 1 枚，柱头呈球状（图 8-4）。甘薯为异花授粉植物，自交结实率很低。因属短日照和喜温植物，在我国广东、海南、福建和台湾等地，许多品种能自然开花结实，而在我国中部和偏北地区，一般不开花；但也有些品种不受此限制。

甘薯果实为球形或扁圆形蒴果，幼嫩时呈绿色或紫色，成熟时为褐色。每个蒴果有 1～4 粒种子，以 1～2 粒居多。种子褐色，形状因蒴果内结籽粒数不同分为球形、半球形或多角形。种子较小，千粒重 20 g 左右。种皮较坚硬，表面有角质层，透水性差，故用种子繁殖时，种子需经硫酸浸种半小时左右或割破、擦伤种皮后再催芽播种。

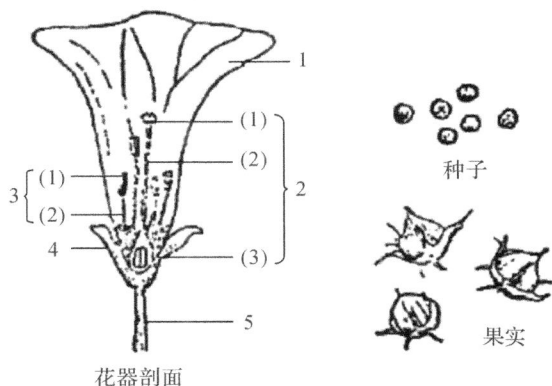

图 8-4 甘薯花器、果实与种子
1.花冠　2.雌蕊：(1)柱头　(2)花柱　(3)子房
3.雄蕊：(1)花药　(2)花丝　4.花萼　5.花柄

（二）块根的形成与膨大

自薯块、茎和叶部发生的不定根，在发育初期，这些幼根的形态和解剖结构没有明显差异，均由表皮、皮层和中柱三部分组成。以后在内外条件影响下，一部分根由于形成层的活动产生大量薄壁细胞和积贮养分发育成为块根，其余则发育成为细根和柴根。这三种根在解剖结构上的区别在于：块根有发达的初生形成层和次生形成层组织，有发达的充满淀粉粒的中柱薄壁细胞组织；细根仅有不发达的初生形成层而没有次生形成层，还有直径较小的木质化程度高的中柱组织；而柴根则有较发达的初生形成层，但没有次生形成层，还有较粗的木质化程度高的中柱组织。

甘薯由幼根发育为块根，大致可划分为两个时期：前期为初生形成层活动期，决定着幼根的发育方向，是块根形成期；后期主要为次生形成层活动期，决定着已经形成的小块根膨大程度，是块根膨大期。初生形成层和次生形成层在甘薯块根发育中具有同等重要性。

1.初生形成层活动与块根形成

薯苗发根后约 10 d，先在初生韧皮部内侧与原生木质部之间的薄壁细胞分化成为弧形的初生形成层，随后又在原生木质部外端的中柱鞘细胞分化发生形成层，并使形成层弧段连接起来，成为围绕原生木质部的初生形成层环。成环的时间多在发根后 15～20 d。初生形成层环形成后，不断分化产生次生木质部、次生韧皮部和大量薄壁细胞，并在薄壁细胞内积贮淀粉。从初生形成层开始分化到形成层环完成，是决定块根形成的时期（图 8-5）。

根据观察，初生形成层活动强弱是幼根发育的一个内在条件，决定根形态转变的另一重要内在条件为中柱细胞木质化程度，它们之间的关系如图 8-6 所示。

由图 8-6 可见，只有在幼根发育初期，初生形成层活动程度强、中柱细胞的细胞壁木质化程度小的幼根才能发育成为块根；初生形成层活动弱或中柱细胞木质化程度大的，发育成为细根或柴根。

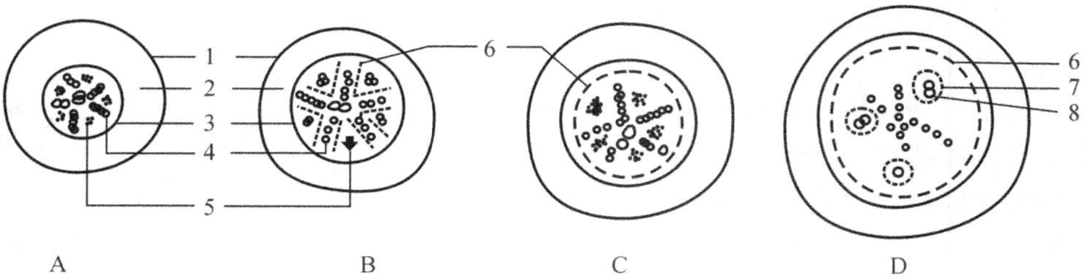

图 8-5　甘薯幼根的发育与构造

A.插后 5 d 左右的幼根　　B.插后 10 d 左右的幼根

C.插后 15 d 左右的幼根　　D.插后 20 d 以上已分化成块根的根

1.表皮　2.皮层　3.中柱鞘　4.原生木质部　5.原生韧皮部

6.初生形成层　7.次生形成层　8.次生木质部导管

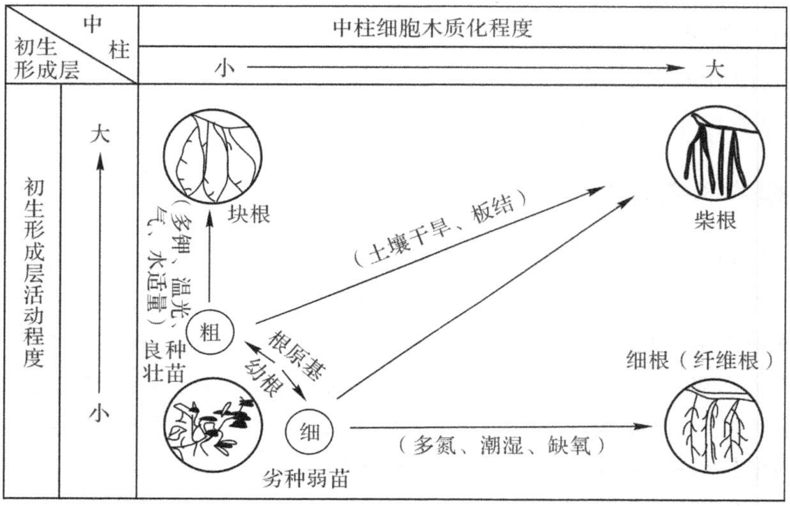

图 8-6　甘薯幼根分化途径示意图

2. 次生形成层活动与块根膨大

甘薯栽插发根 20～25 d 以后,除初生形成层继续活动外,先后在原生木质部导管内侧、次生木质部导管内侧和中央后生木质部导管周围,以及中柱薄壁组织中发生为数众多的次生形成层。次生形成层在中柱中分布广、活动范围大和分裂细胞的能力强,产生的储藏薄壁组织等远比初生形成层多。因此,在甘薯块根膨大过程中次生形成层的作用远较初生形成层大。

形成层活动不断形成次生木质部、次生韧皮部以及大量储藏薄壁组织,使块根膨大增粗。甘薯膨大块根的横切面结构如图 8-7 所示。形成层活动最活跃的时期,也是块根膨大增重最迅速时期。次生形成层在块根各部位分布不规则和活动强度不一,导致块根有隆起部位和凹陷部位之分。

甘薯块根的膨大,主要依靠形成层分裂活动薄壁细胞数目的增加,其次依靠薄壁细胞体积的增大。块根的薄壁细胞体积随生长有所增大,但并不随块根膨大而呈比例增大,尤其到膨大后期,细胞体积基本上不增加。

通常认为甘薯块根无明显的成熟特征,只要环境条件适宜,即能持续膨大。但近年国内外发现甘薯也存在类似成熟的现象。少数甘薯达到一定生长期后,块根形成层细胞和薄壁细胞停止活动,块根膨大速度转缓乃至停滞,藤叶黄化脱落,有的品种还会现蕾开花。

3. 周皮的形成

甘薯块根形成膨大过程中,由于形成层活动,根体中柱部分不断扩大,最终迫使表皮破裂和皮层脱落。与此同时,中柱鞘细胞中出现木栓形成层。木栓形成层亦具分生能力,向外分生出木栓组织,向内分生出栓内层,并由木栓组织、木栓形成层和栓内层三者组成具多层细胞的周皮包裹于块根外。此外,块根皮层部位也能形成周皮。

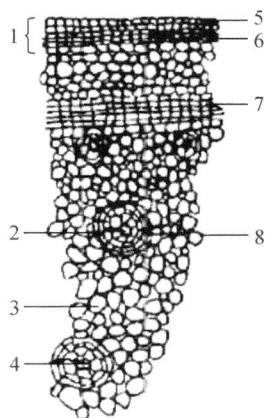

图 8-7　甘薯块根内部
构造示意图(横断面)
1.周皮　2.木质部导管
3.薄壁组胞　4.木质部导管
5.栓皮层　6.木栓形成层
7.初生形成层　8.次生形成层

(三)块根形成与肥大和环境条件的关系

1. 薯苗素质

薯苗素质的壮弱直接影响薯苗发根和块根形成的早晚。壮苗因组织幼嫩,根原基分化快,栽插后茎基易发根且根粗而长、生长快,为块根的形成奠定了良好的基础。

2. 品种特性

不同品种因遗传性的不同,生物学特性不一,薯苗栽后的发根性能、结薯习性、薯形、薯块膨大特性、光能利用率都不同,块根形成和膨大过程以及产量也不同。

3. 温度

甘薯性喜温暖,对低温霜冻极为敏感。根系生长发育的最低温度为 15 ℃,但发根缓慢;17~18 ℃发根正常。随着温度的升高,发根加快,根量亦增加。幼根分化为块根,需要较高的气温和地温。据研究,土温 22~24 ℃,形成层活动强度大,中心柱细胞木质化程度低,容易形成块根。块根肥大的适宜地温为 20~23 ℃,比块根形成的适温略低些。地温 20 ℃以下时,叶面积指数和净同化率均降低,根呼吸受到抑制,水分和养分的吸收减弱,从而抑制了块根的肥大;地温 30 ℃以上时,茎叶的生长繁茂,从而抑制了块根的形成与肥大。在块根膨大适温范围内,昼夜温差大,特别是夜间温度低于茎叶生长适温时,茎叶的生长和呼吸消耗减弱,但因白天温度高,光合作用强盛,营养物质相对积累较多,有利于养分向块根输送,从而有利于块根加速肥大。

茎叶生长适宜温度在 18~35 ℃,在此范围内温度愈高,茎叶生长愈快。温度低于15 ℃,茎叶生长停止;10 ℃以下持续时间长或霜冻,茎叶即受到伤害或冻死。甘薯光合作用最适温度为 23~33 ℃。35~38 ℃高温下,呼吸强度过大,光合强度下降,茎叶生长缓慢。

4. 水分

甘薯蒸腾系数为 300～500。块根形成期和肥大期的适宜土壤含水量均为最大持水量的 60%～70%。生长前期土壤干旱(持水量低于 50%),薯苗发根缓慢,茎叶生长差,幼根中柱薄壁细胞木质化程度大,不利于块根形成,结薯迟而少,易形成柴根。生长中、后期土壤干旱,茎叶生长量不足又易早衰,养分积累少,块根膨大缓慢而减产。反之,如雨水过多,垄土过湿(土壤田间持水量高于 90%),土壤通气性差,易使茎叶徒长,根体形成层活动强度弱,也影响块根形成和膨大,降低产量与品质。生长后期如田间积水,块根会因缺氧呼吸导致腐烂,同时薯块中不溶于水的原果胶含量增多发生"硬心"。

水分情况还与薯块的开裂有关,若长期干燥少水而使薯块的肥大较长时间受阻,一旦获得充足的水分,则薯块生长加速,由于中柱的增大与皮部的生长不协调,从而大量出现裂皮现象,使外观品质明显变劣。如果干旱期间能正常灌水,那么可减轻开裂现象。

甘薯具较强的耐旱能力,它除与根系发达、入土较深和叶片内胶体束缚水含量较高以致遇旱时耐脱水等特性有关外,还与甘薯一生中没有明显的水分反应极敏感的临界期有关。遇旱时,茎叶生长和块根膨大缓慢甚至停滞,一旦旱情解除,只要其他生长条件具备,茎叶仍能恢复生长,块根也能继续膨大。

5. 土壤

甘薯对土壤的适应性比较强。对土壤酸碱性要求不甚严格,在 pH 值 4.5～8.5 范围内均能生长,但以 pH 值 5～7 最为适宜。甘薯还具有一定的耐盐能力,在含盐量不超过 0.2% 的土壤中仍能收到较高的产量。但甘薯要获得高产必须具备土层深厚、土质疏松、通气性好、保肥保水力强和富含有机质的良好土壤条件。

土质疏松和通气性好,能促进块根的膨大和养分积累。因为块根膨大有赖于形成层分裂活动产生大量薄壁细胞并积累淀粉等,而其所需能量来自块根的呼吸活动。呼吸需要消耗大量的氧,故通气性好的土壤,不但能促使库(块根)的扩大,且能提高叶片的光合强度,延长叶片的功能期,增加光合产物向块根部位输送,起到调节源与库平衡发展的作用;反之,土壤通气不良,供氧不足,膨大过程能量供应较少,同时影响根系对无机养分的吸收(尤其是对钾的吸收),从而又影响植株和块根的正常生长。

土壤通气性还影响细根吸收肥料三要素的能力。通气不良,甘薯吸钾的能力显著减弱,而吸氮能力影响不大,这样使钾/氮比降低,结果引起茎叶生长旺盛,块根的肥大受到抑制。土壤通气性差还会导致细根的大量发生,因为细根对通气不良的土壤环境的适应力比块根强,所以越是通气不良,块根的形成和肥大受阻,细根就越发达。通常细根越多,茎叶的生长越易旺盛。正因如此,当茎叶生长过旺时,人们常用挖断部分细根的办法来加以控制。

6. 养分

养分充足是甘薯块根形成和膨大重要的条件之一。养分中,以氮、磷、钾三要素对甘薯块根影响最大。

(1)钾素 钾素对块根的形成和肥大有重要作用。农谚"一担灰、一担薯,一担去、一担回",说明钾肥对甘薯增产的效果显著。据研究,植株含钾量低时,根的第 1 期形成层分化不完善,第 2 期形成层相对较少;当植株含钾量较高时,第 1 期形成层分化良好,第 2 期形成层相对较多,块根大且外形好。钾肥还可提高叶片的光合能力,促进养分向块根转运。块根的干物产量与块根的钾/氮比有关。块根钾/氮比高,有利于块根肥大。大薯中钾的含量高于小薯,也说明了钾对促进块根肥大的作用。钾素促进块根膨大,增加了库容量,反过来又能促使叶片保持强盛的光合能力。

钾能延长叶片功能期,提高叶片的光合效能和淀粉酶的活性,促进淀粉合成,增强根部形成层活动,增加薄壁细胞数目,促薯膨大。当甘薯叶片中含钾量低于 0.5％时,即出现缺钾症,早期表现为叶片变短,叶小,叶色暗绿,顶叶灰白色并凹陷不平;后期表现为老叶及叶脉严重缺绿,叶背面有斑点,且逐渐坏死脱落。但单独过量施用钾肥,也会降低甘薯对钾肥的利用率和薯块烘干率。

(2)氮素　氮素可促进茎叶生长,增进叶片的光合能力。氮素促进叶片光合能力的作用因叶片内钾浓度状况不同而异。当叶片中氧化钾浓度在 4％以下时,光合能力和氮浓度之间呈直线关系,但随着氧化钾浓度的进一步提高,当氮浓度在 2％左右时,就达到了光合能力的高峰,以后光合能力并不因氮浓度的继续增加而增加,但可维持较高的水平。因此,氮素是增加光合产物,提供块根肥大的物质基础,对促进块根肥大有重要作用。

植株体内含氮量影响光合产物的分配方向。若体内氮浓度高,则光合产物就和茎叶中的氮素相结合,构成蛋白质和蛋白质的前驱物,为新细胞的构成提供良好条件,从而促进茎叶的生成。这样,光合产物多用于地上部的生长,而运转到地下部的量就减少。氮素过多时,就会造成地上部徒长,使块根得到的养料减少,块根的肥大受阻。若块根形成期间,氮素过多,则抑制块根形成,使块根数减少。因此,在块根形成和肥大的整个时期,始终保持叶片氮含量处于最适值是很重要的。据日本学者研究,叶片氮含量的最适值为 3.0％～3.7％,在高产区,还要再高些。如叶片含氮量低于 1.5％,则呈现缺氮症。

(3)磷素　甘薯对磷的需要量较少,且具有较强的从土壤中吸取磷的能力,因而与块根形成和肥大的关系不如氮、钾那样密切。但磷能促进甘薯根系生长,增加块根淀粉和糖的含量,改善薯块的品质。磷素充足,薯形变长,甜味增加,肉质较粉,晒干率增加,储藏性变好。甘薯叶片中含磷量低于 0.1％时,即出现缺磷症状:幼根、幼芽生长缓慢;茎细叶小,叶色暗绿无光泽;老叶出现大片黄斑,然后变紫而脱落。

7. 光照

甘薯为喜光作物。光主要通过对光合作用的影响而对块根的形成与肥大发生影响。在一定范围内甘薯叶片光合强度与光照强度呈正相关关系。甘薯叶片的光饱和点为 3 万～4 万 lx,光补偿点为 0.6 万 lx。光照强度大,时间长,光合作用强度大,干物生产量就大,有利于块根的形成和肥大;光照不足,光合产物优先供给了地上部,故对地上部影响不大,而对地下部则产生很大影响。但光不能直接照到薯块上,否则露光部分就停止肥大,影响淀粉积累,使淀粉粒变小。露光一旦消除,薯块可恢复肥大。光周期对生育的影响是昼长夜短,有利茎叶生长;昼短夜长,则有利块根形成和肥大。光照还可通过提高土温和扩大昼夜温差,来促进块根的形成与膨大。

甘薯不耐荫蔽,它与高秆作物间作时,往往因遮光过多,光合强度降低,干物质积累减少,使结薯推迟而减产。故应注意间作方式和密度,尽可能要选择与早熟矮秆作物间作。

三、甘薯产量构成和形成过程

(一)产量构成因素和产量结构

甘薯的产量构成如下：

单位面积鲜薯产量＝单位面积株数×单株块根数×平均块根重

单位面积薯干产量＝单位面积鲜产量×干率

甘薯的产量结构(yield component)与品种特性有关。根据产量结构对产量的影响,有人把甘薯品种划分为主要依赖薯块数获得高产的薯数型、主要依靠大薯获得高产的大薯型和薯数与薯块并重的中间型等类型。生产上可根据品种产量结构特点,通过发挥各自的优势来获得高产。

甘薯的产量结构还与育苗质量、扦插时间、扦插密度、扦插方法和管理方法等栽培技术有关。同一品种在不同栽培条件下,块根数和平均块根重可以有很大的差异。

块根的干率(dry matter content)主要决定于品种特性,变幅很大,低的不到 20%,高的可达 40% 以上。环境和栽培条件对干率也有明显影响,沙性土比黏性土干率高,山坡地比平地的高,早插比迟插的高,适期收获的比失时迟收的高,磷素充足的比多钾的高等。

(二)干物质积累和分配

甘薯的产量最终决定于干物质的积累和分配,即：

块根产量＝全干物生产量×干物质分配率

全干物生产量＝光合生产量－呼吸消耗量

光合生产量＝叶面积×单位叶面积的光合能力×光合作用持续时间

1. 影响全干物生产量的因素

(1) 最适叶面积　甘薯叶面积随着生育进展而增加。一般插后 40 余天,叶面积开始显著增加,茎叶盛长期叶面积指数达最高值,此后,开始逐渐减少。达到块根高产所需要的叶面积指数称为最适叶面积指数。最适叶面积指数因品种、栽培地区、栽培条件等而异,由于甘薯茎叶匍匐地面生长(基本呈平面型),所以甘薯最适叶面积指数和光能利用率低于直立生长的作物。其最适叶面积指数多在 3.5～4.5 的范围内。叶面积指数超过 5,属徒长型;而茎叶生长不良的低产田,叶面积指数常在 2 以下。但不同时期,最适叶面积指数亦不相同。甘薯生育期光能利用率一般仅 1% 左右。

高产甘薯生产过程中,叶面积发展动态呈坡状发展曲线,"上坡快,坡顶宽,下坡慢",即生长前期叶面积指数上升较快,至中期达到最大值后保持时间亦较长,生长后期叶面积指数下降缓慢,这样有利于充分利用光能和薯块干物质积累。

(2) 叶片光合能力　甘薯每平方米叶面积一周内的干物生产量为 120 g 左右,不及水稻(可达 200 g 左右)。这主要是甘薯叶片平布,受光态势差,下部叶易遮阴之故。

甘薯生长旺盛期间,顶部嫩叶光合能力最强,老叶较低。但到生育后期,茎蔓不同部位的叶片光合能力差异缩小。叶片中钾和氮的浓度高,光合能力强,反之则较低。叶片中碳水化合物浓度低,光合能力强,反之则较低。环境中 CO_2 浓度高,有利光合能力提高。温度 20～30 ℃ 范围内,光合能力不变,20 ℃ 以下、34 ℃ 以上则受到影响。甘薯单叶的光合能力,在光强 3 万 lx 时达最大,再以上便达到饱和状态,但在群体条件下,光饱和点提高。

（3）光合作用持续时间　甘薯叶片的最大干物生产量虽低,但能较长时间地维持干物生产能力在较高水平上,这是甘薯高产的一个重要原因。为了延长维持高干物生产能力的时期,要创造适宜的群体,生育后期要防止频繁的新、老叶交替,防止叶内氮和钾浓度的明显降低。

（4）呼吸消耗　正常的呼吸作用是甘薯生育过程中进行各种生理活动所需能量的来源。一般叶身的呼吸消耗与干物质生产有直接关系,是生产性消耗,而茎的消耗则是非生产性消耗。所以,为了降低呼吸消耗量,要减少新、老叶片过于频繁的交替,减少呼吸强度大的茎在植物体中的比重,要防止茎叶生长过于繁茂,注意氮素的合理施用。

2. 干物质分配率

甘薯干物质分配与很多条件有关。当叶片中含有一定浓度的钾时,氮素浓度越高,则光合产物用于地上部茎叶生长越多;相反,叶片中含有一定浓度的氮时,则钾浓度越高,越有利于地下部的生长,块根中钾/氮比高,块根容易肥大,即块根干物质分配率高。在细根重量大时,块根干物质分配率就低。因此,有利于促进细根生育的条件,就不利于块根干物质分配率的提高。

块根干物质分配率与地上部生长的关系最为密切。若地上部的繁茂度在最适叶面积指数以上,则群体内部透光性差,叶/茎比减少,呼吸消耗增加,不仅干物质生产受到抑制,块根干物质分配率也降低。所以,生长容易过旺的品种往往块根干物质分配率较低。生长后半期若多雨少光照,下部落叶数增多,叶/茎比减少,从而降低块根的干物质分配率。

块根的干物质分配率还因不同生育时期、品种和栽培条件而异。早熟品种前期分配到地下部的光合产物比晚熟品种多,而后期则比晚熟品种少;多氮、多湿、少气、高温等条件,使块根的干物质分配率降低;多钾、适湿、通气、较凉爽和昼夜温差大的气候,使块根干物质分配率增加。

甘薯生长期光合物质分配中心与植株生长中心相一致。在正常情况下,生长前期植株以氮素代谢为主,有机物质大部分输向地上部,促使茎叶早发快长;生长中期茎叶生长发展到一定程度后,植株加强碳素代谢并逐渐转为优势,随着块根膨大,输送到地下部的有机物质增加;生长后期植株中养分大部分向块根输送,块根成为植株干物质主要分配部位。甘薯生长过程中,上、下部分光合产物分配状况及其协调与否常以蔓薯比值（即茎叶鲜重/块根鲜重,rate of top weight to root weight,又称 T/R 比）变化来表示。蔓薯比值愈大,表明同化物质分配至茎叶愈多;反之,同化物质分配至块根愈多。在正常情况下,甘薯生长前、中期,蔓薯比值较大,表明茎叶早发,以后比值下降早、下降速度较快,表示块根形成早,膨大快和地下部增重迅速。但在生长后期蔓薯比值下降过快,常表现茎叶早衰,下降过慢又表示茎叶徒长,均不利于块根产量的提高。蔓薯比值为 1 的出现时间因品种、栽培条件及长势等而异,如早熟品种蔓薯比值为 1 的出现时间早于晚熟品种。南方地区高产夏、秋薯通常在栽插后 80～100 d 蔓薯比值达到 1。

(三)块根膨大及其增长速度

甘薯块根膨大过程及其增长速度主要取决于地上部光合物质向块根部位运转量,但也受气候、栽培等条件的影响。如南方地区的春薯,生长期经历低—高—低的温度变化过程,它不仅影响茎叶生长,又常使块根膨大过程出现两次高峰:栽插 70 d 左右随茎叶生长转旺,块根膨大增重出现第一次高峰;以后进入高温季节并伴随多雨或干旱,块根膨大速度明显转缓;再后来气温下降,光照充足和昼夜温差加大,块根膨大进入第二次高峰,通常第二次膨大高峰持续至临近收获。当地早栽夏薯块根膨大过程也常有两次高峰现象,但出现时间较春薯推后,且膨大速度也较低。迟栽夏薯和秋薯,一般在茎叶生长高峰期后块根进入迅速膨大阶段。至于冬薯则在年后气温升高后才进入膨大阶段,以后随着气温提高,膨大增重加速。

甘薯品种间块根发育特性存在明显差异,大致可分三种类型:前期增长速度快,后期增长速度慢;前期增长速度慢,后期增长速度快;前后期增长速度均较平稳。通常甘薯品种间早、晚熟性的区别,亦多以结薯早迟和前后期膨大速度为主要依据。如块根形成早,前期膨大增重速度快,后期膨大慢,属早熟类型;结薯迟,前期膨大速度慢,后期膨大速度快,为晚熟类型。但也有结薯早,前后期膨大均快的品种,则属于增产潜力大的高产类型。

(四)茎叶生长与块根产量的关系

从源库关系看,甘薯茎叶生长与块根产量间存在以下几种情况:①茎叶生长正常,上下部生长协调,块根产量高;②茎叶生长差,块根产量低;③茎叶早衰,块根产量较低;④茎叶生长过旺,块根产量亦低。此外,地上部前衰后旺,同样会降低块根产量和品质。目前,大面积生产中普遍存在的问题是茎叶生长差和茎叶早衰两种类型。

四、甘薯的生育阶段及其协调

(一)生育阶段

甘薯生产全过程分为育苗、大田生长和储藏三个阶段。在大田生长阶段,正常情况下根据地上部与地下部生长又可划分为四个时期。

1. 发根还苗期

薯苗栽插后,由于水分的散失,呈暂时凋萎状态,以后随着茎节上根原基发育,生长成不定根,当新根吸收水分和养分,薯苗地上部开始抽出新叶或新腋芽时,即使在晴天的白天也能恢复膨压,消失凋萎状态,称为还苗或活棵。从扦插到成活的天数,因土壤水分状况和气温条件而异,一般为 4~6 d。此期以吸收根系的生长为中心,地上部也开始缓慢生长。生产上要求栽插后迅速发根和还苗。一般春薯栽插后 3~6 d 发根,7~12 d 还苗,吸收根系的基本形成约需 30 d;夏、秋薯栽插后 3~4 d 发根,5~7 d 还苗,吸收根系基本形成约需 15~20 d。

2. 分枝结薯期

从出现分枝到封垄(茎叶基本覆盖垄面),一般春薯栽插后需 30～50 d,夏、秋薯需 20～35 d。植株生长中心由根系逐渐转向茎叶生长和块根形成。地上部腋芽生长,陆续长出分枝。有些品种主蔓增长迅速,称为"拖秧"或"倒藤"。至此期末茎叶开始封垄,单株分枝数和结薯数基本固定。通常促使茎叶早发快长,分枝又早又多,对大多数品种来说能相应提早结薯和增加结薯数。

3. 茎叶盛长、块根膨大期

从封垄到茎叶生长高峰春薯约在栽插后 50～90 d,夏、秋薯约在栽插后 35～80 d。生长中心为茎叶。由于处于高温多雨季节,茎叶旺盛生长,地上部生长量达到最大值。但黄叶、落叶也陆续出现,形成新、老叶片相互交替现象。这时同化物质向地下部运送量增多,薯块相应膨大,此期末薯重占全生育期总重量的 30%～40%,一些早熟品种积累产量更多。故本期又称"藤薯同长"时期。茎叶生长是块根膨大的物质基础,茎叶生长量不足或生长过旺,新、老叶交替频繁或茎叶早衰等,均会影响同化物质的积累和正常分配,不利于块根膨大。

4. 块根盛长、茎叶渐衰期

此期从茎叶生长高峰期开始直到收获为止。春、夏薯历时 60 d 左右,秋薯历时 40～50 d。生长中心为块根膨大,是甘薯块根产量积累主要时期。由于气温降低和雨水减少,茎叶转向缓慢生长直至停滞,叶色变淡落黄,基部分枝枯萎及薯叶脱落,逐渐呈现衰退。这时同化物质加速向地下部运转,薯重积累量一般占全生育期总重量的 50% 左右。在前期茎叶数量及光照时长充足的基础上,应保护好茎叶,防止由于脱肥、受旱等原因发生早衰现象,以促使块根迅速膨大和延长膨大时期,增加块根积累量。

上述各时期的划分主要根据地上部易于分辨的特征来区分的。这些时期的出现和更替的时间,以及各时期地上部与地下部生长量的相对比重,因品种、环境条件和栽培技术而不同。习惯上,常把第 1 和 2 时期合并为一个时期,这样,大田生长阶段又可划分为发根分枝结薯(前期)、藤薯并长(中期)和薯块盛长(后期)三个时期。

(二)甘薯各阶段生育的协调

如前所述,甘薯茎叶的生长和块根的膨大存在相互依赖又相互制约的关系。因此,在不同生育阶段,按照气候变化规律,通过合理栽培促控技术加以协调是获得高产的关键。甘薯高产主要经验是根据"前结薯、中旺藤、后大薯"的生育进程加以协调或做到"养苗、旺藤、长薯"三个环节的协调。这些经验,若以地上部茎叶的生长状况作为协调的指标,就是要做到"前稳长、中健旺、后迟衰"。

1. 前稳长

前期发根结薯阶段,茎叶的生长要稳,要有一定的生长速度,但又不要太快,这样才能有较多的养分分配到地下部,供吸收根系形成和块根分化的需要。同时在稳长情况下,也有利于茎的长粗和基部分枝的发生。

2. 中健旺

中期茎叶盛长阶段,要促使茎叶生长旺盛,但旺中求健,旺而不徒长。上一时期吸收根系和基部分枝的良好形成,为这个时期的茎叶快速生长奠定了基础。同时由于上一阶段块根已分化形成,建成了光合产物的受容库,使茎叶健壮生长、旺而不徒长有了可能。

3. 后迟衰

后期块根快速肥大阶段,要使茎叶生长逐渐停止,但同时要维持较长时间大的光合面积,防止早衰。这样就能生产大量的干物质,并以高比率向块根分配,促使块根加速肥大。

第三节　甘薯栽培技术

一、甘薯育苗和移栽技术

甘薯育苗(healthy cutting production)是甘薯生产中的一个重要环节。育苗的具体要求是要达到苗早、苗足和苗壮。

(一)甘薯繁殖(propagation)特性

1. 有性繁殖(seed multiplication)

甘薯可杂交制种子,但其实生苗后代性状高度分离,大多不能保持原种特性,故在大田生产中难以直接应用。有性繁殖主要用于选育甘薯新品种。

2. 无性繁殖(vegetative multiplication)

甘薯植株各个部分均具再生性,都可进行无性繁殖。其主要繁殖方法有:
(1)薯块育苗繁殖　利用薯块萌芽长苗,剪苗直接栽插大田,这是最常用的繁殖方法。
(2)薯块直播繁殖　利用小薯直接播种于大田。此法又分为两种:一是小薯直播后,自身膨大成大薯;另一是小薯浅播,母薯大半露出土表使之木质化,以控制自身膨大,促使母薯上不定根膨大成子薯。直播薯因用种量大,且易受病菌侵染,生产上很少应用。
(3)茎蔓繁殖　利用春薯田剪取蔓苗栽插秋、冬薯,或秋薯田剪蔓苗于苗圃进行假植繁苗,越冬后再剪苗栽插大田,这在华南等冬暖地区应用较多。此法简便省种,可提早春薯供苗期,但易引起退化减产。须每隔两三年进行一次薯块育苗来克服这种退化。有些地区蔓尖越冬育苗,因冬季气温较低,用温床或冷床薄膜保温,可使薯苗安全越冬。
(4)叶片繁殖　利用带叶柄叶片,或单叶带节栽于大田(均称叶插法)。因生长期较短,薯块较小,目前多用于良种的加速繁殖。

（二）薯块育苗

1. 薯块萌芽特性

甘薯块根具有很强的发芽特性,没有明显休眠现象,在储藏期间薯块内部的生命活动仍在进行,只是由于缺乏必要的生长条件,处于强迫休眠状态。当满足萌芽必要条件就可开始萌芽生长。

(1)幼芽原基的分布和形成　在适宜条件下,潜伏在种薯体内的幼芽原基开始萌动,并不断分化生长穿透种薯周皮而伸出体外,即为发芽(germination)。甘薯块根不定芽原基多分布在"根痕"附近。"根痕"是薯块生长过程中伸出侧根的地方,侧根枯落后就留下略微凹陷的痕迹。在"根痕"附近的幼芽原基,是由一群起源于块根中柱鞘的薄壁细胞或韧皮部的薄壁细胞逐渐分化而成的。一般仅有30%~40%的幼芽原基萌发成薯苗。

(2)影响幼芽原基分化成苗的内外因

薯块部位:顶部(与地上部连接的一端)萌发早、快而多,但发根少,中部次之,尾部(向土壤深处一端)最差,但发根多,存在着明显的顶端优势。如把一个薯块横切成两三块,由于增大了与空气的接触面,促使呼吸作用加强和内部养分运转发生变化,能打破顶端优势,增加中、下部位萌芽数,从而增加总出苗量。在同一个薯块,隆起的"阳面"的萌芽性优于凹陷的"阴面",原因在于薯块"阳面"靠近地面,通气性好,昼夜温差大,形成的幼芽原基较健壮,而薯块阴面所形成的幼芽原基相对较弱。同样原因,靠近土表的"门薯"萌芽性也优于同株较深土层所结的薯块。

品种特性:不同品种,出苗早迟和出苗数多少均有差异。萌芽性好的品种,一般薯皮较薄或根眼较多。

薯块大小:大薯单位重量萌芽数较少,但成苗较壮;小薯单位重量萌芽数较多,而成苗较弱。一般地,生产上选用100~200 g重的中等大小薯块作种较为适宜。

薯块生长年龄:早栽、生长期长的薯块萌芽性不及迟栽、生长期短的薯块;生长期较短的夏、秋薯萌芽性优于生长期长的春薯。故生产上多以夏、秋薯留种育苗。

储藏条件:储藏较好,储藏期未受高温、冷、湿、干、病害的薯块,生活力旺盛,发芽性能好。甘薯块根萌芽后,因大量消耗储藏的有机物质,供呼吸消耗和用于幼芽组织的建成,从而使其质地逐渐变松软。

(3)育苗条件

温度:薯块萌芽最低温度为16 ℃,最适温度为18~32 ℃。幼苗在16~35 ℃范围内,随温度升高生长加速。芽苗在10~14 ℃条件下停止生长,在9 ℃下因冷害受损伤。38~40 ℃高温下芽苗生长受抑制,40 ℃以上薯苗停止生长。

水分:种薯含水约70%,在萌芽初期,依靠其自身的水分已能满足需要,伹随着幼苗的生长,则需要从外界补充水分。薯块萌芽时,床土以保持最大持水量的80%左右为宜。水分适宜,薯块先长根,后长芽,幼芽生长快;水分不足,又遇较高温度,薯块先长芽后发根,幼芽生长缓慢。若床土过湿,还会降低床温,甚至引起烂薯。出苗后,床土以保持最大持水量的70%~80%为宜。此时,若水分不足,幼苗发根差,生长慢,易形成弱苗;若水分过多,在高湿高温下,幼苗徒长,也易形成弱苗。

光照:萌芽阶段,强光有利于床温提高,促进萌芽及幼芽生长。但强光会抑制不定芽萌发,故萌发阶段种薯不宜外露。出苗后,强光下幼苗积累光合物质较多,薯苗生长快而壮;弱光下,床温较低,光合作用较弱,易成嫩弱苗。

空气:薯块发根、萌芽和长苗都需通过呼吸作用获取能量。苗床氧气足,呼吸产生能量多,促进发根、萌芽和幼苗健壮生长。缺氧时,根、芽、苗生长均较缓慢,严重缺氧时,还会导致薯块因缺氧呼吸而腐烂。只要苗床制作合理,空气一般都不成问题。

养分:薯块出苗前所需养分主要靠本身供给。出苗后,随根、芽生长,从床土中吸收养分,特别是氮素养分逐渐增多。因此,苗床除做床时施用有机肥外,在育苗中、后期及剪苗期间,应适当追施速效性氮肥,以达到苗多、苗壮。

2. 薯块育苗方法

薯块育苗方法较多,常用的方法有:

(1)酿热温床薄膜覆盖育苗　利用微生物分解性畜粪、作物秸秆以及杂草等酿热物的纤维素发酵产生的热量,并结合覆盖薄膜吸收太阳辐射热能提高苗床温度的育苗方法。该法设备简单,管理方便,出苗早而多,成苗亦较壮,故为各地普遍应用。

床址选择在背风向阳,地势高燥,排水良好,病虫害少和管理方便的地方。苗床宜东西向制作,苗床长度视地形及需要而定,一般为5～7 m。床宽视薄膜宽度为准,一般1.2～1.3 m。床深视酿热物确定,以40 cm左右为宜。床底挖成中间高四周低和南深北浅,使床温均匀,出苗整齐。高、低热酿热物应配合使用。菌类分解纤维时,需一定的氮素营养、水分、氧气和温度条件,因此要调节酿热物的水分和补充氮素,并在填放时注意松紧适度。填放前,酿热物要晒干搞碎,以利分解。畜粪和秸秆配合使用时,两者应分层填放。苗床酿热物填放厚度以25～30 cm为宜,填放后保持不松不紧状态。其上铺4～5 cm细土,并覆盖薄膜增温。待床温升高至33～35 ℃,即可排放种薯。行距20～25 cm,沟深10～12 cm,在沟内排种,种薯间隔约5 cm。一般在苗床和劳力允许情况下,种薯排得稀些,有利于培育壮苗。

排薯时要做到种薯顶部和尾部朝向一致,并做到弓起的背面朝上,腹面朝下。大薯排在苗床中间,小薯排在周边。大薯深排,小薯浅排,使大薯和小薯背面处在同一平面上,以便覆土深浅一致。排薯时还要使每个种薯稍倾斜,尾部较低,入土较深以利发根。种薯上覆盖肥沃细泥,盖没种薯达3 cm左右即可。然后在床畦上撒些切细的稻草,并铺盖薄膜。

(2)塑料薄膜覆盖保温育苗　苗床无酿热物,仅覆盖薄膜,利用薄膜吸收和保存太阳热能提高床温。这种苗床省工省料,成本较低。床温受气候影响大,但比露地育苗出苗早且多。苗床规格与酿热温床相似,因无酿热物,故床底可挖浅些。

在冷床单膜拱盖基础上,床土表面再覆盖一层地膜,在幼苗顶土后即揭去地膜。采用这种双膜覆盖育苗能进一步提高床温,缩小床内昼夜温差和保持苗床湿度,比单膜覆盖提早出苗3～5 d,产苗量明显增加。

(3)露地育苗　利用自然温度培育薯苗。优点是方法简便,省工省料,适宜栽夏薯。缺点是薯苗生长缓慢,育苗期长,成苗较迟,且用种量较大。

(4)催芽移栽育苗　利用火炕、土温室、高温窖等进行种薯高温催芽(先在35～37 ℃高温条件下处理3 d,以后降温至30～32 ℃保持4～5 d)后,再移栽至室外育苗。此法能达到苗早、苗多和苗壮要求。同时种薯经高温处理兼有防治黑斑病效果。

(5)二段育苗　第一段为普通薄膜覆盖保温育苗,或酿热温床育苗,当苗高达15～20 cm时,即从第一段苗床中剪取薯苗,密插于另一苗圃(称苗旺苗圃)中进行第二阶段的育苗,此法称"苗旺苗"法。如从第一段苗床挖取带苗种薯,栽植到另一育苗圃口,进行第二阶段育苗,以培育长蔓剪段扦插,则称为分种育苗或薯母搬家法。二段育苗法的优点是:省种,苗较粗壮,插后容易成活,并可减轻黑斑病危害。但季节太迟,不能做到早插。如用长蔓剪段扦插,因蔓的不同部位生产力不同,薯苗的生产力也低。

此外,近年来我国还研究出无土育苗法,方法是将薯块尾部浸入由水和无机盐配成的营养液中,上中部露在液面上的膜棚空间中,并结合地面上空间加热育苗。其优点是:出苗快、齐、早;根多、芽多、苗多而壮;薯块薯苗无病害;省工、省料、省种薯,增产显著。

3. 薯块排种

(1)用种量 用种量主要根据种薯大小、品种出苗性、育苗方法、栽植密度和采苗次数而定。种薯大的,用种量大。有时,为节约种薯,可切取种薯的上半部作种,下半部食用;也可切成两半后,上、下部都用来育苗。品种出苗性好,出苗多的,种薯可少些。采用顶梢苗的一段育苗法,用量要多些。采苗次数少的,种薯用量要多些。在应用一段苗床采顶梢苗的情况下,一般一个中等种薯一次可采苗5棵以上,如按4.5万株/hm²算,一次采苗满足需要,则需种薯9000个;若每个种薯平均200 g重,则需种薯1800 kg;若准备采苗2次,种薯可减少到900 kg。采用加温育苗,一般春薯用种量1125 kg/hm²。华南地区加温育苗多结合采苗圃繁殖,用种量仅需225 kg/hm²。

(2)种薯选择与消毒 这是保持品种纯度、种性和防病的重要措施。要选择具本品种特征、皮色鲜明、大小适中(约250 g)、健全无病、不起泡不干缩、浆汁多、活力强的健薯。凡受过冷害、渍害及破伤薯块都应剔除。

种薯消毒可杀死附着在薯块上的黑斑、茎腐等病菌孢子。消毒方法:一为温水浸种,用51~54 ℃温水浸种10 min,该法宜用20 ℃以上的温床育苗;二用药剂浸种,如用50%托布津可湿性粉剂400倍液浸种10 min,要注意浸没薯块。此外,在种薯切块育苗情况下,切口宜先风干一下,再在切口上涂抹石灰和草木灰达到消毒效果。

(3)排种时间 排种时间根据育苗方法和栽插时期而定。扦插期早的要早育苗。采用人工加温或保温育苗的,可以早些;露地育苗要在土温稳定在15 ℃以上排种。采用二段育苗法的,则第一段育苗要更早些。通常,为了争取早插,以适当早育苗为好,做到"苗等地"。南方春薯加温育苗可在2月下旬至3月上中旬排种。夏薯露地育苗一般在4月初排种。

(4)排种密度和方法 与育苗方法及培育壮苗有关。排种过密薯苗细弱;排种过稀虽成苗较壮,但苗床利用不经济。加温育苗为充分利用苗床,排种较密,且多采用斜排方式。露地育苗排种较稀,采用斜排或平放。

4. 苗床管理

(1)排种至齐苗阶段 为萌芽阶段,苗床管理以催为主,床温保持在30~35 ℃,进行高温催芽。可通过加盖覆盖物来调控温度。保持床土相对湿度80%左右,并注意膜内通气。

(2)齐苗至剪苗前阶段 为幼苗生长阶段,苗床管理仍以催为主,催中有炼,培育壮苗。保持较适床温(24~28 ℃),使薯苗稳健生长。随着薯苗生长耗水渐增,苗床浇水量应适当加多,保持床土相对湿度70%~80%。当床土表面发白时,及时泼浇适量温水。

(3)炼苗与剪苗阶段 当气温稳定达20 ℃以后,苗高约25 cm时,应转为炼苗,停止浇水,揭开薄膜等覆盖物,进行露地培育,使薯苗充分见光,经3 d锻炼后即可剪苗栽插。华南地区也有在薯高 18 cm 时进行拔苗假植繁苗,以增加产苗量。剪、拔苗后,苗床管理又转为催苗为主,促使小苗快长。适当增加浇水量,结合追施速效氮肥。当苗高又达到采苗要求时,再转为降温炼苗过程。苗床追肥的原则是早施、勤施,先少后多,先淡后浓,施后洗苗防灼。农谚"甘薯浇红芽"即是指施肥要早,萌发后还在"红芽"时就要追施第 1 次肥料。当苗高 10 cm 时进行第 2 次追肥.

此后,每剪一次苗需追施 1 次氮、磷、钾完全肥料,而以剪苗后第 2 天伤口愈合后施用较宜。每次施肥后,均要用清水洗苗,防止肥料黏附幼苗。

苗床培土可促使幼苗基部的茎节多发根,促使每个幼苗具有自己的吸收根系,从而促使幼苗生长健壮。这是一种以培土促发根,强根系保壮苗的办法。培土可分 2～3 次进行,苗高 10 cm 左右,结合第二次施肥时进行第 1 次培土,可用肥沃细泥拌焦泥灰均匀撒入苗床中。第 2 次培土可隔 7～10 d 后进行。总培土厚度为 3～5 cm。

(三)壮苗(healthy cuttings)标准

薯苗的素质与块根的产量有非常密切的关系。壮苗根原基粗壮,由此而长成的不定根伸出早而粗壮,不但幼苗成活快,成活率高,而且这些根的第一期形成层活动强度大,中柱细胞木质化程度小,容易分化成块根,因而结薯早,薯数多,产量高。壮苗的标准:要求采用顶梢苗,薯苗茎粗节匀,老嫩适度,节间较短,叶片肥厚,茎皮光滑,叶大色浓,浆汁多,苗重,无气生根,无病虫害,一般带有 5～6 片展开叶,苗顶端与其下三四叶齐平,不要"冒顶苗",亦不要"缩顶苗"。

(四)整地与作垄(ridging)

1. 耕翻与改土

甘薯根系和块根伸展膨大多分布在 0～30 cm 土层内。因此,薯地耕翻深度以 25～30 cm为宜。深耕和整地方法需因地制宜。冬闲地多在冬季深翻晒白,翌年再行耕翻,碎土后作垄。麦、豆、花生茬地,因季节紧,前作收获后立即耕翻晒白和整地作垄。稻茬田应在水稻收获前半个月排水落干,割稻后抓紧耕翻作垄。南方各类低产田土壤因土层浅、有机质含量少,肥力低、蓄水保肥力差,土质黏重或沙性过大等原因,不利于甘薯生长和产量提高。应根据不同类型低产土壤进行改良。

2. 垄作

块根一般都在土面下 5～15 cm 的范围内形成和肥大,因为在此范围内,水分、空气、热量条件都比较好。在此范围以上的土表部分,热量及通气条件较好,但水分缺乏;在此范围以下部分,水分条件较好,但热量和通气条件较差,都不利于块根的形成和肥大。农谚"麦靠沟,薯靠垄",因此,栽种甘薯除沙性重的土壤或陡坡山地,需进行平作外,一般都采用垄作。垄作优点有:便于排灌,有利于防渍抗旱;加厚土层,增加表土面积,扩大根系和块根的活动范围;减少土壤对薯块肥大的机械压力;增大土壤与外界的接触面,使垄土受光面积增大,土壤昼夜温差加大,土壤与大气间的气体交换加强。故垄作有利于甘薯的根系吸收,同化物质的积累运转,以及块根的形成与膨大。通常垄作甘薯蔓长,分枝多,叶面积增加,块根产量高于平作。

常用的垄作方法及规格：①大垄栽单行,垄距带沟 1 m 左右,垄高 33～40 cm,每垄插苗一行。多在雨水多或易涝地应用。②大垄栽双行,规格与大垄栽单行相似,但每垄交叉插苗二行。适用于栽插密度较大、产量较高的薯田或土层浅薄、水分条件较差的地块。③小垄栽单行,垄距带沟 73～86 cm,垄高 20～26 cm,每垄插苗一行。适用于土壤贫瘠、土层较浅的山地或坡耕地或土层深厚、水利条件较好的地块,垄宽(连沟)0.8～1.0 m。

南方地区甘薯栽培中尚有采用平畦栽插后再培土成垄。因等同深栽,影响土壤温度与通气性,不利于薯块膨大。

(五)薯苗移栽(cutting transplantation)

1. 薯苗选择和处理

选用壮苗是保证全苗壮株的重要环节。应尽量选顶段苗,不用基段苗。采苗应在露水干后或傍晚进行。傍晚采的苗含水分少,细胞浓度大,插后易发根成活。采苗前 1～2 d,要少浇水或不浇水,适当炼苗可提高插后的成活力。采苗时要留下基部 1～3 个节,以便发生侧芽再长成幼苗,供多次剪苗。在黑斑病严重地区,要采取高剪苗法,要剪离床上 3 cm 以上的苗。高剪苗有利于防病、新芽萌发和苗床内小苗生长。

对于迟熟品种和容易徒长的品种,采苗后,将薯苗在阴凉、通风、潮湿处摊放 1～3 d,使下端切口愈合,有炼苗和催根的作用。经这样放置的薯苗,插后吸水快,容易成活,柴根显著减少,结薯早,薯块大而均匀。在有小象鼻虫发生的地区,可在采苗前一天,压乐果或亚胺硫磷等药液浸湿后晾干扦插。南方地区在干旱条件下栽插前,有进行"饿苗"的习惯,即将薯苗放在荫蔽处 1～2 d 后栽插。经"饿苗"的薯苗,原生质浓度提高,插后吸水多,发根快,较耐旱栽。

近年来,用植物生长调节剂从扦插开始进行化学调控作为甘薯高产栽培的有效手段开始得到应用。常用试剂有膨大素、乙烯利、多效唑、粮丰素、生根粉等。常用方法有浸苗、泥浆蘸苗和喷雾等。

2. 栽插期

适时早栽是提高甘薯产量的重要措施。适期早栽可延长生育期,增加块根肥大的时间,有利于提高产量;可利用当时气候温暖适宜的有利条件,早发根、早成活,提高成活率;可利用这种有利的气温条件早结薯,多结薯;还可利用整个梅雨季节的有利水分条件,使茎叶的生长能赶在伏旱来临之前达到封垄,不仅有利地上部分生长及光合物质积累,而且能减少地表水分蒸发,增强抗旱能力。此外,适期早插还可增加块根的晒干率和淀粉含量,提高品质。一般夏甘薯掌握"立夏开插,小满旺插,芒种结束"的原则,而在此范围内,以大争早插早结束为好。

甘薯适宜栽插期主要根据当地气温。当平均气温稳定在 15 ℃以上,表土地温在 17～18 ℃,达到薯苗发根最低温度以上,为春薯栽插适期。夏、秋、冬薯栽插期气温已高,温度不再是限制因素。长江流域春薯适宜在 4 月中、下旬栽插,夏薯在 6 月份栽插,秋薯宜在 7 月下旬到 8 月上旬栽插。华南地区各季适宜栽插期:春薯 5 月份栽完;夏薯 5～6 月间;秋薯 7 月中旬至 8 月上、中旬;冬薯为 10 月中旬至 11 月上、中旬。

3. 栽插方法与深度

甘薯栽插方法较多,生产上常用的有以下三种:

(1)直插　薯苗较短,仅18~20 cm,垂直入土中2~3个节,其余节露在土外。因插苗较深,吸收下层水分、养分较多,较抗旱耐瘠,成活率也较高。但入土节数少,加之结薯集中在上部节位,单株结薯数较少,影响产量提高。可适当增加栽插密度。

(2)斜插　薯苗稍长(约23 cm),入土中3~4个节,露出土表2~3个节。单株结薯比直插多,近土表节位结薯较大,下部节位结薯少而小。插苗较深,抗旱和成活率较高。

(3)水平插　薯苗较长,平插入土中3~5个节,外露约3个节。该法入土节数多,入土节位较浅(均处于良好的土壤环境),结薯早且多,薯块大小均匀,产量较高。但用苗量多,不耐旱,栽插较费工。适用于水肥条件好和生产水平高的薯地。

干旱季节栽插甘薯采用"埋叶"插法,能减少叶面蒸腾,有明显抗旱保苗效果。其方法是苗尖外露3片叶,其余叶片连同苗蔓埋入土中。

不论采用哪种插法,扦插时必须根据土壤水分状况决定压土时用力大小。土壤干燥,压土要重些。注意苗叶外扬,以保证每节苗成活不枯死,栽插深度以3~7 cm为宜。扦插最好选择阴天,土壤不干不湿时进行,晴天则宜于傍晚进行。在土壤水分较好情况下,现耕现整现插,农民称之为"热地插"。若作垄后晒半天太阳,使垄面表土微露白,然后在当天傍晚扦插,则效果更好。在土壤水分不足情况下,也有先整地作垄,等待下雨再插的,农民称此为"冷地插",但产量不如热地插高。

4. 栽插密度

由产量构成因子可知,在一定范围内,栽插密度与单株结薯数和单薯重量呈负相关,而与单位面积总薯数呈正相关。只有在栽插密度适宜情况下,单位面积株数和薯数适当增加,而单薯重减轻较小,产量构成三因子较为协调时才能获得高产。

甘薯栽插密度应根据品种、土壤、水肥条件、栽插期及栽插方法等而定。如短蔓品种、贫瘠地、水肥条件差、直斜插或生长期较短的夏、秋、冬薯,个体生长受到一定的限制,栽插密度宜大些;反之,栽插密度宜小些。综合各地经验,各季甘薯适宜的栽插密度:春、夏薯为4.5万~6.0万株/hm²,秋甘薯为5.25万~6.75万株/hm²,冬薯为7.5万株/hm²。

(六)地膜覆盖栽培(film-mulched cultivation)

我国一些春薯区,生长前期气温较低,采用地膜覆盖栽培能提高地温,扩大昼夜温差,减少水分蒸发以及减轻雨水冲刷,起到增温保温、保墒及疏松通气、促进养分转化等作用,使甘薯从栽插起就处于较好的环境中生长。据辽宁、安徽、北京等省市试验,甘薯地膜覆盖栽培比裸地栽培都有不同程度的增产效果。近年广东等省秋、冬薯试行地膜覆盖栽培也取得了良好效果。

地膜覆盖的盖膜方法分机械与人工两种。前者利用地膜覆盖机将薄膜平整覆盖在垄面上;后者根据垄长剪下薄膜后人工平铺于垄面上。当地膜盖严垄面后,在栽苗处将薄膜剪开小口,将薯苗扒出膜外,并使之直立,尽量减少叶片贴附在薄膜上,以防灼伤。在甘薯成秧后,遇过高气温时,可在膜上覆些土,以免灼伤叶片。

（七）甘薯切块直播栽培

该法集无性繁殖、防腐、覆膜、切块、清棵等技术优势于一体,大大提早了春薯的种植期,延长生长期,有效发挥薄膜覆盖增产效应,在成本投入和管理方面与传统插苗相当的情况下,增产率达30％以上。该法省去了育苗工序,节省了资金、场地和人工管理,经济效益成倍增长。其关键技术环节如下:选择良种;用消毒过的刀将浸种消毒过的薯块纵切两刀,再横切数刀,每块形似楔子,一般200 g薯块约切成10块。用甘薯种衣剂浸5 min,再撒上一层草木灰,保温过夜。次日播埋于已施入足量肥料的薯垄内,带皮一侧向上,以便发芽。覆盖薄膜。待出芽后,及时破膜。苗高10 cm以上,即团棵期,为避免母薯膨大,可将母薯周围的土拔开,露出一半多即可。此后,如气温过高,可揭膜。

二、甘薯需肥特性和施肥原则

（一）甘薯对营养元素的要求

甘薯需要充足的氮素和钾素,对三要素的吸收量以钾素最多,氮素次之,磷素较少。此外,还需钙、镁、硫、锌、铁、铜等营养元素。

（二）不同生长阶段吸收肥料三要素状况

甘薯大田生长过程中,氮素的吸收一般以前、中期为多;当茎叶进入盛长阶段,氮的吸收达到最高峰;生长后期吸收氮素较少。磷素在茎叶生长阶段吸收较少,进入薯块膨大阶段略有增多。钾素整个生长期都较氮、磷为多,尤以后期薯块膨大阶段更为明显。因此,氮肥应集中在前期施用,主要用作基肥和前期追肥;中后期看苗补施氮肥。钾肥各个阶段需要量较多,除在基肥中占较大比重外,还要按生育特点作追肥施用。如在茎叶盛长时适当追施钾肥,能提高植株体内钾/氮比,对防止徒长和提高光合效能有良好作用,后期追施钾肥也能促进块根膨大。磷肥宜与有机肥料混合沤制后作基肥施用,也可在生育中期追施或后期根外施用。

（三）不同产量水平的氮、磷、钾施用量

一般生产1000 kg薯块,需从土壤中吸收氮3.93 kg,磷1.07 kg,钾6.2 kg,氮、磷、钾比例为1:0.27:1.58。但施肥中的养分不能被当季甘薯全部吸收,故实际施肥量明显大于需肥量。据福建农学院甘薯高产栽培模式研究资料,产量37.5 t/hm²左右田块,每生产1000 kg薯块,约需施氮4~5 kg,磷2.5~3 kg,钾6.5~7 kg;产量75 t/hm²左右田块,每生产1000 kg薯块,约需施氮5 kg,磷4 kg,钾8 kg。氮、磷、钾比例多为1:(0.3~0.4):(1.5~1.7),其中高产田块钾、磷肥施用量有增多趋势。

（四）基追肥比例及基肥施用要点

甘薯基、追肥比重因地区气候和栽培条件而异。长江流域春薯生长前期气温较低,肥料

分解较慢;夏薯生长期短,且时有伏旱,故当地多采用重施基肥(占总肥量的 70%～80%)和早期追苗肥,以促进早发棵,早封垄,增强抗旱能力,防止后期早衰。华南薯区一般生长期较长,且多雨、温度高,肥料分解快,故多采用适量施用基肥结合多次追肥,基肥比重较小。

基肥要以有机肥为主,再配合少量氮肥和大部分磷、钾肥,在作垄时施下。基肥要结合耕地作垄时进行条施,施于垄心,群众称"包心肥",使肥料流失少,吸收快,肥效高。基肥宜适当深施,可延缓分解速度,以便适当控制前期地上部的生长,使中期茎叶盛长期得到充足养料,同时还可改善垄心部位土壤的理化性质,诱导根系深扎,增强抗旱能力。一般地,施肥量大,土壤肥沃的基肥更宜深些。采用新鲜绿肥作基肥的,应更深些。通常肥料埋深程度以与垄沟底相平为好。基肥用量较少时,也可采用栽前穴施的集中施肥方法。一般施人畜粪 15～22.5 t/hm^2,或施土杂肥 22.5～30 t/hm^2。

三、甘薯田间管理技术

(一)查苗补苗

为确保全苗和均匀生长应及时查苗补苗。要选用壮苗补栽和浇透水护苗。

(二)中耕、除草和培土

甘薯封垄前,一般进行 2～3 次中耕、除草和培土。近年来,化学除草技术得到推广应用。具体方法分移栽前土壤药剂处理和移栽后喷施。前者如用氟乐灵乳油喷于地面,再用铁耙将表层 5 cm 土与药混合,然后栽插,可防除一年生禾本科杂草和一些阔叶杂草。后者用都尔乳油或乙草胺喷洒田面,可防除一年生禾本科杂草。

(三)破垄晒白

插后约 1 个月,正值块根分化形成期,选晴天将垄两侧接近沟底的泥土,用锄剖翻到沟内。约经 1 周后,结合施肥(有机肥为主,配合部分化肥)培土恢复原垄,此过程称破垄晒白。此举是甘薯生育前期控制地上部生长,促使块根形成的一项有效措施。适于迟熟品种、土质黏重、土层深厚多雨地区以及高产栽培等条件下采用。浙江等薯区前期多雨,土壤过早沉实,封垄前,破垄晒白可改善垄土通气和养分条件,促进薯块膨大。

(四)追肥

甘薯追肥原则为"前轻、中重、后补"。

前期轻施"促苗肥"或"壮株肥",以促进发根和幼苗早发,基部分枝和满足地上部茎叶稳健生长的需要。提苗肥宜早,一般在栽后 7～15 d 进行。施尿素 45～75 kg/hm^2 或稀薄人粪水 1000～1500 kg。在基、苗肥不足或土壤肥力低的薯地,可在分枝结薯阶段(栽后 30 d 左右)追施,施尿素 75～90 kg/hm^2。早熟品种比晚熟品种宜适当早施,并增加苗肥用量。苗肥可结合第一次中耕或于插后 15～20 d 施用,以不脱肥又能促进茎叶稳长为原则。

中期重施"促薯肥"或"夹边肥",以满足茎叶旺盛生长需要,促进薯块持续膨大增重,防止后期脱肥早衰。尤其在未施基肥和基肥不足情况下,有弥补基肥的作用。夹边肥宜在插后 35～40 d、茎叶生长盛期到达之前施好。若施用迟效性肥料,或在天气干旱、肥效不能及时发挥的情况下,可适当提早。夹边肥的用量为追肥用量的 50%～60%,若施用腐熟饼肥、灰肥、禽畜粪等有机肥,再配施速效肥则更为理想。夹边肥的施法:于垄侧开沟,将肥料夹施于垄的两边。如结合破垄晒白施用,则可将肥料夹埋于垄侧。

后期补施"裂缝肥"。裂缝肥是茎叶生长达到最大值后,为了使中期茎叶的最大光合面积维持较长时间,并保持旺盛的养分合成能力,防止早衰,促进块根肥大所施用的一次肥料。由于此时块根已肥大,垄面常有裂缝,故称裂缝肥。裂缝肥的施用时期要根据具体情况而定,在基肥少、中期茎叶生长量不足、干旱和采用早熟品种情况下,要早施;反之宜适当迟施。裂缝肥的用量约为追肥量的 25%。一般用尿素 75～120 kg/hm² 兑水或稀薄人粪尿1000 kg沿裂缝浇施,可促使裂缝自然闭合,可抗旱和防病虫侵入。

此外,甘薯生育后期,为防止后期早衰和保持强盛的光合作用能力,还可进行根外追肥 2～3 次。收获前 40～45 d 开始,共喷 2～3 次,每次间隔 7 d,每次用液 1.13～1.5 t/hm²。根外追肥以钾肥为主,常用的有 0.5% 尿素液,0.2% 磷酸二氢钾液,2%～3% 过磷酸钙液和 5% 草木灰水。若出现早衰现象,也可喷施 1% 硫酸铵溶液。

(五)灌溉与排水

甘薯一生耗水量约 500～800 mm。薯苗栽插后,遇晴天应浇水护苗,连续浇水 2～3 d,以促进薯苗发根成活。分枝结薯期遇旱灌浅水,有利分枝结薯。茎叶盛长阶段,南方春、夏薯此时正处于多雨季节,要及时清沟排水。生长后期薯块迅速膨大阶段,干旱不但影响正常光合作用和养分运转,而且引起土壤硬结,妨碍块根膨大。若干旱时间过长,一旦获得充足雨水,还会引起块根开裂,降低品质,此时,遇旱灌水增产尤为显著。薯地灌水深度以垄高的 1/3 为宜。收获前半个月应停止灌水。生长后期应防止垄土过湿或涝害,影响薯块膨大和烂薯。若沟中积水 2 d 以上,就会引起薯块腐烂。

(六)打顶、翻蔓和提蔓

打顶一般可增产 10%～15%。封垄前打顶可促使多分枝,封垄后打顶可控制薯蔓过分伸长,而增产。方法是在晴天打去顶心和 1 片展开叶。

甘薯茎匍匐于地面,着泥后茎节上常发生不定根。这些不定根具有吸收功能,有的也能分化为块根,但一般都是屑薯,价值不大,却大量分散养分,影响正常块根的肥大,使产量降低。为此,我国多数薯区,过去常采用翻蔓法来防止。但试验证明,甘薯生长期翻蔓会降低产量,且减产程度随翻蔓次数增多而加重。其原因在于翻蔓损伤茎叶,打乱植株叶片的正常分布,削弱光合效能;翻蔓使茎叶损伤后,刺激腋芽萌发和新枝新叶生长,影响植株养分的正常分配;翻蔓还折断蔓上不定根,降低了养分吸收和抗旱能力。因此,生产上除为了便于田间管理,如中耕、施肥等必须翻蔓外,一般不需翻蔓。

提蔓,即提起薯蔓,拉断蔓上不定根后仍放回原处。一般在多雨季节、土壤肥沃、多氮和长蔓品种情况下,提蔓的增产效果较好;但因提蔓费工,通常很少采用。

(七)病虫害防治

甘薯生育期间的主要病害有黑斑病、薯瘟病、蔓割病、紫纹羽病、病毒病和疮痂病等,主要害虫有小象甲、甘薯叶甲、甘薯卷叶虫、斜纹夜蛾和地下害虫等。防治方法有严格实行检疫制度,控制蔓延;选用抗病品种;选留无病种薯;培育无病种苗;加强肥水管理,防开裂;清洁田园;拾除病株、病薯;水旱轮作;温汤处理种薯和插前薯苗药剂处理等。

(八)甘薯脱毒苗培育和应用技术

甘薯品种由于无性变异、人为混杂和病毒病传染等原因易引起退化,特别是,随病毒病发生和发展的日益严重,甘薯退化日趋明显,感病所造成的减产一般可在30%以上。防止退化的传统方法(包括:单株选择,保纯去杂,建立原种生产体系;建立无病留种地;药剂防治等)虽能起一定作用,但由于病毒隐藏于薯块内,仍难以去除。近年来发展起来的组织培养脱毒技术,利用甘薯茎尖不带或少带病毒的特点,通过组织培养和病毒检测获得脱毒苗,经推广种植脱毒苗能有效地去除甘薯病毒病,恢复种性,成为解决病毒病危害的首选方法。

四、甘薯收获和安全储藏

(一)收获

1. 收获时期

甘薯适期收获对增加产量,提高品质,避免冷害和增加耐贮性都有重要意义。收获过早,缩短生育期会降低产量,同时因早收早储藏,在较高温度下,薯块呼吸及发芽消耗养分多;收获过迟,淀粉糖化会降低块根出干率与出粉率,甚至遭受冷害降低耐贮性。确定甘薯收获适期,一是根据耕作制度,最迟在后作播种适期前。二是根据气温及霜期,当气温降至15 ℃时,薯块基本停止膨大,即可收获,至 12 ℃时收获结束。三是根据市场需求。各地收获适期,淮河以北地区,宜在寒露至霜降之间;长江流域多数地区,宜在霜降至立冬之间;华南秋薯则多在小雪至大雪之间或更迟,冬薯在清明至谷雨或立夏后收获。

2. 收获方法

甘薯生产从育苗到收获,需要投入大量劳力,这不符合我国目前劳动力大量向城市转移的趋势。因此,实现甘薯生产机械化是必然发展趋势。目前,一些薯区甘薯收获已由人工刨收逐渐改用机器收获。如江苏淮阴农机厂试制的块根、块茎收获机,收获效率高,可一机多用;山东胶南农机所研究的 SLXT 型收获犁,每小时约可收获甘薯 0.3 hm²。这对提高劳动生产率和减轻劳动强度都起到了良好的作用。

(二)储藏

鲜薯储藏是甘薯产后的一个重要环节,必须针对甘薯储藏特点,创造适宜的环境条件,以达到安全储藏的目的。

1. 鲜薯储藏的特点

与谷类种子储藏相比,鲜薯因体积大,组织柔嫩,含水量高,极易受伤,增加病菌侵染机会,其储藏要困难得多。影响种薯安全储藏的最根本原因是其 70% 左右的含水量。由于含水量高,即使在储藏期间仍保持旺盛的生命活动,不像其他作物种子,可通过干燥迫使其处于休眠状态。种薯在储藏过程中仍保持较旺盛的生命活动,因此对环境的适应性比较差,适应的范围比较窄,储藏条件不易控制,稍有不慎,就会引起生活力减弱而最后导致腐烂。其次,由于含水量高,造成高湿度的储藏环境,而这种环境正是病菌发展和蔓延所要求的,这样,在为种薯储藏创造必要条件的同时,也为病菌的生存、蔓延创造了条件,所以在储藏过程中,很容易导致感病腐烂。此外,由于种薯在储藏过程中仍保持较旺盛的生命活动,其代谢过程中所放出的二氧化碳和呼吸热,也会随时对储藏环境产生影响,给创造安全储藏条件增加难度。

薯块入窖后,体内经历着呼吸、伤愈、淀粉糖化、果胶质变化和抗坏血酸损失等复杂生理生化变化,但以呼吸作用和愈伤组织形成与安全储藏关系最为密切。

(1)呼吸作用　薯块分有氧呼吸和缺氧呼吸两条呼吸途径。正常的有氧呼吸,消耗糖分,释放二氧化碳、水和热量,呼吸热便是窖温的主要来源。但呼吸强度过大,养分消耗过多,对保鲜不利,且呼吸热过高还会引起病害发生与蔓延。因此,应控制储藏期薯块的呼吸强度和窖温,才能趋利避害。缺氧呼吸消耗同样的养分,但产生的酒精在薯块中积累,会引起自体中毒而烂薯。为此,储藏窖内应特别注意通气,不宜藏薯过满和过早封窖。

(2)愈伤组织的形成　刚入窖的薯块,周皮常有不同程度损伤,如遇合适环境,损伤处能自然形成愈伤木栓组织,增强薯块的耐贮性、抗病性,减少干物质的消耗。愈伤组织形成与环境因子有密切关系,高温高湿(温度 32 ℃,相对湿度 90%)最适于愈伤组织的形成。

2. 安全储藏条件

(1)适宜的温度　储藏期维持薯块正常生命活动所需的最低温度为 9 ℃。低于 9 ℃ 就会受冷害,生理代谢受损害,抗性降低,软腐等腐生病菌易侵入引起烂薯。温度低于 −1.5 ℃ 时,薯块内细胞间隙结冰,组织受破坏,因冻害而腐烂。温度超过 15 ℃,薯块发芽消耗养分增多而降低品质。因此,甘薯储藏期适宜的窖温为 10~15 ℃,尤以 10~13 ℃ 为最佳。受冷害的薯块,不溶水的原果胶质增加,易变成煮不烂的硬心薯块。储藏期间温度的来源,一是种薯的呼吸热,二是人工加热,三是环境热,包括地热和大气热。这些热量通过各种保温措施,以保持较恒定的储藏温度。所以储藏温度与热量来源有关,也与保温方法有关。

(2)较高的湿度　储藏期要求一定的湿度,以保持薯块鲜度。试验表明,保持窖内相对湿度 80%~90% 最为适宜。若相对湿度低于 70%,会使薯块失水,导致生理代谢失调,抗性减弱,容易发生皱缩、糠心或干腐。由于种薯含水量约达 70%,所以要求保持高的相对湿度,一般保持 80%~95% 的相对湿度。

(3)通气良好　在正常储藏条件下,薯块进行有氧呼吸,使窖内氧气减少,二氧化碳增多,若二氧化碳浓度过高,则不利于薯块伤口愈合,如果通气不良,还会导致缺氧呼吸,因产生酒精使薯块自体中毒腐烂。据试验,薯块正常呼吸转为缺氧呼吸的临界含氧量为 4% 左右。在正常高温愈合时,以含氧量不低于 18%、二氧化碳含量不超过 3% 为宜。因此,在储藏前期,应注意储藏场所的通气,不宜过早封窖。高温愈伤处理过程更应注意通气,防止高温缺氧造成"烧窖"。美国在有恒温恒湿装置的情况下,其通风设备的换气标准是每 2 h 即引入与储藏容积相等的空气。

(4)病害少　甘薯储藏期主要病害为黑斑病和软腐病。如精选无破伤的健薯入窖,旧窖消毒,控制发病条件,创造和调节适宜的储藏环境,就能避免或减轻因病害造成的损失。

(5)薯块质量高　入窖前严格精选薯块,确保良好储藏品质。为此,要做到"三轻(轻刨、轻运、轻入窖)"、"五防(防霜冻、防雨淋、防过夜、防碰伤、防病害)"。

此外,不同品种和不同收获期的鲜薯,在储藏过程中,呼吸等生理活动也有差异,故从安全储藏出发,不同品种和不同收获期的鲜薯最好分窖储藏。

3. 种薯腐烂原因的分析

种薯在储藏期间发生腐烂,其实质是感病后发生腐烂。感病是由许多内外因素引起的。外因主要在于存在病菌(如种薯带病、储藏窖内有病菌等)和病菌发展的条件(如高温、高湿条件);内因主要在于种薯本身素质差或因储藏不当使种薯活力下降。一般品种不抗病、不耐贮,种薯在田间带病,入窖时未剔除,种薯在生长期间受害(如水淹、旱害、虫害、冻害等),种薯收获不及时(如霜害等),收获运输过程中破损(如掘破、碰伤、擦伤等)均可导致种薯素质下降。而储藏温度过高、过低,湿度过低或窖内积水、渗水,通气不良,氧气不足等不良储藏环境条件也会造成种薯生活力下降,导致感病腐烂。由此可见,要防止种薯腐烂,应从品种选择、生长期间的管理、收获运输,直到种薯的挑选、处理等多方面着手。

4. 储藏方法

(1)窖型选择　储藏窖的形式较多,其基本要求是保温能力强,通风换气性能好,结构坚实,不塌不漏,以及便于管理和检查。窖址要选在避风向阳、地势高燥、土质坚实、排水良好的地方。窖型大小可根据鲜薯储藏量决定。一般窖的储藏量以占全窖容积60%～70%为宜。常用窖型有高温大屋窖、山洞窖、地下浅棚窖、平温窖以及室内储藏等。

1)高温大屋窖　是屋式窖与高温愈合处理相结合的一种储藏方式。其优点是储藏量大,每窖可贮5000 kg以上,且温、湿度和空气易于调节,管理也方便。同时,因高温大屋窖结合高温处理,能促进伤口较快愈合,又能促进薯块内甘薯酮及氯原酸抗病物质的产生,从而能提高防治黑斑病能力。高温处理还能促进薯块早发芽、多发芽。但这种窖型如控制不当,则因前期高温低湿,薯块呼吸旺盛,养分消耗多,失水重,易发生皱缩与糠心。

高温大屋窖在长江以北地区应用较多,有地上式、地下式和半地下式三种。其中,地上式建造较易,应用较广。近年因生产规模及贮量变化,高温大屋窖又向多户联用的小型高温窖发展。

2)山洞窖　适用于山区和半山区。建造简便,省工省料,保温性能较好。窖呈长方形或半圆形,洞口小,洞内大。在窖门上、下方及储藏室上方开通气孔通向窖外,以利通气。

3)长方形地下浅棚窖　一些平原地区仍在应用。建窖简便,省工,且较保温,但通气较差,管理不便。为便于雨水流淌,窖棚做成屋脊形。

4)平温窖　在旧式坛子窖的基础上改进的小型储藏窖。不需建筑材料,不受地形限制,家前屋后只要不进水均可建窖。建窖与管理都较简便和易掌握。储藏效果较好。

(2)入窖前种薯的选择和处理　种薯最好选择适时晴天收获的秋甘薯。收获时注意细挖轻运,防止挖破、碰伤或擦伤。精选无破损、无病虫的健薯作种薯入窖,并进行高温愈合处理或药剂处理。

1)高温愈合处理　愈合处理(curing)的目的是使薯块的伤口形成愈伤木栓组织,减少病菌侵入的机会。愈伤木栓组织的形成速度与温度、湿度、通气情况有关。据试验,在湿度为

90%、温度为31.7 ℃时,2 d即可。北方用大屋窖储藏,入窖后在18~24 h内,加温到38~40 ℃进行愈合处理,4 d后迅速降温至15 ℃以下,作正常储藏。南方可将甘薯收后堆成大堆,保温(30 ℃左右)、保湿(90%~95%),并注意通气,维持2~3 d,促进其伤口愈合。

2)药剂处理 种薯经药剂处理,既能抑制病菌的繁殖,又能促进薯块呼吸作用,加速伤口愈合。但应避免使薯块直接与药液接触。

(3)储藏期管理 甘薯储藏期管理是根据薯块本身生理变化规律,调节好温、湿度及空气等环境因子,以防止闷窖、冷窖、湿窖及病害。整个储藏期内相对湿度以保持在80%~90%为宜。储藏期管理可分为3个阶段进行。

1)初期 入窖20~30 d内,由于薯块呼吸散热致使窖温较高,且散发水分也多("发汗期"),加之此时窖外气温也高,故初期管理应以避风、散热、散湿为主。大屋窖高温愈合处理后,更应及时降温、通风,使窖温保持在11~14 ℃,最高不超过16 ℃。以后随气温降低,白天通气,晚上封闭,待窖温降至15 ℃以下,再行封窖。

2)中期 入冬以后,气温明显下降,是甘薯储藏的低温季节,薯块呼吸减弱,散热量减少,窖温下降,易遭冷害。因此,管理重点为保温防寒,使窖温保持在10~12 ℃(不低于9 ℃为宜)。管理中要严闭窖门,堵塞漏洞。在严寒低温地区,还应在窖的四周培二,窖顶及薯堆上盖草保温。

3)后期 开春以后至二三月间,气温回升,雨水增多,寒暖多变。这一时期管理应以通风换气为主,稳定适宜窖温。根据天气寒暖变化状况,既要注意通风散热,又要防寒保温,使窖温仍保持在10~13 ℃,还要防止雨水渗漏或积水。

第四节 甘薯栽培科学现状与发展前景

一、甘薯专用品种的优质高产栽培

近年来,随着人民生活水平的提高和保健意识的增强以及农业产业结构的调整,甘薯的用途逐渐向多样化、专用化方向发展。其生产也相应地向专用、优质、高产、无公害和高效的方向转变,培育和产业化栽培利用专用品种已成为甘薯研究发展的重要方向。

专用品种是针对利用目的而确定的。所谓专用品种,是指适宜于某个专门利用途径而培育的品种类型。因此,专用品种除具有一般优良品种所应有的特性外,还应有利用目的所要求的相关特性。专用品种类型与其用途和特点有关,专用甘薯大致可分为如下一些类型:

(1)食用型 因食用部位和方式不同又可分为菜用类和鲜食用类。菜用类包括吃食茎尖、叶柄和块根等的类型,而鲜食用类则包括微波烘烤的、蒸煮的和水果型的甘薯品种。

(2)食品加工用型 因加工产品类型多样,相应的品种类型也较多,包括制淀粉、全粉及粉丝等产品用的品种,制熟薯干、薯脯、薯泥、薯枣、蜜饯等果脯蜜饯用的品种,炸薯片用品种,制薯酱用的品种,制冰激凌和冻甘薯用的品种,制薯汁用品种,以及制含薯八宝粥品种等。

(3)工业用型 工业用型因具体用途不同,又可分多种类型,如酿酒和酒精用的品种,提取天然色素用的品种,以及提取酶制品的甘薯品种。

此外,还有饲用甘薯、观赏甘薯和药用甘薯等类型。不同类型品种具有不同特性,同一品种由于其具有几个独特性状,可同时归属几种类型。我们可以根据所要求的用途、品种类型和特点加以选择确定。

专用甘薯被广泛重视的根本原因在于其独特经济利用价值。这种独特价值最终是通过其优质的产品来体现的。目前,专用甘薯产品主要是根据其不同特点、类型和用途来开发的,如日本自发现紫心甘薯"山川紫"以来,仅用 4 年时间就研制出十多种产品,并已商品化生产,取得显著经济效益。

专用甘薯产品具有优质性、天然性、营养保健性和多样性等特点。如采用普通品种,即使改进了配方和工艺,也很难生产出类似产品。因此,专用甘薯开发涉及种薯苗的推广、繁殖、高产优质栽培和规模化现代化生产以及产品深度研制和销售等许多环节,需要多部门通力协作,一旦形成规模,其他企业也难以效仿,所以可占据产品资源优势、规模优势、质量优势和最终的市场优势。

在高产栽培上,专用甘薯与普通甘薯一样,也需针对其生育特性,结合高产栽培理论,来研制配套优化栽培技术。与普通甘薯不同的是,专用甘薯要求在注重高产的同时,侧重于培育其特异性状,以达到优质的目的。专用甘薯生产不仅要高产栽培,而且还要优质栽培,只有这样才能获得符合利用目的的原料或产品。如美国为提高红心甘薯胡萝卜素含量,提出了一系列栽培措施。我国过去一直注重高产栽培,现在应转向优质高产栽培。为此,我们通过总结前人经验,结合国情,提出了"四优工程"技术措施,即把优选良种、优化栽培管理、优化加工工艺和开发生产优质产品的技术,通过类似工程技术一体化综合配套起来,以优种和优质产品及其配套技术为龙头,通过"企业加农户或农场"的方式建立专用甘薯产供销、技工贸一条龙规模生产示范基地,并以点带面进行推广来有效地解决上述问题。随着"四优工程"技术的推广,专用甘薯开发将向多品种、多系列、多层次、高深度及综合化方向发展,其前景极为广阔。

二、特色甘薯的栽培利用

(一)高淀粉甘薯

高淀粉甘薯主要用作工业原料,要求干物质产量高、淀粉含量高(薯块淀粉＞25％)。日本早在 20 世纪 60 年代就研发出高淀粉甘薯,育成了金千贯、农林 34、农林 61 等高淀粉品种,目前推广种植的高淀粉品种的淀粉含量已达 28％～30％,而且还对淀粉品质提出了要求,要求淀粉颗粒大、不含 β-淀粉酶、不易氧化变褐、直链淀粉含量低,并已育成了不含 β-淀粉酶的高淀粉品种农林 40、农林 46 等,直链淀粉含量低于 10％的品种有 Kyukei、89376-12 等。近年来,国际马铃薯中心也在积极研发高淀粉甘薯,在其收集的全球高淀粉甘薯种质资源中育成了 CIP-2、AB94078-1、AB94001-8 等高淀粉甘薯品种。我国高淀粉甘薯研发始于"六五"期间,先后育成的高淀粉甘薯有苏薯 2 号、绵粉 1 号、冀薯 2 号、苏薯 3 号、皖薯 3 号、鄂薯 6 号、徐薯 24、烟薯 22 号等。但是,几十年来,在我国甘薯生产中占主导地位的徐薯 18 淀粉含量只有 15％～20％,可见我国高淀粉甘薯研发的空间还很大。

（二）高胡萝卜素甘薯

胡萝卜素是维生素 A 的前体,具有多种保健功效,是食用甘薯营养品质的一个主要指标。橘红肉型甘薯品种的胡萝卜素含量较高,超过一般的水果和蔬菜。美国较早研发了一批胡萝卜素含量在 100 mg/kg 以上的品种,如 Centennial、Virginan、Allgold 等。日本育成了农林 37、农林 49、农林 51 等高胡萝卜素品种。亚洲蔬菜研究和发展中心开发了胡萝卜素含量在 100 mg/kg 以上的甘薯品种,如 AIS35-2、AIS0122-2、CI591-51 等。国际马铃薯中心培育了高胡萝卜素甘薯品种 440138、440185、40189、L0323 等。我国台湾地区利用从美国引进的高胡萝卜素品种 Centennial 为主要亲本,采用杂交育种方法,研发了台农 63、台农 13、台农 16、台农 15 等高胡萝卜素甘薯品种。我国大陆地区也育成了胡萝卜素含量较高的甘薯品种,如维多丽、苏薯 4 号、鲁薯 8 号、岩薯 27、烟薯 27、绵薯 4 号、瑞薯 1 号、福薯 26 等。

（三）高花青素甘薯

花青素具有很强的抗氧化性,能有效防止衰老并提高人体免疫力。甘薯紫红色薯肉颜色越深,花青素含量越高。日本在 20 世纪 80 年代就开始研发高花青素甘薯品种,培育了山川紫、Ayamurasaki 等品种,其花青素含量高达 200 mg/kg。韩国于 1998 年育成了适合食品加工用的紫心甘薯品种 Zami。近年来,我国开始研发紫心甘薯品种,广东、山东、江苏、湖北、浙江等省均有紫心甘薯品种通过审定并栽培应用,如宁紫薯 1 号、济紫薯 1 号、徐紫薯 1 号、徐紫薯 2 号、徐紫薯 3 号、广紫薯 1 号、广紫薯 2 号、湘紫薯 1 号、烟紫薯 2 号、莲紫薯 1 号、浙紫薯 1 号等。

（四）观赏甘薯

紫叶等甘薯的叶片有较好的视觉美感,园林观赏价值高。美国北卡罗来纳州立大学先后培育出多个不同叶色、不同叶形和不同生长习性的观赏甘薯品种,Caroline 系列观赏甘薯品种的叶片均为深锯齿形,有绿色、亮绿色、紫色和铜黄色 4 种颜色;著名品种还包括具有深紫色或紫黑色簇生叶的 Blackie,这是第 1 个用于绿化产业的观赏甘薯品种。德克萨斯农工大学研发了黑叶甘薯品种 Black Heart;佛罗里达州培育出了柠檬绿色心形叶的甘薯品种 Margarita,以及 Tricolor、金色甘薯和彩叶甘薯等品种。近年来,我国也开展了观赏甘薯的引进与培育工作。中国农业科学院甘薯研究所将观赏甘薯分为观叶甘薯(叶色以紫色、紫黑、紫红、嫩绿为佳,叶形以深或浅复缺刻、鸡爪形为主)、观花甘薯(自然开花·花多、花大、花期长且鲜艳)、观赏药用甘薯(突出医疗保健效果,药理作用明显、独特)和观赏菜用甘薯(兼顾观叶和茎尖菜用,要求茎尖翠绿,食味清甜,无苦涩味,口感清爽),并进行盆栽观赏甘薯的培育与栽培利用,目前已分别有台薯 81-5、台湾紫秧、葡萄叶、竹西本、高自 1 号、W-4、美 1-109,西蒙 1 号,莆薯 53、福薯 7-6 等观赏甘薯。

三、甘薯机械化栽培

美国、日本、加拿大等发达国家已把适于机械化操作作为甘薯育种与高效栽培目标之一,这些国家对甘薯生产机械化技术及装备研发起步早、投入大、发展快,已形成甘薯排种机、剪苗机、起垄机、移栽机、切蔓机、收获机(分段收获、联合收获)等系列产品。如在日本,从甘薯的插秧到收获都有专用的机械化设施,甘薯生产机械已实现专用化、标准化,其作业工效是传统人工操作的数十倍,劳动生产率高。

　　我国虽是甘薯生产大国,但机械化生产技术却较落后,作业机具的专用化、高效化、系列化程度还较低,耕、种、收综合机械化水平与发达国家尚有较大距离,并且区域发展不平衡,国内平原地区明显高于丘陵山区。特别是用工量和劳动强度最大的收获环节,目前国内仍以人工收获为主,部分平原地区采用简易挖掘犁。少数地区采用小型切蔓机、挖掘犁、收获机,但作业性能尚需进一步改进提升。已有用于甘薯起垄、收获的机械,开展了对"迷你型"甘薯品种机械化栽培和收获的研究。目前,北京市农业机械研究所、江苏徐州甘薯研究中心、连云港元天农机研究所等单位,在借鉴国外机械的基础上,联合国内农机企业开发了2种后置式小四轮驱动切蔓机(一款是小四轮皮带轮驱动,另一款是后驱动传动)、起垄覆膜机、收获机、去蔓机等,以及旋耕起垄施肥机、大型收获机、大型切蔓机等,其中收获机和起垄机比较成熟,已经在生产上应用。但国内甘薯高性能机械化联合收获装备仍为空白,需联合攻关研发。

主要参考文献

[1] 张国平,周伟军.作物栽培学[M].杭州:浙江大学出版社,2001.
[2] 浙江农业大学作物栽培教研室.作物栽培学[M].上海:上海科学技术出版社,1994.
[3] 陆漱韵,刘庆昌,李惟基.甘薯育种学[M].北京:中国农业出版社,1998.
[4] 贺观钦.江苏旱作科学[M].南京:江苏科学技术出版社,1995.
[5] 刁操铨.作物栽培学各论(南方本)[M].北京:中国农业出版社,1994.
[6] 马剑凤,程金花,汪洁,等.国内外甘薯产业发展概况[J].江苏农业科学,2012,40(12):1-5.

复习思考题

1. 分析甘薯品种类型和专用品种的一般特点。
2. 简述甘薯壮苗的意义以及壮苗的标准。
3. 简述甘薯块根形成和肥大的机制及促进块根形成和肥大的技术措施。
4. 分析甘薯产量的构成因素,提出其高产途径及相应技术措施。
5. 简述甘薯各生育阶段的特点及相应的高产优质栽培方法和技术。
6. 简述甘薯垄作的技术环节要点。
7. 如何掌握甘薯扦插期?分析适期早插的增产原因。
8. 简述甘薯需肥规律及合理用肥方法。
9. 简述甘薯耐旱生理特点和需水规律,并提出水分管理的原则和措施。
10. 简述甘薯的储藏特性,并针对种薯腐烂原因提出安全储藏方法。

第九章　马铃薯

第一节　概　述

一、马铃薯生产在经济、社会发展中的意义

马铃薯又名土豆、洋芋艿、山药蛋、荷兰薯等，是全球重要的粮食作物之一。在欧洲各国，马铃薯在粮食作物中所占的地位与小麦相当。在我国，马铃薯是粮、菜兼用的高产作物，目前被列为积极发展的第4种粮食作物。南方地区随着种植业结构的调整，马铃薯生产面积呈逐步扩大的趋势。以浙江省为例，20世纪90年代初全省马铃薯面积只有2万 hm² 左右，到90年代末已发展到6.66万 hm² 以上，在冬季粮食作物中仅次于大小麦，是一种高产高效的作物。

马铃薯产量高、增产潜力大，产品营养丰富，适量食用对人体代谢有一定的调节作用，兼有主粮作物和功能食物的特点。南方地区春马铃薯一般产量在每公顷15～22.5 t，高产的可达近40 t。马铃薯营养丰富，鲜马铃薯块茎中脂肪含量较少，蛋白质含量占1.6%～2.1%，糖类含量一般为13.9%～21.0%，其中85%是淀粉，食用马铃薯有利于人体减少脂肪和热量摄入，保持健康的生理状态。马铃薯加工成的淀粉耐储藏，不易陈化，对于实施国家粮食安全战略具有重要意义。马铃薯块茎中含有丰富的膳食纤维，肠胃对其吸收较慢，食用后停留在肠道中的时间比米饭长很多，所以更具有饱腹感，还能帮助带走一些油脂和垃圾，具有较好的肠胃调理作用（一定的通便排毒作用），因而长期适量食用有利于人体健康。

马铃薯用途广泛。工业上，马铃薯是制造淀粉、糊精、葡萄糖和酿酒的原料，而淀粉又是纺织工业、医药制造工业、食品加工和铸造工业所需原料之一。马铃薯的经济效益随着加工业的发展而显著提高，深度加工后的产品价值要比鲜薯高出20倍以上。欧美国家加工用马铃薯占总产量的40%以上，除了加工成淀粉外，还广泛用于薯条加工、薯片加工、全粉加工、色素提取等，开发出冷冻薯条、冷冻土豆泥、食品添加剂等各种成品、半成品，最终形成各种鲜美的休闲和快餐食品。近年来，我国马铃薯加工业也成快速发展的趋势，加工能力不断提升，产品种类日益丰富。我国各地民众还开发出各种具有地域文化特色的粉丝、粉条、糕点、方便面等多种风味食品。不同的加工用途对马铃薯块茎的外观和内在品质有不同的要求，色素提取以彩色马铃薯为主，栽培上要注意选用相应的品种和配套的栽培技术。马铃薯的块茎和茎叶也是良好的饲料，茎、叶中的含氮量与紫云英相当，而磷、钾含量要比紫云英高77.8%和13.5%，所以是一种优质有机肥。

马铃薯生长期短，极早熟品种出苗后45～50 d即可收获，中晚熟品种出苗后100～

110 d也可成熟。同时对自然条件具有广泛的适应性,在不同纬度、海拔地区均可栽培。马铃薯的季节适应性也很广,如印度、泰国以及亚非拉热带地区一些国家以及我国亚热带的省区,马铃薯在冬季栽培;高纬度及高海拔地区可进行春播一季作。同时,马铃薯适于与多种作物(粮、棉)间套作,能充分利用高秆作物行间的光能,提高复种指数,增加单位面积产量。

二、马铃薯生产概况

马铃薯原产于南美洲太平洋沿岸,16世纪末传入欧洲。据已有文献推断,马铃薯在明朝万历年间(1573—1619)传入我国,可能在17世纪初由荷兰传入我国台湾省,然后扩展至福建、广东等省。全球从南纬40°到北纬70°的范围内,均有马铃薯栽培,而以北温带为最多。欧洲是马铃薯主要产区,其次为美洲及亚洲。据FAO(2013)统计,马铃薯的全球栽培面积为1934万 hm²,产量37640万 t,主要生产国家有:中国(9599万 t)、印度(4534万 t)、俄罗斯(3020万 t)、乌克兰(2226万 t)和美国(1984万 t);单产水平以新西兰(46700 kg/hm²)最高,美国(46600 kg/hm²)、比利时(46100 kg/hm²)、荷兰(43700 kg/hm²)和法国(43400 kg/hm²)等国相继次之。

马铃薯在我国的分布很广,从东部沿海到西北高原,从黑龙江到海南岛,甚至在海拔4600 m的西藏高原也广泛种植。自20世纪90年代以来,我国的马铃薯生产得到了快速的发展,种植面积2013年比1991年增加96.02%,单位面积产量逐年上升,总产比1991年增加203.94%。近年,种植面积占世界的27%~28%,产量占世界的22%~23%,已经成为世界上最大的马铃薯生产国。

2013年我国马铃薯栽培面积为553万 hm²,总产9599万 t,单产为3354 kg/hm²。主产区包括四川(74.7万 hm²,275.0万 t)、甘肃(68.4万 hm²,239.5万 t)、内蒙古(68.1万 hm²,184.7万 t)、贵州(67.7万 hm²,179.7万 t)和云南(51.7万 hm²,175.0万 t)。栽培面积20万 hm²以上的省(区、市)还有重庆(35.2万 hm²,118.3万 t)、黑龙江(24.6万 hm²,134.0万 t)、陕西(26.7万 hm²,66.7万 t)、湖北(22.1万 hm²,68.5万 t)和宁夏(21.6万 hm²,42.2万 t)。单产较高的省(区)有吉林(8341 kg/hm²)、西藏(5753 kg/hm²)、山东(5565 kg/hm²)、黑龙江(5460 kg/hm²)。

我国的马铃薯栽培面积迅速扩大,一方面是依靠技术进步,另一方面也与消费需求迅速增长有关。在生产技术上,由于认识了马铃薯退化的原因和解决了防止退化的途径有关,从而改变了过去靠外地调种的局面,实现了就地留种;同时,在利用实生苗繁殖和脱毒微型薯技术、以及抗病毒病与减轻退化等方面也取得了突破性进展,对马铃薯的扩种和提高单产,起了积极的推动作用。而我国经济的迅速崛起,工业和食品消费需求的快速增长,也有力地促进了马铃薯的发展,也将继续为马铃薯生产的发展提供全方位的支撑。

三、中国马铃薯种植区划与分布

马铃薯的分布遍及全国,由于各地气候条件和耕作制度的不同,其生产季节、栽培技术、品种特性等都有很大的差异。根据当前我国马铃薯的生产和自然资源特点可划分为四大区域。

（一）北方一作区

本区包括东北的黑龙江、吉林两省，辽宁省除辽东半岛以外的大部，华北地区的河北北部、山西北部、内蒙古的全部以及西北地区的陕西北部、宁夏全部、甘肃全部、青海东部和新疆天山以北的地方。这是我国马铃薯主要产区，其栽培面积大而集中，约占全国马铃薯种植面积的 50% 以上，也是我国重要的种薯基地。

本区的气候特点是无霜期短，一般多在 110～170 d，年平均温度在 −4～10 ℃。本区降雨量极不平衡，东北西部、内蒙古东部及中部狭长地带，宁夏中南部、黄土高原的西北部为干旱地区；东北中部和黄土高原东南部则为半湿润地区；而黑龙江省的大小兴安岭山区年降雨量可达 1000 mm。由于本区气候凉爽，日照充足，昼夜温差大，故适于马铃薯的生育。本区由于只能栽培一季马铃薯，为充分利用自然条件，品种应以中熟及中晚熟为主。本区冬季长，须用耐贮性好、休眠期长的品种；由于马铃薯大面积长期种植易患土传病害，故要求品种必须具有较强的抗病性（包括抗病毒病）。

（二）中原二作区

本区位于北方一作区南界以南，大巴山、苗岭以东，南岭、武夷山以北各省，包括辽宁、河北、陕西、山西四省的南部，湖北、湖南两省的东部，河南、山东、江苏、浙江、安徽和江西六省全部。

本区无霜期为 180～300 d，年平均温度 10～18 ℃，年降雨量在 500～1750 mm，秦岭淮河以北需要灌溉，以南则一般不需灌溉。本区因夏季长，温度高，不利于马铃薯的生长。为了躲过炎热的夏季高温，实行春、秋两季栽培。春季于 2 月下旬至 3 月上旬播种，5 月下旬至 6 月上中旬收获，以生产商品薯为主。而秋季生产是用春作收的块茎作种薯，催芽后于 8 月播种，到 11 月收获，所产块茎留作下年春播的种薯。因本区南北纬度相差 15°，且地形复杂，故播期迟早不一，变化幅度较大。

由于本区春作及秋作的生长季节都仅有 90 多天，故必须利用早熟品种，而且不论春、秋作收获的块茎，休眠期都短。因此，品种必须具有休眠期短且易打破休眠的特性。本区马铃薯退化问题非常严重，经常发生和流行晚疫病，且因秋作正逢雨季，病情更为猖獗。此外，还有青枯病发生，影响产量和品质。因此，选用抗病以及休眠期短、块茎膨大速度快的高产品种，推广脱毒微型薯技术，以及改进栽培措施，是提高本区马铃薯产量的主要途径。

（三）南方二作区

包括南岭、武夷山以南的各省（区），包括广西、广东、海南、福建、台湾、海南等。近年来，利用冬闲季节种植马铃薯，进行两稻一薯，或两稻两薯栽培方式，为人多地少地区增产增收开辟了新途径。同时，创造了多种留种方式，使马铃薯栽培面积明显扩大。

本区无霜期 300 d 以上，最长可达 365 d，年平均温度 18～24 ℃，年降雨量虽在 1000～3000 mm，但因马铃薯在本区系冬作，恰逢旱季，故一般需要灌溉。

本区属海洋性气候，夏长冬暖，四季不分明，日照短。马铃薯栽培主要集中在秋、冬、春三个季节，即从 9 月下旬至翌年 2 月上旬均可种植。一般，秋播期为 10 月下旬；11、12 月播种的为冬播；1、2 月播种的为春播。由于本区自然条件悬殊，耕作制度多样，所以马铃薯的生产方式及留种措施非常复杂,对马铃薯品种类型的要求也是多种多样。

(四)西南单、双季混作区

本区包括云南、贵州、四川、西藏等省区及湖南、湖北两省的西部山区。

本区地形、地势非常复杂,由于海拔高度不同,马铃薯的栽培方式及品种类型也不同。海拔高度在 1500 m(鄂西及川西北)和 2000 m(云南、贵州)以下的低山河谷或盆地,气温高、无霜期长,春早、夏长、冬暖,雨量多、湿度大,适合种两季马铃薯,与春秋两作区相似,以早熟品种为主。海拔 1500 m 以上的高寒山区,气温低、无霜期短、四季分明、夏季凉爽,是马铃薯的主要分布地区,与北方一作区相似,每年种植一季,需要抗晚疫病的晚熟品种。西南地区马铃薯产量高、增产潜力大,栽培面积占全国马铃薯栽培总面积的 40% 以上,是我国马铃薯抗病育种和生产的重要基地。

第二节　马铃薯栽培的生物学基础

一、马铃薯的起源与分类

马铃薯(*Solanum tuberosum* L.)是茄科(Solanaceae)茄属(*Solanum*)的一年生草本植物。据考证,马铃薯有两个起源中心:栽培种主要分布在南美洲哥伦比亚、秘鲁、玻利维亚的安第斯(Andes)山区及乌拉圭等地,其起源中心以秘鲁和玻利维亚交界的"的的喀喀湖"(Lake Titicaca)盆地为中心的地区;野生种的起源中心则是中美洲及墨西哥,那里分布着具有系列倍性的野生多倍体种,即二倍体(2n=24)、三倍体(2n=36)、四倍体(2n=48)、五倍体(2n=60)和六倍体(2n=72)。

马铃薯有 8 个栽培种和 154 个野生种,最重要的栽培马铃薯是四倍体种,有两个亚种:一个是马铃薯亚种,即普通栽培种(*S. tuberosum* L.),也叫智利种,分布于智利中部偏南的沿海地区,属长日照类型;另一个是安第斯亚种(*S. andigena* Hawkes),也叫秘鲁—玻利维亚种,在南美洲安第斯山区有广泛分布,包括秘鲁、玻利维亚、哥伦比亚等地,属短日照类型。

马铃薯的其他栽培种和野生种有不少具有重要的经济价值,已广泛用作抗病、抗虫、抗寒及休眠期短的育种材料。

二、马铃薯的形态特征

(一)根

马铃薯如用种子繁殖,所发生的根为圆锥根系,具有明显的主根及许多支根;如用块茎繁殖,其植株所发生的根则为须根系。当块茎开始发芽时,在幼芽基部形成的不定根叫初生根(又称芽眼根),以后在植株生长期间由茎的地下节形成的不定根叫匍匐根,每 4~5 条成群分布在匍匐茎的近旁。根有很多分枝,其多少因品种而异。

　　马铃薯根系分布深度一般不超过70 cm。在早期生长时,根的纵向生长一般在30 cm深度范围内,到生长盛期,横向倾斜生长达30~60 cm,之后一部分根便向下垂直伸长,到生长后期垂直分布可达1 m以下的土层。根系分布的深度与宽度,因品种和栽培条件而异,早熟品种的根系较中、晚熟品种入土浅,横向分布也较窄。马铃薯根系的强弱与抗衰老和抗旱性有关,凡抗性强的品种,其根系的垂直和水平分布均深而广。

(二)茎

　　马铃薯的茎可分为地上茎、地下茎、匍匐茎和块茎。

1. 地上茎

　　地上茎由块茎芽眼中抽出来的枝条长成。植株幼小时通常直立,到生长中、后期则因品种不同,其植株有高大与矮小、直立与倾斜匍匐、分枝多少的区别。一般早熟品种植株较矮小,约40~70 cm,节间较短,茎较细,主茎生长2个叶序,12或16片主茎叶后,从主茎上部发生分枝,分枝较少而节位较高。中、晚熟品种植株高大,约80~120 cm,节间长,茎较粗,在植株有3~4片叶时,从主茎基部发生分枝,分枝较多。

　　地上茎草质多汁,上披茸毛。茸毛在幼茎上特别多,成长时逐渐脱落。茎有三棱或四棱之别,在棱上由于组织的增生,形成突起,叫作翼。翼沿茎呈直线着生,按其形状有直翼、波状翼、宽翼与窄翼之分,可以作为鉴别品种的标志之一。

　　茎的色泽有绿色、紫色,是区别品种的特征之一。

2. 地下茎

　　马铃薯的地下茎就是主茎地下结薯的部位。地下茎的长度因播种深度和培土厚度而异,一般10 cm左右。地下茎的节数比较固定,大多数品种均为8节左右;在播种深度和培土厚度增加时,可略有增加。每个节上,在匍匐茎发生前,即生出4~6条放射状匍匐根。

3. 匍匐茎

　　匍匐茎是主茎地下节的腋芽伸长所形成的侧枝。匍匐茎较地上茎细,其节部的叶片退化成鳞片,顶端呈钩曲状,且有横向生长的习性,入土不深。匍匐茎的长短因品种而异,一般为3~10 cm,早熟种较短,晚熟种较长,栽培种较短,野生种较长。

　　在正常情况下匍匐茎的成薯率为50%~70%。若栽培条件良好,培土及时,土壤干湿适度和营养充足,则匍匐茎多,结薯增多。在匍匐茎早期生长中,如环境条件不利而露出地面,则变为地上茎,发生新叶,成为侧枝。

　　由种子长成的植株,在对生的子叶叶腋发生第一对带有退化鳞片状的匍匐茎,其顶端向主茎基部近旁穿入土中,并开始膨大而形成块茎。其后,再由近土面的真叶叶腋间陆续发生匍匐茎。

4. 块茎

　　马铃薯的块茎是由匍匐茎的末节和次末节的节间极度缩短并积累大量养分膨大而成。因此,块茎是茎的一种变形。块茎膨大初期,可以看到有鳞片状的退化叶。块茎稍长大,鳞片叶凋萎而留下叶痕,称芽眉。芽眉的长短、形状和明显程度,均为品种的特征。芽眉上部凹陷处,即为芽眼,每个芽眼里由一个主芽和两个以上的侧芽组成。发芽时,主芽首先萌发,侧芽呈休眠状态,如主芽受到损害,则侧芽萌发。这种多芽萌发特征,在马铃薯种薯繁殖上有很大的利用价值。芽眼在块茎上呈螺旋状排列,基部稀,顶端密,其排列次序和地上茎的叶序相同,呈 2/5、3/8 和 5/13 模式。每个块茎上芽眼多少、深浅和颜色,因品种而有差异。块茎与匍匐茎连接的部分叫脐部,另一端叫顶部,顶部芽眼密集,一般先发芽,有顶端优势。如将顶芽摘除,或将整薯切块,都可能消除顶端优势。块茎在光照条件下发出的芽,粗壮而有色;在黑暗中萌发的芽细长无色。芽的形状、色泽是鉴定品种的特征之一。

块茎的解剖结构与地上茎及匍匐茎类似,外面是表皮,当块茎有豆粒大小时,表皮脱落,而由周皮代替。周皮系由木栓形成层细胞分裂产生。在周皮形成过程中,于气孔所在处形成皮孔,通过皮孔与外界进行气体交换。皮孔的大小及数目依品种而不同,皮孔大者易感疮痂病或晚疫病。周皮之下为皮层,皮层由薄壁细胞组成,含淀粉粒较多。皮层内为维管束环,与各芽眼相连接。最内部为髓部,由薄壁细胞组成,分外髓层和内髓层。外髓层占块茎的大部分,淀粉含量较内髓层多;内髓层居块茎中心,呈星芒状,含水分多,淀粉含量较少。

块茎的形状有圆、椭圆及长形等;皮色有白、黄、红及紫色等;肉色有白、黄、浅红及紫色。这些性状都是比较固定的品种特征。

地上茎部有时也可以产生块茎,这种情况在生长旺盛期间养料向下输送受阻时便会发生;在设施栽培条件下,由于空气潮湿,地上茎的叶腋间会发生绿色块茎,称为气生块茎,不易膨大,无利用价值。

块茎生长遇到不正常环境条件,往往产生畸形块茎,如生长期间遇到高温干燥,块茎停止生长,皮层组织硬化,一旦降雨,块茎又恢复生长,继续膨大,形成畸形;或在芽眼处继续膨大,形成子块茎,这些现象,叫作二次生长。

(三)叶

马铃薯先长出的几片叶称为初生叶,初生叶为单叶、全缘。以后随着植株长大,逐渐出现奇数羽状复叶。复叶由顶生小叶、侧生小叶、侧生小叶间的二次小叶(或称裂片叶)和叶柄基部的托叶状小叶(或称叶耳)组成。顶生小叶一般较大,侧生小叶则成对排列,有短柄。叶面平展或微皱,上被茸毛和腺毛。茸毛有减轻蒸腾作用和吸附空气中水分的作用,腺毛能使凝聚的水分进入植物体内。

马铃薯叶片生长有明显的叶序规律。因此,从形态发育的角度来说,叶片可以分为主茎叶和分枝叶。主茎叶一般以 6 叶和 8 叶为一个叶序单元两种类型,主茎生长 2 个叶序单元以后,也即 12 或 16 叶以后,不再生长主茎叶。此时,马铃薯主茎也基本停止生长,开始分枝生长。分枝生长的叶片形态组成与主茎叶相同,但单叶面积明显变小。

不同品种间叶的形状差异很大。如叶色浓淡、叶面茸毛多少、叶面光滑或折皱程度,小叶的形状、大小、疏密、对数及托叶的形状等,皆可作为鉴定品种的依据。

(四)花

马铃薯的花序为分枝的聚伞花序(图 9-1)。有些品种因花梗分枝缩短,各花的花柄着生在同一点上而成简单伞形。花着生于细长的花柄上,花柄中上部有一圈突起叫“离层环”,又叫花柄节,花柄脱落时即由此产生离层。花萼基部联合为筒状,花冠合瓣,呈五角形,有白、浅红、紫红及蓝色。雄蕊 5 枚,着生于花瓣基部,花丝粗短,花药聚生,呈黄绿、灰黄及橙黄色,成熟时,花药顶端开一小孔,散放花粉。雌蕊一枚,花柱直立或弯曲,柱头呈棒状或头状,两裂或多裂。子房上位,由两个连生的心皮构成,胚珠多枚;子房形状有梨形和椭圆形两种。

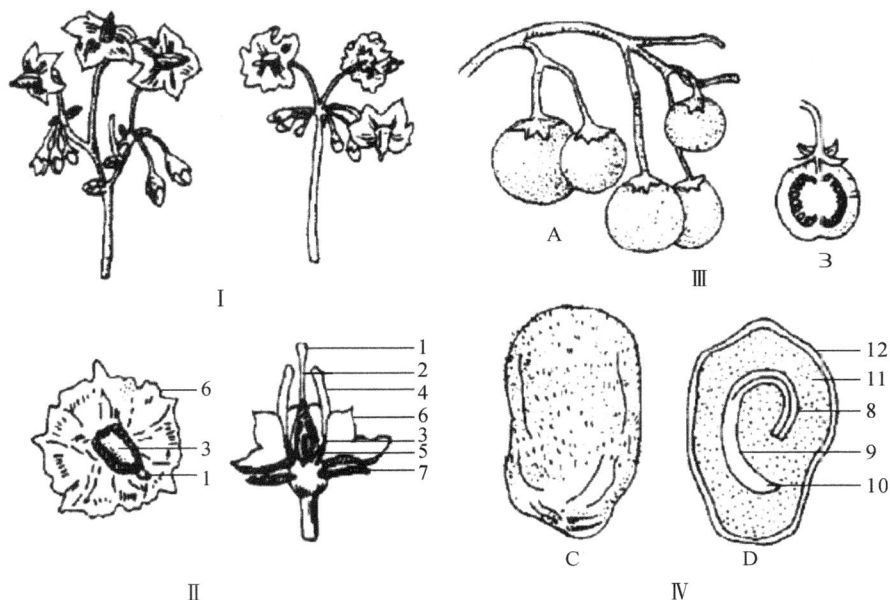

图 9-1　马铃薯的花(Ⅰ、Ⅱ)、果实(Ⅲ)和种子(Ⅳ)

A.果实的外形　B.果实的纵剖面　C.种子的外形　D.种子的纵剖面

1.柱头　2.花柱　3.子房　4.花药　5.花丝　6.花冠　7.花萼　8.子叶　9.胚轴

10.胚根　11.胚乳　12.种皮

马铃薯一般为天然自花授粉,但开花结实情况,因品种及栽培地区不同变化极大。马铃薯开花不结果的原因很多,主要有以下几点:因高温或其他环境因素的影响导致花粉败育;离层环形成离层,导致落蕾、落花或落果;胚珠退化;遗传与生理上的不孕。需要指出的是,生产上所用马铃薯均为复合的杂交种,不孕不育的概率较大。南方春马铃薯开花恰逢较高温度,而秋马铃薯恰逢低温,因此不易见到开花结实现象。

(五)果实与种子

马铃薯的果实为浆果,呈球形或椭圆形(图 9-1)。果皮淡绿或紫绿色,有的表皮有白点。果实内含很多种子,一般为 100～300 粒。种子极小,千粒重 0.5～0.6 g,为扁平卵圆形,呈淡黄色或暗灰色,表面粗糙。胚弯曲于胚乳中。新鲜种子当代发芽率极低,隔年种子发芽率一般可达 70%～80%,条件良好时可达 100%。

三、马铃薯的生长发育及其与环境条件之间的关系

(一)马铃薯生长发育阶段

马铃薯一生可以划分为发芽期、幼苗期、发棵期、结薯期和休眠期。

1. 发芽期

从种薯解除休眠,芽眼处开始萌芽、抽生芽条,直至幼苗出土为发芽期,进行主轴第一段的生长。

马铃薯的主茎分为三段。第一段即地下茎,是基部贴近种薯芽眼的几个茎节,发生主要吸收根系,其上有 8 个茎节,个别品种(如丰收白)则只有 6 个茎节,每节发生或分化匍匐茎,是结薯部位。各匍匐茎侧下方发生 3～5 条匍匐根,为块茎提供水分和营养,特别对磷的吸收力强。幼苗出土时,在主茎轴第一段伸长初步完成并发生根系及匍匐茎,同时主茎的第二段分化完成,其 4～5 片幼叶伸出地面,即出苗。

马铃薯的地上茎稳定地包括两段茎段,每个茎段共 8 个茎节,少数为 6 个茎节。因此主茎稳定地为 16 叶或 12 叶,第 16 叶(或 12 叶)展平后现蕾开花,并从该叶叶腋中长出分枝,继续往上生长。出苗时,主茎第三段的茎、叶片以及主茎轴顶端花芽及其下方两侧枝也开始分化。所以,发芽期是马铃薯建立根系、发苗、结薯和第二、第三段进一步发展的基础。这个时期的生长中心是芽轴的伸长和根系的生长,需要的营养和水分主要靠种薯供给。

发芽期是马铃薯产量形成的基础,其生长过程的快慢与好坏,关系到马铃薯的稳产高产与优质。这一阶段的生长首先受制于种薯是否通过休眠,以及休眠解除的程度或种薯生理年龄的大小;其次取决于种薯的营养成分及其含量以及是否携带病害;第三取决于发芽过程中需要的环境,即是否具备适当的土壤水分、充足的氧气和适宜的温度。发芽期所占时间,因品种特性、种薯储藏条件、栽培季节和栽培技术水平等而长短不一。全生育期短的地区,在适宜环境条件下播后约 20～30 d 出苗,而生育期长的地区需要 40～60 d。春季主要取决于温度,而秋马铃薯则主要取决于土壤水分。因此第一阶段的关键在于把种薯中的养分、水分、内源激素等充分调动起来,供给茎轴、根系和叶等原基的分化和生长。

2. 幼苗期

从出苗到主茎第一叶序环的叶片完成为幼苗期,以第 8 叶或第 6 叶平展为此期终止的形态标志,俗称团棵。本阶段进行主茎轴第二段生长。

幼苗期根系继续扩展,匍匐茎顶端开始膨大,块茎雏形初具。与此同时,第三段茎叶继续分化并生长,顶端第一花序开始孕育花蕾,其下侧枝叶开始分化,但生长中心主要在茎叶。

与其他作物相比,马铃薯完成幼苗期的时间很短,一般仅 15～20 d。此阶段生长量不大,茎叶干重只占一生总干重的 3%～4%。但幼苗期是承上启下的一段,一生的同化系统和产品器官都在此期分化建立,是进一步发棵、旺盛结薯、促进产量形成的基础。此期各项农艺措施的主攻目标,在于促根、壮苗,保证根系、茎叶和块茎的协调生长。

3. 发棵期

从团棵开始到主茎形成第二叶序环的叶片,封顶叶(第 16 叶或第 12 叶)展平,完成主茎第三段生长。早熟品种于第一花序开花并发生第一对顶生侧枝;晚熟品种于第二花序开花并从花序下发生第二对侧枝,以及主茎上发生部分侧枝,为发棵期。

发棵期主茎节间急剧伸长,使株高达到总株高的 60%～70%。主茎叶已全部形成功能叶,分枝叶也相继扩大,叶面积达到总叶面积的比例,早熟品种为 80% 以上,晚熟品种在50% 以上。同时,根系继续扩大,块茎逐渐膨大至直径达 3～4 cm,干重达到植株总干重的

50%左右。据研究,现蕾期马铃薯同化产物的 30%～40% 转移到块茎中,地上部自留 60%～70%。所以,发棵期或第三段的生长还是以建立同化系统为中心,并逐步转向块茎生长为特点,此期共经历 20～30 d。

马铃薯从发棵期的以茎叶生长为主,转变到以块茎生长为主的结薯期,有一个转折阶段,早熟品种大致从现蕾到第一花序开花,晚熟品种大致从第一花序始花到第二花序盛花前后。在转折阶段存在着制造养分(茎叶的同化作用)、消耗养分(新生根和茎叶的生长)和积累养分(块茎的生长)三个相互促进和制约的过程,从而影响到其进程的快慢,以致影响块茎的适期形成以及生物学产量和经济产量。这除受品种遗传特性、种薯生理年龄等内在原因决定外,在栽培上对温、光、水、肥、气进行调控十分重要。一般,在此期前段采取以肥水促进茎叶生长,形成强大同化体系,继而进行深中耕并结合大培土、施用多效唑等控上(地上部)、促下(根)措施,使上述三个过程协调进行,促进生长中心由茎叶迅速转向块茎旺盛生长。

4. 结薯期

第三段主茎生长完成并开始侧生茎叶生长后,茎叶和块茎的干物质量达到平衡时,便进入以块茎生长为主的结薯期。初期茎叶缓慢生长,叶面积逐渐达到最大值;继而植株叶片开始从基部向上逐渐枯黄,甚至脱落,叶面积迅速下降;但块茎的体积和重量保持迅速增长趋势,直至收获。

结薯期块茎是光合产物的运转分配中心,光合产物的分配从结薯初期的 30%～40% 增至结薯盛期的 60% 左右和末期的 70%～80%。结薯盛期至末期增加的同化产物,2/3 以上来自主茎的茎叶,1/3 来自主茎下方侧枝茎叶,顶端分枝只提供微量。

结薯期长短因品种、气候条件、栽培季节、病虫害和农艺措施等不同而有很大差异,从 30 d 至 50 d 以上不等,产量的 80% 左右在此期形成。所以,结薯期的关键农艺措施在于尽量保持根、茎、叶不早衰,保持强盛的同化力,以及促进同化产物向块茎运转和积累。

5. 休眠期

马铃薯块茎的休眠始于块茎膨大初期,但在栽培上则把从茎叶衰败后收获时看作块茎进入休眠期。休眠期的长短按收获到芽眼萌发幼芽的天数计算,因温度和品种而异。在温度 25 ℃ 左右,休眠期短的品种(如东农 303、丰收白等)为 1～2 个月,休眠期中等的品种(如克新 4 号、泰山 11 号、虎头、郑薯 4 号等)为 2～3 个月,休眠长的品种(如克新 1 号、同薯 8 号、乌盟 601 等)为 3 个月以上。在 2～4 ℃ 温度下,块茎可以长期处于休眠状态。马铃薯块茎的休眠属生理性自然休眠,此期即使给予块茎适宜的温度、水分和氧气条件也不能发芽。

(二)马铃薯生长发育与环境之间的关系

1. 温度

温度对马铃薯各个器官的生长发育有很大影响,从而关系到安排播种期、决定种植密度等。掌握温度与各器官生长的关系,可以更好地调控器官间的协调生长。

解除休眠的块茎,芽条在 5 ℃ 时生长极缓慢,随着温度逐步上升至 22 ℃,生长也随之相应加快。芽条生长的适温是 13～18 ℃,芽条苗壮,根量较多。新收获的块茎,芽条生长则要求 25～27 ℃ 的高温,但芽条细弱,根数少。

茎伸长的最适温度为 18 ℃,6～9 ℃时极缓慢,高温则引起茎徒长。叶在较低温度 (16 ℃)比在高温(27 ℃)扩展较快,枯死较早。叶扩展温度下限为 7 ℃。低温条件下小叶数较少,但小叶较大而平展。单位面积叶重最大发生在 12～14 ℃;而单位体积最大茎重则在 18 ℃。花芽形成的最适温度是 12 ℃,开花的最适温度是 18 ℃。

块茎形成的适温是 20 ℃,较低温度下生长则块茎形成较早,如在 15 ℃出苗后 7 d 形成,在 25 ℃出苗后 21 d 形成。27～32 ℃的高温,则引起块茎发生次生生长,形成小薯。日夜温差大小影响薯/秧比值,如二作区,春薯和秋薯的薯/秧比值分别为 1 和 2。日夜温差对块茎生产也有很大影响,如日温 30 ℃和夜温 17 ℃与日夜温均为 23 ℃相比,前期的块茎产量几乎是后者的两倍。块茎种性与夜温有密切关系,子代块茎产量随着父代块茎形成时所处夜温的增高而相应降低,这种影响还可继续传到孙代。二季作区运用春季阳畦保种和秋作留种,可以说是对这一规律的具体运用。

最适宜块茎生长的土温是 15～18 ℃。夜间较低的气温比土温对块茎形成更为重要。如植株处在土温 20～30 ℃的情况下,夜间气温 12 ℃能形成块茎;夜间气温 23 ℃则无块茎。显然,较低的夜温有利于茎叶同化产物向块茎运输。

2. 光照

马铃薯的生长、形态建成和产量对光照强度及光周期有强烈反应。在弱光下茎伸长快,表面细弱;在强光下茎短壮。短日照比长日照使茎的伸长停止较早,块茎发生较早,植株提早衰亡。但日照长短不影响匍匐茎的发生。茎在 14～16 h 日光照射下,比在 10～12 h 长度约高 20%。花芽在短日照分化较早,但花芽在开花前败育,继续形成花器只能在长日照条件下完成。由于花芽在短日照下形成较早,所以短日照下生长的植株其最终株高要比长日照下约矮一半,但叶/茎比值较大。

日长与光强和温度存在互作,高温促进茎伸长而不利于叶和块茎的发育,特别是在弱光下。但短日照可以抵消高温的不利影响,使茎短壮,叶肥大,块茎形成较早。因此,高温短日照下块茎的产量往往高于高温长日照;高温弱光和长日照则使茎叶徒长,几乎不形成块茎。开花则需强光、长日照和适当的高温。

综上所述,幼苗期短日照、强光和适当高温,有利于促根、壮苗和提早结薯;发棵期长日照、强光和适当高温,有利于建立强大的同化系统;结薯期短日照、强光和较大的日夜温差,有利于同化产物向块茎运转,促使块茎高产。

3. 水分

马铃薯喜欢冷凉和相对干燥的气候,但喜土壤湿润。多雨气候不利于根系生长和群体发育。块茎形成期是需水最多的时期,在结薯初期和盛期,土壤含水量为田间最大持水量的 70%～80% 比较适宜,结薯末期,土壤含水量为田间最大持水量的 60% 为宜。所以早熟品种在地上部孕蕾期到开花末期,茎叶急速生长,块茎大量形成,需水量最大;中熟品种自开花后直至茎叶停止生长前的整个阶段,都属块茎膨大期,比早熟品种需水期更长。在干旱条件下,良好的灌溉条件是十分必要的。

4. 土壤

马铃薯对土壤的要求虽不十分严格,但以表土深厚,结构疏松,排水、通气良好,富含有机质的土壤最为适合。在沙壤土上栽培的马铃薯,出苗快,植株生长发育良好,块茎形成早,而且薯形整齐,薯皮光滑,产量和淀粉含量高,抗病力也强。过于黏重和低洼排水不良的土壤,会影响根系发育和块茎膨大,而且薯形不规则,产量和淀粉含量均低。因此黏质土壤要多施有机肥,尽量安排冬垡和晒垡,培育良好的土壤结构,实现高产优质。

马铃薯种在弱酸性土壤上生长发育良好,而种在碱性土壤上则易发生疮痂病。国内外研究表明,土壤酸碱度在4.8~7.0,块茎产量无甚变化,而以5.5~6.0最为适宜,且淀粉含量较高。马铃薯对盐分及氯离子反应较为敏感,土壤含盐量达到0.01%时,块茎产量随土壤溶液中氯离子含量的增高而降低。

四、马铃薯的退化及其防止

(一)马铃薯的退化现象

马铃薯的退化现象是指马铃薯在南方和夏季炎热地区种植,经一年或数年后产量就逐步降低,甚至完全没有收成。退化的马铃薯出苗率低,植株矮小,茎秆纤细,叶卷曲或皱缩,块茎变形、瘦小,薯皮龟裂,产量逐年降低。我国各地的马铃薯都有不同程度的退化现象。据调查,东北地区马铃薯退化率平均为20%~30%,由北往南逐步增加,严重时减产幅度可达70%以上。马铃薯退化虽然普遍而严重,但并非不可以防止。例如,内蒙古和黑龙江北部,低纬度的高海拔地带(如青藏高原)以及南方各省的高山区马铃薯退化却很轻微。因此,生产上常向高纬度的北方或高山地区调种。如东北中、南部和华北平原以及南方各省(区)均要从北纬44°以北的黑龙江克山地区或内蒙古调入种薯。我国马铃薯严重退化的地理分布,是在北纬44°以南和海拔900 m以下的地区,这些地区每年需要从北方或附近的高山区调入大量种薯。以浙江省为例,铁路沿线的县(市、区)每年要从东北等地调入150万 kg以上的种薯,其他县(市、区)则也要从山区调入大量种薯,这样就形成了运输紧张和种薯供应的不足,难以满足生产发展的需要。因此,必须大力培育抗病毒品种,推广防退化的储藏和栽培技术,以改变依靠调种来发展马铃薯的状况。

(二)影响马铃薯退化的因素

在世界各栽培地区,马铃薯的退化是一个普遍问题。马铃薯退化的原因总的来说包括病毒、生态条件(温度、光、水分)和衰老三个方面。

我国对马铃薯退化的长期研究认为,引起马铃薯退化有内因和外因两个方面,外因主要是病毒。据中国科学院微生物研究所用"男爵"品种天然实生苗的无病毒种薯进行人工接种病毒(X、Y、X+Y),以无毒种薯作对照,分别在人工控制的低温(15 ℃)和高温(25 ℃)设防虫网的室内试验,结果表明,无毒种薯(对照)在高温条件下栽培并不退化。人工接种病毒后,无论在高、低温条件下栽培,均表现皱缩花叶型症状,第二季产量较对照低得多。这证明马铃薯的退化是由病毒的侵染,并在无性世代中积累所致,而温度是导致病毒发展使马铃薯退化的间接外因。病毒能否引起马铃薯退化,还必须通过内因起作用。内因是指马铃薯品种抵抗病毒侵入的能力。如"男爵"品种极易感染皱缩花叶病毒,而"克新一号"对花叶病毒是有抗性的。因此,马铃薯退化与否和退化的程度,取决于品种抗病力与病毒致病力的大小。如品种的抗、耐病性大于病毒的致病力,则植株表现生育健壮而抗退化;反之,病毒侵入组织,使植株表现病态。这种带病植株结的块茎都带有潜伏病毒,如留作下年种薯就会一代代传下去,从而加重退化。

温度与品种感染病毒有密切关系。温度首先影响植株的生育和抗、耐病性,又直接影响病毒的繁殖与侵染致病力。在高温条件下栽培,不符合马铃薯在系统发育过程中所形成的喜冷凉而不耐高温的特性,使马铃薯长势衰弱,削弱其抗、耐病毒的能力,加重退化,而且高温还有利于某些病毒的繁殖及侵害。生产实践和科学研究证明,在冷凉条件下栽培(如秋播两季作),则有利于增强植株的抗、耐病力,还可控制某些病毒的增殖,因而只有轻微退化。此外,适宜的栽培条件和储藏条件也可保持品种的抗、耐病力。

世界上危害马铃薯的病毒有 20 多种,我国常见的有 5～6 种。由于其种类不同,有的是一种病毒单独侵染,也有由两种或多种病毒复合侵染,所以引起的症状是多种多样的。一般有花叶类型、卷叶类型和其他类型,如纺锤形块茎类病毒、丛植病毒、紫苑黄化病毒和黄矮病毒侵染等。这些病毒的侵染主要是通过蚜虫、叶蝉和机械摩擦等媒介而传播。病毒侵入后,以缓慢的速度移动,一般 2～3 周传递至块茎,并在块茎中积累和潜伏,通过无性世代而传递至后代。病毒在植株组织中的积累和转移是不均匀的,愈近植株顶端(如茎尖分生组织)和性器官,病毒愈少(甚至没有病毒)。因此,用种子繁殖和茎尖分生组织培养再生植株,可中断病毒的传递。

温度引起马铃薯退化的另一个原因是导致种薯的衰老。南方地区从东北或内蒙古等地引进种植的马铃薯均为早熟品种,该类品种休眠期只有一个月左右,平原地区如不采取特殊的储藏方法,春马铃薯收获后一个月便开始萌动,并开始各种生理生化代谢,而此时正值南方炎热酷暑的夏季,各种代谢活动更为旺盛而大量消耗营养物质。此类种薯如不进行秋繁,到第二年春季种薯内的营养物质就已消耗殆尽,生理能力十分衰落,因此如从北方引进马铃薯而不秋繁的应选择休眠期长的品种,但即便如此也有一定的衰老退化现象。

鉴于此,应该选用抗、耐病毒性强的马铃薯品种,创造良好的储藏和栽培条件,以提高种性,削弱病毒侵染与致病力,才能延缓或防止马铃薯退化。

(三)退化的防止

1. 选用和推广抗退化的品种

选用抗退化品种是防止退化的一个主要措施。积极选育和推广抗退化的高产稳产品种,如东农 303、中薯 3 号、克新 6 号、集农 958、同薯 8 号等,并建立高山良种留种基地,健全良种繁育制度。

2. 选择冷凉季节,实行秋播和晚播留种

马铃薯结薯期要求低温冷凉条件,选择适宜的播期,生长期中病毒积累少。用少受高温影响的种薯作种,可减少退化。南方各地留种的方法有下述几种:

(1)秋播留种　长江流域各省春、秋两季作区利用当年收的春马铃薯再行秋播,可以复壮种薯,增强抗逆力,产量也高。据我们研究结果和有关报道,用秋播种薯比连续用春播种薯,由于出苗率要高出几倍,因此两者产量差异很大。秋播留种的最适播种期应在当地平均温度低于 25 ℃时播种,使结薯期的温度逐渐降至 18 ℃左右为宜。

（2）晚播留种　南方各省在 1000 m 以上的高山区,一季作马铃薯的块茎仍有轻微退化现象。把正常播种期推迟至晚夏播种,有较好的防止退化效果。

（3）三季作留种　广东、福建的马铃薯可春、秋、冬三季作。留种方法有多种:一是利用早熟品种,春作收后,经过架藏进行秋作,秋作收后,经过架藏进行翌年春作,或直接作为冬作的种薯;二是利用中、晚熟品种进行秋、冬两季生产,在早春播种收获后架藏留种,供秋作或冬作生产用;三是在广东、福建北部山区,采用春、秋两季作和"秋赶冬"两季作。"秋赶冬"即在秋作田中选择种薯、经过晒种处理即进行冬播,并在冬作田中选株、经过架藏留种,以作秋播用。

3. 利用实生苗块茎留种

用马铃薯种子播种的称为实生苗,由实生苗结的块茎叫作实生薯。实生薯作种能防止退化,是由于马铃薯病毒能系统侵染植株各个营养器官,但很少能侵入花粉、卵和种胚等生殖器官。因此,通过有性生殖所形成的种子,有排除亲本病毒的作用,能产生无病毒的种子,从而阻断无性繁殖累积的病毒,防止退化。据有关省区的试验,利用实生薯作种,特别是杂交实生薯,连续几年的增产幅度达到 30%～70%。

4. 茎尖培育无毒种薯

植物组织中病毒浓度的分布是不均匀的,一般茎尖分生组织不带病毒,由此类苗所结的种薯无毒,能够大大提高种薯的生产力。马铃薯茎尖分生组织培养生产种薯是植物组织培养中最为成功的典例之一,目前已在黑龙江、辽宁、天津、四川、广东等省（市）大面积推广。其基本步骤是从马铃薯特定品种的优良植株的茎尖获得无病毒的分生组织,然后在培养基上进行快繁产生大量幼苗,幼苗可以在防虫条件下的无病毒基质中栽培并获得脱毒微型薯,脱毒微型薯在防虫或严格防治蚜虫的条件下生产原原种,此时的种薯为正常大小的种薯。快繁获得的幼苗也可被置于液体培养基中,在严格黑暗培养条件下长出微型薯,并进一步生产原原种。

5. 改善种薯的储藏条件

马铃薯块茎要求冷凉的储藏条件,而南方各省的平原地区,夏季都处于 25 ℃甚至 30 ℃以上的高温条件下,种薯在储藏期极易失水皱缩,过早萌芽,耗损养分,播时又要把这些细长芽摘除。因此,必须改进储藏方法,防止种薯衰老和退化。目前种薯较好的储藏方法是选择干燥、凉爽、通风、透光的地方,采用薄摊架藏,在冬季还要覆盖防冻。有条件的农民专业合作社可以建设小型冷库,以 5～10 ℃温度冷藏种薯,马铃薯种植季节可以冷藏其他水果、蔬菜,错开销售旺季,提高效益。

6. 改进栽培技术

各地栽培经验证实,采用沙壤土、高肥水、合理密植、加强田间管理和适时早收等措施,可提高种薯的抗退化能力。

此外,建立留种基地、喷药留种防治蚜虫等,可控制退化,保持种性。总之,导致马铃薯种薯退化的因素较为复杂,因此要采取综合性的防治措施,才能收到良好的效果。

第三节　马铃薯栽培技术

南方马铃薯依据区域分布,在栽培技术上有较大的区别。但总体上均包括播前准备与苗期管理,地上部群体建成期的促控调节与田间管理,适时收获与储藏及一些特殊的栽培方法。

一、播前准备与苗期管理

(一)播前准备

播前准备包括选用适当的种薯,对种薯进行必要的处理、种薯切块、整地等。

1. 种薯选用

种薯的选用包括品种选择和种薯生产地点、季节的选择。

南方生产商品薯的季节主要是春季。春马铃薯栽培平原区以早熟高产为主要目标,以菜用为主,粮菜兼用。主要选用从东北引进的品种(如东农 303、中薯 3 号等)。栽培方式主要有地膜覆盖和露地栽培两种。山区半山区马铃薯粮菜饲兼用的,以高产为主要目标,品种选用以中晚熟为主(如克新 6 号,同薯 8 号),以及 20 世纪六七十年代从北方引进的、已驯化的地方高产品种(如浙江景宁的高山种等)。高产为主要目标的马铃薯除粮、菜、饲兼用外,由于生长期较长,单位面积淀粉积累多,故也适合于马铃薯全粉、马铃薯泥等深加工产品的开发,其中的低糖类型还适合油炸薯条、薯片的加工。

春马铃薯种薯的来源包括从北方引进的当年收获的马铃薯,要求 10 月上旬出关,以防种薯冻伤,引入后第二年早春播种。第二个来源是当地高山区上年春季 5、6 月份收获的春马铃薯,也有较高的产量潜力。第三个来源是当地平原的秋繁马铃薯种薯,由于秋繁的马铃薯一般于下霜后收获,至第二年春播只有一个月左右的时间,许多情况下种薯休眠尚未消除,或刚解除,因此需要用赤霉素处理,以促进齐苗。方法是整薯用 30 mg/kg 赤霉素处理 30 min 或切块种薯 10～15 mg/kg 处理 15 min,具体因不同品种、不同地区作适当的调整。

秋播马铃薯既作第二年春播种也作商品薯用。其种薯绝大部分为当年收获的春薯,一般极早熟品种(如东农 303 等)已度过休眠,可直接切块播种。但在其夏季储藏期也要适当在种薯堆上洒水催芽,以一星期一次为宜,如为早中熟品种则宜用赤霉素等催芽,详细应以种薯是否具有 1 cm 左右的健壮芽为标准,如有则不需催芽。

2. 种薯切块

把种薯分切成小块播种,可以节约种薯,降低生产成本。很多地方均采用这种方法;但如果采用不当极易造成病害蔓延,缺苗严重,导致减产。故在使用切块播种时首先应选用绝对健康无病的种薯;其次是种薯必须有一定的大小,以保证切块不致过小,一般地,种薯不宜小于 20～25 g;最后,栽培地段应保持良好的土壤墒情,并应具备良好的整地质量和播种质量,以确保苗齐、苗全、苗壮。

切块不宜过小，以免切块中水、养分不足，影响幼苗发育。而且切块过小不抗旱，易于缺苗，一般切块重量不宜低于 20～25 g，每个切块带有 1～2 个芽眼，便于控制密度。切块时应切成立块，多带薯肉，不应切薄片、切小块，或挖芽眼留薯肉（图 9-2）。一般 50～100 g 重的种薯可以从顶部到尾部纵切成 2～4 块。如种薯过大，切块时可从种薯的尾部开始，按芽眼排列顺序螺旋形向顶部斜切，最后再把芽眼集中一分为二，以免将来出苗

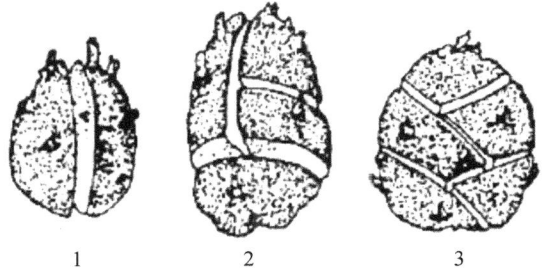

图 9-2　种薯切割方法
1.纵切　2.纵横切　3.斜切

密集。如欲利用顶端优势，可将种薯从中部横切一刀，将上半部留作种用，所余尾部可作食用或饲用。

切块时间以播前数天为好，可以根据劳动力和用种量的多少来安排，应以不使切块堆置时间过长而造成腐烂或干缩为原则。切后应尽快播种，以免造成损失。

疑是罹病的种薯、经催芽处理后仍未发芽的种薯、幼芽纤弱的种薯、选种时由于疏忽而漏选的老龄薯、畸形薯等，均应挑出不切。切块时如遇病薯污染了切刀，则必须对切刀进行消毒，可在 500 倍的升汞液中浸泡 5 s。

切块后 3～5 d 内，切块保持在 17～18 ℃ 的温度和 80%～85% 湿度条件下使切块木栓化，避免播后烂块缺苗。

除了切块播种外，如种薯是本地生产的，有条件时应选择整薯播种，即上一季节生产的马铃薯商品性较好的大、中薯用于出售、加工、食用，而 20～30 g 的小薯则用作第二季播种材料。整薯播种有以下几个优点：①增加产量，一般增产 20%～30%；②避免了切块传染病害的环节，降低田间发病率；③节省了切块的人力和工具；④有利于马铃薯栽培向机械化方向发展。

3. 整地与筑垄

创造一个种薯生长和有利于结薯的土壤环境条件是马铃薯早熟高产的重要环节。南方马铃薯应选用水稻为其良好的前作，而应避免甘薯、甘蔗等地下害虫较多的前作。水田种植马铃薯春播的应在晚稻收获后及时翻耕，经冬季冻融，促进土壤良好结构的形成，造成一个通气透水的环境条件，秋播也应及时将早稻茬地翻转暴晒后耙碎，则土壤条件有利于马铃薯的生长。耕翻时应施用适量有机肥，以每平方米 2.5～3 kg 为宜。

垄作是马铃薯栽培的最主要种植方式。茬地翻耕耙碎后开沟起垄，一般垄高 20～30 cm，垄宽 60 cm 左右，沟宽 20～30 cm，具体依密度而定。垄作有利于提高土温，特别是春马铃薯播种季节气温低，垄作比平作日平均温度可提高 2～3 ℃，从而促进马铃薯出苗。此外，南方马铃薯种植区无论春播还是秋播，生长季节雨水偏多，垄作有利于排除积水，增加根际的通气性，增强根系的活力，防止种薯烂薯、中后期早衰及病害的发生。

施足基肥是马铃薯高产的关键，特别是南方马铃薯出苗至收获的总生育期只有 60～90 d，基肥可以供应马铃薯主要生育期对营养元素的需要。在地膜覆盖条件下，除了后期适当叶面追肥外，基本上不需再追肥，可将一生中的极大部分肥料以基肥形式施用。

（二）播种与苗期管理

播种与苗期管理的核心是选择恰当的播种期与适宜的密度。马铃薯最佳的出苗温度为 13 ℃，出苗期如土温长期低于 13 ℃（超过 40～50 d），则种薯易在地下进行次生生长，也即不出苗而在种薯上长出次生块茎，也称"梦生薯"，特别是已经衰老或退化的种薯极易发生这种现象，因此不宜过早播种；迟播虽然出苗快，但不易获得壮苗和发达的根系，且不能及时收获，影响产品的商品性和后季作物的生长。生产上以气温稳定通过 5～7 ℃的时期为标准，杭州地区及同纬度地区以 1 月下旬至 2 月初播种为宜，浙南及类似地区可在 1 月中旬播种。地膜覆盖条件下可提早 10～15 d 播种。由于此期正值农历春节，故习惯上以过年前后播种为佳。

合理密植是建立马铃薯高产群体的基础，也是协调早熟与高产矛盾的主要途径。一般地，早熟栽培宜适当密植，高产为主的群体可适当降低密度。马铃薯的产量由单位面积的穴数和每穴的单穴产量构成。高产群体要求每穴单产 0.5 kg 以上，据我们多年研究，浙江地区马铃薯在每公顷 6 万～9 万穴的密度条件下，对单穴产量没有显著影响，随着密度的下降则产量下降（表 9-1）。故早熟栽培及早熟品种以每公顷 7.5 万～9 万穴为宜，中迟熟品种及高产栽培以每公顷 6 万～7.5 万穴（每亩 4000～5000 穴）为宜，习惯上以每公顷 67500 穴为佳。秋马铃薯因生育期较短，故应选择每公顷 7.5 万～9 万穴的密度。

表 9-1　不同密度对马铃薯产量和生物学性状的影响

密度 （穴/hm²）	株高 （cm）	每穴主茎数	薯块大小分布			产量 （t/hm²）
			大	中	小	
45000	47.8	4.8	2.5	2.8	4.5	37.16
52500	48.0	3.8	2.3	2.3	5.4	40.43
60000	51.3	3.7	2.0	2.0	3.5	40.77
67500	48.3	2.9	1.8	1.8	3.5	39.00
75000	48.3	2.1	1.6	1.6	4.6	38.39

注：供试品种为"景宁大洋芋"，为迟熟品种

马铃薯的苗期管理依种植季节而异。南方春秋马铃薯均应注意出苗前及时破除板结和排除积水，出苗期长期阴雨积水和垄畦表面土壤板结，容易导致烂薯而缺苗断垄。马铃薯齐苗后应及时追施一次稀薄人粪尿，促进壮苗和根系生长。春马铃薯遇倒春寒晚霜或春雪应加强保护，秋马铃薯出苗时如遇高温干旱应及时灌溉，保证及时齐苗。

二、高产群体建设与调控技术

（一）需肥特征

马铃薯是高产作物，所需矿物质较多。据研究，当每平方米产量在 2.25 kg 时，需吸收氮肥 12.74 g，P_2O_5 4.95 g，K_2O 22.94 g，可见马铃薯为需钾较多作物，单位产量形成中对

钾的需求量最大。

马铃薯一生对氮、磷、钾的吸收量随着植株生长而变化,幼苗期吸收较慢,发棵期吸收猛增,进入结薯期又缓慢下来。各生育阶段吸收氮、磷、钾三要素总和占总吸肥量的百分比计算,从发芽期到出苗期为 6%、8% 和 9%,团棵期为 13%、9.5% 和 8%,发棵期为 56%、48.5% 和 49%,结薯期为 25%、34% 和 34%。团棵期及其以前的矿物质养分几乎全部分配给茎叶;发棵期分配给茎叶占 67%,其次是根系和块茎占 33%;结薯期以块茎为主(占72%),而茎叶只占 28%(图 9-3)。

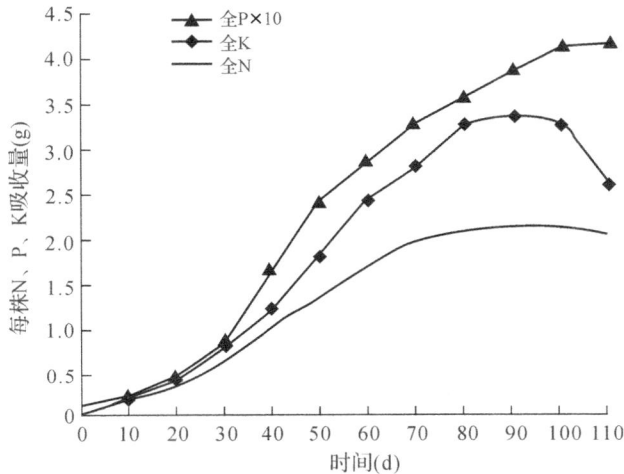

图 9-3 马铃薯不同生育期对氮、磷、钾的吸收规律

马铃薯如缺氮,则表现为植株生长减缓,全株呈现淡绿色、黄绿色,继而老叶的周围部分呈淡黄色,以至于干枯脱落。氮肥过多则易导致徒长,群体郁蔽,薯/秧比下降。如缺磷,植株矮小,老叶边缘显现焦斑,早期脱落。缺钾也会导致生长减慢,甚至生长停顿,节间变短,植株弯曲下垂,叶片卷缩,叶脉下陷,叶尖及叶缘由绿色变为暗绿,继而变为黄色,严重时呈古铜色,植株易受病原物侵染,块茎呈灰色。

(二)施肥技术

施肥除了可以满足马铃薯生长发育对矿质营养的需要外,更是建设高产群体的促控手段。肥料的用量主要根据肥料的种类、成分、土地肥力、气候条件和马铃薯对肥料三要素的需要量以及当地施肥习惯等多方面因素考虑确定。

施肥的种类应以有机肥为主。由于马铃薯是块根块茎类作物,土壤环境条件是否疏松对获得高产是十分重要的。耕翻时结合施用有机肥,有利于保持整个生育期土壤的水、肥、气处于一个良好的协调状况,有益微生物活动旺盛,不断分解有机肥中的营养元素,以满足马铃薯生长发育的需要。有机肥还由于其较高的纤维素含量而较长时间内保持土壤疏松,从而有利于结薯生长。一般高产栽培要求每平方米使用 2.5~3 kg 栏肥,没有条件时可用秸秆还田等措施来弥补。

在化肥中,马铃薯对氮肥和磷肥没有特殊要求,但对钾肥有较强的选择性。马铃薯为忌氯作物,氯离子会对马铃薯的细胞膜渗透性等产生一些不良影响,因此应尽量选择硫酸钾、草木灰等不含氯离子的钾肥。但目前氯化钾仍是最廉价和普通的钾肥,因此可在缺钾土壤中适量使用，最好作基肥，并使其在土壤中有一定的离子交换时期，从而降低土壤中氯离子的浓度。

马铃薯的总施肥量依产量目标而定，每 500 kg 需要从土壤中吸收 2.5 kg 纯氮，磷 1 kg、纯钾 5.5 kg，如每 667 平方米计划产量 2000 kg，则应补充 10 kg 纯氮、4 kg P_2O_5、22 kg K_2O。考虑到肥料的当季利用率一般只有 60%～70%，有机肥中含量较丰富的营养元素等因素，上述矿物质的需要量可作为化肥的使用量。马铃薯施肥的方法以基肥为主，占总施肥量的 70% 或更多。磷肥可全部与有机肥作基肥，氮肥与钾肥的 70% 也应作基肥。追肥种类以速效氮、钾肥为主，追肥时期以马铃薯第一叶序生长完成（也即 7～9 叶期）为佳。

（三）高产群体建成及其调控

马铃薯的产量是由个体组成的群体形成的，群体在产量形成过程中既以个体的生长、生理活动规律为基础，又有其自身形成的发展规律和特点。因此，一切调控群体产量形成的农艺措施都必须以群体的发展规律和特点为依据，才能充分发挥栽培技术的作用，获得高产稳产。

马铃薯要获得较高的经济产量就必须首先获得较高的生物学产量，也即在生长发育的前期尽可能采取促进措施，例如，地膜覆盖促进早齐苗，苗期施稀人粪尿促早发，在 7～9 叶期，也即团棵至发棵期的转折期施适量的氮钾肥以使地上部有较多的干物质积累，并尽早达到最大叶面积。追肥时应结合培土、除草，不仅可以提高肥料利用率，更可以为后期结薯创造一个良好的环境条件，防止薯块露出地面。当马铃薯叶面积达到最大值并现蕾时，生产上常喷施一次多效唑等控制植株地上部生长的调节剂，促进地上部积累的营养物质向地下部运转以获得高产。结薯后期（收获前 15 d 左右），如群体有早衰迹象可喷施一次磷酸二氢钾，其中还可添加极少量尿素等化学氮肥，要注意叶面喷施浓度不可超过 0.5%，以免灼伤植株。

马铃薯高产群体的基本特征是齐苗早，植株个体均匀健壮，发棵前期及时封行，并开始基部的分枝生长；现蕾时植株有一定的高度（一般 40～50 cm），叶色浓绿，光合作用旺盛，叶面积指数在 3.5～4；现蕾后植株生长进一步旺盛，此时如土壤中氮素供应旺盛，易导致植株徒长、群体郁蔽而影响产量，故可适量喷施生长抑制物质。此后叶面积指数仍以较快的速度增加，但结薯生长也很旺盛，如适当控制地上部生长，既可保证地上部群体有旺盛的光合作用能力，也可保证结薯生长对营养物质的需要。由于此期植株需要吸收大量的钾元素，故如前期钾肥使用不足应通过叶面追肥。据我们多年研究结果及文献报道，马铃薯最佳的叶面积指数约为 4.5，其出现在现蕾后 10 d 左右，以后叶面积指数逐渐下降，至成熟时植株叶片发黄脱落，表明马铃薯已可收获。

生产上也有不等马铃薯完全成熟收获，而以每平方米 1.12～2.24 kg 为指标，提早收获，以获得最佳的经济效益。

三、收获与储藏

（一）收获适期

当马铃薯植株生长停止，茎叶逐渐枯黄时，地上部的有机物加速向块茎转运，从而块茎的干物质迅速增加,淀粉比例提高而糖分比例相对降低。这时,块茎很容易与匍匐茎分离,周皮变硬,比重增大,淀粉、蛋白质及灰分的含量达最高限度,水分含量下降,是食用块茎最适宜收获时期。收获过早,块茎不成熟,干物质积累不够,产量不高;收获过迟,易受高温(春薯)或霜冻(秋薯)危害,降低种性,不耐储藏,品质变劣。收获适期应依以下几点而定:

1. 依栽培目的而定

供食用的块茎,应根据市场行情和预期产量,以获得最大经济效益为原则。种用的应提早 5～7 d 收获,以免高温影响芽眼的老化及晚疫病的蔓延。

2. 依气候条件而定

春薯生育期正值高温季节,易使种性退化,品质劣变,应在平均温度 25 ℃以上的日期来临前收获。秋薯应在当地霜冻来临前收获。

3. 依生育期长短及后作而定

早、中熟品种,一般春季栽培,块茎的成熟与植株枯黄较一致,而晚熟品种或秋植品种,往往植株在低温下不枯黄,而块茎却已与匍匐茎分离。因此,应根据常年生育期的长短及后作来定收获时间。

(二)收获方法

马铃薯收获应选择晴朗的天气进行。收获期间若逢雨后初晴,应在收前 1～2 d 先刈割茎叶,作为饲料或堆肥,消除田间残留的茎叶,以免病菌传播。凡喷撒过药剂的茎叶,不宜作饲料。收获期间若逢高温烈日,则宜在早上或傍晚挖掘。机械收获的效率高,但一般比手工收获的损伤重,要注意改进收获机械,减少损伤。

块茎要避免在烈日下暴晒,以免引起芽眼老化和形成龙葵碱,降低种用和食用品质。挖掘后,应立即搬运至阴凉通风处,晾干表皮水汽,使皮层硬化。晾干后,应将砸伤薯、病薯、屑薯剔除,区分种用和食用薯,并按大小分级。

(三)储藏

马铃薯的储藏依薯块用途和生产区域有很大的不同,南方马铃薯夏季和冬季储藏也有很大差异,但均必须以马铃薯的生理特性为依据,根据环境条件采取适当的方法。

1. 块茎在储藏期的生理特征

马铃薯块茎收获后有三个阶段的生理变化,对安全储藏有十分重要的影响。第一阶段为后熟期。收获后的马铃薯块茎大部分尚未充分成熟,块茎表皮尚未充分木栓化。新收获的块茎呼吸非常旺盛,一般需经 15～30 d 的生理活动过程才能使块茎表皮充分木栓化;表皮木栓化后,呼吸作用变得特微弱而且平稳,称为后熟期或后熟阶段。后熟期也使收获时受伤的块茎进行伤口愈合,在受伤部位的表面形成木栓层,同时木栓层的下部还形成周皮。因此,后熟期要有充分的氧气,温度略高(在 15～20 ℃),空气相对湿度在 85%～93%,放置在遮阴或散射光的条件下,食用商品薯以不见光为宜,种薯可见光储藏。

马铃薯块茎形成的后熟阶段完成后,便转入休眠期。休眠期的长短因品种而异,长的可达 150 d 以上(如克新 1 号),短的只有 60 d 左右(如东农 303 等),且引种到南方后休眠期均有缩短的趋势。马铃薯休眠是由于后熟期皮层中形成一层致密的栓皮组织,阻止氧气进入块茎内部,块茎内可溶性营养物质转化成不溶解的淀粉和蛋白质,从而导致休眠。但即使处于深度休眠中的块茎,其芽眼生长旺盛的顶端分生组织仍在不断地分裂,并逐步产生赤霉素,赤霉素累积到一定的水平并遇到适宜的环境,便开始萌芽而进入萌芽期。马铃薯只有在较低的温度下(1～2 ℃)才能明显地延长休眠期,进入萌芽期的块茎逐步失去商品价值,只能作生产用种或饲用。

2. 马铃薯储藏的要求和方法

马铃薯储藏期首先要完成后熟期,生产上称为预贮。储藏前还应剔除病薯和挤伤的薯及畸形薯。

马铃薯储藏期的最适环境条件为温度 1～5 ℃,不能低于 0 ℃,空气相对湿度 85%～93%;通气条件不良易导致种堆过湿或过干,过湿易腐烂,过干易老化。

马铃薯储藏的方法较多,常见的有窖贮法、架藏法、沙藏法等。窖贮法适用于长江以北和南方高山区冬贮,防止种薯遭受零度以下的冻伤。架藏法适用于南方夏季储藏种薯,方法是以竹木制成类似书架的竹楼,逐层堆放 40～60 cm 的种薯。架藏要注意选择阴凉通风、有漫射光的地方。沙藏法是于种薯堆中放置适量的黄沙,将种堆淹没为止。沙藏法既可保温、保湿,又通气、防腐,简单实用。此外,随着农村经济的发展,大面积的冷冻储藏也是很适合的,且费用也比较低廉。

四、马铃薯实生苗的培育和利用

(一)采果和洗籽

浆果成熟的标志是由绿变白,由硬变软,并出现乳白色的小点,此时即可采收。未成熟的浆果,亦可采收俟其后熟。把浆果加水捏烂,漂去果皮、果肉及杂质,洗净晾干,保存备用。新收的种子,发芽率极低,一般有 6 个月的休眠期,储存一年则发芽良好。马铃薯的种子可以长期储存,一般在干燥、低温条件下可储存 3～5 年,在密闭干燥条件下可储存 10 年之久。

(二)培育壮苗

1. 苗床准备

选择向阳背风、靠近水源、肥沃疏松的沙壤土,施入腐熟细碎的土杂肥,翻匀整平,用清粪兑水浇透床土,土干后,整平整细,做成苗床。苗床宽 1 m 左右。春植用低畦高埂,利于保湿保温;夏秋用高畦,便于排水。

2. 种子催芽

为了使种子播后出苗齐而快,可将种子浸泡吸胀后,用塑料纸包好,保持在 20～25 ℃条件下催芽,每天用 25 ℃温水淘洗种子一次,约 5～7 d 种子露白,即可播和。

3. 播种

播种密度按每平方米 7～10 g 种子为宜,可拌干沙混播,条播、撒播、点播均可。播后用筛过的细土覆盖,其上再加盖草苫或松毛枝。苗床不能积水,更不能板结。

4. 管理

种子播种后在 21～23 ℃的条件下 5～7 d 即发芽,10 ℃左右则需 10～15 d 才陆续发芽出土。因此,早春宜用薄膜覆盖,以利保温。出苗后,即揭去覆盖物,使见阳光,以免下胚轴伸长而成高脚苗。夜间加盖防冻。壮苗的标志,以叶子贴土为好。当幼苗有 2～3 片真叶后,要降温炼苗。以后视情况除草、治虫、施肥和匀苗。

(三)移苗定植

幼苗有 5～6 片真叶时,即可移栽。掘苗时切忌损伤根系,要适当带土。每平方米栽 8～9 株为宜。移栽时,要特别注意淘汰弱苗、病苗。栽后浇定根水,以利成活。为了保证全苗,本田在移栽前施基肥时拌入药剂,以防治地下害虫。

(四)田间管理

幼苗成活后早施氮肥提苗,使其迅速生长。幼苗长至 7 片真叶时,结合中耕培土一次,不让匍匐茎变成侧枝;苗高 30 cm 左右时,中耕培土 2 次;现蕾时结合追肥重培土一次,以使结薯层次增多。其余管理与普通田块相同。

(五)收获

收获前,把病、杂、劣株做好标记,先挖除。把特别优良的植株进行单收,性状基本一致的按类型合并,余则混合收挖。实生苗生育期长,一般约为 150～170 d,较一般晚熟种块茎繁殖长 1 个月左右。

马铃薯实生苗繁殖技术是各地可以因地制宜地发展的摒除病毒而生产健康种薯的一种繁种途径。南方地区可采用大棚温室提早播种,使马铃薯正常开花结果,收获籽粒而使用实生苗繁殖技术生产种薯。

第四节　马铃薯栽培科学现状与前景

目前,我国马铃薯栽培技术正处在一个转型阶段,从传统的人工种植、管理、收获逐步向机械化、智慧化、轻型化的方向发展。过去的 20 多年里,我国马铃薯生产取得了快速的增长,除了面积显著增加外,单产也有明显的增加,2013 年全国马铃薯平均单产比 1991 年增长了 65%。

一、马铃薯栽培技术的新进展

马铃薯生产面积、总产的快速增长以及单产的明显提高，除了我国经济快速增长促进了对其的消费需求而推动了马铃薯生产的快速发展外，马铃薯栽培科学在近年也取得了较大的进展。这些进展总体上可以归纳为产地农田基础设施和配套建设显著改善，新品种选育推广和脱毒种薯覆盖面明显提高，加工型和彩色马铃薯等专用品种栽培技术研究和推广，马铃薯栽培科学基础研究有所提升等。

良田与良种的配套一直是作物高产高效的基本规律。进入 21 世纪以来，随着我国经济的快速增长，国家和各级地方政府的财力显著增加，我国近 10 年来对农田基本建设的投入显著增加。特别是马铃薯北方主产区以及西南山地主产区农田的灌溉条件较差，马铃薯生长期经常受到干旱的危害而导致产量较低，大面积改善灌溉条件、提高灌溉水的利用率，以及推广地膜覆盖保水、简易滴管技术等对增加马铃薯单产都有显著作用。南方产区，特别是春秋二作区马铃薯生长季节容易由于雨水偏多而导致积水，加强农田基本建设有利于及时排水，提高单产。

免耕种植是近年来在多个省区试验成功并得到较快推广的一种省工节本和优质高产技术。这种方法一般是在晚稻机械化收割后的茬地，保留高 15 cm 左右的稻桩，按照常规种植密度在田面上摆好种薯块，在播种行的行间按高产施肥的要求，施用复合肥和有机肥，然后盖上 8～10 cm 的稻草，并覆盖白色的普通地膜。覆膜后开沟压膜，同时有利于排水。成熟期将薄膜和稻草扒开，拣收薯块，薯块光滑，不易受伤，商品性好。稻草覆盖种植技术也有利于增加土壤有机质，改善土壤结构。

优良品种的优质种薯是马铃薯高产高效、最省工省本的生产技术。首先，是优良品种的选育和推广。随着育种技术的不断进步，马铃薯新品种的生产潜力不断提高。近年推广的新品种一般比 21 世纪初推广的品种在国家区域比较试验的时候，增产在 10% 左右。而使用适宜新品种的优质种薯，可以起到明显的增产效果，特别是大面积推广优良品种的脱毒种薯，在 21 世纪以来的马铃薯单产提高中起到了显著的作用。广东、山东等省脱毒薯覆盖率达到 80%～85%，安徽等省也达到 30% 左右。脱毒种薯的广泛推广与新世纪以来我国马铃薯种薯产业化、商业化的较快发展有着密切的关系，马铃薯种业公司在推广脱毒种薯的商业过程中获得较好的利润，将部分利润用于改进种业生产设施，确保原原种、原种和商品种薯的质量，相应地农民应用专业化公司提供的脱毒薯实现了较高的产量，从而形成了良性循环。当然，脱毒薯技术及其产业化的较快发展也与我国政府以及有关省市地方政府对脱毒薯种薯产业化的大力扶持，专业技术人员以及骨干农民的积极推广密切相关。

专用品种马铃薯的种植和配套技术进步也是新世纪以来马铃薯生产取得快速发展的原因之一。淀粉、薯条、薯片等加工专用品种，要求薯块大而均匀、芽眼浅、薯肉白、无空心，干物质含量高，还原糖含量低。目前这类专用品种相对较少，但我国马铃薯主产区的品种干物质含量高，还原糖含量低的要求还是总体上能满足的。加工用马铃薯对结薯期的肥水均衡要求比较高，土壤干旱或施肥不规律，则符合加工要求的薯块比例就明显下降，因此生产上要加强肥水管理。我国南方近年来彩色马铃薯的生产与消费发展较快。由于彩色马铃薯含有较高的花青素，一方面可用于加工提取商业用途的花青素，另一方面直接食用彩色马铃薯有利于提高人体的抗氧化能力，促进人体健康。彩色马铃薯还推进了观光农业的发展。我国云南等省区的山区传统上就有多种色彩的地方品种,加之近年育种界也投入了大量的精力,育成了"黑美人"、"紫罗兰"等一系列品种。彩色马铃薯生产尤其要重视绿色无公害的要求,可推行单体大棚防虫网栽培,杜绝使用农药,少量使用化肥,以有机肥为三,与品牌经营相结合,实现高产优质优价。

但从我国马铃薯消费快速增长的需求来看,适应南方生产规模较小的收种机械和商品薯分级包装技术及机械、省工节本的滴灌和肥水同步自动供给技术、淀粉加工专用品种选育及其配套技术等亟待开发,以逐步实现马铃薯生产的专业化、机械化、智慧化、轻型化。

二、马铃薯栽培科学展望

专业化生产是马铃薯产业发展的重要方向之一,但我国南方中原二作区和南方二作区春秋两季生育期均较短,不利于薯块积累较高的淀粉,适宜发展薯条、薯片兼用型品种,如中薯 5 号等。栽培上,在成熟初期可根据群体发育状况,适当增加氮、钾肥的使用量。云贵川主产区,应该积极发展淀粉加工专用型,适量发展休闲食品加工型品种。彩色马铃薯无论在加工专用方面,还是鲜食消费方面均有很大的空间,而南方也有相应的种质资源优势;但关于彩色马铃薯花青素的形成规律、群体调控等方面总体上来说均缺乏系统的研究。我国南方经济发达,对加工用马铃薯需求量增长迅猛,无论在品种选择还是在群体调控等方面均需要进一步的深入研究。

机械化生产对任何作物都是十分重要的,特别是随着我国经济社会的快速发展,劳动力成本将不断升高。与此同时,我国的专用农业机械生产能力也会不断提高。目前,我国正在推广使用的马铃薯作业机械基本上是国外进口的,它们与我国南方马铃薯产区的气候条件、马铃薯的生育特点、农艺要求均有较大的差距。未来,我国将不断研制出符合南方马铃薯生产特点的播种机械、收获机械以及分级包装机械等。马铃薯机械化播种就需要播种材料标准化,以小型整薯作为播种材料,作物群体的生长发育动态及其调控技术也将发生变化。收获季节需要土壤适当的含水量,以便于薯土分离。因此,不同气候条件下的田间管理技术也将会有相应改变。

栽培技术的智慧化和轻型化也是适应劳动力成本提高和节约水土资源需要的必然对策。我国已有学者对马铃薯生长发育的生育期和株高、叶龄、叶面积变化、产量形成等进行了初步的计算机模拟研究,这既是栽培科学的基础研究,也是智慧化管理的基础。马铃薯机械化播种、覆膜过程中,可以同时完成各种不同成本类型的滴灌装置的铺设,在设置必要的土壤和大气温度、水分或湿度等传感器以后,计算机模型和自动化装置可以对作物的群体状态和生长环境作出判断,自动地供应水分和相应的养分。这些管理软件和装置现在已经可以达到很经济实用的程度,对于一个种植面积在 3 hm² 及以上的马铃薯专业种植户,就有显著的节约劳动力成本和肥料成本的效果,达到轻型化栽培的目的。

马铃薯生产的专业化、机械化、智慧化、轻型化是一个大的发展方向,也是一个渐进的过程,每一个历史时期都有它的任务和特点,目前都在起步阶段,因此今后几年会有较快的发展。当某一个阶段的目标完成以后,农机和农艺的结合,自动化与人工控制的结合仍有不断改进的空间。

主要参考文献

[1] 张国平,周伟军.作物栽培学[M].杭州:浙江大学出版社,2001.

[2] 吴建华,严稑,舒礼熙,等.稻田马铃薯亩产鲜薯2500公斤的栽培技术[J].浙江农业科学,1993(2):68-70.

[3] 黄冲平.马铃薯生长发育的动态模拟[D].杭州:浙江大学,2003.

[4] 罗其友,刘洋,高明杰,等.中国马铃薯产业现状与前景[J].农业展望,2015(3):35-40.

[5] 徐开升.我国马铃薯加工业现状及发展对策[J].食品产业开发,2007(9):55-57.

[6] 杨帅,闵凡祥,高云飞,等.新世纪中国马铃薯产业发展现状及存在问题[J].中国马铃薯,2014,28(5):311-316.

[7] 杨琼芬,白建明,杨万林,等.云南彩色马铃薯产业的发展趋势和方向[J].中国马铃薯,2006,20(4):254-255.

[8] 刘富强,李文刚,杨钦忠,等,马铃薯滴灌机械化高效栽培技术优化模式[J].中国马铃薯,2014,28(5):277-280.

复习思考题

1. 试述我国马铃薯不同栽培区域的主要生态特点。
2. 马铃薯的茎包括哪些种类？各有什么特征和功能？
3. 马铃薯生长发育与环境条件之间有什么关系？
4. 马铃薯一生划分为哪几个阶段？它们与产量形成有什么关系？
5. 马铃薯高产群体的主要特征是什么？
6. 栽培上采用怎样的促控手段才能获得早熟高产？
7. 马铃薯栽培技术的发展新趋势包括哪些方面？